Davide Giuriato · Martin Stingelin
„SCHREIBKUGEL IST EIN DING GI

Zur Genealogie des Schreibens

Herausgegeben von Martin Stingelin

Band 2

„SCHREIBKUGEL IST EIN DING GLEICH MIR: VON EISEN“

Schreibszenen im Zeitalter der Typoskripte

Herausgegeben von Davide Giuriato,
Martin Stingelin und Sandro Zanetti

Wilhelm Fink Verlag

Publiziert mit Unterstützung des Schweizerischen Nationalfonds
zur Förderung der wissenschaftlichen Forschung

Bibliografische Information Der Deutschen Bibliothek

Die Deutsche Bibliothek verzeichnet diese Publikation in der
Deutschen Nationalbibliografie; detaillierte bibliografische Daten sind im Internet über
http //dnb.ddb.de abrufbar.

ISBN 3-7705-4112-X

Einbandgestaltung: Evelyn Ziegler, München
Herstellung: Ferdinand Schöningh GmbH, Paderborn

Inhalt

DAVIDE GIURIATO

(Mechanisiertes) Schreiben
Einleitung

> „Die Schreibmaschine wird dem Federhalter die Hand des Literaten erst dann entfremden, wenn die Genauigkeit typographischer Formungen unmittelbar in die Konzeption seiner Bücher eingeht. Vermutlich wird man dann neue Systeme mit variablerer Schriftgestaltung benötigen. Sie werden die Innervation der befehlenden Finger an die Stelle der geläufigen Hand setzen.“[1]

Diese vielzitierten und oftmals kulturkonservatorisch und prophetisch zugleich ausgelegten Worte aus Walter Benjamins *Einbahnstraße* (1928) geben einleitend Anlaß, einige Fragen und Probleme zu umreissen, die Benjamins Notiz gerade vom Zeitalter mechanisierten Schreibens aus aufwirft und die auch das Zeitalter der Manuskripte und dasjenige des digitalen Schreibens kritisch betreffen. Sie verdichtet damit in medienhistorischer Perspektivierung drei Epochen des Schreibens, denen die Reihe „Zur Genealogie des Schreibens“ in chronologischer Abfolge vom handschriftlichen zum mechanisierten hin zum digitalen Schreiben gewidmet ist. Der hier vorgelegte zweite Band dieser Reihe führt die Anliegen weiter, die methodisch und historisch am Beispiel des Schreibens im Zeitalter der Manuskripte entwickelt worden sind und die hier in gebotener Kürze in Erinnerung gerufen seien: in Einzelanalysen von *Schreibszenen* nämlich zu zeigen, wie das literarische Schreiben die Umstände der Produktion zur Geltung bringt (oder warum es diese gegebenenfalls nicht zur Geltung bringt) und wie das Schreiben diese Umstände vor dem Hintergrund der medientechnischen Paradigmen und Umbrüche thematisiert und problematisiert. Dabei hat der von Rüdiger Campe geprägte Begriff der *Schreibszene* methodisch die Möglichkeit eröffnet, die heterogenen Beteiligungen am Schreiben als eine nicht selbstevidente Rahmung zu befragen, in der 1. die Instrumentalität des Schreibens, 2. die Körperlichkeit oder Geste des Schreibens und 3. die Sprache bzw. die sprachliche Thematisierung oder poetische Inszenierung des Schreibens zueinander in Beziehung treten.[2] Es gehört zu den Implikationen dieses Begriffs, daß das Schreiben als ein Beziehungsgefüge umrissen wird, dessen Spuren jeweils historisch und philologisch im Einzelfall untersucht werden müssen. Zu

1 Walter Benjamin, *Gesammelte Schriften*, unter Mitwirkung von Theodor W. Adorno und Gershom Scholem herausgegeben von Rolf Tiedemann und Hermann Schweppenhäuser, Band IV/1, herausgegeben von Tillman Rexroth, Frankfurt am Main: Suhrkamp 1972, S. 105.

2 Rüdiger Campe, „Die Schreibszene, Schreiben“, in: Hans Ulrich Gumbrecht und K. Ludwig Pfeiffer (Hrsg.), *Paradoxien, Dissonanzen, Zusammenbrüche. Situationen offener Epistemologie*, Frankfurt am Main: Suhrkamp 1991, S. 759-772, hier S. 760.

den Einsichten des ersten Bandes gehört, daß das Schreiben vornehmlich dort thematisch wird, wo Widerstände im Prozeß des Schreibens erkennbar werden.[3] Die heuristisch verstandene These lautet auch für die hier versammelten Beiträge, daß in medientechnischen Umbruchsphasen Widerstände akzentuiert an Schreibwerkzeugen hervortreten können, und zwar ohne daß deswegen die Kausalitäten dieser Widerstände und mithin die Kausalitäten des Schreibaktes schon eindeutig festgelegt würden. Widerstände können sich eigentlich auf allen Ebenen der Schreibpraxis einstellen. Daraus wurde die bei Rüdiger Campe nur implizit getroffene begriffliche Differenzierung zwischen *Schreibszene* und *Schreib-Szene* gewonnen:[4] Unter *Schreibszene* ist das gerahmte Ensemble von Instrumentalität, Geste und Sprache zu verstehen, wobei diese Faktoren nicht zum Gegenstand oder zur Quelle eines möglichen oder tatsächlichen Widerstands problematisch würden. Wo sich hingegen dieses Ensemble in seiner widerstrebenden Heterogenität und Nicht-Stabilität an sich selbst aufhält und problematisiert, kann von *Schreib-Szene* gesprochen werden. Mit beiden Begriffen wird versucht, ein literaturhistorisches, ein medienhistorisches, ein kulturhistorisches und ein systematisches Moment in einem integrativen Modell aufeinander zu beziehen. Wenn das Schreiben vor diesem begrifflichen Hintergrund als ein Beziehungsgefüge betrachtet wird, dessen Elemente, wie sie auch Benjamins Notiz in ihrer Heterogenität auffächert, in eine mehr oder weniger stabile Beziehung zueinander treten können, dann richtet sich die Frage auch im Zeitalter der Mechanisierung des Schreibens darauf, wie sich dieses Beziehungsgefüge jeweils genau darstellt. Ich möchte an dieser Stelle über den Umweg von drei Beispielen die eingeführte Unterscheidung zwischen *Schreibszene* und *Schreib-Szene* im Hinblick auf den jeweils verdrängten, thematisierten oder inszenierten Widerstand des Schreibens, der am Gegenstand der Schreibmaschine problematisiert wird, kurz veranschaulichen.

Alfred Polgars Thematisierung des Schreibens in seinem Text „Die Schreibmaschine“, der erstmals am 1. 10. 1922 im *Prager Tagblatt* erschien, kann hier im Sinne einer *Schreibszene* gelesen werden. In satirischer Überspitzung[5] münden die verwickelten Widerstände, die dem Handschriftlichen anhaften, in die Erlösungs-Aussicht auf ein großes Schreibmaschinen-Zeitalter. Die vor diesem Hintergrund vorgebrachte Totsagung der Handschrift erscheint zwar überaus ambivalent, sie erhellt aber paradigmatisch Friedrich Kittlers Diagnose „daß Schriftsteller um 1900 zum Kult der Type aufrufen“ und dies „nichts mit Schönschreiben und alles mit Apparaten zu tun“[6] hat. Die Schreibmaschine gewährt

---

3 Vgl. Martin Stingelin, „‚Schreiben‘“, in: *„Mir ekelt vor diesem tintenklecksenden Säkulum“. Schreiben im Zeitalter der Manuskripte*, herausgegeben von Martin Stingelin in Zusammenarbeit mit Davide Giuriato und Sandro Zanetti, Paderborn: Wilhelm Fink 2004 (=*Zur Genealogie des Schreibens* 1), S. 11.

4 Ebd., S. 14.

5 Vgl. Peter Utz, „Digitale Fingerübungen auf traurigen Tasten – eine Fußnote für Schreibhandwerker“, in: www.gingko.ch/cdrom/Utz (=Festschrift für Michael Böhler).

6 Friedrich A. Kittler, *Aufschreibesysteme 1800/1900*, München: Wilhelm Fink 1985, S. 318.

für Polgar ganz im Gegensatz zur Handschrift ein gänzlich reibungsloses Schreiben, in dem das Instrument, der Körper und die Sprache symphonisch kooperieren:

> „Geist, Phantasie, Einfall: alles recht gut. Aber wichtiger ist die Schreibmaschine. Mit ihrer Hilfe geht alles Dichten zwanzigmal so schön. Bleistift und Feder sind totes Material. Es genügt leider nicht, sie in die Hand zu nehmen und übers Papier laufen zu lassen, damit sie schreiben. Man muß sie zu Lettern und Worten zwingen. Das ist mühevoll und belädt mit Verantwortung. Die Schreibmaschine hingegen kann gar nicht anders als schreiben, das ist ihr Mutterlaut, ihre einzige und natürliche Expression. Du phantasierst mit den zehn Fingern über die Tastatur, und wenn du ein bißchen Glück hast, ist eine moderne Dichtung mit vier Durchschlägen entstanden. Denn die Schreibmaschine lebt. [...] Und darin unterscheidet [sie] sich auch, denke ich, [...] von allen anderen Maschinen: sie leistet nicht nur physische, sondern auch geistige Arbeit. Sie nimmt dem Dichter gut fünfzig Prozent schöpferischen Schweißes ab. [...] Das zarte Geklapper der Letternhebel, das metallische Klingen der Verschiebung, das Glöckchen, dessen helle Kinderstimme die Zeilenenden ausruft: das gibt einen Rhythmus, der das Hirn mitschwingen macht, eine Melodie, die unwiderstehlich Text ansaugt. Wie kraftlos dagegen ist das Kratzen der Feder!“[7]

Die Schreibmaschine wird hier also als eine mit produktivem Eigensinn ausgestattete Dichter-Maschine beschworen, die zugleich Muse ist und in der sich möglichst rest- und reibungslos alle Beteiligungen am Schreiben vereinen: Die Hoffnungen zielen damit auf ein paradiesisch anmutendes Zeitalter, in dem die Erlösung von allen Schreibmühen zugleich mit der Ausschaltung des Schriftstellers selbst koinzidiert und ein eigentlich unmittelbares Schreiben in Aussicht stellt, in dem der schöpferische Vorgang monokausal auf die Eigenschaften der Schreibmaschine zurückgeführt werden können. In Polgars Pointe bedeutet dies, daß der menschliche Schriftsteller vor dem Hintergrund einer reibungslos funktionierenden Maschine zum – wie er es nennt – „trüben Medium“ wird, also selbst den zu überwindenden Widerstand des Schreibens darstellt:

> „Für die Literatur als Kunst wird die Schreibmaschine freilich erst dann was Rechtes bedeuten, bis ihre wunderbaren Kräfte ungeschwächt durch das trübe Medium des angehängten Schriftstellers zur Auswirkung kommen werden. Die Entwicklung muß hier, wie bei jeder Maschine, dahin streben, die notwendige menschliche Mitarbeit immer mehr und mehr einzuschränken. Der Tag, an dem es gelungen sein wird, den Schriftsteller ganz auszuschalten und die Schreibmaschine unmittelbar in Tätigkeit zu setzen, wird das große Zeitalter neuer Dichtkunst einleiten.“[8]

---

7 Alfred Polgar, „Die Schreibmaschine“, in: ders., *Kleine Schriften*, herausgegeben von Marcel Reich-Ranicki und Ulrich Weinzierl, Reinbek bei Hamburg: Rowohlt 1984, Bd. 4, S. 246-248, hier S. 246 f.

8 Ebd., S. 248.

Polgars satirische Beschwörung des Schreibmaschinen-Zeitalters deutet die Möglichkeit des Maschinendefektes nicht einmal an. Wie auch. Polgars Darstellung, aus welcher sich die freilich vom Text verschwiegene, aber nicht weniger emphatisch implizierte Überlegung gewinnen ließe, daß der (menschliche) Schriftsteller ausschließlich als Widerstand im Produktionsvorgang (und möglicherweise als Überwindung dieses Widerstands) definiert werden kann, zeigt einen Umgang mit der Schreibmaschine an, durch den – wie Friedrich Kittler im Sinne einer Implementierung der diskreten Signifikantenlogik im *Aufschreibesystem 1900* gezeigt hat[9] – die Funktion ‚Autorschaft' ihr Ende im Zeitalter der standardisierten Serienproduktion nimmt und das Mittel zum privilegierten Thema des Mittels wird.[10]

Aber es gibt Störungen auch im Umgang mit der Schreibmaschine. Die Schreibszene, die Siegfried Kracauers Text „Das Schreibmaschinchen" vorführt, zeigt schon im Titel an, daß dieses Schreibgerät nicht zum Paradigma eines „großen" Zeitalters herangezogen wird und daß es zum Gegenstand von Schreibproblemen werden kann, die ich hier in der wechselhaften Spannung von *Schreibszene* und *Schreib-Szene* darstellen möchte. Der am 1. 5. 1927 in der *Frankfurter Zeitung* erschienene Text[11] erzählt die Geschichte einer Liebesbeziehung zwischen tippendem Schreiber und Schreibmaschine, die gerade im Defekt einer scheinbar unbedeutenden Taste desillusioniert wird.[12] Das Schreiben vor diesem Bruch zeigt aber wie bei Polgar einen (noch) reibungslosen Umgang mit der Schreibmaschine an:

> „Seit kurzem nenne ich eine Schreibmaschine mein eigen. Ich habe zuvor noch nie eine Maschine besessen. [...] Von dem ersten Augenblick an liebte ich die Maschine ihrer Vollkommenheit wegen. Sie ist graziös gebaut, federleicht und blitzt im Dunkeln. Das Gestänge, das die Typen trägt, hat die Schlankheit von Flamingobeinen. [...] In ihrer Vollkommenheit erschien sie mir ein höheres Wesen, das durch Mißbrauch nicht geschändet werden durfte. Nur verlegen liebkoste ich – damals in den Anfängen unserer Beziehung – ihre kühlen Teile. [...] Der Umgang mit [der

9 „Die Logik von Chaos und Intervallen ist eine Technologie, die das Aufschreibesystem von 1900 auch implementiert: durch Erfindung der Schreibmaschine." Kittler, Aufschreibesysteme (Anm. 6), S. 242.

10 Vgl. Kittlers Ausführungen zur „Urszene intransitiven Schreibens" beim jungen Nietzsche: Kittler, *Aufschreibesysteme* (Anm. 6), S. 228. – Vor diesem Hintergrund vgl. zur Entstehung der Schreibmaschinenliteratur beim späten Nietzsche: Friedrich A. Kittler, *Grammophon, Film, Typewriter*, Berlin: Brinkmann & Bose 1986, S. 293-310. Vgl. ausführlicher hierzu und zum Medienwechsel in Nietzsches Schreiben in bezug auf dessen Sprachreflexion: Martin Stingelin, „Kugeläußerungen. Nietzsches Spiel auf der Schreibmaschine", in: Hans Ulrich Gumbrecht und Ludwig K. Pfeiffer (Hrsg.), *Materialität der Kommunikation*, Frankfurt am Main: Suhrkamp 1988, S. 326-341.

11 Vgl. Siegfried Kracauer, „Das Schreibmaschinchen", in: ders., *Schriften*, herausgegeben von Inka Mülder-Bach. Bd. 5/2: *Aufsätze 1927-1931*, Frankfurt am Main: Suhrkamp 1990, S. 48-52.

12 Vgl. zum Anthropomorphismus, der mit der Verführungskraft der Schreibmaschine verwickelt ist: Alain-Marie Bassy, „Machines à écrire: Machines à séduire ou machines à détruire?", in: Anne-Marie Christin (Hrsg.), *Ecritures II*, Paris: Le Sycomore 1985, S. 367-379.

> Maschine] veredelte mich. Hatte ich früher mit dem Geschriebenen etwas ausdrücken wollen, so lernte ich nun begreifen, daß allein die Tätigkeit des Schreibens selbst erstrebenswert sei. [...] Zum Lohn für das zwecklose Tun, das in zartsinniger Weise der Vollkommenheit des Maschinchens huldigte, war es immer zu meinem Empfang bereit. Es galt mir bald mehr als eine Frau oder Freunde. [...] Selige Stunden verbrachten wir in der Dämmerung, wenn ich die Tasten nicht mehr recht sah. Ich phantasierte dann, wie die Empfindung mich trieb, und herrliche Gebilde aus Zeichen sprangen hervor. Festfahnen gleich flatterten sie über den hellen Gründen. Immer seltener suchten die Menschen uns auf. Sie verstanden die Schriftfiguren nicht und schüttelten bedenklich die Köpfe. Zuletzt blieben sie aus. Ich bedurfte ihrer nicht; vor mich hinzuklimpern war mir genug. Oft gingen die Tasten von selber weiter, so unzertrennlich verbunden war das Maschinchen mit mir."[13]

Durch den Umgang mit der Schreibmaschine und der räumlichen Anordnung von isolierten Buchstaben in der Tastatur kehrt in Kracauers Text das Schreiben zu seinem Nullpunkt zurück, und die reine Medialität des Schreibakts wird zu einem geradezu paradiesischen Sprachzustand jenseits jeglicher Subjektivität erhoben, in dem es keine Absender und keine Adressaten und folglich auch keine Werkzeuge im instrumentellen Sinne eines Mittels mehr gibt: Die „Tätigkeit des Schreibens" selbst in seiner gestischen und instrumentell bedingten Realisation wird zum privilegierten Gegenstand des Schreibens. Die Liebesgemeinschaft zwischen dem Schriftsteller und seinem Schreibgerät, in der das Schreiben eigentlich auf den körperlichen Akt des Tippens reduziert wird und eine Art *écriture automatique* produziert, die nicht die geringste Andeutung eines Sinnes enthält und die auch nicht kommuniziert werden kann, wird nun aber in Kracauers Text desillusioniert, als eines Tages ganz unvorhergesehen ein unbedeutendes „Tästchen" am Rande versagt. Diese „Taste von lächerlicher Nichtigkeit" trägt den *accent grave* und wäre rein auf den Inhalt bezogen, wie der Text weiter festhält, ohne weiteres entbehrlich, stört aber die körperliche Produktion so sehr, daß die Taste repariert werden muß. Ein Reparateur tritt nun als ein eigentlicher Liebesrivale in Szene und repariert das Maschinchen, das er, wie es heißt, „rein mechanisch" behandelt. Durch den Maschinendefekt wird die Maschine zwar individualisiert, indem sie nämlich von allen anderen Maschinen durch die ihr eigene Fehlleistung unterscheidbar wird. Die Reparatur aber führt den Schriftsteller überhaupt erst zur Einsicht in die Mechanizität und kontingente Serialität der Maschine. Und diese Einsicht bringt nun die von Anfang an verklärte Liebe zum Erlöschen, die Schreibmaschine wird der Prostitution denunziert. Gerade der Defekt der Taste führt nun zur traumatischen Einsicht, daß die Individualität der Maschine nur ihre eigene, kontigente Mechanizität zu Tage befördert, daß sich also die Individuation der Schreibmaschine durch die Einsicht in deren Serialität konstituiert und damit zugleich aufhebt. Verloren geht damit auch die Vorstellung eines reibungslosen Schreibens. Erst durch

13 Kracauer, „Das Schreibmaschinchen" (Anm. 11), S. 48 f.

diese Störung verändert sich der Blick auf den Vorgang des Schreibens radikal, ohne daß die Technik des Schreibens selbst verändert würde: Obwohl technisch gesehen wieder störungsfrei getippt werden könnte, ändern diese Umstände der Produktion das Schreiben maßgeblich. Die vom Reparateur auf den Bogen getippte Buchstabenfolge „ma chère" erzeugt nicht mehr Worte der Liebe und der Produktionsgemeinschaft, sondern offenbart den nunmehr unüberbrückbaren Hiat zwischen Schreiber und Geschriebenem, aus dem das Geschriebene überhaupt erst so etwas wie kommunikable Bedeutung zu gewinnen scheint:

> „Das Maschinchen war in Ordnung; die Maschine war repariert. Ein fremder Mann [d. h. der Reparateur] kam ihr brutal, und sogleich war sie ihm zu Gefallen. Daß ich mit der Aufbietung meiner Kräfte mich um sie gesorgt hatte, bedeutete ihr nichts. Meine Liebe zu der Maschine erlosch. Sie war nur eine von vielen, die alle künstlich hergestellt wurden und nach Bedarf ausgebessert werden mochten. [...] Ihr nachzutrauern verlohnte sich nicht. Es gibt Fabriken und Läden, in- und ausländische Marken stehen zur Wahl. Ich gehe wieder unter Menschen und suche bescheidene Freuden im Verkehr mit den Frauen. Das Geschriebene besteht aus Korrespondenzen, Rechnungen und Betrachtungen gefälliger Art. Meine Freunde sind zufrieden mit mir, weil sie die Schriftstücke verstehen."[14]

Zusammenfassend kann man festhalten, daß der Maschinendefekt in dieser Schreibszene die Einsicht in die Heterogenität der Beteiligungen am Schreiben und in die unhintergehbare Medialität des Schreibens zutage fördert. Mit dieser Trennung zwischen Schreiber und Geschriebenem führt Kracauers Erzählung zwar die problematische Entstehung der Sprache als Kommunikationsmittel vor, sie verabschiedet aber auch jene Konzeption von Autorschaft, wonach sich ein mit Eigenwille ausgestattetes Subjekt ausdrückt und mitteilt und wonach – in Friedrich Kittlers Worten – „Sprache mehr als ‚ein durch Uebung erlerntes Spiel mechanischer Einrichtungen'"[15] sei. Und weil das Individuum nunmehr – etwa aus der Sicht von Kriminalisten und Psychoanalytikern[16] – bestenfalls einen Defekt im Allgemeinen und einen Maschinendefekt im Besonderen darstellt, entlarvt es sich als imaginäre Größe,[17] die sich in der Liebe zum Medium nur

---

14 Ebd., S. 52.

15 Kittler, *Aufschreibesysteme* (Anm. 6), S. 318 (Kittler zitiert hier den Hirnphysiologen Adolf Kußmaul, *Die Störungen der Sprache. Versuch einer Pathologie der Sprache* (1877), Leipzig: Verlag von Vogel ²1881).

16 Die „Maschinenschriftenphilologie" Frensels und Hoffmanns setzt beim „Bündnis mit der kriminalistischen Schriftenanalyse" nach dem „Indizienparadigma" Carlo Ginzburgs (und der kriminalistischen Spurensicherung nach Sherlock Holmes) ein, wie dem unveröffentlichten Anfang ihres erhellenden Artikels zu entnehmen ist: Peter Frensel und Christoph Hoffmann, „Maschinenschriftenphilologie. Zur Datierung von Typoskripten mit Hilfe der Maschinenschriftenuntersuchung an einem Beispiel aus dem Nachlaß Robert Musils", in: *Text. Kritische Beiträge* 4 (1998), S. 33-60.

17 Vgl. Bernhard Siegert, *Relais. Geschicke der Literatur als Epoche der Post (1751-1913)*, Berlin: Brinkmann & Bose 1993, S. 239 f.: „So wie Freud die unbewußte Individualität aus den Defekten der Rede entzifferte, entziffern Kriminalisten die Individualität aus den Defekten der Maschine.

- 3 -

zuviel gesagt. Nur eine geringe Taste versagte, ganz am Rand ein Tästchen. Sie schwang sich zwar in die Höhe, blieb aber, noch ehe sie ihr Ziel erreicht hatte, ermattet stehen. Das Maschinchen besitzt viele Tasten, und man hätte auf die Bewegung der einen Taste gewiß verzichten können. Sie enthäkt den accent grave, den eccent circonflexe und die cédille ohne c. Rein auf den Inhalt angesehen, handelte es sich also um eine Taste von lächerlicher Nichtigkeit, die von jedem anderen kaum bemerkt worden wäre. Doch für mich war gerade diese Taste unentbehrlich, da ich mit ihr besondere Kombinationen durchzuführen vermochte. Ich schlug etwa die cédille in langer Kette an und stellte darüber den accent circonflexe. Nun saß er wie ein Dach auf dem.Leeren, aus dem ein Schwänzchen schlüpfte. Setzte ich ein e dazwischen, so war die cédille überflüssig, und das c hatte unter dem Dach nichts verloren. Die Beschäftigung mit diesen Problemen, deren Feinheit mich wieder und wieder entzückte, wurde durch die Lähmung der Taste verhindert. An eine ernsthafte Krankheit glaubte ich nicht. Sie Maschine ist verstimmt, so erwog ich im Stillen, gewissermaßen eine vorübergehende Indisposition. Bei ihrer Vollendung mochten auch Gedankensünden, uneingestandene Schwankungen des Gemüts einen Einfluß auf sie gewinnen. Vergeblich rief ich mir die Tage und Nächte unseres Zusammenseins ins Gedächtnis zurück, um mich auf einem Verstoß zu ertappen. Hatte ich in einer schwachen Minute den Anschein der Gleichgültigkeit erweckt? Durch verdoppelte Sorgfalt suchte ich das Maschinchen wieder auszusöhnen. Ich zwang mich in seiner Gegenwart zur Fröhlichkeit und ersann neue Spiele auf der Tastatur, die das lahme Stängchen vielleicht zerstreuten. Indessen, sein Zustand veränderte sich nicht.

Es drang ein fremder Mann in mein Zimmer. Während der letzten Tage hatte die Unruhe mich aus dem Haus getrieben. Wenn ich auch meinen Kummer ängstlich verbarg, so konnte er doch von einem Caféhaus-Bekannten bemerkt worden sein. Am Ende hatte er mir den Mann geschickt; nur so jedenfalls ließ sich seine Anwesenheit ungezwungen erklären. Die Züge des Mannes

Abb. 1: Siegfried Kracauer, „Das Schreibmaschinchen“
(Typoskript-Entwurf, 1927)

solange aufrecht erhalten läßt, bis das Aussetzen der Maschine jene Trennung des Geschriebenen von der Person des Schreibers bewußt macht und der Akt des Schreibens emphatisch zur Frage wird. Vor diesem Hintergrund werden die widerstrebenden Faktoren des Schreibens, die hier noch die Machenschaften des Reparateurs zu berücksichtigen hätten, im Sinne einer *Schreib-Szene* zueinander in Bezug gesetzt und thematisieren eine nicht-kontrollierbare Instabilität in diesem Beziehungsgefüge, die sich noch bis zum Typoskript-Entwurf des Textes zurückverfolgen läßt (Abb. 1).[18] Die *Schreibszene* bleibt aber im veröffentlichten Text insofern gerahmt und damit auch ohne Bindestrich, als Kracauer zum Schluß den Umgang mit der Schreibmaschine dahin einschränkt, daß sie – mit aller verletzten Verachtung – zum funktionierenden Kommunikationsmittel degradiert wird. Der Maschinendefekt und mit ihm die *Schreib-Szene*, so könnte man zugespitzt sagen, ragen aber als Bedrohung über dieser so gerahmten *Schreibszene*.

Anders als bei Kracauer wirkt dieser Hiat zwischen Schreiber und Schreibwerkzeug in die Überlegungen Benjamins, die noch in der spezifischen Schreibpraxis eine Schreib-Szene vorführen. Die Frage nach dem Schreiben, die Kracauer in den Briefverkehr mit Benjamin einbringt, indem er diesem „Das Schreibmaschinchen" gleich nach Erscheinen des Textes per Post zukommen läßt, wird von letzterem auf den Status der Handschrift im Zeitalter mechanisierten Schreibens gerichtet. Vor diesem Hintergrund aber reflektiert Benjamin die Handschrift nicht mehr „als authentisches Zeichen der Individualität und Seele des Autors",[19] sondern bedenkt die Dissoziation zwischen Schreiber und Geschriebenem auch in bezug auf die Handschrift und deren technische Entstehungsbedingungen. Was also geschieht – wenn man die Erscheinung der Handschrift nach ihrer Totsagung bei Kittler neu verorten will[20] – mit der Handschrift um 1900, wenn sie nicht in Drucktypen übersetzbar ist und nicht als Maschinenschrift fungiert? Welcher Status kommt der Handschrift zu, wenn sie gleichfalls von jenem imaginären Land der sogenannt „konventionellen Handschrift" Abschied genommen hat und die Dissoziation zwischen Schreiber, Schreibwerkzeug und Geschriebenem artikuliert? – Als Kracauer seinen

[...] Das Individuum ist ein Zeichen des Niedergangs, des Verfalls, der schleichenden Zerstörung [...]. Weil das Individuum bestenfalls eine Verschleißerscheinung oder eine Tippfehlerserie [...] ist, verantwortet das Signifikante seine Existenz einzig und allein im Namen von Schreibmaschine und Kohlepapier."

18 Eine Vorstufe zu Kracauers Text ist als Typoskript erhalten. Es läßt die Instabilität der *Schreib-Szene* in den durch die Anordnung der Tastatur bedingten Tippfehler wenigstens erahnen. Selbstredend gewinnen diese Tippfehler in diesem Rahmen eine bemerkenswerte Bedeutung, wenn die Schreibmaschine vor dem Hintergrund der thematisierten Liebes- und Produktionsgemeinschaft hin und da zu „sie Schreibmaschine" wird (vgl. Abb. 1).

19 Heiko Reisch, *Das Archiv und die Erfahrung. Walter Benjamins Essays im medientheoretischen Kontext*, Würzburg: Königshausen und Neumann 1992, S. 51.

20 „Man nimmt die Technologien seines Jahrhunderts einfach nicht zur Kenntnis. Daß die Schreibmaschine es unumgänglich macht, Handschriften zu typisieren [...]; daß Signifikantenlogik goethezeitliche Bedeutsamkeit sprengt [...]." Kittler, *Aufschreibesysteme* (Anm. 6), S. 318.

Schreibmaschinentext im Mai 1927 an Benjamin schickt, anwortet dieser mit einem ausführlichen Brief, in dem er ausdrücklich am Paradigma der Handschrift festhält:

> „Lieber Herr Kracauer, schönsten Dank für Ihre entzückende ‚Schreibmaschine'. Ich sehe daraus gleichzeitig, daß Sie in Besitz einer solchen geraten sind und daß ich recht daran tue, noch immer keine zu haben. Mehr denn je hat sich diese Überzeugung neulich anläßlich des franko-amerikanischen Tennisturniers in mir bestätigt. Jawohl! – bei dieser Gelegenheit verlor ich nämlich meinen Füllfederhalter, oder besser gesagt: ich entkam im Getümmel diesem fürchterlichen, nicht mehr erträglichen Haustyrannen, den ich ein Jahr über mich gesetzt hatte. Ich war entschlossen, den ersten besten und billigsten anzuschaffen und trat mitten im dichtesten pariser Straßentreiben an einen Stand, vor dem gesetzte Leute höchstens einhalten, um ihrem stylo frische Tinte zu[zu]führen. Dort fand ich gegenwärtiges liebreizendes Geschöpf, mit dem ich allen meinen Träumen genügen kann und eine Produktivität entfalte, die mir zu Zeiten der verflossenen – Feder – unmöglich gewesen wäre. Ich hoffe, daß Sie diese erfrischende Einwirkung sogar meinem Briefe anmerken. Aber besonders freue ich mich auf den ersten Augenblick, da ich Ihnen die Manuscripte vorstellen kann, die unserer Gemeinschaft entsprungen sind. Ich brauche nicht zu sagen, daß sie, der jungen Ehe entsprechend, sehr klein sind."[21]

Daß dieser Brief mit der Feder geschrieben und nicht mit der Maschine getippt ist, ist keineswegs zufällig. Benjamins Absage an die Schreibmaschine, deren er sich zeitlebens nie eigenhändig bedient hat, zeigt zwar ebenso wie Kracauer die Eigenwilligkeit des Schreibinstruments an. Wie die Schreibmaschine übt nämlich auch der Füllfederhalter seine Herrschaft über den Schreiber aus und zeigt eine Heteronomie des Schreibakts an, die den Schreiber illusionslos an sein Schreibwerkzeug ausliefert: „Wenn der Zigarettenrauch in der Spitze und die Tinte im Füllhalter gleich leichten Zug hätten, dann wäre ich im Arkadien meiner Schriftstellerei", hält Benjamin ebenfalls in der *Einbahnstraße* fest.[22] Warum aber schreibt Benjamin nicht mit der Schreibmaschine? Obwohl ihm der Füllfederhalter keine Herrschaft über das Schreiben gewährt und als Hiat zwischen Schreiber und Geschriebenem thematisiert wird, scheint eine eigentümliche und von Benjamin favorisierte Qualität der Handschrift zum Gegenstand dieses Schreibens zu werden: nämlich ihre graphische Individualität und deren Entstehungsbedingungen. Benjamins ausführliche Erzählung vom Verlust seines Füllfederhalters und vom Kauf eines neuen Füllfederhalters, der ihm eine momentan reibungslose Produktion erlaubt, verdankt sich selbst gerade diesem neuen Füllfederhalter, und Benjamin hält im Verweis auf das vor ihm entstehende Schriftbild fest: „Ich hoffe, daß Sie diese erfrischende Wirkung sogar meinem Briefe anmerken." Vor diesem Hintergrund könnte also der Status der

21 Walter Benjamin, *Gesammelte Briefe*, herausgegeben von Christoph Gödde und Henri Lonitz, Frankfurt am Main: Suhrkamp 1995-2000, Bd. III, S. 262.
22 Benjamin, *Gesammelte Schriften* (Anm. 1), S. 112 f.

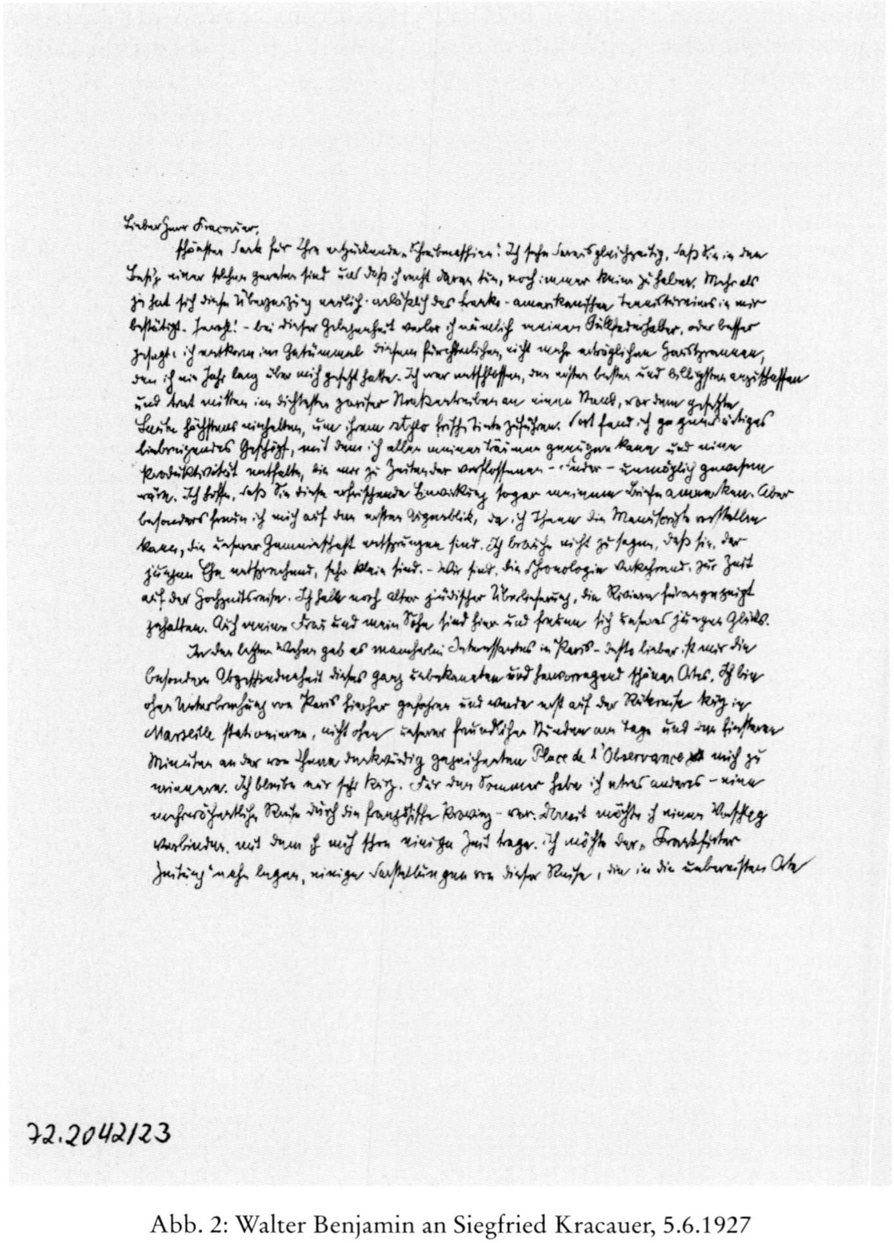

Lieber Herr Kracauer,

schönsten Dank für Ihr [illegible] [illegible]. Ich sehe daraus gleichzeitig, daß Sie in den Besitz einer solchen geraten sind und daß ich nicht daran bin, noch immer keine zu haben. Mehr als je hat sich diese Überzeugung neulich anläßlich des [illegible] in mir bestätigt. [illegible]! – bei dieser Gelegenheit verlor ich nämlich meinen Füllfederhalter, oder besser gesagt: ich verlor ihn im Getümmel dieses fürchterlichen, nicht mehr erträglichen [illegible], den ich ein Jahr lang über mich gehabt hatte. Ich war entschlossen, den ersten besten und billigsten anzuschaffen und trat mitten im dichtesten [illegible] an einen Stand, vor dem [illegible] Leute Füllfedern einhielten, um ihnen etwas frisch Tinte zuzuführen. Dort fand ich [illegible] [illegible] Geschöpf, mit dem ich allen meinen Träumen genügen kann und eine Produktivität entfalte, die nur zu Zeiten der verschlossenen – [illegible] – unmöglich gewesen wäre. Ich hoffe, daß Sie diese erfrischende Einwirkung sogar meinen Briefen anmerken. Aber besonders freue ich mich auf den ersten Augenblick, da ich Ihnen die Manuskripte vorstellen kann, die unserer Gemeinschaft entsprungen sind. Ich brauche nicht zu sagen, daß sie, der jüngeren Ehe entsprechend, sehr klein sind. – Wir sind, die Chronologie [illegible], zur Zeit auf der Hochzeitsreise. Ich halte nach alter jüdischer Überlieferung, die [illegible] [illegible] zu halten. Auch meine Frau und mein Sohn sind hier und freuen sich unseres jungen Glücks.

In den letzten Wochen gab es mancherlei Interessantes in Paris – desto lieber ist mir die besondere Abgeschiedenheit dieses ganz unbekannten und hervorragend schönen Ortes. Ich bin ohne Unterbrechung von Paris hierher gefahren und werde erst auf der Rückreise kurz in Marseille stationieren, nicht ohne unserer freundlichen [illegible] am Tage und den finsteren Minuten an der von Ihnen denkwürdig gezeichneten Place de l'Observance mich zu erinnern. Ich bleibe nur sehr kurz. Für den Sommer habe ich etwas anderes – eine [illegible] Reise durch die französische Provinz – vor. Damit möchte ich einen [illegible] verbinden, mit dem ich mich schon einige Zeit trage. Ich möchte der „Frankfurter Zeitung“ nahelegen, einige Darstellungen von dieser Reise, die in die unbekanntesten Orte

Abb. 2: Walter Benjamin an Siegfried Kracauer, 5.6.1927

Handschrift neu bestimmt werden: Über den durch das Zeitalter der Maschinenschrift bewußt gewordenen Verlust von Authentizität und Individualität artikuliert die Handschrift nun ganz im Zeichen dieses Selbstverlusts ihr eigenes Werden als je individuelle körperliche Tätigkeit. In dieser „Schreib-Szene" hält sich das Schreiben noch so sehr als Problem bei sich selbst auf, daß sie den Verweis auf die graphischen Möglichkeiten des Füllfederhalters, also auf die individuelle Schriftgestaltung schreibpraktisch zugleich vorführt. Es sind Möglichkeiten, die die Schreibmaschine und ihre Typen weit weniger besitzen. Es sind spezifisch bei Benjamin Möglichkeiten zur graphischen Verkleinerung der Handschrift. Der Brief ist tatsächlich in derart kleiner Schrift geschrieben, daß sie von Kracauer wohl nur mit großer Mühe gelesen werden konnte (Abb. 2). Das Schreiben als *Schreib-Szene* wird hier sozusagen in alle Richtungen zum Problem: sowohl nämlich was die Produktionsumstände als auch was die Rezeptionsmöglichkeiten betrifft, und selbst das Geschriebene wirft durch seine akzentuierte Schriftbildlichkeit und die Schwierigkeiten seiner Leserlichkeit die Frage nach der Textualität und dem Verhältnis zu ihrer singulären materiellen Verfaßtheit auf. Diese Sichtbarkeit des Geschriebenen wird somit in Benjamins Brief an Kracauer selbst zur anschaulichen Mitteilung, die in der Thematisierung des Schreibmittels dessen visuelle Möglichkeiten in dezidierter Abgrenzung von denjenigen, die der Maschinenschrift zur Verfügung stehen, exponiert. Daß Benjamin im selben Brief die Produktivität seines neuen Füllfederhalters dahingehend präzisiert, daß durch den Umgang mit ihm „sehr kleine" Manuskripte entstanden seien, erhellt den selbstbezüglichen Wert dieser Aussagen überhaupt erst, wenn man sich das Schriftbild des Briefes vergegenwärtigt: Das Winzige, das diese mit fast kalligraphischer Kunstfertigkeit hergestellte Schrift kennzeichnet, muß nicht nur das Seh-, Entzifferungs- und Lesevermögen Kracauers stark in Anspruch genommen und somit den Aspekt der Bildlichkeit noch vor jeder textuellen Ebene betont haben, sondern verdankt seine mikrographischen Züge überhaupt erst dem neuen, fein geschnittenen Füllfederhalter.

Benjamin hatte im Eingangszitat festgehalten, daß die „Schreibmaschine dem Federhalter die Hand des Literaten" erst in Zukunft entfremden würde, dann nämlich, wenn die Schreibmaschine nicht eine typisierte, sondern eine variable und individuelle Schriftgestaltung erlauben würde. Für das Zeitalter mechanisierten Schreibens gibt er damit ein auffälliges Festhalten am Handschriftlichen zu erkennen. Dies mag für die in diesem Band versammelten Beiträge erklären, daß das Schreiben im Sinne einer Gleichzeitigkeit des Ungleichzeitigen auch im Kontrast zu seiner Mechanisierung erscheint und vielleicht gerade durch die zur Diskussion stehende Medienkonkurrenz verschärft thematisch wird. Benjamins zeitlebens hartnäckige Ablehnung der Schreibmaschine etwa scheint auf den ersten Blick gegen jene Entfremdung gerichtet zu sein, die die Schreibmaschine in den Produktionsprozeß einbringt und die sich bei ihm wesengemäß als Widerstand beschreiben läßt, der die angebliche Unmittelbarkeit des Von-Hand-Schreibens stört. Diese Diagnose gewinnt aber vor dem Hintergrund des

Briefwechsels mit Siegfried Kracauer 1927 und den gleichzeitig entstehenden Überlegungen aus der *Einbahnstraße*, die 1928 bei Rowohlt erschien,[23] genauere Konturen: Das auf die Erfindung der Schreibmaschine folgende Zeitalter mechanisierten Schreibens, das gemäß Friedrich Kittler ab 1881 „mit dem Verkaufserfolg der Remington II [eine] statistische Explosion"[24] zur Folge hat, wird von Benjamin reflektierend begleitet und hat ihn dazu geführt, gerade vor diesem Hintergrund einen neuen Status der Handschrift zu bestimmen. Durch die Einführung der Schreibmaschine scheint nun im Schreibvorgang eine Entkoppelung von Hand und Schreibwerkzeug ins Bewußtsein zu treten, die hier nicht als katastrophischer und seinsgeschichtlicher Bruch zu betrachten ist,[25] sondern als medienhistorisch inszenierte, ironische Selbstdistanzierung, durch die das Schreiben in einen Abstand zu sich selbst tritt. Dabei fällt auf, daß Benjamins Thematisierung seines eigenen Schreibens gerade in dem Augenblick einsetzt, als durch den Einbruch des Mechanismus in den Vorgang des Schreibens dessen medientechnische Bedingungen verschärft zur Disskussion stehen und sich am Gegenstand der Schreibmaschine die Frage nach einer mediendeterministischen Perspektivierung auf das Schreiben neu stellt, wie sie etwa von Alfred Polgar poinitiert vorgestellt worden ist. Man muß nun aber betonen, daß Benjamins Thematisierung der Schreibmaschine auch in bezug auf das Verhältnis zwischen Füllfederhalter und schreibender Hand schon im Sinne einer Dissoziation zwischen Schreiber, Hand des Schreibers, Schreibwerkzeug und Geschriebenem vorgeführt wird. Durch die Schreibmaschine, so könnte man also zusammenfassend festhalten, wird die Frage nach dem ‚Schreiben' als Frage nach einem Beziehungsgefüge heterogener und widerstrebender Elemente erkennbar. Die Schreibmaschine erscheint nun in Benjamins einleitend wiedergegebener Notiz auch durch ihre syntaktische Stellung im Satz als das eigenwillige Subjekt, das im Zeitalter mechanisierten Schreibens die Frage auch nach dem handschriftlichen Schreiben neu stellt. Denn auch dieses handschriftliche Schreiben wird nun in seiner Heterogenität auf einzelne Momente hin aufgefächert, 1. als Frage nach dem „Federhalter", also nach der Instrumentalität, 2. als Frage nach der „Hand", also nach der Geste, und 3. als Frage nach dem „Li-

---

23 Vgl. Reisch, *Das Archiv und die Erfahrung* (Anm. 19), S. 43: „Der Krise des Intellektuellen entspricht eine allgemeine Krise des Schriftstellers, die sich in Autorschaft, Produktion, Distribution und der Schrift als Medium innerhalb der Medienkonkurrenz in den 20er Jahren vollzieht. Benjamin vergewissert sich in der *Einbahnstraße* noch einmal seiner eigenen Situation als Literat." – Eine philologisch genaue Einführung zur *Einbahnstraße*, die ihren Ausgang von Benjamins Überlegungen zu Valéry und dessen Aussage nimmt, daß „die Schriftstellerei [...] in erster Linie eine Technik ist" (Benjamin, Anm. 1, Bd. II/2, S. 792), bietet Detlev Schöttker, *Konstruktiver Fragmentarismus*, Frankfurt am Main: Suhrkamp 1999, S. 181-193.

24 Vgl. Kittler, *Grammophon, Film, Typewriter* (Anm. 10), S. 273. – Gemäß Hiebel hingegen schnellt der Absatz der Remington-Maschine erst ab 1886 „schlagartig" in die Höhe: Vgl. Hans H. Hiebel u. a., *Große Medienchronik*, München: Wilhelm Fink 1999, S. 204.

25 Vgl. Martin Heidegger, *Parmenides* [Wintersemester 1942/43], in: ders., *Gesamtausgabe*. II. Abt.: *Vorlesungen 1923-1944*. Bd. 54, herausgegeben von Manfred S. Frings, Frankfurt am Main: Vittorio Klostermann 1982, S. 119.

teraten", also nach der Konzeption des Schreibens. Damit sind aber auch die Fragen verbunden, ob, wann und wie genau die Risse in diesem Beziehungs- und Bedingungsgefüge erkennbar werden, mithin also die Frage, ob wir es mit einer *Schreibszene* oder mit einer *Schreib-Szene* zu tun haben.

Die vorliegenden Beiträge gehen diesen Fragen als einer Problematik nach, in der das literarische Schreiben nicht allgemein und abschließend definiert werden kann, sondern im spezifischen Fall historisch und philologisch einer gesonderten Untersuchung bedarf. Ein umfassendes Kompendium mechanisierter Schreib-Szenen bietet eingangs *Catherine Viollet*, die die Beziehungen zwischen Mechanik und Literatur als Spannung zwischen den „Zwängen des Instruments und der kreativen Intervention des Schriftstellers" darstellt und vor diesem Hintergrund den textgenetischen Stellenwert von Typoskripten betont. Sie reklamiert rund ums Typoskript herum ein Forschungsfeld, eine „Semiotik des Typoskripts", zu der der Beitrag von *Christof Windgätter* eine mögliche Grob-Typologie beisteuert. Ausgehend von den Störungen in Friedrich Nietzsches Feder- und Maschinenschreiben lassen sich bei ihm die Widerstände des Schreibens nach physiologischen, ästhetischen und mechanischen Störungen ordnen, die derart ineinander verstrickt sind, daß bei vermeintlich mechanischen ‚Tippfehlern' eine poetische Produktivität erkennbar wird. *Roger Lüdeke* erklärt, wie mit Mallarmés Prosa-Übersetzung des Gedichtes *The Raven* von Poe und mit den die Übersetzung begleitenden Lithographien Edouard Manets die in Poes Gedicht verarbeitete mediale Leitdifferenz zwischen Geräusch und Laut und parallel dazu zwischen Strich und Schrift einen Wandel erfährt und wie sich Mallarmés Kooperation mit Manet als Reflexion auf die Möglichkeitsbedingungen von Schriftlichkeit und als Verkehrung des massenmedialen und medientechnischen Dispositivs, so wie es sich im 19. Jahrhundert herausbildet, verstehen läßt. Der Blick auf die Entstehung von Schriftlichkeit, den *Johannes Fehr* in Auseinandersetzung mit Ferdinand de Saussures – oft genug traumatisch erlebter – Schreibpraxis und seiner Konzeption von Schrift eröffnet, führt die Möglichkeit der Schreibszene aus der Perspektive einer hartnäckigen Verkennung des Schreibens vor und verlagert diese vorzugsweise in den Hörsaal, wo das Sprechen von Hörern mitgeschrieben und später veröffentlicht wird. Der moderne Begriff des Schreibens und seine instrumentellen und körperlich-existentiellen Wirkungen werden von *Rüdiger Campe* literaturhistorisch hergeleitet und paradigmatisch im Werk Franz Kafkas untersucht. Dabei wird dessen weitgehend manuelles Schreiben konsequent unter der Bedingung seiner Mechanisierung betrachtet und systematisch aus den *Tagebüchern* erarbeitet. Eine ausgesetzte und gerade durch diese Aussetzung formbildende Schreib-Szene aus *Der Process* wird dann vor dem Hintergrund der Medienkonkurrenz als „das Zögern zwischen einer Schreibszene und einer Schreib-Szene" dargestellt. In dieselbe Richtung zielen die Ausführungen von *Stephan Kammer* zur systematischen Verortung der Handschrift im Zeitalter mechanisierten Schreibens: Graphologie, Technikgeschichte und Poetologie verbinden sich hier zu einem diskursanalytisch verknoteten Netz, in dem die Handschrift zusehends als Dissoziationsfigur des Schreibens sichtbar wird, durch die Subjekt und Hand auseinanderdriften. Dieser Hiat wird von *Christoph Hoffmann* methodologisch behauptet und fruchtbar gemacht. Das brüchige Verhältnis von schriftlichem Befund, Überlieferungsträger und schreibendem Subjekt wird als genau jene epistemische Präsenz gefaßt, die die Schreibmaschine – um 1900 Gegenstand auch der Kriminalistik, der Maschinenschriftenpädagogik und der Experimentalpsychologie – von vornherein charakterisiert und das die ‚typographologischen' Aufgaben der Philologie prägt. *Wolfram Groddeck* gewinnt gerade in diesem das Zeitalter mechanisierten Schreibens prägenden Hiat eine poetische und poetologische Spannung von Hand- und Maschinenschrift, die als „Schreibmaschinenbedenklichkeit" das chamäleonhaft wechselhafte Reich des Handschriftenbildes in Robert Walsers Werk mitprägt. Das Schriftbild behauptet noch im Reich des Druckens seine Geltung, wie *Christian Wagenknecht* bei Karl Kraus als Herausgeber der *Fackel* veranschaulicht. Gezielte Umbrüche der Seiten oder die Wahl der Schriftart sind hier keineswegs sekundär und machen das Gedruckte als eine Art Partitur lesbar, die als integraler Bestandteil des Schreibprozesses vor der endgültigen Imprimierung des Heftes zu lesen ist. *Sandro Zanetti* erkennt ähnliche Prozeduren in dadaistischen Schreibexperimenten bei Marcel Duchamp, Tristan Tzara und Hans Arp und gibt einen Ausblick auf surrealistische Schreibpraktiken bei André Breton und Philippe Soupault. Die zum Teil bewußt mit der Schreibmaschine inszenierte Abwendung von semantisch kohärenten Ergebnissen des Schreibens ist jeweils bloß die Kehrseite eines konzeptuellen Entwurfes, der bei den einzelnen Autoren oder Künstlern aber sehr unterschiedlich ausfällt und jeweils einen ganz anderen ‚Automatismus' im Prozeß des Schreibens offenlegt. In derselben Tradition liegen die Prozeduren des Avantgarde-Poeten van Ostaijen, die von *Sonja Neef* untersucht werden und die herkömmliche Hierarchien im Prozeß des Schreibens umkehren, indem sie beispielsweise den maschinenschriftlichen Entwurf eines Gedichtes zur Vorlage einer zunächst transkribierten und in Form einer faksimilierten Handschrift schließlich publizierten Arbeit nehmen. *Hubert Thüring* verortet die Poetik Friedrich Glausers zwischen den Protokollverfahren und Krankengeschichten von Polizei, Justiz und Psychiatrie und den Taktiken, diese Verfahren der Erfassung von Individuen wiederum schreibend zu reflektieren oder gar zu unterlaufen. *Franziska Thun-Hohenstein* macht schließlich in ihrer ebenfalls historischen und (kultur)politischen Verortung des Schreibens deutlich, wie sehr die Situation der Stalin-Zeit als Rückfall der russischen Literatur in die „Ära vor Gutenberg" zu betrachten ist. An Dokumenten von schreibenden Lagerhäftlingen analysiert sie die existentielle Bedeutung, die das Schreiben von Hand erlangen kann.

Catherine Viollet

Mechanisches Schreiben, Tippräume
Einige Vorbedingungen für eine Semiologie des Typoskripts[1]

Seit der Erfindung der Handschrift sind fünftausend Jahre vergangen; fünf Jahrhunderte seit der Erfindung des Drucks; was die Schreibmaschine angeht, so existiert sie etwas mehr als hundert Jahre; der Computer, der sich erst seit den letzten Jahrzehnten verbreitet hat, schob sie, wenn man so will, bereits in den Bereich der Antiquitäten ab. Dennoch: Hat nicht als erste die Schreibmaschine die Bedingungen und Praktiken der literarischen und der nicht-literarischen Schriftproduktion erschüttert, die allein der massive Gebrauch des Computers heute wieder in Frage zu stellen geeignet zu sein scheint? Hat sie in der Literatur des 20. Jahrhunderts, deren größter Teil über ihre Walze gelaufen ist, nicht ihre Spuren hinterlassen? Ist das Typoskript, und wenn ja, in welchem Ausmaß, mit dem Manuskript vergleichbar? Könnte man nach Kriterien der Semiotik oder der *critique génétique* eine Typologie von Typoskripten erstellen? Hat die Schreibmaschine als erstes Beispiel einer Interaktion zwischen Maschine und Textgenese den *généticiens* in ihrem Umgang mit literarischen Texten alles in allem wirklich nichts zu lehren?

I. Zwei oder drei Sachen, die man von ihr weiß...

Ein verkanntes Werkzeug

Heideggers Rede vom „fast alltäglichen und daher unbemerkten [...] ‚Zwischending' zwischen einem Werkzeug und der Maschine"[2] scheint immer noch zutreffend zu sein. In Frankreich findet man nur gerade zwei Sammlungen von Aufsätzen zu diesem Schreibwerkzeug, das für das 20. Jahrhundert so kennzeichnend war und das sozusagen die „materielle Basis"[3] für dessen Literatur bildete. Die erste versammelt die Akten zu einem Kolloquium, das 1980 vom

1 Der Text ist unter dem Titel „Écriture mécanique, espaces de frappe. Quelques préalables à une sémiologie du dactylogramme" erstmals erschienen in: *Genesis* 10 (1996), „Sémiotique", textes réunis par Louis Hay, Paris: Jean Michel Place, S. 193-208. Für die Rechte zur Übersetzung geht der freundliche Dank an die Éditions Jean-Michel Place (Paris) und an die Autorin.

2 Martin Heidegger, *Parmenides* [Wintersemester 1942/43], in: ders., *Gesamtausgabe*, II. Abt.: *Vorlesungen 1923-1944*, Bd. 54, herausgegeben von Manfred S. Frings, Frankfurt am Main: Vittorio Klostermann 1982, S. 117-130, hier S. 126 f.

3 Friedrich A. Kittler, *Grammophon, Film, Typewriter*, Berlin: Brinkmann & Bose 1986, S. 275.

Exemplar der „Dactyle"-Schreibmaschine aus dem Conservatoire des Arts & Metiers, Paris

Institut d'Étude du Livre organisiert wurde, und behandelt eher technische Aspekte;[4] die zweite ist zwölf Jahre später erschienen[5] und interessiert sich vornehmlich für die sozio-ökonomischen Folgen, die mit der Einführung der Schreibmaschine in die Arbeitswelt verbunden sind – d. h. vor allem mit dem massiven Zugang von Frauen in die Welt der Büros. In den Bibliothekskatalogen antworten auf die Suchwörter ‚Schreibmaschine' oder ‚Schreibmaschinenschreiben' im wesentlichen Lernmethoden sowie einige seltene Ausstellungskataloge[6] – Beweise wenigstens für die Existenz eines unerforschten Kontinentes. Ist es nicht erstaunlich, daß die Schreibmaschine weder in der Geschichte des Schreibens[7] noch in jener der Edition[8] einen eigenen Platz besetzt?

4 Vgl. Roger Laufer (Hrsg.), *La machine à écrire hier et demain*, Institut d'Étude du Livre, Solin 1982.

5 Monique Peyrière (Hrsg.), *Machines à écrire. Des claviers et des puces: la traversée du siècle*, Paris: Éditions Autrement 1994 (=*Autrement* 146).

6 Jean-Luc Balle, Jacques Goffin (Hrsg.), *Un siècle de machines de bureau 1873-1973. Les machines de bureau du Musée de l'Imprimerie*, Brüssel: Bibliothèque Royale Albert 1er 1993.

7 Ausgenommen den Aufsatz von Alain-Marie Bassy: „Machines à écrire: Machines à séduire ou machines à détruire?", in: Anne-Marie Christin (Hrsg.), *Écritures II*, Paris: Le Sycomore 1985, S. 367-379.

8 Henri-Jean Martin, Roger Chartier und Jean-Pierre Vivet (Hrsg.), *Histoire de l'édition française*, 4 Bde. Paris: Promodis, 1982-1986; Jérôme Peignot, *De l'écriture à la typographie*, Paris: Gallimard 1967.

Eine noch beunruhigendere Tatsache ist, daß sie in der Geschichte der Presse völlig ignoriert wird.[9] Es ist zu befürchten, daß sie in der Geschichte des Computers kaum mehr Beachtung findet...[10] Dennoch: Ist die Erfindung des mechanischen Schreibens nicht mit anderen zeitgenössischen technischen Vorstößen wie der industriellen Fabrikation von Papier, Kohlepapier, synthetischer Tinte,[11] Reproduktionsmitteln wie dem Vervielfältigungsapparat und der Matrize verbunden? Sie erfolgt zeitgleich mit anderen Erfindungen im Bereich der Kommunikation wie dem Radio, dem Telefon oder dem Kinematografen,[12] die weitaus mehr beachtet worden sind. Doch wäre der Bruch, den das mechanische Schreiben gegenüber dem Schreiben von Hand einführt, nicht, *mutatis mutandis*, vergleichbar mit jenem der Fotografie gegenüber der Malerei?

Eine kollektive Erfindung

Zahlreiche Forscher haben zur Erfindung des mechanischen Schreibens beigetragen.[13] Sie haben mit ihrem Einfallsreichtum, was die Wahl der Materialien und Mechanismen angeht, rivalisiert. Das älteste Patent wurde 1715 vom Ingenieur Henry Mill in London angemeldet und betrifft „eine künstliche Maschine oder Methode [...], um Buchstaben einzeln oder im Verlauf genau wie beim Schreiben von Hand zu drucken". 1833 erscheint die ‚kryptographische Maschine' (Xavier Progin); in den Jahren um 1850 folgen ihr verschiedene Versuche in mehreren Ländern, das ‚Cembalo Scrivano' (1855), kugelförmig angeordnete Typenhebel (1867) nach einer ganz anderen Machart, die Trommelmaschine...

In genau dieser Zeit stellt der Drucker Christopher Latham Sholes mit Samuel W. Soulé und Carlos Glidden in den Vereinigten Staaten einen Prototypen her, für den sich die Industrie interessiert. *Remington*, eine Fabrik für Waffen und Nähmaschinen, produziert ab 1873 Schreibmaschinen in Serie. Diese ersten Maschinen haben dasselbe Gestell wie die Nähmaschinen und sind mit einem Pedal versehen, um zum Anfang der Zeile zurückzukehren. Einziger Nachteil des Apparats: Der Benutzer kann den geschriebenen Text nicht direkt

---

9 Vgl. René Livois, *Histoire de la presse française*, 2 Bde., Paris: Les temps de la presse 1965. Und doch: Wurde die Schreibmaschine nicht lange mit der Figur des Journalisten assoziiert, als wäre sie dessen emblematisches Attribut?

10 Vgl. diesbezüglich Jacques Anis und Jean-Louis Lebrave (Hrsg.), *Le Texte et l'ordinateur. Les Mutations du Lire-Écrire*, Paris: Éditions Européennes Erasme 1991.

11 Vgl. Marianne Bockelkamp, „Objets matériels", in: Louis Hay (Hrsg.), *Les Manuscrits des écrivains*, Paris: Hachette/CNRS 1993, S. 88-101.

12 In Maurice Daumas (Hrsg.), *L'histoire générale des techniques*, 5 Bde., Paris: PUF 1965-1979 sind nur gerade drei Seiten dem mechanischen Schreiben gewidmet (vgl. ebd., „L'expansion du machinisme", Bd. 3, S. 177-179.)

13 Das umfangreichste Werk zum Thema scheint jenes von Wilfried A. Beeching (*Century of Typewriter*, London: Heinemann 1974) zu sein. Eine knappere Übersicht gibt Charles Ramade, *Élements de dactylographie*, Masson 1971.

sehen, da das Papier unter den Tasten gleitet. Es scheint, daß Mark Twain der erste Schriftsteller war, der diese Maschine – ab 1874 – benutzt hat. Während des folgenden Vierteljahrhunderts vervielfachen sich die Patente für weitere Perfektionierungen.[14] Aber der entscheidende Fortschritt kommt erst ab 1898 – mit der Underwood: Denn die getippte Zeile wird nun für den Benutzer vollständig sichtbar. Die Schreibmaschine verbreitet sich schnell in den Vereinigten Staaten, in Europa schon seit 1882. In Frankreich wird sie, obwohl bereits 1885 eingeführt, erst ab 1910 produziert. Um 1900 sind weltweit bereits über siebenhunderttausend Maschinen im Gebrauch; allein 1954 produziert Remington fünfzehn Millionen Stück.

Gebrauchsanweisung

Eine Standardschreibmaschine setzt sich im Prinzip aus drei Teilen zusammen: einer Tastatur aus Metall; einem beweglichen Teil, dem Wagen, der den Zylinder trägt, der wiederum das Papier einzieht und hält; und einem Druckmechanismus, der mit der Tastatur verbunden ist, deren Typenhebel durch ein Farbband aufs Papier durchschlagen. Um einen Buchstaben zu drucken, tippt man auf eine Taste, die einen Hebel in Bewegung setzt, der wiederum an seinem Ende mit zwei Typen (Majuskel/Minuskel; Ziffern/Interpunktionszeichen) versehen ist, von denen eine durchs Farbband, das sich bei jedem Anschlag hebt, aufs Papier trifft. Während eine Feder die Stangen zurückhält, versetzt sich im Fortgang, dank eines Zahnrads und einer Spiralfeder, der Wagen um eine Kerbe, die das Überlagern der Typen verhindert. Eine Leerschlagtaste ermöglicht eine Verschiebung nur des Wagens.[15] Dieses System ist gewiß jedem Benutzer vertraut; doch gibt es wenige Untersuchungen, die sich mit ihren Implikationen auf der kognitiven, kinästhetischen und psycho-motorischen Ebene beschäftigt haben.[16]

Der Anschlag auf der Tastatur der Schreibmaschine bewirkt – im Unterschied zum Computer, bei dem Anschlag und Druck getrennt sind – die

---

14 Die Drucksysteme von gewissen Modellen – mit Trommel, Wagen oder Lineal – präfigurieren im übrigen spätere Perfektionierungen durch elektrische Maschinen wie etwa die von IBM lancierte Drucktechnik (1961) oder die *Marguerite* von Olivetti (1972). Seit 1902 existieren elektrische Modelle (*Germania*, *Cahill*). Die erste portable Schreibmaschine, die *Corona*, stammt von 1912.

15 Zu diesen Basiselementen kommen Zubehöre wie Zwischenzeilenschaltung, Regelungen von Papierführung und -andruck, Großbuchstaben-Feststelltaste, Zylinderauskupplung, Klingelzeichen am Ende der Zeile etc.

16 Siehe Roger Laufer, „Instruments et machines à clavier", in: ders. (Hrsg.), *La machine à écrire* (Anm. 4), S. 203-219; Paolo Viviani, C. A. Terzuolo, „The Organisation of movement in handwriting and typing", in: Brian Butterworth (Hrsg.), *Language production,* Bd. II. *The Production of Language in Non-speech Modalities*, London: Academic Press 1981; Peter Baier, „Maschinen-Schreiben und seine forensische Analyse (Typewriting and its Forensic Analysis)", in: Hartmut Günther, Otto Ludwig (Hrsg.), *Schrift und Schriftlichkeit. Writing and Its Use,* 2 Bde., Berlin: de Gruyter, Bd. 2, S. 1056-1067.

unmittelbare Einschreibung einer Folge von Buchstaben auf dem Papier. Angeordnet in diskreten Einheiten sind die Buchstaben nicht mehr von der Handschrift, sondern von der Typographie inspiriert, und ihr Aussehen ist speziell diesem neuen Werkzeug angepaßt:[17] Sie müssen den Kriterien der Leserlichkeit (von daher die Wahl von Typen mit rechteckigen Serifen) entsprechen und – bei aller Differenz der typographischen Buchstaben – eine Abmessung (einen Spielraum) von gleichem Wert für jede einzelne Letter erhalten. Der mechanische Anschlag reduziert auf diese Weise die unendliche Varietät der Handschrift und die typographischen Zeichensätze auf eine sehr limitierte Anzahl von Formen (Pica, Elite).[18] Im übrigen weiß man, daß die QWERTY-Anordnung aufgrund der Buchstabenhäufigkeit im Englischen eingeführt wurde und dazu dienen sollte, ein häufiges Verhaken der Typenhebel zu vermeiden, das von einer alphabetischen Ordnung provoziert worden wäre; obwohl diese Anordnung auch bei der Computertastatur beibehalten wurde, entspricht sie in keiner Weise ergonomischen Kriterien.

Unter den verschiedenen in Betracht gezogenen Mechanismen hat die Wahl des Tastaturprinzips (und seiner verschiedenen Perfektionierungen) maßgeblich zum Erfolg der Schreibmaschine geführt und ihr Beinamen und Umschreibungen beschert wie „Buchstabenklavier“, „schreibendes Cembalo“, „eine Art mechanisches Klavier, dessen Tastatur keine Töne, sondern Drucklettern produziert“.[19] Einige frühe Exemplare imitieren die Verteilung der Tasten in schwarz und weiß, und von den ersten Typistinnen verlangte man übrigens, daß sie auch außergewöhnliche Klavierspielerinnen seien. Der professionelle Unterricht (in Frankreich ab 1892 eingeführt) fokussiert eine strenge Einteilung der Tastatur nach einer bestimmten Funktion für jeden Finger. Das Erlernen verlangt Geschicklichkeit, Schnelligkeit, aber auch – ähnlich wie bei der musikalischen Virtuosität – „Fingerspitzengefühl“ und „Tastsinn“.[20]

Eine unscharfe Begrifflichkeit

Wie soll man nun diese Zwitterobjekte, diese Produkte mechanischen Schreibens beschreiben, die erst kürzlich von der Informatik und ihren Textverarbeitungsprogrammen entthront worden sind? Die Begriffe sind diesbezüglich

17 Vgl. hierzu René Ponot, „Pica, Élite et les autres ou les caractères de la machine à écrire“, in: Roger Laufer (Hrsg.), *La machine à écrire* (Anm. 4), S. 143-154.

18 Wenigstens bis zum Aufkommen elektronischer Maschinen in den 70er Jahren. Diese verfügen nun über einen proportionalen Zeichenabstand und auswechselbare Zeichensätze.

19 *Journal des fonctionnaires*, 30. 10. 1887; zit. nach: Balle/Goffin (Hrsg.), *Un siècle de machines de bureau* (Anm. 6), S. 21.

20 Als Beweis folgender Auszug aus einer Anleitung zum Schreibmaschinenlernen: „Das Fingerspitzengefühl. Da die Tasten nicht alle dieselbe Oberfläche haben, verlangen sie eine je andere Anschlagstärke. Ein *m* braucht beispielsweise einen stärkeren Anschlag als ein *i*. Aber schlagen Sie vor allem die Interpunktionszeichen leicht an, sie beschädigen nämlich sehr schnell das Papier. Und schlagen sie den Punkt und das Komma mit dem kleinen Finger an.“

einigermaßen konfus. Umfaßt etwa ein Begriff wie „Brouillon“ auch mechanisch hergestellte Dokumente? Dem steht nichts im Wege, wenn man sich auf das jüngste Glossar bezieht, das für diesen Bereich erstellt worden ist: „Brouillon: mit Streichungen, Zusätzen und Um-Schreibungen übersätes Blatt; Arbeitshandschrift.“[21] Ein auf der Maschine getippter Text kann sehr wohl als Grundlage für Überarbeitungen dienen und folglich mit Streichungen übersät sein. Paradoxer ist der Umstand, daß der Ausdruck „Manuskript“ auch Typoskripte umfassen kann:

> „Manuskript: Jedes von Hand geschriebene Dokument; bisweilen bezeichnet es auch getippte oder gedruckte Dokumente (‚der Handschriftennachlaß Prousts in der Bibliothèque nationale enthält Notizhefte, Entwurfshefte, Reinschrifthefte, Typoskripte und korrigierte Druckfahnen‘).“[22]

Bei aller Ambivalenz gilt „Manuskript“ hier als allgemeiner Gattungsbegriff, der ebenso gut und ungeachtet seiner Etymologie auf Produkte von Textverarbeitungsprogrammen oder auf Druckerzeugnisse ausgeweitet werden kann, da er ja auch auf Fahnenabzüge angewendet wird... Wenn sich aber „Tippen“ und „Von-Hand-Schreiben“ nicht unterscheiden, dann stellt sich die Frage, wie das Spezifische des Tippens beschrieben werden kann. Gewiß, die Hand spielt beim Tippen eine Rolle, meistens sogar beide Hände. Psychomotorisch betrachtet handelt es sich aber keineswegs um dieselbe Geste, wie sie beim eigentlichen Schreiben direkt von Hand, mit der Feder, dem Füllfederhalter oder dem Bleistift zu beobachten ist: Der Körper ist dabei ganz anders involviert. Das Produkt mechanischen Schreibens hat andere Merkmale als das eigentliche *manuscriptum*. Man findet im Französischen für dieses Objekt, das aus dem Tippen auf einer Maschine resultiert, verschiedene Bezeichnungen, die seinen ungewissen Rang unter den Schreibpraktiken verraten:

- „typoscrit“, aus dem Deutschen „Typoskript“, steht näher bei der Typographie.
- „dactylographie“ (dt. Daktylographie, Tippen), gebildet aus den griechischen Wörtern *dactylos* (Finger) und *graphein* (schreiben), bedeutet also wörtlich „mit den Fingern schreiben“. Dem entsprechen auch andere, weit poetischere Umschreibungen wie „sich mit dem Tastsinn äußern“ (*Petit Robert*) oder „die Kunst, sich mit Zeichen zu verständigen, die von Fingern gemacht werden“ (*Littré*). Der Ausdruck steht näher beim Graphischen und bezeichnet eigentlich die „Technik mechanischen Schreibens“, also eher den Akt als das Resultat des Schreibens.

---

21 Almuth Grésillon, *Literarische Handschriften. Einführung in die „critique génétique“* (1994), aus dem Französischen übersetzt von Frauke Rother und Wolfgang Günther, Bern, Berlin u. a.: Peter Lang 1999, S. 293.

22 Ebd.

- „dactylogramme" (dt. Typoskript), dieser Ausdruck scheint sehr geeignet, den getippten Text zu bezeichnen.
- und das sehr unelegante, aber (in Frankreich) weit verbreitete „tapuscrit", gebildet nach der Morphologie von „manuscrit".[23]

Im Englischen bezeichnet das Kompositum „typewriter" sowohl das Gerät als auch dessen Benutzer, während „to type" wie das entsprechende französische oder deutsche Verb einzig die Motorik der spezifischen Geste ausdrückt.

Aus der Vorgeschichte der Schreibmaschine vermitteln die Taufnamen der verschiedenen Vorgänger eine bemerkenswerte Unschlüßigkeit: Unter den Ahnen findet man etwa die „kryptographische Maschine" (Xavier Progin, 1833), den „Chirographen" (Thurber, 1845), das „Druckklavier" (Foucault, 1851), die „Schreibkugel" (Hansen, 1867), den „Kalligraphen" (Yost, 1879), die „Typo" (Manufaktur von Saint-Étienne, 1910), den „Polygraphen" (Burt, 1929)... Ein terminologisches Wuchern, das vor allem die Zwischenstellung der Schreibmaschine – zwischen Handschrift und Typographie – unterstreicht.

Nachdem die Bezeichnung „dactylographe" bei seiner Entstehung 1836 ein „Tastaturinstrument für Taubstumme und Blinde" bedeutete, wurde sie – gemäß dem *Robert* – für „eine Person [verwendet], deren Beruf darin besteht, Texte mit der Schreibmaschine zu schreiben oder abzuschreiben (man meint damit eigentlich nur Frauen)." Vom Gegenstand zur Frau ist der Weg auffallend kurz: Zur monotonen und repetitiven Aufgabe verurteilt, ist die Frau so sehr die „natürliche" Benutzerin der Maschine, daß man sie mit ihr verwechselt. Denn wenn es zutrifft, daß die Schreibmaschine den Frauen zwar den Arbeitsmarkt in rein ökonomischer Perspektive zugänglich macht, dann stimmt es auch, daß sie dies nur in ihrer wesentlich untergeordneten und auxiliaren Rolle als Ausführende tun kann.[24] Verbunden mit der Vorstellung der tippenden Sekretärin herrscht daher der Aspekt des „Transkriptionswerkzeugs" und der anonymen Kopie vor. Anders gesagt: Es handelt sich bei der Schreibmaschine um einen Gegenstand, der den „unbedeutenden" Aufgaben der Reproduktion, nicht etwa den „noblen" der Schöpfung vorbehalten ist. Roland Barthes scheint einer der wenigen Schriftsteller gewesen zu sein, der sich dieses soziologischen Aspekts mit Klarheit bewußt war, sei es auf der Ebene theoretischer Reflexion, sei es auf derjenigen der persönlichen Praxis:

---

23 Ohne deutsche Entsprechung. Der Ausdruck entspricht dem Titel eines sehr populären Werks aus den siebziger Jahren zur Einrichtung von Typoskripten in der Forschung (M.-L. Dufour, *Le Tapuscrit. Service des publications de l'EPHE*, Paris 1971). Im Sinne von „tippen" ist „taper" seit 1923 belegt (*Robert*).

24 Der Lohn einer Typistin beträgt – im Rahmen der Berufskategorien für weibliche Angestellte – die Hälfte von demjenigen ihres männlichen Kollegen (vgl. den Artikel „Femmes aux bureaux", in: *Pénélope* 10, 1984).

„La machine à écrire reste un instrument de classe, liée à un exercice du pouvoir: cet exercice suppose une secrétaire, substitut moderne de l'esclave antique [...], son corps soudé à la machine [...].“[25]

Diese sozio-ökonomischen Überlegungen, die mir keineswegs fremd sind, erklären wahrscheinlich – auf der Ebene des Wissens – das geringe Interesse, das bislang der Schreibmaschine als vollwertigem Schreibinstrument entgegengebracht wurde.

Es gilt, daß die schnelle Verbreitung der Schreibmaschine innerhalb weniger Jahrzehnte auch die Schreibpraxis revolutioniert hat – einschneidend in den Bereichen Administration, Industrie, Handel, aber auch in demjenigen der Literatur. Die auffälligsten Vorteile der Schreibmaschine sind einerseits die Leserlichkeit (und folglich ihre Eignung zur Reproduktion; deshalb ist sie der Typographie so nahe), anderseits die Schnelligkeit und der Zeitgewinn. Die Leserlichkeit bedeutet aber auch den Verlust unendlicher Möglichkeiten im Bereich des graphischen Ausdrucks und der individuellen Merkmale der Handschrift, die es bekanntlich erlauben, deren Hand zu erkennen: Wie soll man denn ohne Zeugen ein ‚autographes‘ von einem ‚allographen‘ Typoskript unterscheiden können, außer durch eine sehr ausgefeilte Untersuchung?[26] Inwiefern hat dieser Apparat, der unter dem Druck eines Fingers, wie es Roland Barthes formulierte, „einen kleinen Bissen Kode ausspuckt“, der die Sprache in diskrete Einheiten zersetzt (Alphabet, Interpunktion) und der diese Elemente dissoziiert, während die Hand sie assoziiert: Inwiefern hat dieser Apparat das Verhältnis zwischen dem Schreiber und dem geschriebenen Text beeinflußt? Die

25 „Die Schreibmaschine bleibt das Werkzeug von Klassenbildung, gebunden an die Ausübung von Macht: Diese Praxis setzt eine Sekretärin voraus, modernes Substitut des antiken Sklaven [...], ihr Körper mit der Maschine zusammengeschweißt [...].“ (Jean-Louis de Rambures, *Comment travaillent les écrivains?*, Paris: Flammarion 1978, S. 15). – Vgl. ebd. (S. 13) die weiteren Äußerungen Barthes': „J'ai parfois été obligé [...] de donner des textes à des dactylographes. Lorsque j'y ai réfléchi, j'ai été très gêné. Sans faire aucune espèce de démagogie, cela m'a représenté l'aliénation d'un certain rapport social où un être, le copiste, est confiné vis-à-vis du maître dans une activité, je dirais presque esclavagiste, alors que le champ de l'écriture est précisément celui de la liberté et du désir.“ („Ich war bisweilen gezwungen, Texte an Typistinnen zu geben. Als ich darüber nachgedacht habe, habe ich mich sehr geschämt. Ganz ohne Demagogie: Das hat mir die Entfremdung einer gewissen sozialen Beziehung dargestellt, in der ein Wesen, die Kopistin, in einer – ich würde sagen: sklavischen – Tätigkeit von einem Herrscher verbraucht wird, während doch das Feld der *écriture* genau dasjenige der Freiheit und des Verlangens ist.“)

26 Vgl. Ingeborg Bachmann, *Todesarten-Projekt*. Kritische Ausgabe, herausgegeben von Monika Albrecht und Dirk Göttsche, München: Piper 1995. – Die Typoskripte waren bekanntlich Gegenstand vertiefter, kodikologischer Untersuchungen, um die Schreibmaschinen (also auch die Zeit und den Ort des Schreibens) zu identifizieren und um die Indizien für die Datierung und für die genetische Untersuchung festzuhalten. Im Anhang des ersten Bandes sind sechs verschiedene Typoskripte – autographe und allographe – abgebildet. Eine Edition der Transkriptionen auf CD-ROM ist vorgesehen, die sowohl alle Tippfehler und ihre Korrekturen als auch eine Typologie der Fehler enthalten soll. Aus der Perspektive der Kriminologie vgl. auch: Wolfgang Huber, „Der Umgang mit der Schreibmaschine als Merkmal der Persönlichkeit“, in: *Forensischer linguistischer Textvergleich*, Bundeskriminalamt Wiesbaden 1989.

Gesten des Schreibens selbst haben ein Gewicht, das jenseits einer rein instrumentellen Praxis liegt. Wie weit folgen die Technologien ihren eigenen Strategien? Man kennt die programmatische Reflexion Nietzsches, der, als er 1882 eine Malling Hansen aus Dänemark kommen ließ – die dafür gedacht war, seine optische Schwäche zu lindern, deren Getipptes aber paradoxerweise nicht unmittelbar sichtbar ist –, seine Erfahrung folgendermaßen kommentierte: „Unser Schreibzeug arbeitet mit an unseren Gedanken."

II. Was Schriftsteller darüber sagen

Wenn man von verstreuten, oft knappen Aussagen absieht, haben Typoskripte als spezifische Objekte kaum die Aufmerksamkeit von *généticiens* oder von Semiotikern auf sich gezogen. Da wir heute über keine anschaulichen Untersuchungen zu diesem Gebiet verfügen, müssen wir notwendigerweise auf direkte Aussagen von Schriftstellern selbst zurückgreifen. Zahlreiche von ihnen haben sich über ihre ‚Beziehung' zur Schreibmaschine geäußert.[27] Die folgenden Beobachtungen möchten in erster Linie einige Anregungen zur Untersuchung der verschiedenartigen Aspekte des mechanisierten Schreibprozesses anbieten, um einige Parameter für die semiotische und genetische Analyse von Typoskripten zu bestimmen.

‚Digitale' Autodidakten

Was zunächst auffällt, ist der Umstand, daß die meisten Schriftsteller, die die Schreibmaschine regelmäßig benutzen, keine ausgebildeten Tipper sind. Schriftsteller, die wie professionelle Typisten alle zehn Finger benutzen, scheinen sogar die Ausnahme zu bilden: Eines der wenigen Zeugnisse in dieser Richtung stammt von Beatrix Beck, die sogar ein Typistinnen-Diplom besitzt und die es „amüsant findet, mit zehn Fingern zu tippen."[28] Im Unterschied zur Handschrift und zum Computer scheint der Gebrauch der Schreibmaschine nicht erlernt werden zu müssen. Einige pflegen, offen gesagt, einen eher ungeschickten oder rudimentären Umgang und tippen mit nur einem oder zwei Fingern, „ein bißchen wie Polizeibeamte":

---

27 Die folgenden Zitate beziehen sich im wesentlichen auf Gespräche und Berichte, die in folgenden Werken versammelt sind: Rambures, *Comment travaillent* (Anm. 25); André Rollin, *Ils écrivent. Où? quand? comment?*, Paris: Mazarine 1987; Malcolm Cowley (Hrsg.), *Writers at Work. The Paris Review*, Penguin 1958; Ulrich Ott (Hrsg.), *Literatur im Industriezeitalter 2*, Marbach am Neckar: Deutsche Schillergesellschaft 1987 (=*Marbacher Katalog* 42/2). Im Rahmen dieses Aufsatzes hat mich die Heterogenität der Praktiken und deren Relevanz eher als der Bekanntheitsgrad der Schriftsteller interessiert.

28 Rollin, *Ils écrivent* (Anm. 27), S. 33.

„Ich hatte vom Maschinenschreiben keine Ahnung und tippte mir nachts mühsam mit wörtlich blutigen Fingern mein Stück zusammen [...].“[29] (Carl Zuckmayer)

„[Je tape avec] un seul doigt, je m'aide d'un deuxième doigt pour aller à la ligne et pour la barre d'espacement, mais je tape très vite à un doigt, aussi vite que d'autres gens à neuf [sic] doigts.“[30] (François Weyergans)

In anderen Berichten kann man ein Bewußtsein über die in Gang gesetzte Gestik nur annähernd erkennen, und der Gebrauch der Finger entspricht eher einer ganz persönlichen Ausdrucksweise:

„Je tape rapidement, même très vite quand c'est nécessaire avec quelques doigts, je n'ai jamais su exactement lesquels. De façon anarchique, digitalement autodidacte.“[31] (Denis Roche)

„Je tape avec un doigt de la main droite et quelques autres de la main gauche, je ne sais pas très bien lesquels. Le plus fort, c'est que je tape vite. Et presque sans fautes.“[32] (Danièle Sallenave)

„[J'ai] longtemps tapé directement mes livres à la machine avec trois doigts de chaque main [...].“[33] (Françoise Sagan)

Ein Buchstabenklavier

Roger Laufer hebt zurecht zwei Parallelen hervor, die die Schreibmaschine mit dem Piano verbinden: Der Akt des Anschlagens mit beiden Händen (im Gebrauch der beiden Hände gleich geschickt) und die Vorgabe eines Dispositivs (die Tastatur), das dazu dient, akustische bzw. graphische Zeichen auszusenden. Was sie hingegen unterscheidet, ist der Umstand, daß der Fingersatz auf der Schreibmaschine – im Gegensatz zum Klavier – den Zweck vom Mittel trennt. Darüber hinaus läßt sich – wie Roger Laufer weiter festhält – die alphabetische Transkription, die die Sprache in minimale graphische Einheiten teilt, mit der musikalischen Notation vergleichen. Für Philippe Sollers ist das Tippen auf der Maschine dem Klavier näher als dem Schreiben mit der Hand. „N'y a-t-il pas,

29 *Literatur im Industriezeitalter* 2 (Anm. 27), S. 1004.

30 „Ich tippe mit nur einem Finger, der zweite Finger hilft beim Zeilenwechsel und beim Leerzeichen, denn ich bin sehr schnell mit einem Finger, ebenso schnell wie andere mit neun [sic] Fingern.“ (Rollin, Anm. 27, S. 373)

31 „Ich tippe schnell, sogar sehr schnell, wenn es nötig ist, mit einigen Fingern, ich habe nie genau gewußt, mit welchen. Auf anarchische Art und Weise, als digitaler Autodidakt.“ (Rollin, *Ils écrivent*, Anm. 27, S. 283-289)

32 „Ich tippe mit einem Finger der rechten Hand und mit einigen weiteren der linken Hand, ich weiß nicht genau, mit welchen. Das beste dabei ist, daß ich sehr schnell tippe. Und das beinahe ohne Fehler.“ (Rollin, *Ils écrivent*, Anm. 27, S. 301)

33 „Ich habe meine Bücher für lange Zeit direkt mit drei Fingern jeder Hand getippt [...].“ (*Writers at Work* 1958, Anm. 27, S. 305)

là aussi, un état de clivage des deux mains par rapport au cerveau qui est radicalement différent de la position traditionnelle du scribe?"[34] Viele Schriftsteller heben diese Verwandtschaft und deren Relevanz für die Lust hervor, die ihnen die Schreibmaschine verschafft:

> „J'ai beau être un mauvais pianiste, je sais quand même taper à la machine avec dix doigts. Évidemment, je fais de fautes."[35] (Pierre Schaeffer)

> „Écrire pour moi, c'est trouver un certain rythme. Que je compare aux rythmes du jazz."[36] (Françoise Sagan)

Fingerspitzengefühl, Virtuosität, Schnelligkeit, Rhythmus: Ist die Schreibmaschine etwa nicht schon als „literarisches Klavier" bezeichnet worden?

> „Le clavier de la machine à écrire, c'est devenu mon piano, c'est évident. J'écris musicalement. [...] Il y a des machines à écrire dont j'aime beaucoup le bruit, et puis il y a un certain rythme quand on écrit soit de la prose, soit du théâtre, qui devient un bon rythme. Je sais que certains de mes textes sont meilleurs que d'autres parce que le son de la machine à écrire est bon, au moment de leur écriture."[37] (Jacques-Pierre Amette)

> „Je n'ai jamais fait de piano, donc je ne peux pas comparer. Cela dit, quand je tape très vite, j'ai un peu l'impression de faire du piano et je me surprends même, vous savez comme ces pianistes qui [...] dessinent des arabesques avec leurs mains, je ne vais pas jusque-là mais quelquefois je n'en suis pas loin. Et c'est assez stimulant finalement. Le mot qui me vient spontanément à l'esprit, c'est virevolter. J'ai l'impression que mes mains virevoltent: ‚La danse de l'esprit parmi les mots.'"[38] (Denis Roche)

---

34 „Gibt es nicht auch da eine Gespaltenheit zwischen den beiden Händen und dem Hirn, die grundsätzlich anders ist als die traditionelle Lage des Schreibers?" (Rollin, *Ils écrivent*, Anm. 27, S. 333)

35 „Ich mag ein schlechter Pianist sein, ich kann trotzdem mit zehn Fingern auf der Schreibmaschine tippen. Selbstredend mache ich Fehler." (Ebd., S. 313-320)

36 „Schreiben bedeutet für mich, einen bestimmten Rhythmus zu finden. Ich vergleiche ihn mit demjenigen des Jazz [...]." (*Writers at Work*, Anm. 27, 1958, S. 305)

37 „Die Tastatur der Schreibmaschine ist mein Klavier geworden, das ist klar. Ich schreibe musikalisch. [...] Es gibt Schreibmaschinen, deren Geräusch ich sehr mag. Und dann gibt es je nachdem, ob man Prosa oder ob man Theater schreibt, einen bestimmten Rhythmus, der zu einem guten Rhythmus wird. Ich weiß, daß gewisse meiner Texte besser als andere sind, weil der Ton der Schreibmaschine beim Schreiben gut war." (Rollin, *Ils écrivent*, Anm. 27, S. 25)

38 „Ich habe nie Klavier gespielt, daher kann ich nicht vergleichen. Indes, wenn ich sehr schnell tippe, gewinne ich ein bißchen den Eindruck, Klavier zu spielen, und staune dabei über mich selbst. Sie wissen schon, wie jene Pianisten, die mit ihren Händen Verzierungen machen. Ich selber gehe nicht so weit, aber manchmal bin ich nicht sehr weit davon entfernt. Und das ist schließlich ziemlich stimulierend. Das Wort, das mir spontan in den Sinn kommt, ist ‚herumwirbeln'. Ich habe den Eindruck, daß meine Hände herumwirbeln: ‚Der Tanz des Geistes zwischen den Buchstaben.'" (Ebd., S. 283-289)

Bisweilen sind es ganz einfach das Geräusch und der Rhythmus des Tippens, die einen notwendigen Antrieb bilden, der für den Prozeß des ‚Schreibens' unentbehrlich wird:

> „Ma machine est électrique. J'ai besoin de ce cliquetis métallique. [...] Autant les rumeurs de la vie et de la ville me sont pénibles, autant le claquement des touches m'est nécessaire [...]."[39] (Serge Doubrovsky)

> „Le côté mécanique, frappe, percussion, déroulement, c'est très efficace. Je préfère les machines un peu lourdes ou semi-portatives ou lourdes carrément."[40] (Denis Roche)

Eine zerbrechliche Mechanik

Die Schreibmaschine unterliegt auch Zwängen: Zu den nicht unerheblichen gehört die Sorge um ihre Funktionstüchtigkeit, also ihr Unterhalt. Jeder Schriftsteller hat diesbezüglich seine eigenen Vorstellungen, je nachdem, ob die Schreibmaschine ausschließlich als Hilfsinstrument oder als Gegenstand pedantischer Sorgfalt betrachtet wird.

Pierre Guyotat unterhält seine Schreibmaschine „beinahe wie ein Museumsobjekt, mit großer Sorgfalt, läßt sie reparieren". Beatrix Beck „macht für sie alles, was man für sie machen muß": „Je nettoie par exemple les caractères avec une pâte machine; et je prends une aiguille pour bien gratter chaque caractère et qu'ils soient nets."[41]

Das wichtigste technische Problem scheint den Wechsel des Bandes zu betreffen. Denn diese Maßnahme bedarf einer gewissen Sorgfalt und kann, wenn das *know-how* fehlt, extreme Konsequenzen nach sich ziehen, wie Dorothy Parker bestätigen kann:

> „Je sais si peu de choses sur la machine à écrire qu'un jour j'ai dû en acheter une nouvelle parce que j'étais incapable de changer le ruban sur celle que j'avais."[42]

Andere hingegen sind Experten für Schreibmaschinenbänder und haben, wie Maurice Roche, einen kunstvollen Umgang mit ihnen: „La frappe de *Compact* a été faite aussi en couleurs avec des rubans de couleurs différentes."[43]

---

39 „Meine Maschine ist elektrisch. Ich brauche dieses metallische Klappern. [...] So sehr ich den Lärm des Lebens und der Stadt verabscheue, so sehr brauche ich das Klicken der Tasten [...]." (Ebd., S. 170-174)

40 „Die mechanische Seite, das Tippen, das Anschlagen, ist sehr wirksam. Ich bevorzuge die etwas schwereren oder halb-portablen oder ganz einfach schweren Maschinen." (Ebd., S. 283-289)

41 „Ich reinige beispielsweise die einzelnen Typen mit einer Maschinencrème; und ich nehme eine Nadel, um jede einzelne Type wirklich rein zu kratzen." (Ebd., S. 33)

42 „Ich weiß über die Schreibmaschine so wenig, daß ich eines Tages nur deshalb eine neue kaufen mußte, weil ich das Band nicht wechseln konnte." (*Writers at Work*, Anm. 27, 1958, S. 79)

43 „*Compact* gibt es auch in Farben, mit verschiedenfarbigen Bändern." (Rollin, *Ils écrivent*, Anm. 27, S. 290-296)

Die Typen und die Spuren, die sie auf dem Papier hinterlassen, haben für gewisse Schriftsteller eine ganz besondere Wichtigkeit:

> „Elle tape des caractères très beaux qui coupent un peu le papier, la frappe coupe. C'est certainement la réminiscence des modes de graphie anciennes et antiques [...]. Ce sont presque, déjà, des caractères d'imprimerie un peu ancienne."[44] (Pierre Guyotat)

Die Typen sind anfällige Elemente, die von der Abnutzung bedroht sind (und die deshalb im Zentrum von Revisionen stehen). Diesbezüglich werden verschiedene Lösungen ins Auge gefaßt:

> „Il y a une machine, à chaque fois, au bout de trois *u*, le *u* partait. Comme je ne voulais pas la donner à réparer, je collais mon *u* avec n'importe quoi, de la mie de pain, des bouts d'allumette pour coincer, etc."[45] (Marie Cardinal)

> „La machine, c'est une vieille Triumph, et il y a deux touches qui ne marchent pas: une qui ne me gêne pas trop – c'est le ‚w', mais l'autre, c'est le ‚i'. Ça pose problème! J'aimerais bien faire comme Perec, écrire un roman sans i, ou sans e, eh bien non, je fais le i à la main."[46] (Patrice Delbourg)

Eine Standard-Grundlage?

Obwohl das Papier – im Gegensatz zu den unendlichen Möglichkeiten, die dem Schreiben von Hand zur Verfügung stehen – erheblich standardisiert ist und einem normierten Format entspricht, bleibt eine gewisse Spannbreite an Möglichkeiten offen, deren augenfällige Sinnlichkeit nicht ausgeschlossen bleibt:

> „Une seule feuille dedans, mais du beau papier, pas usagé d'un côté, du Vergé en pricipe, très blanc, un peu épais, un peu raide. Parce que j'aime bien sentir les touches s'enforcer dans l'épaisseur du papier et en même temps j'aime bien sentir que le papier résiste. J'en suis les lignes, les ‚vergeures'."[47] (Denis Roche)

---

44 „Sie tippt sehr schöne Typen, die das Papier ein bißchen beschädigen. Der Anschlag beschädigt. Das ist bestimmt eine Erinnerung an die alten und antiken Arten des Schreibens. [...] Das sind also schon fast ein bißchen veraltete Drucktypen." (Ebd., S. 207-208)

45 „Es gibt eine Maschine, bei der jedesmal nach drei *u* das *u* ausfiel. Da ich sie nicht in die Reparatur geben wollte, klebte ich mein *u* mit irgendetwas an, mit Brotkrume, mit Streichholzenden zum Verkeilen usw." (Ebd., S. 88-90)

46 „Die Maschine ist eine alte Triumph, auf der zwei Tasten nicht funktionieren: Die eine stört mich nicht sehr, das ist das ‚w', aber die andere ist das ‚i'. Das gibt Probleme! Ich würde es gern wie Perec machen und einen Roman ohne i oder ohne e schreiben. Aber nein, ich schreibe das i mit der Hand." (Ebd., S. 135)

47 „Ein einziges Blatt darin, aber schönes Papier, unbenutzt auf der einen Seite, eigentlich gerippt / jungfräulich, sehr weiß, ein wenig fest, ein wenig gespannt. Denn ich mag es, wenn ich die Tasten in die Festigkeit des Papiers eintauchen spüre und wenn ich zugleich den Widerstand des Papiers wahrnehme. Ich folge seinen Linien, seinen ‚Wasserzeichen'-Linien." (Ebd., S. 283-289)

> „J'ai, il est vrai, des contacts un peu particuliers avec le papier; on tourne des petits boutons, on voit apparaître une ligne, une autre, puis une page tout entière. C'est une autre forme de fétichisme."[48] (Françoise Sagan)

Berühmt und ohne Zweifel einzigartig in seiner Gattung ist das Tippen auf Endlospapier, diese „Rolle mit hundert Füßen" (wie man sie von den *volumen* kennt), auf der Jack Kerouac in einem Zug *Sur la route* verfaßt haben soll. Sie stellt für einige Schriftsteller die Lösung der Probleme bei der Handhabung des Schreibraums dar, wenn der Schreibfluß die Ränder des Papiers überschreitet und sich im Leeren verliert oder wenn der Blattwechsel das Tippen unterbricht. Aus genau diesem Grund hat Arno Schmidt das A3-Format ausgewählt, um nicht allzuoft die Schreibmaschine einspannen zu müssen.

Eine Lebensgefährtin

Die Schreibmaschine – sei sie nun bescheiden, sei sie nun luxuriös ausgestattet – stellt für die meisten Schriftsteller zweifelsohne ebenso wie andere Schreibgeräte einen privilegierten Gegenstand für verschiedenste Affekte dar, die mit den Gesten des Schreibens selbst verquickt sind. Henry Miller bestimmt seine Maschine als ein „kooperatives Ding", Jean Cayrol bezeichnet sie als „etwas Lebendes", „hinterlistig, durchtrieben", „das wie ein Frosch aufspringt." Andere sprechen der Maschine einen mehr oder weniger großen Teil an Autonomie zu. Denis Roche, der seine Maschine als „robust und nicht reizbar" bezeichnet, hält fest, daß „sie ihm davon nichts abgibt", daß „sie das macht, was er auf ihr macht". Zugleich aber präzisiert er, daß „der Gang zur Maschine wie der Eintritt in eine Arena auf Sägespänen" ist. Man weiß, daß Henry James auf seinem Sterbebett verlangt hat, daß man ihm seine Remington bringe. Als personifiziertes Objekt kann sie über die einfache Verbundenheit hinaus zum Objekt der Identifikation werden. Kann man nicht in diesem Sinne Nietzsches Vers verstehen, den er auf die Schreibmaschine gehämmert hat, „SCHREIBKUGEL IST EIN DING GLEICH MIR: VON EISEN"?[49] Die Schreibmaschine ist darüber hinaus auch Objekt für Zärtlichkeiten und Wollust und sogar für exklusive Leidenschaft: Berichte in diesem Sinne fehlen nicht…

---

48 „Meine Kontakte zum Papier sind zugegebenermaßen etwas seltsam. Man dreht an kleinen Knöpfen, man sieht eine Zeile erscheinen, dann eine weitere, dann eine ganze Seite. Das ist eine andere Art des Fetischismus." (Rambures, *Comment travaillent*, Anm. 25, S. 144)

49 Vgl. Martin Stingelin, „Kugeläußerungen. Nietzsches Spiel auf der Schreibmaschine", in: Hans Ulrich Gumbrecht und K. Ludwig Pfeiffer (Hrsg.), *Materialität der Kommunikation*, Frankfurt am Main: Suhrkamp 1988, S. 326-341.

Eine Frage der Geschwindigkeit

Einer von zwei gewichtigen Gründen für die Mechanisierung des Schreibens bezieht sich auf den Zeitgewinn, auf die Schnelligkeit des Tippens: „Ein guter Typist erledigt problemlos die Arbeit von drei Federschreibern", verspricht eine Werbung für die Schreibmaschine. Die Kopistin juristischer Dokumente M. Warrell hat 1889 mit aller Gelassenheit erklärt, daß ihr „eine Typistin versichert habe, sie könne in einer Stunde vierzig Seiten tippen"[50] – ein Rekord! Zahlreiche Schriftsteller schätzen und unterstreichen diesen Aspekt des mechanisierten Schreibens. In manchen Fällen scheint er unzertrennlich mit einem Schreiben verbunden zu sein, das – wie etwa beim Tagebuchschreiben – dazu aufgefordert ist, der Geschwindigkeit des Denkens zu folgen. So Claude Mauriac beim alltäglichen Tippen des Tagebuchs:

> „Mais, justement, ce n'est pas assez dire que je n'ai pas, ici, dans mon journal, le temps de m'appliquer. À peine celui de taper sur ma petite machine avec mes deux doigts, si vite [...]. Sachant, à chaque seconde, que cela pourrait être mieux exprimé, ce qui m'est relativement indifférent; mais aussi, ce qui me l'est moins: qu'il y aurait d'autres détails à donner, d'autres précisions à apporter, mais si je m'arrête je risque de bloquer ‚la machine', non pas mon Hermès fidèle, mais l'ordinateur que je suis où tant de cartes perforées restent inutilisées. [...] Je n'ai pas le choix: ce sont les cinquante pages hâtives ou ce n'est rien."[51]

Paradoxerweise ist den zahlreichen Berichten die Vorstellung von Spontaneität gemeinsam, die mit der Schnelligkeit des Tippens verbunden wird. So etwa bei Philippe Sollers: „L'écriture directe à la machine, à partir d'une certaine vitesse, crée une sorte de spontanéité particulière qui a sa beauté."[52] Obwohl die Geschwindigkeit des Tippens an Typoskripten schwieriger abzulesen ist als die Geschwindigkeit des Schreibens am Duktus der Handschrift, ist sie nicht weniger bedeutungsvoll:

> „[La vitesse de frappe] Non, elle varie uniquement selon ma disposition mentale, c'est-à-dire plus on est excité, plus on se sent maître de ce qu'on écrit et plus on tape vite et là je peux vraiment taper très vite. Si on n'est pas très maître de sa phrase

---

50 Donald Jackson, *Histoire de l'écriture*, Paris: Denoël 1982, S. 169 f.

51 „Es genügt aber eigentlich nicht zu sagen, daß ich hier in meinem Tagebuch keine Zeit hätte, mich anzustrengen. Kaum Zeit, auf meiner kleinen Maschine mit meinen zwei Fingern zu tippen [...]. Jederzeit wissend, daß das besser formuliert sein könnte, was mir relativ gleichgültig ist. Was mir aber weniger gleichgültig ist, ist der Umstand, daß es weitere Details und Präzisierungen gäbe, aber wenn ich innehalte, laufe ich Gefahr, ‚die Maschine' zu blockieren, weniger meine treue Hermes als vielmehr den Ordner, der ich bin und in dem so viele gelochte Blätter unbenutzt bleiben. [...] Ich habe keine Wahl: Entweder hastige fünfzig Seiten oder gar nichts." (Entretien avec Philippe Lejeune, *La Faute à Rousseau* n° 5 (1994), S. 28-29)

52 „Das direkte Schreiben auf der Maschine erzeugt von einer gewissen Geschwindigkeit an eine besondere Spontaneität, die ihre eigene Schönheit hat." (Rollin, *Ils écrivent*, Anm. 27, S. 333)

on tape plus lentement, on fait des fautes de frappe. Les sorties de route sont celle de la pensée."[53] (Denis Roche)

Für andere hingegen laden die Unterbrechungen im Rhythmus und die Tippfehler dazu ein, über ihre semantische Wirkung oder über den entstehenden Text nachzudenken. Sie gewinnen also ihre Wirkung auf der Ebene des literarischen Plans:

> „Disons que je tape à une vitesse suffisante, et les fautes de frappe qu'il m'arrive souvent de faire ne me sont pas inutiles, car elles offrent comme une pause à la réflexion. Je suis donc content, paradoxalment, de ne pas taper très bien."[54] (Serge Doubrovsky)

Verwaltung des Raums

Das mechanisierte Schreiben soll angeblich die Ausdrucksbewegungen der Handschrift, die graphischen Spuren der skripturalen Bewegung auslöschen. Obwohl die Verwaltung des graphischen Raums *a priori* sehr einschränkenden Zwängen unterliegt – deren wichtigste Parameter umfassen die horizontale Schreibbewegung (die eigentlich festgelegt ist, die aber bekanntlich am Ende der Seite ausgeschaltet werden kann), die Ränder und den veränderbaren Zeilenabstand –, gewährt sie dem Schreiber einen gewissen Spielraum, ja sogar die Möglichkeit, diese Parameter zu überschreiten. Für Cendrars beispielsweise bedeutet das Typoskript keineswegs die Abwesenheit eines persönlichen „Siegels": „On voit très bien que c'est moi qui l'ai tapée / Il y a des blancs que je suis seul à savoir faire [...]."[55] Gleichwohl scheinen die meisten Schriftsteller mit dem mechanisierten Schreiben den Wunsch zu verbinden, den graphischen Raum randvoll zu füllen – „so viel wie möglich in einen möglichst kleinen Raum zu setzen" (Sollers) – und eine kompakte Dichte zu erzeugen, in der die Einheit der Seite möglichst mit einer textuellen Einheit zusammenfallen soll und in der zur Einrichtung der Seite möglichst wenig Vorkehrungen nötig sein sollen, damit der Schreibfluß möglichst freien Lauf hat:

> „La page est entièrement remplie, il n'y a aucune marge, ça commence vraiment à l'arête du feuillet, tout au bord de la page. [...] Si j'éprouve le besoin qu'une sé-

---

53 „[Die Geschwindigkeit des Tippens] Nein, sie variiert nur nach Maßgabe meiner mentalen Disposition, d. h. je aufgeregter man ist, desto mehr fühlt man sich Herr über das, was man schreibt, und desto schneller tippt man: Und diesbezüglich kann ich sagen, daß ich sehr schnell tippe. Wenn man nicht sehr Herr über seinen Satz ist, tippt man langsamer, macht man Tippfehler. Die Fehler sind diejenigen des Denkens." (Ebd., S. 283-289)

54 „Sagen wir, daß die Geschwindigkeit meines Tippens ausreichend ist und daß mir die Tippfehler, die mir oft passieren, nicht ungelegen sind, denn sie erlauben dem Denken eine Art Pause. Ich bin daher paradoxerweise froh darüber, nicht gut tippen zu können." (Ebd., S. 170-174)

55 Blaise Cendrars, *Du monde entier au cœur du monde*, Paris: Denoël 1957, S. 13. „Man sieht sehr gut, daß ich es getippt habe / Es gibt weiße Leerstellen, die nur ich erzeugen kann."

quence soit achevée sur cette même page, eh bien, non seulement je tasse encore plus les lettres et mots mais j'utilise, au maximum, le blanc qui reste, l'angle droit de la feuille jusqu'à ce que la dernière lettre de la séquence se loge dans l'extrême pointe de cet angle. [...] Une page c'est très serré: le manuscrit original fait soixante-dix pages, à peu près. Et *Le Livre* imprimé en fait deux cent dix, sans aucun alinéa!"[56] (Pierre Guyotat)

Eine vertikale Aufteilung der Seite, wie man sie häufig in Manuskripten des 19. Jahrhunderts antrifft, scheint beim mechanisierten Schreiben selten aufzutreten. Uwe Johnson hingegen hält fest:

„Ich schreibe es gleich in die Maschine, d. h. rechts auf eine in der Längsmitte unterteilte Seite, und zwar weil die Typen der Maschinenschrift mich daran hindern, das Niedergeschriebene als etwas so Vertrautes aufzufassen wie meine eigene Handschrift. Auf die linke Seite kommen die Änderungen, Worte werden ausgewechselt, aber im wesentlichen liegt eine solche Seite fest."[57]

Für Ingeborg Bachmann erlauben Typoskripte, eine besondere Prosodie des mechanischen Schreibens zu erkennen und den spezifischen Rhythmus des Tippens zu erraten. Der graphische Raum des A4-Blattes scheint für sie zu eng, dessen Grenzen hemmen den Schreibfluß der skripturalen Geste. Der Text, der darauf zu stehen kommt, überschreitet in der Regel die Seitenränder sowohl in der Höhe als auch in der Breite, so daß am Ende der Seite einige Wörter (oder Zeilen), die selten auf der folgenden Seite wieder auftauchen, in die Leere mitgerissen werden.

Der Schrecken vor der Streichung

Für einige mechanisierte Autoren[58] scheint die Schreibmaschine untrennbar mit einem Schrecken vor der Streichung verbunden zu sein – ein Umstand, der sich für sie aus der Nähe zwischen Maschinenschrift und Typographie ergibt. Auch wenn es sich um einen ersten Entwurf handelt, soll dieser bereits wie ein „fertiges Produkt", „rein", „ohne Fehler" sein, nur um das Tippen – wann immer nötig – unbelastet wiederaufzunehmen:

---

56 „Die Seite ist vollständig gefüllt, es gibt keinen Rand, das beginnt wirklich schon am äußersten Rand des Blattes und der Seite. [...] Wenn ich eine Sequenz noch auf dieser Seite abschließen will, ja, dann häufe ich nicht einfach weiter Buchstaben und Wörter an, sondern benutze bis zum äußersten die restliche weiße Fläche in der rechten Ecke des Blattes, bis der letzte Buchstabe der Sequenz im äußersten Punkt dieser Ecke zu stehen kommt. [...] Eine Seite ist etwas sehr Dichtes: Das originale Manuskript umfaßt etwa sechzig Seiten. Das Buch umfaßt im Druck zweihundertzehn Seiten, ohne Absätze!" (Rollin, *Ils écrivent*, Anm. 27, S. 207-208)

57 Eberhard Fahlke (Hrsg.), *„Ich überlege mir eine Geschichte...". Uwe Johnson im Gespräch*, Frankfurt am Main: Suhrkamp 1988, S. 204 f.

58 Wie es im übrigen auch für die Schriftstellerin der Fall ist, die von Nathalie Sarraute (die ihrerseits nur mit der Hand schreibt) in *Entre la vie et la mort* inszeniert wird.

„Je rature jamais. Je recommence entièrement. [...] S'il est trop visible que le passage a été retouché, je retape la page. J'ai besoin de voir le livre presque prêt, à mesure qu'il se compose."[59] (Serge Doubrovsky)

„C'était peut-être pour qu'il n'y ait pas de... comment dire?... pour qu'il n'y ait pas de bavure. Pour qu'il n'y ait pas de trace. Vous savez, quand on tape à la machine, il faut que ça soit propre, enfin moi j'ai envie que ça soit propre, qu'il n'y ait aucune rature. Donc, au fur et à mesure, toutes les pages que je recommence, je les jettes et je reste devant une chose distante, distante de moi, où la main n'est pas intervenue, où il n'y a pas de trace... Quand j'écris à la machine, je rature mentalment, ça ne se voit pas."[60] (Bernard Noël)

Die Typoskripte von Ingeborg Bachmann (aus dem ersten Entwurf der Novelle *Ein Schritt nach Gomorrha*) gewinnen ihre besondere Eigenschaft aus der Fülle von Tippfehlern... Die Geschwindigkeit, eine ungünstige Haltung, fehlerhaftes Material und wahrscheinlich eine gewisse Ungeschicktheit haben zahlreiche Überlagerungen oder Wiederholungen von Buchstaben und Entstellungen von Wörtern nach sich gezogen, die stellenweise sogar unleserlich sind (z. B. „natprlkch" = natürlich, „vertanadne" = verstanden).[61] Die Schreiberin scheint sich meistens darüber hinwegzusetzen und ihre Aufmerksamkeit eher auf den Text als auf sein Aussehen zu richten.

Vom graphischen Standpunkt aus gesehen würde wohlverstanden nichts gewöhnliche handschriftliche Redaktionen verhindern (die Tilgung, die traditionellerweise mit ‚x' durchgeführt wird, sei es als Sofortkorrektur oder als nachträgliche Bearbeitung): Gewisse Typoskripte enthalten bestimmt ebenso viele und verschiedenartige Eingriffe wie Handschriften. Man wird aber einsehen, daß das mechanische Instrument als solches für komplexere Eingriffe (etwa Verschiebung eines Absatzes...) und für ausgreifende Korrekturen nicht sehr geeignet ist. Die Maschine legt es dem Schreiber daher nahe, das mechanische Schreiben mit spezifisch technischen Korrekturmitteln zu verbinden und von handschriftlichen Eingriffen abzusehen: Selbstklebebänder, Selbstkorrektur, Tipp-Ex in Blattform oder flüssig... Die privilegierte Methode scheint jene mit Schere und Leim zu sein (oder mit Stecknadeln, Klammern), die genau dem

59 „Ich streiche nie. Ich beginne ganz von vorn neu. [...] Wenn es zu offensichtlich ist, daß eine Passage korrigiert worden ist, tippe ich die Seite von neuem. Ich muß das Buch, bei seiner Entstehung, schon fast fertig vor mir sehen." (Rollin, *Ils écrivent*, Anm. 27, S. 170-174)

60 „Das war vielleicht, damit es keine... wie soll ich sagen?... damit es keine unsaubere Stelle gibt. Damit es keine Spur gibt. Wissen Sie, wenn man auf der Schreibmaschine tippt, dann muß das sauber sein, wenigstens ich will, daß das sauber ist, daß es keine Streichung gibt. In diesem Sinne sind alle Seiten, die ich von vorn und erneut niederschreibe, weit von mir entfernt, in weiter Entfernung von mir, wo meine Hand nicht eingegriffen hat, wo es keine Spuren gibt... Wenn ich auf der Maschine schreibe, dann streiche ich nur im Kopf, das sieht man nicht." (Ebd., S. 247)

61 Vgl. die Studie von Huber (Anm. 26): Demgemäß sind solche Fehler für diejenigen Schriftsteller bezeichnend, die mit zwei bis vier Fingern tippen. Vgl. Verf., „Textgenetische Mutationen einer Erzählung: Ingeborg Bachmanns ‚Ein Schritt nach Gomorrha'", in: Jürgen Baurmann und Rüdiger Weingarten (Hrsg.), *Schreiben: Prozesse, Prozeduren, Produkte*, Opladen: Westdeutscher Verlag 1995, S. 129-143.

Vorgehen „schneiden und leimen" im Umgang mit Texten zu entsprechen scheint:

> „Je révise avec des ciseaux et des épingles. Coller est trop lent, et vous ne pouvez pas le défaire, mais avec des épingles vous pouvez déplacer les choses d'un endroit à un autre, et c'est ce que j'aime vraiment beaucoup faire."[62] (Eudora Welty)

Brouillon oder Reinschrift

Einer der Gründe, weshalb die *généticiens* sich wenig für Typoskripte interessiert haben, besteht ohne Zweifel darin, daß die Schreibmaschine meistens mit den letzten Phasen der Reinschrift assoziiert wird. Aber es ist nicht selten – und nicht allein unter den amerikanischen Autoren wie Hemingway, Miller oder Burroughs –, daß ein Schriftsteller schon bei der Anfertigung der Notizen oder der Brouillons zur Maschine greift, ja Schreiben für ihn sogar nur mit der Maschine in Frage kommt, ausschließlich:

> „À la limite, je puis concevoir d'écrire un texte critique à la main, un texte romanesque, non. Parce que la typographie joue un grand rôle pour moi, les espacements, les blancs, la disposition matérielle du langage font partie de l'expression écrite."[63] (Serge Doubrovsky)

> „J'écris du premier jet, je ne fais pas de brouillon, et ce que je tappe est directement de toute manière le texte définitif. Je ne le retaperai jamais. J'ai un stylo, mais uniquement pour quelques lettres personnelles qui sont fort rares. C'est tout. Je travaille tout le temps à la machine à écrire."[64] (Denis Roche)

Für andere wechseln die Phasen zwischen handschriftlichem und maschinenschriftlichem Schreiben ab – meistens in dieser Reihenfolge. Diese unterschiedlich langen Phasen können von einer Seite bis zu einer Einheit reichen, die dem Arbeitstag korrespondiert, einem Kapitel oder dem gesamten Text. Meistens folgt auf die Typoskript-Phase eine handschriftliche Revision, die erneut abgetippt wird.

---

62 „Ich revidiere mit Schere und Stecknadeln. Leimen ist zu langsam und kann nicht rückgängig gemacht werden. Mit den Stecknadeln hingegen kann man die Sachen von einem Ort zum andern umstellen, und das mache ich wirklich am liebsten." (*Writers at Work* 1977, Anm. 27, S. 290)

63 „Äußerstenfalls könnte ich darauf kommen, einen kritischen Text von Hand schreiben, einen fiktionalen Text, nein. Denn die Typographie spielt für mich eine wichtige Rolle, die Abstände, die weißen Flächen, die materielle Verteilung der Sprache sind Teil des schriftlichen Ausdrucks." (Rollin, *Ils écrivent*, Anm. 27, S. 170-174)

64 „Ich schreibe aus dem ersten Wurf, ich mache kein Brouillon, und das, was ich schreibe, ist direkt und in jederlei Hinsicht der definitive Text. Ich werde ihn nie abtippen. Ich habe einen Füllfederhalter, aber ausschließlich für einige persönliche Briefe, die rar sind. Das ist alles. Ich arbeite jederzeit mit der Schreibmaschine." (Rollin, *Ils écrivent*, Anm. 27, S. 283-289)

„Je reprends énormément mon travail, c'est pourquoi je suis obligé de taper au fur et à mesure afin de voir ce que j'ai écrit, de le voir plus clairement. Il y a plusieurs frappes. Deux, trois, quatre frappes, ça fait d'énormes manuscrits."[65] (Robert Pinget)

„Beaucoup de pages de mes livres ont été retapées 50 fois à la machine; multipliez par le nombre de pages, vous aurez une idée approximative du brouillon produit."[66] (Michel Butor)

Aber der Wechsel zwischen handschriftlichem und mechanischem Schreiben kann auch mit anderen Kriterien in Verbindung stehen, die nicht einen rigoros programmierten Schreibprozeß enthüllen, sondern eher eine Dynamik, die im Schreiben selbst liegt.

„Il y a des choses que j'ai écrites entièrement à la main, mais maintenant j'ai tendance à commencer les chapitres à la main et ensuite à les finir sur la machine à écrire, et cela devient un tel fouillis que personne ne peut le transcrire sauf ma femme."[67] (John Dos Passos)

Ingeborg Bachmann gehört zu den Schriftstellerinnen, die, sehr spät, direkt mit der Maschine geschrieben haben (zumindest, was die Prosa betrifft): Ziemlich schnell kommt sie dazu, nur noch ergänzende Nachforschungen, Skizzen und Korrekturen von Hand zu schreiben. Bei Christa Wolf (beim Anfang von *Kindheitsmuster*) kommt es vor, daß auf einer Seite, die mit der Maschine angefangen wurde, eine Fortsetzung von Hand steht, doch den umgekehrten Fall findet man nicht. Paul Valéry bestätigt, daß er zur Handschrift neigt, wenn er ‚für sich' schreibt (in seinen Notizheften), während er für Werke in Prosa, die zur Publikation bestimmt sind, direkt in die Maschine tippt:[68] Auch für ihn ist die Maschine mit der „Fähigkeit zum Ausdruck" assoziiert. Umgekehrt kann die mechanische Phase, vor dem Wechsel zur Handschrift, dem ‚Warmlaufen' die-

65 „Ich nehme meine Arbeit sehr oft wieder auf, das ist der Grund, warum ich gezwungen bin, nach und nach zu tippen, damit ich sehe, was ich geschrieben habe, um es deutlicher zu sehen. Es gibt mehrere Durchgänge. Zwei, drei, vier Durchgänge, das ergibt sehr umfangreiche Manuskripte." (Ebd., S. 260)

66 „Viele Seiten meiner Bücher sind über 50mal mit der Maschine abgetippt worden; multiplizieren sie diese Zahl mit jener der Seiten, dann werden sie ungefähr eine Idee von dem hergestellten Brouillon haben." (Rambures, *Comment travaillent*, Anm. 25, S. 39)

67 „Es gibt Dinge, die ich vollständig von Hand geschrieben habe, aber jetzt neige ich dazu, die Kapitel von Hand zu beginnen und sie nachher mit der Schreibmaschine zu beenden, und das wird ein solches Durcheinander, das niemand es transkribieren kann, außer meiner Frau." (*Writers at Work* 1977, Anm. 27, S. 83)

68 „[Le matin] Je me mets à ma table et j'accueille mon état second. Plus tard la faculté d'extériorisation intervient. J'abandonne alors la plume pour la machine à écrire. L'écriture me fatigue, taper est pour moi beaucoup plus agréable." „[Am Morgen] setze ich mich an meinen Tisch und nehme meinen Traumzustand wahr. Später kommt die Fähigkeit zum Ausdruck. Ich verlasse dann die Feder zugunsten der Schreibmaschine. Das Schreiben ermüdet mich, Tippen ist für mich sehr viel angenehmer." (Rollin, *Ils écrivent*, Anm. 27, S. 207-209).

nen, oder der Übergang von einer zu einer anderen Technik geschieht sozusagen unmerklich.

> „J'aime assez taper à la machine dans un premier temps et réécrire à la main, après. J'aime mieux taper d'abord des stupidités à la machine, corriger ensuite à la main puis retaper à la machine."[69] (François Weyergans)

> „J'utilise deux techniques de travail différentes: la première, manuelle, est destinée aux moments où, mon état psychique étant insuffisant, il faut procéder de façon un peu chirurgicale; la seconde, pour les moments où, sous l'effet de circonstances ‚heureuses', mon ordinateur cérébral fonctionne convenablement, fait appel à la machine qui permet, elle, d'obtenir des rendements extrêmement intéressants."[70] (Philippe Sollers)

Vom ‚provisorisch Definitiven'

Sind auch die Autoren, die das direkte Tippen gegenüber dem Schreiben von Hand vorziehen, nicht selten, so ist es doch wahr, daß die Schreibmaschine sehr oft der Kontrolle, der Reformulierung, der Reinschrift des Textes in seiner letzten Phase dient – eine entscheidende Funktion, wenn man beispielsweise an einige revidierte Typoskripte von Proust denkt, etwa das 1909 verfaßte Typoskript „D2", das, anstelle einer anderen, gestrichenen Eröffnung, den Anfang des Romans sowie den Titel „Le Temps Perdu" als handschriftliche Ergänzung enthält. So verhält es sich auch beim kürzlich wiedergefundenen Typoskript aus dem Teil *Albertine disparue*, in dem Proust die handschriftliche Entsprechung aus zwei Heften beseitigt.[71] Es ist auch wahr, wie Marianne Bockelkamp unterstreicht, daß diese Phase, ob sie nun ‚autographisch' ist oder nicht, den Schriftstellern seit den 1920er Jahren durch ihre Editoren auferlegt wurde, im wesentlichen aus Gründen der Leserlichkeit und vor allem der Ökonomie – ein schätzenswerter Vorteil für die Kosten der typographischen Gestaltung. In diesem Fall ist das Maschinenschreiben im allgemeinen einem Typisten anvertraut, dessen Rolle im übrigen nicht immer so belanglos ist, wie man glauben könnte; man denke an Maria Van Rysselberghe, die „Petite Dame" von Gide, oder auch an die wertvolle Korrespondenz zwischen Joyce und der Typistin Harriet Weaver während der Redaktion von *Fin-*

---

69 „Ich mag es ziemlich, zunächst einmal mit der Maschine zu schreiben und dann von Hand neu zu schreiben. Mir ist es lieber, zuerst einige Dummheiten mit der Maschine zu schreiben, danach von Hand zu schreiben und dann wieder in die Maschine zu tippen." (Ebd., S. 375)

70 „Ich benutze zwei Techniken für zwei unterschiedliche Arbeiten: die erste, manuelle, ist für die Momente bestimmt, in denen mein psychischer Zustand ungenügend ist und man etwas chirurgisch vorgehen muß; die zweite für die Momente, in denen, als Wirkung glücklicher Umstände, mein zerebraler Rechner angenehm funktioniert und der Maschine Befehl gibt, extrem interessante Erträge zu erhalten." (Rambures, *Comment travaillent*, Anm. 25, S. 159)

71 Siehe Marcel Proust, *Albertine disparue*, édition établie par Nathalie Mauriac et Etienne Wolf, Paris: Bernard Grasset 1987.

negans Wake.[72] Maschinenschreiben – genau genommen das Abtippen von Manuskripten –, das den ‚Blickwinkel' des Schriftstellers zum Text und zum Prozeß der Lektüre modifiziert, führt zwischen Autor und Text eine Distanz ein. Einige, wie Kafka, sind empfindlich gegenüber dem Umstand, daß die unpersönliche, standardisierte Maschine den Autor ‚auslöscht', zumindest in der individuellen Dimension, von der die Hand-Schrift unweigerlich zeugt;[73] alle unterstreichen, daß die Maschine den Text verwandelt, indem sie ihn ‚objektiviert', konziser macht, wodurch dieser eine kritischere Lektüre erlaubt – jenseits des ‚narzißtischen Reflexes' und der Intimität jeglichen Schreibens von Hand.

> „Avec l'écriture, je veux dire la calligraphie, je joue. J'étire ou je resserre selon le rhythme que j'entends. J'agrandis, je rétrécis les mots. Avec la machine, c'est impossible. Le texte est là, brut."[74] (Viviane Forrester)

> „[Le manuscrit] Je le tape, moi-même évidemment. J'ai intérêt. La machine est un bon juge, très cruel; [...] elle n'est pas un fameux créateur mais elle est un fantastique instrument de refonte; parfois d'invention délirante, due peut-être au semi-automatisme du travail manuel."[75] (Christiane Rochefort)

Man müßte auch das Phänomen der *Mimesis* in Erwägung ziehen, die sich in diese ‚Graphie' im eigentlichen Sinne einführt: Auch Stefan George und Friedrich Nietzsche imitieren auf bestimmten Manuskripten die Maschinenschrift, um ‚jeglichen Zug zur Intimität'[76] zu vermeiden.

Den zwei Extremsituationen – direktes Tippen oder Endstadium der Reinschrift – ist gemeinsam, daß sie die fundamentale Charakteristik der mechanischen Schrift ins Licht rücken: ihre Nähe zur Typographie, zum ‚Endprodukt', dem gedruckten Buch. Die Schreibmaschine funktioniert wie ein reduziertes Modell einer Druckpresse, im privaten wie im halbprivaten Gebrauch. Friedrich Kittler insistiert mit vollem Recht auf der Tatsache, daß die Schreibmaschine das erste Werkzeug ist, das, schon in der Phase der Produktion, den Körper des

---

72 Siehe Claude Jacquet (Hrsg.), *Genèse de Babel. Joyce et la création*, Paris: Éditions du CNRS 1985 (Collection *Textes et manuscrits*).

73 Kittler, *Grammophon, Film, Typewriter* (Anm. 3), S. 27. Kafka reservierte den Gebrauch der Maschine (diejenige des Büros) für seine Korrespondenz, namentlich mit Felice Bauer, die selbst eine professionelle Typistin war.

74 „Mit dem Schreiben, ich meine mit der Kalligraphie, spiele ich. Ich dehne oder verenge wieder, je nach Rhythmus, den ich höre. Ich vergrößere, ich verkleinere die Wörter. Mit der Maschine ist das unmöglich. Der Text ist da, roh." (Rollin, *Ils écrivent*, Anm. 27, S. 196)

75 „Ich schreibe es [das Manuskript] selbst, offensichtlich. Ich habe Interesse. Die Maschine ist ein guter Richter, sehr grausam; [...] sie ist kein berühmter Schöpfer, aber sie ist ein phantastisches Instrument zur Umarbeitung, manchmal von deliranter Erfindungsgabe, vermutlich auf die Halbautomatik der manuellen Arbeit zurückzuführen." (Christiane Rochefort, *C'est bizarre l'écriture*, Paris: Grasset 1970, S. 36-37)

76 Für Nietzsche scheint die graphische Imitation der mechanischen Schriftzeichen auf explizite Weise mit dem Verschwinden des Autorbegriffs in Verbindung zu stehen. Vgl. zu diesem Thema Stingelin, „Kugeläußerungen" (Anm. 49).

Schreibers und den Textträger trennt (so daß es sich bei der typographischen Gestaltung nur noch um die Phase der Re-Produktion eines bereits geschriebenen Textes handeln kann). Als vermittelnde Etappe zwischen Alpha und Omega des literarischen Werkes scheint das Maschinenschreiben geeignet zu sein, dem Text den Status ‚vorläufig definitiv' zu verleihen, die Produktion und Reproduktion des Textes zusammenfallen zu lassen, so wie Roland Barthes und Serge Doubrovsky es, neben anderen und jeder auf seine Weise, präzisieren:

> „Il faut distinguer, en ce qui me concerne, deux stades dans le processus de création. Il y a d'abord le moment où le désir s'investit dans la pulsion graphique, aboutissant à un objet calligraphique. Puis il y a le moment critique où ce dernier va se donner aux autres de façon anonyme et collective en se transformant à son tour en objet typographique (et il faut bien le dire: commercial. Cela commence déja à ce moment-là). En d'autres termes, j'écris tout d'abord le texte entier à la plume. Puis je le reprends d'un bout à l'autre à la machine."[77] (Roland Barthes)

> „Un manuscrit serait trop différent du livre final. Il faut que je voie mon texte. Qu'il s'éloigne de moi, d'autant plus qu'il est d'inspiration autobiographique. L'écriture à la machine, puis la photocopie qui suit la conclusion de chaque séquence, sont les procédés qui se rapprochent le plus du produit fini. [...] Je me rends compte à quel point, si vous permettez cet oxymoron, il est important pour moi que le produit de chaque séance d'écriture acquière provisoirement un statut définitif. [...] C'est sans doute le côté mécanique de l'impression qui me fascine. Le livre en train de se faire, [...] sur le plan du fantasme."[78] (Serge Doubrovsky)

In der Tat hat die Schreibmaschine in manchen Fällen die Typographie ersetzt, das überzeugendste Beispiel ist vermutlich jenes von Arno Schmidt, der seine außerordentlichen Typoskripte direkt als Faksimiles publiziert (*Zettels Traum*, *Abend mit Goldrand*). Sogar die Form seiner Prosa – sein ‚Durcheinander' von vermischten Texten – ist von der maschinenschriftlichen Präsentation nicht zu trennen: dreiteilig gegliederte Kolonnen, Fenster, Rahmen, Spiele zwischen den

---

77 „Man muß, was mich betrifft, zwei Stadien im Schaffensprozeß unterscheiden. Es gibt zunächst den Moment, in dem sich das Begehren in den graphischen Puls einbringt, der zu einem kalligraphischen Objekt führt. Dann gibt es den kritischen Moment, in dem letzteres sich den anderen auf eine anonyme und kollektive Weise übergibt, indem es sich seinerseits in ein typographisches Objekt transformiert (und man muß sagen: in ein kommerzielles. Das beginnt bereits in jenem Moment). Mit anderen Worten, ich schreibe ganz zu Beginn den gesamten Text mit der Feder. Dann nehme ich ihn von Anfang bis Ende mit der Maschine wieder auf." (Rambures, *Comment travaillent*, Anm. 25, S. 13-16)

78 „Ein Manuskript wäre vom endgültigen Buch zu verschieden. Ich muß meinen Text sehen. Ist er autobiographisch inspiriert, so muß er sich um so mehr von mir entfernen. Das Schreibmaschinenschreiben, dann die Fotokopie, die dem Schluß einer jeden Sequenz folgt, sind die Verfahren, die sich am meisten dem Endprodukt nähern. [...] Ich bin mir bewußt, wenn sie mir dieses Oxymoron erlauben, an welchem Punkt es für mich wichtig ist, daß das Produkt einer jeden Schreibsitzung provisorisch einen definitiven Status erreicht. [...] Auf jeden Fall ist es die mechanische Seite des Drucks, die mich interessiert. Das Buch im Zuge seines Zustandekommens, [...] im Bereich des Phantasmas." (Rollin, *Ils écrivent*, Anm. 27, S. 170-174)

Zeilen...[79] Die Textstrategien bilden, geschickt ‚kalkuliert' durch die künstlerische Seitengestaltung, mit dem visuellen Aspekt eine Einheit, und sie schlagen einen Parcours multipler, spielerischer Lektüren vor: „Wer Dichtung will, muß auch die Schreibmaschine wollen", sagt Schmidt.[80]

Eine mechanische Literatur?

Nun, um auf die Behauptung Nietzsches zurückzukommen, hat der Gebrauch der Schreibmaschine irgendeinen Einfluß auf den Text in seinem Werden? Mangels genauer Studien zu dieser Frage sind wir gezwungen, uns wieder zu beschäftigen mit den widersprüchlich bleibenden Beobachtungen von – wie soll man sagen? Schriftstellern? Schreibern? Typisten? –, sagen wir, von Schriftstellern, die dieses Instrument benutzen. Haben der Rhythmus des Anschlagens, die der Gestik gewidmete Aufmerksamkeit, die Komplexität der Verschreiber und Korrekturen, die Quasi-Unmöglichkeit, wieder zurückzukehren – kurz, die materialen, kognitiven und pragmatischen Zwänge –, Auswirkungen selbst auf die Form des Textes und, wenn dies der Fall sein sollte, in welchem Maße?

In welchem Maße modifiziert der Gebrauch der Maschine, sogar auf Grund dieser Zwänge, dieser mechanischen Gesetze, die Strategien der Redaktion, der syntaktischen Konstruktion? Die Meinungen scheinen geteilt zu sein: Die einen schätzen, daß die Aufmerksamkeit, die den materialen Aspekten des Anschlags gewidmet wird, den Schreibfluß hindert.

> „Comme je n'ai jamais réussi à tapper à la machine, je dois le faire, d'un bout à l'autre, avec deux doigts. Aussi, par paresse, je finis par supprimer des mots ou des adjectifs, par-ci par-là. C'est ainsi que j'améliore mon style, sans le vouloir."[81] (J. M. G. Le Clezio)

Oder sie denken, daß die Maschine den Schreiber dazu verpflichtet, den Satz vor dem Tippen mental zu formulieren, den Text ‚im Kopf' zu konstruieren und durchzustreichen. Andere hingegen insistieren auf der größeren Freiheit, die ihnen dieses Werkzeug einräumt:[82]

---

79 Vgl. Claude Riehl, „Mise en page parlante", in: *Revue de littérature générale* 2 (1996), Kap. 36.

80 Arno Schmidt, *Zettels Traum*, Stuttgart: Goverts Krüger Stahlberg 1970, Zettel 16.

81 „Da es mir nie gelungen ist, mit der Schreibmaschine zu tippen, muß ich es, von Anfang bis zum Ende, mit zwei Fingern machen. Auch beseitige ich schließlich, aus Faulheit, hier und da ein Wort oder ein Adjektiv. So verbessere ich auch meinen Stil, ohne es zu wollen." (Rambures, *Comment travaillent*, Anm. 25, S. 95)

82 Vgl. die zusammengetragenen Untersuchungen in *Literatur im Industriezeitalter* (Anm. 27), besonders diejenige von 1998 (*Die Feder*) und diejenige von 1987. Im übrigen zeigt die bei skandinavischen Journalisten durchgeführte Untersuchung „Utopie" (1981-1985), daß die Journalisten auf der Schreibmaschine „20mal mehr syntaktische Reformulierungen und zweimal mehr Wortänderungen" als auf dem Bildschirm vornehmen. (Roger Laufer, Domenico Scavetta, *Texte, Hypertexte, Hypermédia*, Paris: PUF 1992, S. 11)

> [À la machine] cela se passe comme une danse de derviches. Je fais tourner à la fois les phonèmes et le sens. Cela donne une espèce de bombardement que, désormais, je transcris sans signes visibles de ponctuation, parce que justement, à ce moment-là, tout n'est que ponctuation."[83] (Philippe Sollers)

> „[…] quand je suis à la machine à écrire ça n'en finit plus, et allez donc des subordonnées dans les principales, des incises dans les subordonnées, des parenthèses dans les incises, des digressions dans les parenthèses, etc. […] Sans doute parce que, comme je n'ai pas moyen de retourner an arrière, de raturer, je vais jusqu'au bout de ma pensée, de la page en tout cas."[84] (Maurice Roche)

In der Tat wird das Maschinenschreiben oft mit einem kurzen, lebendigen, parataktischen, ‚spontanen' Stil assoziiert – sowie man ihn hinsichtlich gewisser amerikanischer Romanciers (besonders Hemingway) behauptet hat. Was zahlreiche Typoskripte von Christa Wolf für den Anfang des Romans *Kindheitsmuster* angeht, so ist man sich darüber klar geworden, daß sie vor allem die Möglichkeiten der Erzählung zu erforschen sucht, ohne sich zu sehr um Stilfragen zu kümmern.[85] Was Nietzsche selbst angeht, so scheint die Maschine beachtenswerte stilistische Veränderungen nach sich zu ziehen. Die maschinengeschriebenen Gedichte und Aphorismen sind durch eine extreme Schärfe, Bündigkeit und Literalität gekennzeichnet: Auf der Maschine wird der Buchstabe Wort.[86]

Es ist nicht zu leugnen, daß dem mechanischen Schreiben, wenn man es mit demjenigen von Hand vergleicht, ein Ensemble von Zwängen entspricht, mit denen jeder Schriftsteller auf seine Weise spielt: Der Geist gibt der Technik Leben. Dabei kommen kreative, spielerische Aspekte hinzu: die konkrete Poesie, die ‚visuellen Texte', die alphabetisches Material, Schreibmaschinenzeichen, zu Konstellationen, zu Figuren kombinieren und organisieren, indem sie die „zunehmende Destruktion des Wortes", die Heidegger diagnostizierte, praktizieren: Die Zeichen der Maschine werden zu Signifikanten für sich.

---

83 „[Mit der Maschine] passiert dies wie ein Derwischtanz. Ich lasse mit einem Mal die Phoneme und den Sinn drehen. Das gibt eine Art Bombardierung, die ich dann ohne sichtbare Zeichen der Interpunktion übertrage, genau weil es, in diesem Moment, nichts als Interpunktion gibt." (Rambures, *Comment travaillent*, Anm. 25, S. 159)

84 „Wenn ich an der Schreibmaschine bin, hört es nicht mehr auf, los geht's, Nebensätze in Hauptsätze, Einschübe in Nebensätze, Parenthesen in Einschübe, Abschweifungen in Parenthesen etc. […] Ohne Zweifel, da ich keine Möglichkeit habe, zurückzukehren, durchzustreichen, gehe ich bis ans Ende meines Gedankens, der Seite auf jeden Fall." (Rollin, *Ils écrivent*, Anm. 27, S. 290-296)

85 Vgl. Verf., „Nachdenken über Pronomina. Zur Entstehung von Christa Wolfs ‚Kindheitsmuster'", in: Angela Drescher (Hrsg.), *Christa Wolf – Ein Arbeitsbuch. Studien – Dokumente – Bibliographie*, Berlin, Weimar: Aufbau-Verlag 1989, S. 101-113.

86 Vgl. die Studie von Stingelin, „Kugeläußerungen" (Anm. 49).

III. Zu einer Semiotik des Typoskripts?

Dieser knappe Überblick zielt lediglich darauf ab, die Vielfalt der Aspekte zu verdeutlichen, die sich in der Genese von Literatur mit dem Gebrauch der Schreibmaschine verbinden. Die Bedeutung der ersten, historischen Etappe der Interaktion von Maschine und Textgenese scheint bislang stark unterschätzt worden zu sein. Genau aus diesem Grund, angesichts der aktuellen Forschungslage, scheint es kaum aussichtsreich, eine Semiotik oder sogar eine Typologie von Typoskripten vorzuschlagen, ebenso scheinen auch die Strategien im Gebrauch dieses Instruments unterschiedlich und bleiben, zu einem großen Teil, unbekannt.

Die Tatsache, daß die Schreibmaschine ‚die Mechanik in den Bereich des Wortes' einführt, verbindet literarisches Schaffen und Publikation und legt auch, nach McLuhan, den Grund für eine „ganz neue Haltung gegenüber dem geschriebenen oder gedruckten Wort." Verdient diese Tatsache nicht, in textgenetischen Studien berücksichtigt zu werden – ganz besonders in seinen semiotischen Dimensionen? Gewiß, wir verfügen über einige zerstreute Begriffe im Hinblick auf den Gebrauch der Schreibmaschine und seinen Einfluß auf das literarische Schaffen: Sie kommen, im wesentlichen, von den Schriftstellern selber. Viele unter ihnen haben im übrigen im Laufe der letzten Jahre vermutlich ihre Schreibmaschine gegen einen Computer eingetauscht – doch wie viele benutzen diesen wie eine einfache Schreibmaschine?

Sollte der Einzug der Informatik uns nicht dazu bringen, die Frage nach den Verbindungen zwischen Schreiben und Mechanik, die von den zahlreichen Typoskripten, die sich im Verlauf eines Jahrhunderts angesammelt haben, bescheinigt und bezeugt werden, von neuem zu stellen? Ist die Schreibmaschine nicht das einzige ‚Schreibwerkzeug', das eine Brücke von der Handschrift zum Computer und demnach zwischen der vergangenen und einer künftigen Semiotik schlägt?

Auch wenn sie eine gewisse Verarmung im Hinblick auf das Manuskript (im strikten Sinne) beinhaltet und auch wenn sie im Hinblick auf den graphischen und semiotischen Reichtum der Handschrift beschränkt scheint, illustriert das mechanisch Geschriebene auf singuläre Weise die Spannung zwischen den Zwängen des Instruments und der kreativen Intervention des Schriftstellers. Es setzt Strategien der Seitengestaltung, visuelle Effekte, Überarbeitungssysteme, eine spezifische Weise der Beziehung zwischen Semiotik und Semantik voraus (oder impliziert diese). Man denke an so verschiedene Praktiken wie jene von, um nur einige zu nennen, Valéry, Cendrars, Queneau, Perec, Ponge oder Schmidt: Die Schreibmaschine wird, an sich und für jeden auf unterschiedliche Weise, zum Mittel des Schaffens.

Sie eröffnet dem Schriftsteller neue Möglichkeiten: jene, den Text auf Distanz zu stellen, ihn zu ‚Depersonalisieren', um einen objektiveren Prozeß der kritischen Lektüre zu ermöglichen; jene, die Ebenen und Formen der Überarbeitung zu vervielfältigen, indem Schreiben von Hand und mechanisches Schreiben sich abwechseln oder eins dem anderen folgt; jene, mit ihren Schriftzeichen zu spielen, und sei es nur, um aus den Tippfehlern, wie Joyce oder Bachmann, Neologismen oder Personennamen zu kreieren.

Die Schreibmaschine modifiziert auch die Beziehung zwischen Produktion und Produkt. Als Handwerksobjekt erscheint das Typoskript als Verbindungsstück zwischen Manuskript und gedrucktem Buch und ist in vielen Fällen das Resultat der Arbeit von Spezialisten, von ‚Typisten'; [87] öfter als man denkt ist es allerdings auch die Frucht der Arbeit, die der Schriftsteller selbst und direkt leistet. Im übrigen haben gewisse Schriftsteller doch aus der Schreibmaschine auch ein Thema eines Werkes gemacht: *La Machine à écrire*, ein Stück von Jean Cocteau; „Éloge de la machine à écrire" von Michel Butor (*Répertoires* IV, 1974) und kürzlich Bruno Tessarech (1996), dessen Roman *La Machine à écrire* mit dieser paradoxen Eröffnung beginnt: „Je suis un nègre. Quelqu'un qu'on paie pour écrire ce que les autres signent". [88] – Blinder Fleck in der Geschichte des Schreibens: Die Beziehung zwischen Mechanik und Literatur bleibt noch zu entdecken.

Aus dem Französischen von Davide Giuriato und Sandro Zanetti

---

87 Wir verfügen leider über keine Statistiken zu diesem Thema. Forschungen zu dieser Frage wären aber bestimmt lehrreich.

88 „Ich bin ein Neger. Jemand, den man dafür bezahlt, daß er schreibt, was die anderen unterschreiben".

Christof Windgätter

„Und dabei kann immer noch etwas verloren gehen! –“ Eine Typologie feder- und maschinenschriftlicher Störungen bei Friedrich Nietzsche

Das Thema des folgenden Aufsatzes bezieht sich auf Ereignisse und Reflexionen, die sich zunächst in den 1880er Jahren an der Mittelmeerküste Italiens zugetragen haben: im schriftstellerischen Leben eines Autors, der nicht nur früh seine Universitätskarriere beenden mußte, sondern dessen Texte auch erst über außerakademische Lektüren ihren Weg zurück in die Seminare gefunden haben. Dort freilich sind sie inzwischen zu einem festen Bestandteil des Kanons geworden; sogar in den Geisteswissenschaften, gegen die Nietzsches Polemik und Rhetorik sich einst entzündet hatte und die sich seiner Rückkehr deshalb am hartnäckigsten in den Weg stellten. Leichter dagegen ist es den Kulturwissenschaften gefallen: Denn erstens konnte Nietzsches Spott sie damals nicht treffen, da zweitens ihre Gründung ein Effekt eben jener Krise des Geistes war, die von ihm maßgeblich mit ausgelöst wurde. Und ist es nicht auch Nietzsche gewesen, der den „Cultur-Complex“ als sein „Vorzugs-Interesse“ (KSA 12, 10[28])[1] bezeichnet hatte?

Was aber für jene Wissenschaft gilt, der diese Formulierung ihre Leitmetapher zumindest geliehen haben könnte, das gilt auch für die neueren Medientheorien, aus deren Perspektive Nietzsche hier erörtert werden soll. Genauer noch: Es wird nachstehend um die Erfahrungen des Basler Ex-Professors mit dem *Feder- und Maschinenschreiben* gehen – ein Wechsel der Schreibgeräte, der zugleich einen Wechsel von der *skriptographischen* zur *typographischen* Schreibszene impliziert. Nietzsche nämlich hat nicht nur, wie alle Gelehrten spätestens seit Gutenberg, in beiden Szenarien gelesen, er hat als einer der ersten auch selber in beiden geschrieben. Fortan, d. h. seit Ende des 19. Jahrhunderts, kann Schreiben und Drucken in dieselben zwei Hände fallen. So wird das Schriftbild von Büchern auch außerhalb von Druckereien (in Ämtern, Büros oder zu Hause) herstellbar. Mit anderen Worten, worauf Hermann Hesse 1908 nach

---

1 Zitate aus Nietzsches Schriften werden durch Parenthese in den laufenden Text eingefügt und nachgewiesen entweder aus: Friedrich Nietzsche, *Kritische Studienausgabe in 15 Bänden*, herausgegeben von Giorgio Colli und Mazzino Montinari, München, Berlin, New York: Deutscher Taschenbuch Verlag/Walter de Gruyter 1988 ff. (= KSA Band, Seitenzahl bzw. Fragmentengruppe- und nummer), oder: Friedrich Nietzsche, *Frühe Schriften* (1933-40), herausgegeben von Carl Koch, Hans Joachim Mette, Karl Schlechta, fotomechanischer Nachdruck der Historisch-kritischen Gesamtausgabe, *Werke* (nach fünf Bänden abgebrochen), München: Beck 1994 (= BAW, Band und Seitenzahl).

Anschaffung seiner *Smith Premier No. 4* hingewiesen hat: Der Unterschied zwischen dem Manuskript (als Druckvorlage) und dem Druck (als Buch) verschwindet.[2]

Allerdings: Was sich rückblickend zu einer Wende in der Geschichte des Schreibens verdichten läßt, wird von Nietzsche selber als Anhäufung größerer und kleiner *Störmomente* erfahren; ist doch keiner seiner Mediengebräuche und -wechsel ohne Komplikationen verlaufen. Ganz im Gegenteil: Nietzsches geschriebene Beschwerden über die Beschwerlichkeit des Schreibens sind zahlreich. Meine These ist deshalb nicht nur, daß sich Nietzsches Aufmerksamkeit für die Materialität des Schreibens seinen Schreib-Störungen verdankt,[3] sondern auch und darüber hinausgehend, daß man *Störungen zum Ausgangspunkt einer Analyse eben jener Schreibszenarien* machen muß. „Es gibt kein System ohne Parasit", heißt das bei Michel Serres.[4] Denn sie treten nicht ausnahmsweise oder als zufällige Unterbrecher auf, vielmehr so, daß sie – auf den Fall Nietzsche übertragen – immanent zum Alltag des Feder- und Maschinenschreibens gehören. Also hat man den Kampf gegen die Parasiten von vornherein verloren, oder: *Daß* es Störungen gibt, ist die Konstante; nur *welche* es jeweils gewesen sein werden, die Variable. Noch einmal Serres: „Die Parasiten [...] sind immer schon da", und „ich fürchte, es ist die gewöhnlichste Sache von der Welt."[5]

Doch damit nicht genug. Man kann noch einen Schritt weiter gehen und behaupten: Indem Schreib-Störungen das Fragen nach den Schreibszenen allererst herausfordern, taugen sie zum Paradigma einer Wissenschaft. Soll heißen, es ist an der Zeit, vielleicht komplementär, vielleicht supplementär zu Barthes „écriture"-Begriff[6] oder Derridas *Grammatologie,*[7] eine theoretische Arbeit zu unternehmen, die nicht nur mögliche Bedingungen der Schrift (einschließlich der Schrift selber als Möglichkeitsbedingung) expliziert, sondern die deren jewei-

2 Hermann Hesse, „Die Schreibmaschine", in: *März H. 4* (1908), zit. nach: Sabine Fischer (Hrsg.), *Vom Schreiben 2, Der Gänsekiel oder Womit schreiben?*, Marbacher Magazin 69/1994, S. 61 f.

3 Vgl. Friedrich Kittler, „nietzsche, der mechanisierte philosoph", in: *kultuRRevolution* 9 (1985), S. 25-29; ders., *Aufschreibesysteme 1800/1900* (1985), München: Wilhelm Fink 1995, S. 231 und S. 241 ff.; ders., *Grammophon, Film, Typewriter*, Berlin: Brinkmann & Bose 1986, S. 293 ff. – Im Anschluß daran auch Martin Stingelin, „Kugeläußerungen. Nietzsches Spiel auf der Schreibmaschine" (1988), in: Hans Ulrich Gumbrecht und K. Ludwig Pfeiffer (Hrsg.), *Materialität der Kommunikation*, Frankfurt am Main: Suhrkamp 1995, S. 326-341; ders., „‚Unser Schreibzeug arbeitet mit an unseren Gedanken'. Die poetologische Reflexion der Schreibwerkzeuge bei Georg Christoph Lichtenberg und Friedrich Nietzsche", in: *Lichtenberg-Jahrbuch 1999*, herausgegeben von Wolfgang Promies und Ulrich Joost, Saarbrücken: Saarbrücker Druckerei und Verlag 2000, S. 81-98.

4 Michel Serres, *Der Parasit* (1980), übersetzt von Michael Bischoff, Frankfurt am Main: Suhrkamp 1987, S. 26.

5 Ebd., S. 26 und S. 24.

6 Roland Barthes, *Am Nullpunkt der Literatur* (1953), aus dem Französischen von Helmut Scheffel, Frankfurt am Main: Suhrkamp 1985, insbes. S. 7-11.

7 Jacques Derrida, *Grammatologie* (1967), übersetzt von Hans-Jörg Rheinberger und Hanns Zischler, Frankfurt am Main: Suhrkamp 1983, hier besonders S. 13 f.

lige Medien von ihren *wirklichen Störquellen* aus thematisiert. Bei Baudrillard findet sich die Formulierung vom „Aufstand der Zeichen“,[8] tatsächlich, so die Konsequenz, stünde heute eine *Wissenschaft vom Aufstand des Schreibens, der Schrift und ihrer Schreibgeräte* an.

Das freilich ist weniger ungewöhnlich, als es auf den ersten Blick scheint: Zum einen bewegen sich Forschungen bereits auf diesem Weg,[9] zum anderen hat deren Richtung durchaus Tradition. Unter dem Namen „Tutivillus“[10] nämlich ist seit dem Mittelalter ein Dämon (ein Abgesandter des Teufels) bekannt, der Kopisten, Schreiber und Autoren mit schierem Entsetzen erfüllt. Von den Skriptorien der Klöster über die Schreibtische dieser Welt bis zu den Copy-Shops der Postmoderne treibt er sein Unwesen, das im Falle von Schreibfehlern darin besteht, sie erst zu provozieren und dann zu registrieren. Die Illustrationen zeigen Tutivillus deshalb mit einer Pergamentrolle ausgerüstet und einem Rucksack über der Schulter. So notiert er Fehler und überstellt sie anschließend seinem Meister, der nicht zögern wird, sie am ‚Jüngsten Tag‘ in die Waagschale zu werfen. Wie auch immer: Einige dieser Eigenschaften des Tutivillus (dessen Name sich in mehr als 11 Schreibweisen findet und wahrscheinlich auf ein Büschel ausgerissener Vogelfedern verweist)[11] werden im folgenden erneut die Bühne betreten. Denn es soll gezeigt werden (um im Bild zu bleiben), daß jener Dämon in Nietzsches Texten reiche Beute gemacht haben könnte, deren Analyse zu einer *dreiteiligen Typologie der Störungen* führt:[12] physiologisch, ästhetisch und technisch – bezogen auf den *Leib des Schreibers*, das *Corpus der Schrift* und die *Mechanik ihrer Schreibgeräte*. So wäre immerhin ein Anfang gemacht, der dann freilich, seinem Protagonisten genügend (vgl. KSA 3, S. 378 f.) und ihn gleichwohl verlassend, auch noch die Störung selbst auf ihre Geschichte hin befragen müßte.

---

8 Jean Baudrillard, *KOOL KILLER oder Der Aufstand der Zeichen*, aus den Französischen übersetzt von Hans-Joachim Metzger, Berlin: Merve 1978, S. 19-38.

9 Vgl. z. B. Stingelin, „„Unser Schreibzeug [...]“ (Anm. 3), S. 92.

10 Vgl. dazu Margaret Jennings, „Tutivillus. The Literary Career of the Recording Demon“, in: *Studies in Philology* 74/5 (1977), S. 1-98, und Reinhard Düchting, „Titivillus. Dämon der Kopisten und solcher, die sich versprechen“, in: *Ruperto Carola. Zeitschrift der Vereinigung der Freunde der Studentengemeinschaft der Universität Heidelberg e. V.* 58/59 (1976/1977), S. 69-73.

11 Vgl. Franz Bücheler, „Zu Plautus, Seneca und Persius“, in: *Archiv für Lateinische Lexikographie und Grammatik*, herausgegeben von Eduard Wölfflin, 2. Jahrg., Leipzig: Teubner 1885, S. 116-120, hier S. 119.

12 Zur Nietzsche-immanenten Herleitung des Störungs-Begriffs vgl. Verf., „Rauschen – Nietzsche und die Materialitäten der Schrift“, in: *Nietzsche-Studien. Internationales Jahrbuch für die Nietzsche-Forschung*, Bd. 33, herausgegeben von Günter Abel, Josef Simon, Werner Stegmaier, Berlin, New York: Walter de Gruyter 2004, S. 1-36.

1. Physiologische Störungen: Vom Leib des Schreibers

Zeit seines nicht nur kurzsichtigen, sondern auch von starker Migräne geplagten Lebens[13] ist Nietzsche sensibel für die (im weitesten Sinne) leiblichen Bedingungen des Lesens und Schreibens:

> „Pfui über die Mahlzeiten, welche jetzt die Menschen machen, in den Gasthäusern sowohl als überall, wo die wohlbestellte Classe der Gesellschaft lebt! [...] Pfui, welche Träume müssen ihnen kommen! Pfui, welche Künste und Bücher werden der Nachtisch solcher Mahlzeiten sein!" (KSA 3, S. 179)

Es ist also entscheidend, daß man die Frage nach der schriftstellerischen Produktion an der richtigen Stelle ansetzt – „n i c h t an der ‚Seele' (wie es der verhängnisvolle Aberglaube der Priester und Halb-Priester war): die rechte Stelle ist der Leib, die Gebärde, die Diät, die Physiologie, der R e s t folgt daraus" (KSA 6, S. 149). Dabei steht es um deren Rezeption kaum besser, denn „auch heute hört man noch mit den Muskeln, man liest selbst noch mit den Muskeln" (KSA 13, S. 14). Weshalb für Nietzsche sowohl das *Hören* und *Lesen* keine im Wortsinn psychologischen bzw. idealistischen Vermögen mehr bedeuten, sondern tatsächliche Kraftaufwendungen, die den „gesamten Organismus" (KSA 11, S. 27) erfordern, als auch ihre Komplementärtechniken, das *Reden* und *Schreiben*, wie er hinzufügt, entweder „Mund-Geberden" (KSA 1, S. 576) sind oder eine Sache für „FEINE FINGERCHEN" (SchrT, 59):[14] sei es, um auf dem Papier „die Züge unsrer Feder" (KSA 1, S. 340) auszuführen oder eben jene Schreibmaschine zu „BENUETZEN" (SchrT, S. 59), auf der letzteres Zitat im Genueser Frühling von 1882 getippt wurde. Genauso wie Nietzsche auf die in *Ecce Homo* gestellte Frage: „Warum ich so gute Bücher schreibe?" (KSA 6, S. 298), schon in seiner *Götzen-Dämmerung* mit „physiologischen Vorbedingungen" (KSA 6, S. 116) geantwortet hatte und dann außerdem erklärt:

> „Ich habe meine Schriften jederzeit mit meinem ganzen Leib und Leben geschrieben: ich weiß nicht, was ‚rein geistige' Probleme sind." (KSA 9, 4[285])

Man mag diesen Satz für übertrieben halten oder gar als persönliche Meinung abtun wollen; seine *medienpraktische Pointe* jedoch wird dadurch nicht aus der

13 Vgl. dazu Pia Daniela Volz, *Nietzsche im Labyrinth seiner Krankheit. Eine medizinisch-biographische Untersuchung*, Würzburg: Königshausen & Neumann 1990, S. 90-118.

14 Da Nietzsches Typoskripte in der *Kritischen Studien-* sowie *Werkausgabe* bisher nicht vollständig veröffentlicht sind, werden sie im folgenden zitiert nach: [Friedrich Nietzsche], *Schreibmaschinentexte*, Faksimiles und kritischer Kommentar, herausgegeben von Stephan Günzel und Rüdiger Schmidt-Grépály, Weimar: Bauhaus-Universitätsverlag 2002. (In den laufenden Text durch Parenthese eingefügt und abgekürzt als: SchrT, Seitenzahl) Für die Zitate selber gilt: Mit / werden Zeilenwechsel angezeigt, mit > die Übereinandersetzung zweier Buchstaben, mit \Text\ etwaige Einfügungsschlaufen, mit [~Text] alternative, weil unentscheidbare Lesarten und mit ~~Text~~ bzw. ⟨ ⟩ Nietzsches handschriftliche Durchstreichungen bzw. Korrekturen.

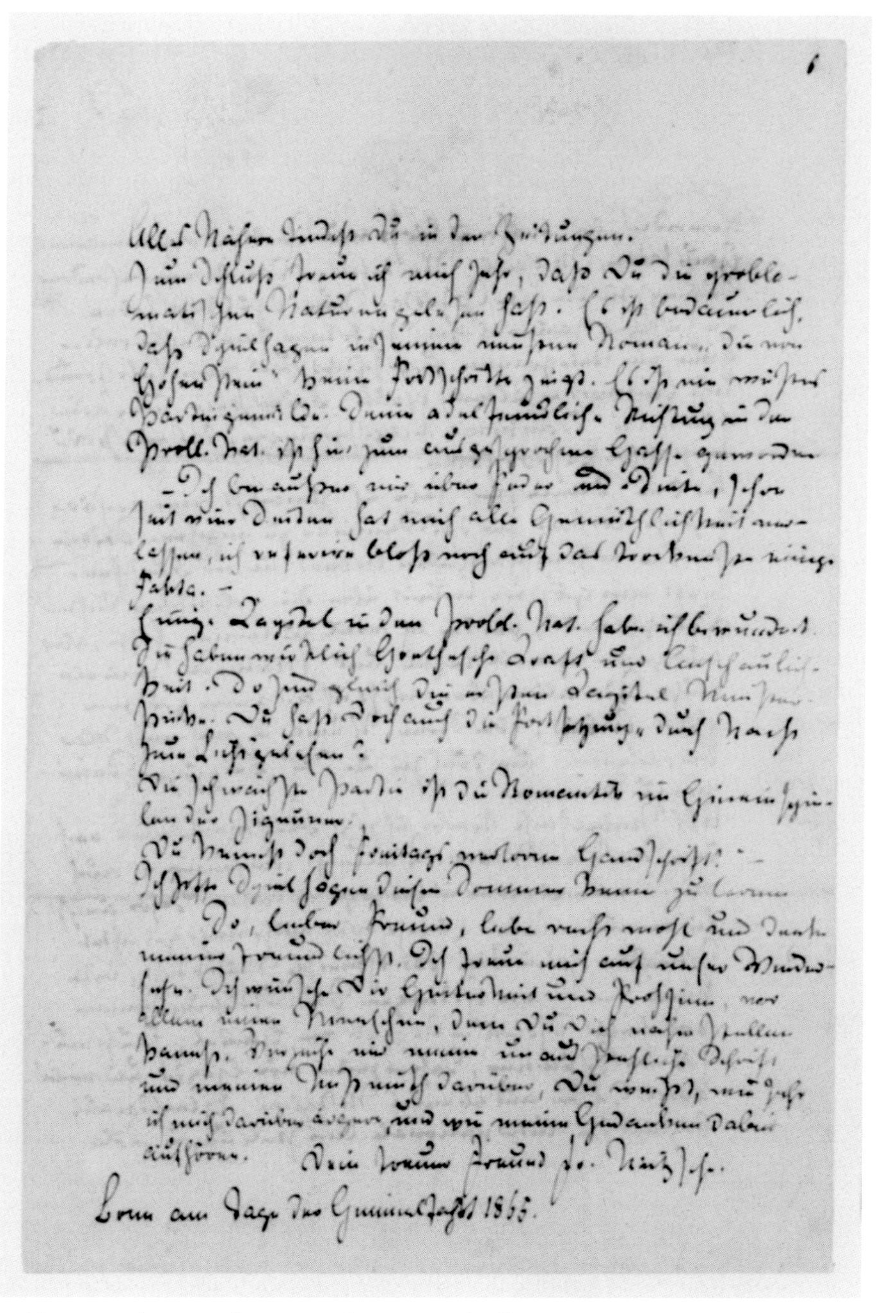

Abb. 1: Brief Nietzsches an Carl von Gersdorff in Göttingen vom 25. Mai 1865 (Manuskript, drittes Blatt, Rückseite).

Welt geschafft: Daß nämlich Schreiben noch vor aller Be-schreibung eine Geschicklichkeit verlangt, „au sens manuel du mot“:[15] die Bezugnahme von Motorik auf Mechanik, die insofern nicht wesentlich verschieden ist von dem, was einst Gymnastik hieß: als ‚Leibes-Übung‘ bzw. ‚Geschicklichkeits-Training‘ (auch mit leichten Waffen).

Nicht zu vergessen, daß Nietzsche neben solchen Handhabungen der Schreibgeräte auch für eine *Diätetik des Schreibens* geworben hat, in der Ernährungsgewohnheiten, Verdauungsprobleme und Stoffwechselstörungen neben Kleidungsfragen, der Geschlechtsbefriedigung oder dem täglichen Bewegungspensum thematisiert werden. Ferner gibt es zahlreiche Textstellen, in denen er sich über das Wohnen, die Landschaft und das Klima äußert.[16] *Denn wie wir was schreiben, hält er für abhängig davon, wo wir wie leben.* Es gibt für Nietzsche keine Schriften, deren Herkünfte nicht an einem ebenso verwickelten wie weitläufigen „Leitfaden des Leibes“ (KSA 11, 36[35]) erzählt werden könnten.

> „[O]h wie rasch errathen wir's, wie Einer auf seine Gedanken gekommen ist, ob sitzend, vor dem Tintenfass, mit zusammengedrücktem Bauche, den Kopf über das Papier gebeugt: oh wie rasch sind wir auch mit seinem Buche fertig! Das geklemmte Eingeweide verräth sich, darauf darf man wetten, ebenso wie sich Stubenluft, Stubendecke, Stubenenge verräth.“ (KSA 3, S. 614)

Eine Formulierung voller Ironie – und Selbstironie; mußte Nietzsche doch, bedingt durch seine Kurzsichtigkeit, den Kopf beim Lesen und Schreiben sehr nahe über das Papier beugen, was eine katastrophale Wirkung auf seine Handschrift ausübte. Bereits als 20jähriger Student hat er darüber geklagt (vgl. Abb. 1):

> „Ich bin außer mir über Feder und Tinte, schon seit vier Seiten hat mich alle Gemüthlichkeit verlassen, ich referire bloß noch auf das trockenste [sic!] einige Fakta. – [...] Verzeihe mir meine unausstehliche Schrift und meinen Mißmuth darüber, Du weißt, wie sehr ich mich darüber ärgere, und wie meine Gedanken dabei aufhören.“ (KSB 2, Nr. 467, S. 57)[17]

Außerdem hält er ein knappes Vierteljahrhundert später fest: „Ja die Barbarei meiner Handschrift, die niemand mehr lesen kann, ich auch nicht!“ (KSB 6, Nr.

---

15 Roland Barthes, „Variations sur l'écriture“ (1973, texte non publié), in: ders., *Œuvres complètes, Tome II: 1966-1973*, Édition établie et présentée par Éric Marty, Paris: Éditions du Seuil 1994, S. 1535-1574, hier S. 1535. Ebenso Vilém Flusser, „Die Geste des Schreibens“, in: ders., *Gesten. Versuch einer Phänomenologie*, Düsseldorf, Bernsheim: Bollmann 1991, S. 39-49.

16 Vgl. KSA 3, S. 323 f., KSA 6, S. 281 ff., KSA 7, S. 748 f.

17 Zitate aus Nietzsches Briefen werden durch Parenthese in den laufenden Text eingefügt und nachgewiesen aus: Friedrich Nietzsche, *Sämtliche Briefe, Kritische Studienausgabe in 8 Bänden*, herausgegeben von Giorgio Colli und Mazzino Montinari, München, Berlin, New York: Deutscher Taschenbuch Verlag/Walter de Gruyter 1986 ff. (= KSB Band, Briefnummer, ggf. Seitenzahl).

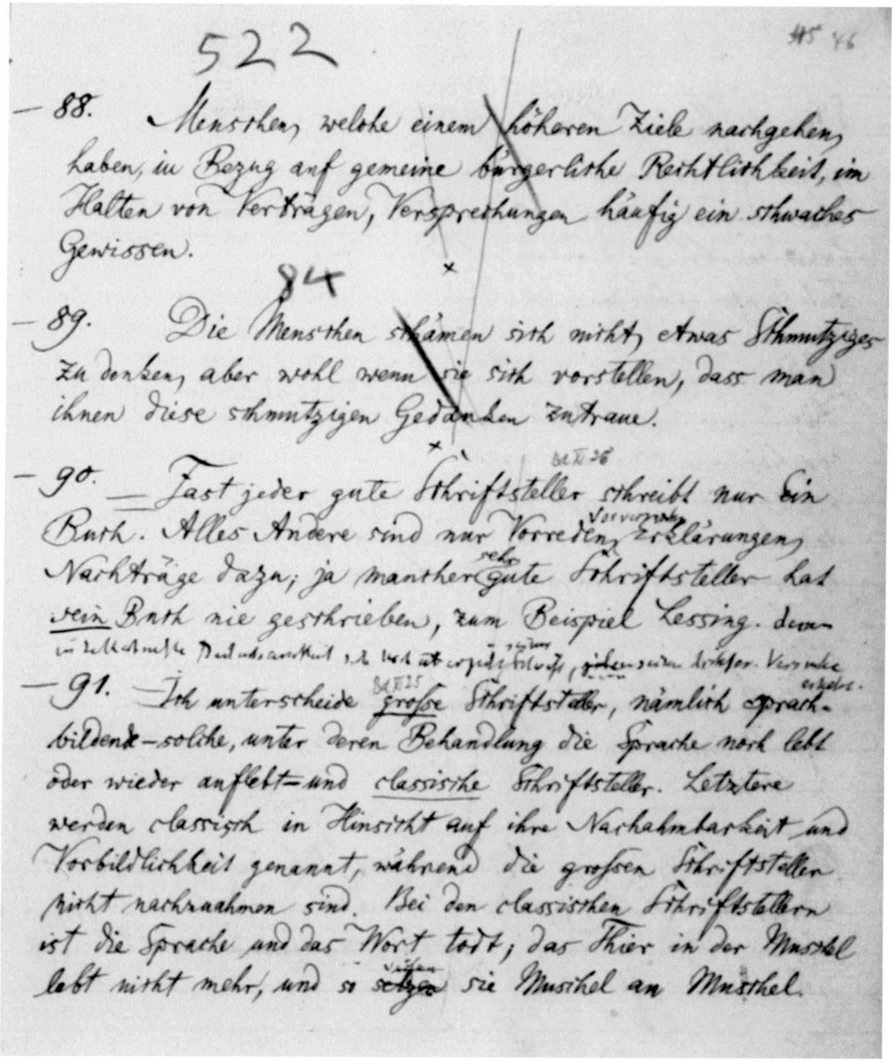

522 45 46

— 88. Menschen, welche einem höheren Ziele nachgehen,
haben, in Bezug auf gemeine bürgerliche Rechtlichkeit, im
Halten von Verträgen, Versprechungen häufig ein schwaches
Gewissen.

84

— 89. Die Menschen schämen sich nicht, etwas Schmutziges
zu denken, aber wohl wenn sie sich vorstellen, dass man
ihnen diese schmutzigen Gedanken zutraue.

— 90. — Fast jeder gute Schriftsteller schreibt nur ein
Buch. Alles Andere sind nur Vorreden, [illegible] Erklärungen,
Nachträge dazu; ja mancher sehr gute Schriftsteller hat
sein Buch nie geschrieben, zum Beispiel Lessing. dessen
[illegible]

— 91. — Ich unterscheide grosse Schriftsteller, nämlich sprach-
bildende — solche, unter deren Behandlung die Sprache noch lebt
oder wieder auflebt — und classische Schriftsteller. Letztere
werden classisch in Hinsicht auf ihre Nachahmbarkeit und
Vorbildlichkeit genannt, während die grossen Schriftsteller
nicht nachzuahmen sind. Bei den classischen Schriftstellern
ist die Sprache und das Wort todt; das Thier in der Muschel
lebt nicht mehr, und so [illegible] sie Muschel an Muschel.

Abb. 2: Abschrift eines Nietzsche-Manuskriptes von Heinrich Köselitz.
Mit Einfügungen Nietzsches in den Zeilen 11, 12, 14, 22.

127) Bzw. kurz, bündig und zutreffend: „Ich schreibe wie ein Schwein" (KSB 6, Nr. 393). Folglich sind Nietzsches eigenhändige Sätze sein ganzes „Schreibthier-leben" lang (KSB 8, S. 431) so „krumm" (KSB 6, Nr. 77), wie er sie selber sieht. Konnte der studierte Philologe kein längeres *Lesen* mehr ertragen, weil ihm die Worte vor Augen „zu Klumpen werden" (KSB 5, Nr. 597), ist es mit dem *Schreiben* nicht anders: Entweder seine „Feder kratzt [bzw. „sprüht"] nur auf dem Papier", statt dort zu „tanzen" (BAW 2, S. 71; KSA 7, 15[1]; KSA 6, S. 110), oder aber ihre „Tintenflüsse" (KSA 3, S. 366) ergeben ein einziges „Krikelkrakel" (KSB 6, S. 122).

Kein Wunder also, daß Nietzsche die Ab- und Reinschriften seiner Druckmanuskripte immer wieder den Händen von Heinrich Köselitz alias Peter Gast anvertraute (vgl. Abb. 2): „Wenn Sie nicht errathen, was ich denke, so ist das Manuscript unentzifferbar." (KSB 6, 77)[18] Der junge Professor hatte den noch jüngeren Musiker, „einen Verehrer meiner Schriften" (KSB 5, 493), im Herbst 1877 als „ständigen Secretär [...] engagirt" (KSB 5, 557). Kurz darauf war dieser sogar in Nietzsches Basler Wohnung eingezogen (KSB 5, 656): „Ich diktierte", heißt es dazu in einem Brief an Erwin Rhode, „den Kopf verbunden und schmerzhaft, er schrieb ab, er korrigierte auch." (KSA 6, S. 327)

Gleichwohl, der Ärger mit der Handschrift, ihre *Störung der Lese- und Schreibe-Routine*, bleibt bestehen: Denn erstens sind sogar Sekretäre Mängelwesen: „Um des Himmels willen Ihre Orthographie und Interpunktion und keine stäts!" (KSB 6, 253), weshalb es zweitens vorkommt, daß „Drucker und Setzer" deren Vorlagen „gräßlich mißhandeln" (ebd.). Nachweisbar ist dies im Entstehungsprozeß der *Fröhlichen Wissenschaft* und vor allem, als Nietzsche aufgrund seiner zahlreichen Reisen wieder selber schreiben mußte:

> „Das Manuskript [*Der Fall Wagner*] ist bereits in der Druckerei. Es war schon einmal dort, wurde mir wegen Unleserlichkeit zurückgeschickt. Ich hatte die Abschrift in einem solchen Zustand von Schwäche gemacht, daß die lateinischen Buchstaben ebenso gut als griechische verstanden wurden (– eine kleine Druckprobe bewies mir das)." (KSB 8, Nr. 1070)

Ebensowenig ist es daher ein Wunder, daß Nietzsche trotz Sekretär/innen noch selber *verschiedene Schreibfedern ausprobiert* hat (Abb. 3).[19]

Zwar sind aus seiner Zeit als Schüler, Student oder Professor keine diesbezüglichen Äußerungen bekannt, mit Ausnahme kleiner Bestell-Zettel aus Schul-

---

18 Weitere, auch weibliche Hände folgen: Marie Baumgartner, Louise Röder-Wiederhold und ein namenloser „alter Kaufmann, der banquerott ist". Vgl. KSB 5, Nr. 436; KSB 6, Nr. 232; KSB 7, Nr. 607, 611, 613.

19 Was Benjamin fordert: „[p]edantisches Beharren bei gewissen Papieren, Federn, Tinten", trifft also auf Nietzsche ganz und gar nicht zu. Vgl. Walter Benjamin, *Einbahnstraße* (1928), in: ders., *Gesammelte Schriften*, herausgegeben von Rolf Tiedemann und Hermann Schweppenhäuser, Bd. IV/1: *Kleine Prosa, Baudelaire Übersetzungen*, herausgegeben von Tillman Rexroth, Frankfurt am Main: Suhrkamp 1972, S. 83-148, hier S. 106.

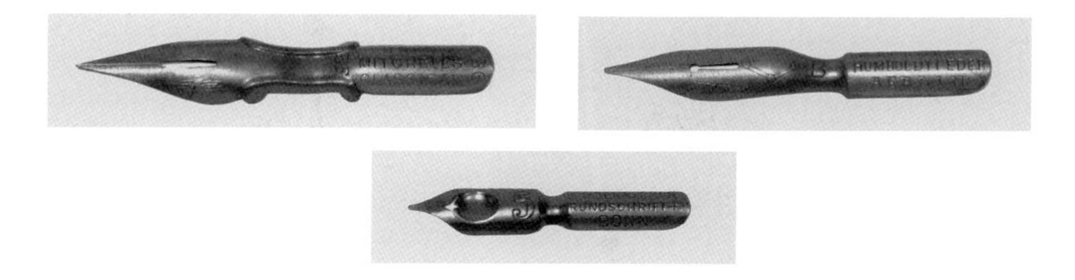

Abb. 3: Stahlfedern, wie sie Nietzsche benutzt hat: Mitchell, Roeder, Soennecken. Mit feinen Spitzen wegen der winzigen Handschrift und geschlitzten Rändern, damit sie weich über das Papier gleiten konnten.

pforta (z. B. KSB 1, Nr. 21, Nr. 326); seit Juli 1882 aber (drei Jahre nachdem er seine Basler Professur hatte niederlegen müssen und nur drei Monate nachdem in Genua seine Schreibmaschine unbrauchbar geworden war) finden sich Briefstellen, die auch das klassische Schreibgerät thematisieren. Dabei scheint es durch seine häufige Ortswechsel vor allem Schwierigkeiten mit dem Nachschub gegeben zu haben. So ein Appell von Tautenburg aus an die Schwester: „Bitte, um des Himmels Willen: Stahlfedern! Die Naumburger also: B. John Mitchells classical 689!“ (KSB 6, Nr. 260) Oder:

> „Diese Federn sind fürchterlich, eine wie die andere. Erweise mir die Gunst, durch Dr. Romundt ein Gros von der Humboldfeder Roeder's B [= ‚Nr. 15‘] kommen zu lassen [B bedeutet ‚weich‘]. Es ist die einzige Feder, mit der ich noch schreiben kann.“ (KSB 6, Nr. 255, 416; KSB 8, Nr. 862)

Nicht anders im Mai 1883 und Juni 1887, als Nietzsche weitere Bestellungen nach Naumburg schickt: „Ich möchte gleich einen langen Vorrath davon, also 2 Gros (das sind 24 Dutzend)“ (KSB 6, Nr. 416), und dann: „[M]ir wäre ein Kästchen mit 12 Dutzend Stahlfedern sehr erwünscht“ (KSB 8, Nr. 862). Immer wieder Roeder's Berliner Fabrikate. Legt man die bekannten Briefstellen zugrunde, fünf Jahre lang, um schließlich im Sommer 1888 doch noch ersetzt zu werden. Das Problem der Unleserlichkeit nämlich blieb bestehen (wie die oben erwähnte Niederschrift von *Der Fall Wagner* gezeigt hat):

> „[I]ch bitte Stahlfedern ins Auge zu fassen. Inzwischen habe ich eine so schlechte Schrift bekommen, daß eine besondere Art Stahlfedern versucht werden mußte, die von Sönnecken. [...] Die genaue Bezeichnung ist: / Sönnecken's Rundschriftfedern / Nr. 5 / Bitte, hebe Dir diese Adresse auf. Das Hauptgeschäft ist in Leipzig.“ (KSB 8, Nr. 1063, S. 357 f.)

Noch vier Mal wird sich Nietzsche in nachfolgenden Briefen auf diese Sorte Federn beziehen: am 13. bzw. 30. August 1888, weil er bei seiner Mutter „eine ganze Schachtel“ (KSB 8, Nr. 1090) bestellt, am 14. September, als er sich für deren Zusendung bedankt: „bin sehr erbaut“ (KSB 8, Nr. 1114), und am 22. Dezember, um auch Heinrich Köselitz von seinem neuen Schreibutensil zu berichten: „ausgezeichnet“ (KSB 8, Nr. 1207). Eine Genugtuung jedoch, die schon zwei Wochen später mit Nietzsches Zusammenbruch in Turin ihr jähes Ende findet; oder: Das physiologische Szenario verliert (wie letztlich immer) seinen Protagonisten.

2. Ästhetische Störungen: Vom Corpus der Schrift

Selbst unter erfahrenen Editionsphilologen gilt Nietzsches (zum Teil deutsche, zum Teil lateinische) Handschrift „als eine besonders schwer entzifferbare“[20] – was nicht nur und über die längst bekannten Fälschungen der Schwester hinaus jegliche Forderung nach „authentischer Transkription“ zu einem „unerfüllbaren Imperativ“[21] werden läßt, sondern speziell der kritischen Nachlaß-Edition enorme Probleme bereitet. In deren aktuellster Lösung freilich, der *IX. Abteilung* der *Kritischen Gesamtausgabe* wird damit offensiv umgegangen: Statt weiterhin Lesetexte (mit vorausgesetzter Werkstruktur) zu kompilieren, ist dort – begleitet durch die Faksimiles der Handschriften auf CD-ROM – eine „ultradiplomatische“[22] Transkription der nachgelassenen Aufzeichnungen Nietzsches ab dem Frühjahr 1885 in ihrer „räumlichen Anordnung“ sowie den „zeitlichen Zusammenhängen der verschiedenen Niederschriften [...] mit allen Verschreibungen, Streichungen und Korrekturen“[23] begonnen worden (vgl. Abb. 4):

> „Gegenstand der Nachlaßedition ist also nicht die Aufbereitung von Texten, sondern die [„*stereoskopische*“, weil „topologische“ *und* „chronologische“] Dokumentation von Niederschriften.“[24]

Mit anderen Worten: Statt sich in den Dienst angeblicher Bewußtseins-Äußerungen zu stellen, geht es den Herausgebern darum, die *materialen Spuren einer Praktik oder Geste* in den Druck zu übertragen. Nicht die Idealität des Schreibers spielt für sie eine Rolle, sondern das Corpus der Schriften. Zur Richtlinie

---

20 Wolfram Groddeck und Michael Kohlenbach, „Zwischenüberlegungen zur Edition von Nietzsches Nachlaß“, in: *Text. Kritische Beiträge* 1 (1995), S. 21-39, hier S. 30.

21 Ebd., S. 31. Zur Störquelle ‚Schwester‘ vgl. Wolfram Groddeck, „Fälschung des Jahrhunderts. Zur Geschichte der Nietzsche-Editionen“, in: *Du. Die Zeitschrift der Kultur* 6 (1998), S. 60-61.

22 Ulrich Raulff, „Klickeradoms. Nietzsche liegt in Stücken: Notizbücher eines Zerstreuten“, in: *Süddeutsche Zeitung*, 24. 11. 2001, S. 16.

23 Groddeck/Kohlenbach, „Zwischenüberlegungen [...]“ (Anm. 20), S. 35 f.

24 Ebd., S. 35 f. – Vgl. auch Hubert Thüring, „Tertium datum. Der ‚Nachlaß‘ zwischen Leben und Werk. Zur Neuausgabe der handschriftlichen Dokumente des ‚späten Nietzsche‘“, in: *http://iasl.uni-muenchen.de /rezensio/ liste/thuering.html* (25. 5. 2003).

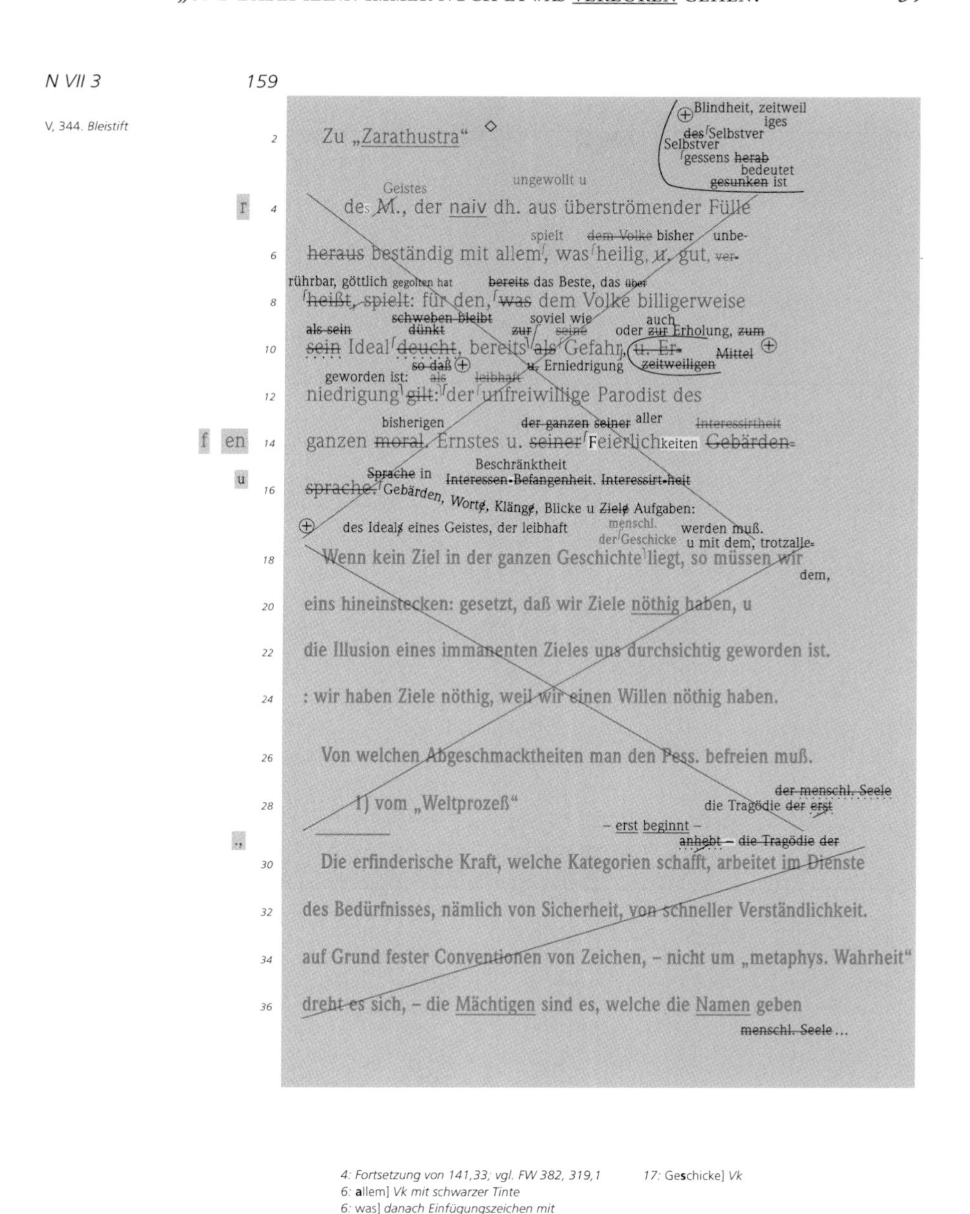

N VII 3 159

V, 344. *Bleistift*

2 Zu „Zarathustra“ ◇ ⊕Blindheit, zeitweiliges des Selbstvergessens herab bedeutet Selbstver gesunken ist

Geistes ungewollt u

4 des M., der naiv dh. aus überströmender Fülle

spielt dem Volke bisher unbe-

6 heraus beständig mit allem, was heilig, u. gut, ver-

rührbar, göttlich gegolten hat bereits das Beste, das über

8 heißt, spielt: für den, was dem Volke billigerweise

schweben bleibt soviel wie auch

als sein dünkt zur seine oder zur Erholung, zum

10 sein Ideal deucht, bereits als Gefahr, u. Er- Mittel ⊕

so daß ⊕ u. Erniedrigung zeitweiligen

geworden ist: als leibhaft

12 niedrigung gilt: der unfreiwillige Parodist des

bisherigen der ganzen seiner aller Interessirtheit

14 ganzen moral. Ernstes u. seiner Feierlichkeiten Gebärden-

Beschränktheit

Sprache in Interessen-Befangenheit. Interessirt-heit

16 sprache. Gebärden, Worte, Klänge, Blicke u Ziele Aufgaben:

⊕ des Ideals eines Geistes, der leibhaft menschl. der Geschicke werden muß. u mit dem, trotzalle-

18 Wenn kein Ziel in der ganzen Geschichte liegt, so müssen wir

dem,

20 eins hineinstecken: gesetzt, daß wir Ziele nöthig haben, u

22 die Illusion eines immanenten Zieles uns durchsichtig geworden ist.

24 : wir haben Ziele nöthig, weil wir einen Willen nöthig haben.

26 Von welchen Abgeschmacktheiten man den Pess. befreien muß.

der menschl. Seele

28 1) vom „Weltprozeß“ die Tragödie der erst

– erst beginnt –

anhebt – die Tragödie der

30 Die erfinderische Kraft, welche Kategorien schafft, arbeitet im Dienste

32 des Bedürfnisses, nämlich von Sicherheit, von schneller Verständlichkeit.

34 auf Grund fester Conventionen von Zeichen, – nicht um „metaphys. Wahrheit“

36 dreht es sich, – die Mächtigen sind es, welche die Namen geben

menschl. Seele…

4: Fortsetzung von 141,33; vgl. FW 382, 319,1
6: **a**llem] *Vk mit schwarzer Tinte*
6: was] *danach Einfügungszeichen mit schwarzer Tinte verlängert*
8: was] *davor Einfügungszeichen verlängert*
11: Mi**tt**el] *Vk*
17: Ge**s**chicke] *Vk*

Abb. 4: Ultradiplomatische Umschrift aus Nietzsches Notizheft N VII 3.

wird ihnen, was *de facto* auf den Papieren überliefert ist. Daß eine solche Edition dann noch typographisch zwischen fünf Schriftarten (deutsche und lateinische Schreibschrift, erste Niederschrift, Zusätze, spätere Einfügungen) und farblich zwischen vier Tinten (schwarz, braun, violett, letzte Korrektur) bzw. drei Stiften (Blei-, Rot- und Braunstift) unterscheidet, bringt schließlich auf jeder transkribierten Seite ein selbst für wissenschaftliche Leser *ungewohntes Text-Szenario* hervor: einem *Schrift-Bild* ähnlicher als konventionellen Buchseiten. Oder, wie es in einem Kommentar zur Erstveröffentlichung der *IX. Abteilung* hieß: „Wer soll diese Notate lesen – und vor allem wie? [...] Vielleicht ist dies der Augenblick, das Lesen neu zu lernen."[25] Wohl wahr, denn was uns hier präsentiert wird, ist (nicht zuletzt angeregt durch die Frankfurter Hölderlin bzw. Kafka Ausgabe) eine philologische Neuorientierung, in der die *Duldung des Störfalls*, ja sogar dessen Bestätigung zum Programm erhoben worden ist. Anders formuliert: Hier wird das Unlesbare als solches transkribiert; die Lücke, die es reißt, wird zu einem positiven Element. Zumindest für die Nietzsche-Editoren ist seither die paradoxe Situation entstanden, daß sie aufzulösen beginnen, woran ihre Vorbilder Colli/Montinari jahrzehntelang gearbeitet haben: lose Schriften in lineare und geschlossene Werke von Autoren festzustellen.

Auf diese Weise jedoch wird im Anschluß an den Werk-Begriff[26] nicht nur (und womöglich gegen Derrida)[27] der Text-Begriff dezentriert, sondern überhaupt die Funktion der Schrift als Speicher (von Ideen, Gedanken oder Meinungen) in Frage gestellt. Überlieferungsdynamiken, Manuskriptbeschädigungen, Fälschungen usw. führen dann nochmal zur Verschärfung der Situation. Es ist deshalb keineswegs sicher, daß die Semantik, wie Flusser es gerne hätte,[28] zur Schreibszene selbst gezählt werden kann.

Aber zurück ins 19. Jahrhundert zu Nietzsche, von dem man weiß, daß er bei seinen eigenen Büchern großen Wert auf deren *Äußerlichkeit* gelegt hat. Weniger aus bibliophilen Gründen, sondern weil er durch ihre *Ausstattung* und ihr *Schriftbild* Einfluß auf seine Leser nehmen wollte. Die Korrespondenz vor allem mit seinen Verlegern[29] zeigt das deutlich: Weder Formate, Umschläge, Ti-

---

25 Raulff, „Klickeradoms" (Anm. 22), S. 16.

26 Vgl. Michel Foucault, „Was ist ein Autor" (1969), in: ders., *Schriften in vier Bänden, Dits et Écrits*, Bd. 1: *1954-69*, herausgegeben von Daniel Defert und François Ewald, aus dem Französischen übersetzt von Michael Bischoff, Hans-Dieter Gondek und Hermann Kocyba, Frankfurt am Main: Suhrkamp 2001, S. 1003-1041, hier S. 1009 f.

27 Vgl. Derrida, *Grammatologie* (Anm. 7), S. 35: „Wenn wir den Text vom Buch abheben, dann wollen wir damit sagen, daß der Untergang des Buches, wie er sich heute in allen Bereichen ankündigt, die Oberfläche des Textes bloßlegt."

28 Flusser, „Die Geste des Schreibens" (Anm. 15), S. 40.

29 Das sind von 1871-74 bzw. 1886-88/93 Ernst Wilhelm Fritzsch (Leipzig), von 1874-86 Ernst Schmeitzner (Chemnitz) und schließlich von 1888/92-1910 (d. h. bis in die Zeiten des *Nietzsche-Archivs* hinein) Constantin Georg Naumann (Leipzig). Vgl. Katrin Meyer, „Geschichte der Nietzsche-Editionen", in: Henning Ottmann (Hrsg.), *Nietzsche-Handbuch, Leben – Werk – Wirkung*, Stuttgart, Weimar: Metzler 2000, S. 437-440.

telblätter und die Papierwahl noch Anzahl der Zeilen, Letterntypen, Breite des Randes und Schwärze des Drucks bleiben darin unerwähnt.[30] Zum „Worte-macher“ (KSA 11, 29[55]), der Nietzsche ja sein wollte, gehört für ihn also zugleich die *Einwirkung aufs Büchermachen*:

> „Nun aber die Form-Fragen: denken Sie, bitte, mit mir darüber nach, wie wir diesem Buche [= *Jenseits von Gut und Böse*] ein möglichst vornehmes und ‚unpopuläres‘ Gewand geben: so allein wäre es seinem Inhalt angemessen. Die neulich gesandte Probe [...] erlaubt keine Anwendung auf den Fall meines Buches: dies soll sehr langsam gelesen werden, es muß viel weniger auf einer Seite stehen, es muß auf den Gelehrsamkeits-Anspruch, wie er sich in einem so großen Formate ausdrückt, Verzicht leisten – und ich will's endlich mit deutschen Lettern versuchen. Man bringt den Deutschen nicht anders dazu, die Form, die Sprache, den Geschmack eines Buches ernst zu nehmen. – Ich wollte vorschlagen: Wenig Zeilen c. 26, bequeme Intervalle (worin wesentlich der vornehme Eindruck des Buches liegt) / Mittelgroßes Format / Feines Velin“. (KSB 7, Nr. 679)[31]

Ansatzpunkt für solche Vorschläge sind freilich nicht nur die Erfahrungen eines kurzsichtigen Profi-Lesers mit schlecht gemachten Büchern, sondern daran anschließend und dadurch angetrieben auch die *Analyse zeitgenössischer Lesegewohnheiten*.

Nietzsches Behauptung: „[M]itten in einem Zeitalter der ‚Arbeit‘, will sagen: der Hast, der unanständigen und schwitzenden Eilfertigkeit, das mit Allem gleich ‚fertig werden‘ will“ (KSA 3, S. 17), ist auch die Rezeption von Schrift zu einem Parcours für „lesende Schnellläufer“ (KSA 1, S. 832) geworden: Sei es der „Gelehrte, der im Grunde nur noch Bücher ‚wälzt‘ – der Philologe mit mäßigem Ansatz des Tages ungefähr 200“ (KSA 6, S. 292) –, sei es einer jener vielen „Eintags-leser“ (KSA 13, 20[101]), der „nur den Stoff der Erzählung will und interessirt fortgerissen überwältigt sein möchte“ (KSA 8, 18[88]). Worauf beide Lesergruppen deshalb nicht verzichten können, ist eine *übersichtlich gestaltete Typographie* mit hohem Wiedererkennungswert und eine sakkadisch (= diagonal) vorwärtsspringende Rezeptionstechnik.[32] Mit Nietzsche gesagt: Statt „die einzelnen Worte (oder gar Silben) einer Seite sämtlich abzulesen“, nimmt man „heute [...] aus zwanzig Worten ungefähr fünf nach Zufall heraus und ‚erräth‘ den zu diesen fünf Worten muthmaasslich zu-

---

30 Vgl. KSB 5, Nr. 540, Nr. 722; KSB 6, Nr. 89, Nr. 274, Nr. 370, Nr. 375; KSB 7, Nr. 687, Nr. 697, Nr. 732; KSB 8, Nr. 879, Nr. 1052, Nr. 1053.

31 Wegen Bummelei und Unhöflichkeit von Credners Seite kommt eine Geschäftsverbindung nicht zustande. Nietzsche bleibt bei C. G. Naumann – sowie lateinischen Lettern: „Alles wohl erwogen, ist es doch nichts mit den deutschen Lettern. Ich kann meine bisherige Litteratur nicht desavouiren.“ (KSB 8, Nr. 1053)

32 Zum sakkadischen Lesen als ruckhafter Bewegung des Auges vgl. Rudolf Fietz, *Medienphilosophie. Musik, Sprache und Schrift bei Friedrich Nietzsche*, Würzburg: Königshausen & Neumann 1992, S. 18, bzw. (historisch genauer) Bettina Rommel, „Psychophysiologie der Buchstaben“ (1988), in: Hans Ulrich Gumbrecht und K. Ludwig Pfeiffer (Hrsg.), *Materialität der Kommunikation*, Frankfurt am Main: Suhrkamp 1995, S. 310-325, hier S. 316 f.

gehörigen Sinn." (KSA 5, S. 113) Lesen, heißt das dann, ist die *Mißachtung des Ge-schriebenen zugunsten des Be-schriebenen*. Für Nietzsche eine philologische Praxis, die mit den Buchstaben auf dem Papier auch die Buchstäblichkeit des eigenen Namens übersieht. So muß sie sich von einem Ex-Professor erneut darauf hinweisen lassen:

> „Philologie nämlich ist jene ehrwürdige Kunst, welche [...] vor Allem Eins heischt, bei Seite gehn, sich Zeit lassen, still werden, langsam werden –, als eine Goldschmiedekunst und -kennerschaft des W o r t e s , die lauter feine vorsichtige Arbeit abzuthun hat und Nichts erreicht, wenn sie es nicht l e n t o erreicht." (KSA 3, S. 17)

Wohin demgegenüber ein „Mangel an [solcher] Philologie" führt, beschreibt Nietzsche sehr genau: „[M]an verwechselt beständig die Erklärung mit dem Text" (KSA 13, 15[82]).

Von daher sein Ziel: Nicht Hinter-Gedanken erraten, sondern *auf Wort-Oberflächen achten*; nicht extensive „Bücherwürmerei" (KSA 6, S. 326), sondern intensives „W i e d e r k ä u e n " (KSA 5, S. 256); nicht zwischen den Zeilen lesen, sondern ihr Schwarz auf Weiß bemerken; haben wir doch „zuletzt [sic!] bedrucktes Papier vor Augen [...]." (KSA 7, 25,1) Oder: Wir müssen wieder „[e]inen Text als Text ablesen können, ohne eine Interpretation dazwischen zu mengen" (KSA 13, 15[90]). An anderer Stelle heißt es auch, man habe das „Lesen als K u n s t zu üben" (KSA 5, S. 256): mit „zarten Fingern und Augen" (KSA 3, S. 17),[33] so daß schon deshalb keine Technik fürs gelehrte oder gemeine Publikum daraus werden kann. In bezug auf die eigenen Schriften erklärt Nietzsche gar, die „Öffentlichkeit" überhaupt „abschrecken und davonscheuchen" (KSA 7, 8[83] f.) zu wollen, um dafür „die Wenigen [aber „Würdigen"] anzuziehen" (ebd.) – was an dieser Stelle nichts mit Elitarismus zu tun hat, sondern mit den Verkaufszahlen seiner Bücher: „Die Leipziger Buchhändlermesse [Ostern 1887] hat mir ein lehrreiches Resultat abgeworfen", denn obwohl

> „buchhändlerischer Seits Alles, was noth tut (und etwas mehr sogar!) gethan wurde, [...] sind überhaupt nur 114 Exemplare [von *Jenseits von Gut und Böse*] verkauft worden (während allein 66 Exemplare an Zeitungen und Zeitschriften verschenkt worden sind). [...] Somit ist, von der Geb⟨urt⟩ der T⟨ragödie⟩ an bis jetzt, eine stetig wachsende Gleichgültigkeit gegen meine Schr⟨iften⟩ ziffernmäßig constatirt." (KSB 8, Nr. 856; KSB 8, Nr. 858)[34]

---

33 Wie man außer mit den Augen *auch mit den Fingern liest*, zeigt ein Blick in Nietzsches Privatbibliothek (heute *Stiftung Weimarer Klassik*), deren Bestand zahlreiche Lesespuren aufweist: zumeist mit Bleistift oder roten bzw. braunen Stiften ausgeführt. Gelegentlich kommen sogar Kommentare wie „Esel" oder „Vieh" vor. Vgl. Thomas H. Brobjer, „Nietzsches Bibliothek", in: Ottmann, *Nietzsche-Handbuch* (Anm. 29), S. 59-60, bzw. Giuliano Campioni, Paolo D'Iorio, Maria Cristina Fornari, Francesco Fronterotta, Andrea Orsucci (Hrsg.), *Nietzsches persönliche Bibliothek*, Berlin, New York: Walter de Gruyter 2003, hier S. 39 f. und S. 49 f.

34 Vgl. auch William H. Schaberg, *The Nietzsche Canon. A publication history and bibliography*, Chicago, London: University of Chicago Press 1995, S. 130 und S. 198 ff.

Wie will Nietzsche nun gegen Büchersucht und Buchstabenverachtung vorgehen? Indem er seine Leser zu der von ihm gewünschten Rezeptionstechnik zwingt; soll heißen, indem er sie durch *Störung ihres gewohnten Leseflußes* mit der Materialität des Gelesenen konfrontiert. „Meine Schriften machen Mühe“, die Ergänzung zu *Ecce homo* bringt diese Strategie auf den Punkt (KSA 14, S. 484). Nicht nur, weil sie sich mit anspruchsvollen Themen beschäftigen, sondern vor allem, weil ihre *druckgraphischen Inszenierungen* einer ebenso flüchtigen wie bloß sinnsuchenden Lektüre im Wege stehen: „Ich kenne den Zustand der gegenwärtigen Menschen, wenn sie lesen: Pfui! Für diesen Zustand sorgen und schaffen zu wollen!“ (KSA 9, 11[297]) Dazu zwei Beispiele:

Erstens: Nietzsches „Telegrammstil“ (KSB 5, Nr. 900), zu dem er nach eigener Auskunft durch seine „große Schwachsichtigkeit“ (KSB 6, Nr. 167) und „schreckliche Kopfschmerzen“ (KSB 5, Nr. 669) gezwungen wurde. „Seit wie lange habe ich nicht lesen können!!“ (KSB 6, Nr. 167) So beenden Nietzsches Augen „alle Bücherwürmerei“ (KSA 6, S. 326), um in der Folge auch ihr Schreiben unmöglich zu machen:

> „Die Krankheit gab mir [1878/79] ein Recht zu einer vollkommenen Umkehr aller meiner Gewohnheiten; sie erlaubte, sie g e b o t mir Vergessen [...]: ich war vom ‚Buch‘ erlöst“. (KSA 6, S. 326)

Nun also die *Verknappung eines Schreibstils*, der keine Schmerzen mehr bereiten soll, da er versucht, einer „Horazischen Ode“ gleich, durch ein „minimum von Umfang der Zeichen“ ein „Maximum von Energie des Zeichens“ (KSA 13, 24[1]) zu erreichen – weshalb der Noch-Philologe fortan keine Bücher samt Einleitung, Hauptteil und Schluß mehr schreibt, sondern „Aphorismen-Sammlungen“ (KSA 5, S. 248),[35] von 1 bis n durchnummeriert. Allerdings mit dem Risiko, daß sie ihre „abgekürzteste Sprache“ (als „Stücke gegeben“) „so oft in die Nähe des [...] Missverständnisses“ bringt (KSA 14, S. 484; KSA 2, S. 432; KSB 5, Nr. 900)

Hinzu kommt, daß Nietzsche durch solchen Stilwechsel zwar die eigenen Augen schont, dafür aber von seinen Lesern ein *mühevolles Entziffern* verlangt; gesteigert noch durch fehlende Literaturverzeichnisse, Quellennachweise, Kapitelüberschriften und andere Orientierungshilfen, sowie die bereits erwähnten Besonderheiten der Ausstattung und des Layouts (Format, Zeilen, Lettern usw.). „Ich bin kurz: meine Leser selber müssen lang werden, umfänglich werden [...].“ (KSA 14, S. 484) Was als Behinderung des Schreibers seinen Anfang nahm, schlägt um in das *Behindern seiner Leser* – nach Kittler der „alteuropäische Normalfall“, den Nietzsche in Zeiten „allgemeiner Alphabetisierung“ wieder erzwingt.[36] Daher ist Unlesbarkeit zwar an dieser Stelle eine

---

35 Nietzsches erste Aphorismensammlung war *Menschliches, Allzumenschliches* (1878). Sie wurde im „Augen-kurort“ Sorrent begonnen. (KSA 5, S. 248; KSB 5, Nr. 597)

36 Kittler, *Aufschreibesysteme* (Anm. 3), S. 239 und S. 224 f. – Vgl. aber auch Herbert Marshall McLuhan, *The Gutenberg Galaxy. The making of typographic man*, London: Routledge & Paul 1962, S. 90.

einer kleinen Thür hinausgetreten und gieng über das Seil, welches zwischen zwei Thürmen gespannt war, also, dass es über dem Markte und dem Volke hieng. Als er eben in der Mitte seines Weges war, öffnete sich die kleine Thür noch einmal, und ein bunter Gesell, einem Possenreisser gleich, sprang heraus und gieng mit schnellen Schritten dem Ersten nach. „Vorwärts, Lahmfuss, rief seine fürchterliche Stimme, vorwärts Faulthier, Schleichhändler, Bleichgesicht! Dass ich dich nicht mit meiner Ferse kitzle! Was treibst du hier zwischen Thürmen? In den Thurm gehörst du, einsperren sollte man dich, einem Bessern, als du bist, sperrst du die freie Bahn!" – Und mit jedem Worte kam er ihm näher und näher: als er aber nur noch einen Schritt hinter ihm war, da geschah das Erschreckliche, das jeden Mund stumm und jedes Auge starr machte: — er stiess ein Geschrei aus wie ein Teufel und sprang über Den hinweg, der ihm im Wege war. Dieser aber, als er so seinen Nebenbuhler siegen sah, verlor dabei den Kopf und das Seil; er warf seine Stange weg und schoss schneller als diese, wie ein Wirbel von Armen und Beinen, in die Tiefe. Der Markt und das Volk glich dem Meere, wenn der Sturm hineinfährt: Alles floh aus einander und übereinander, und am meisten dort, wo der Körper niederschlagen musste.

Zarathustra aber blieb stehen, und gerade neben ihn fiel der Körper hin, übel zugerichtet und zerbrochen, aber noch nicht todt. Nach einer Weile kam dem Zerschmetterten das Bewusstsein zurück, und er

Abb. 5: Erstdruck (S. 18) von Nietzsches *Zarathustra* (1883). Gesetzt in Walbaum-Antiqua.

persönliche Strategie, zeigt aber zugleich, wie Texte schlechterdings funktionieren: als Zeit/Raum kleinerer und größerer Störungen: als ein *Szenario aus lauter Komplikationen*.

Zweitens: Nietzsches häufiger Gebrauch sogenannter „Performationszeichen“,[37] von Graphemen also, die „im strengen metaphysischen Sinne gar keine Zeichen sind“, da sie kein *Was* beantworten, sondern einem *Wie* den Weg weisen:

> „[D]ie Interpunktionszeichen vor allem, aber auch [...] Absätze, Zeilenabstände, Typographie (Schriftgrade, Schriftarten), Fett- und Sperrdruck, Unterstreichungen, Klammern, Minuskel- Majuskel-Differenzierungen, Trennungen, Spatien und anderes mehr.“[38]

Worauf es Nietzsche auch diesmal ankommt, ist, durch *visuelle Komplexitätssteigerung* seiner Texte deren Konsumtion zu verhindern und damit den Lesern eine veränderte Einstellung zur Schrift abzunötigen. Nach der Vorliebe für „Gedankenstriche“ (KSA 11, 34[47]) und jener „Philosophie der ‚Gänsefüßchen‘“ (u. a. KSA 11, 37[5])[39] ist dafür wohl der Umstand, die eigenen Bücher immer wieder in *lateinischen statt in deutschen Lettern* drucken zu lassen (Abb. 5), ein prominentes Beispiel:[40] Da sie „dem allzuschnellen Lesen entgegen sind“ (KSB 5, Nr. 751). Vor 1900 jedenfalls hatten Geschmack und Literalität eines durchschnittlich gebildeten Deutschen noch an den Quadrangeln, Elefantenrüsseln und Entenfüßchen der *Fraktur-Schriftarten* ihr Maß; „[w]eil er gewohnt ist, seine Classiker in diesen Lettern zu lesen? – –“ (KSB 8, Nr. 1052). Wer sich für *Antiqua* in seinen Büchern entschied (gerade Schäfte, runde Verbindungsstriche, flache Serifen), konnte folglich mit irritierten Reaktionen rechnen.[41] Und genau das war ja Nietzsches Absicht: „Man muß sie [die Lettern] accentuiren“ (KSB 7, Nr. 732); entweder um abzuschrecken oder aber um anzuhalten, das Geschriebene beim Wort zu nehmen, sich Buchstabe für Buchstabe (mit Augen und Hand) daran entlang zu tasten. Noch einmal Fietz:

---

37 Fietz, *Medienphilosophie* (Anm. 32), S. 378.

38 Ebd. – Bei Adorno heißen sie deshalb „Verkehrssignale“. Theodor W. Adorno, „Satzzeichen“ (1956), in: ders., *Gesammelte Schriften*, Bd. 11, *Noten zur Literatur* herausgegeben von Rolf Tiedemann, Frankfurt am Main: Suhrkamp 1990, S. 106-113, hier S. 106. Unter heutigen deutschsprachigen Schriftstellern führt wohl am ehesten Reinhard Jirgl diese Strategie fort. Vgl. dazu entweder einen seiner Romane oder Reinhard Jirgl, „Das poetische Vermögen des alphanumerischen Codes in der Prosa“, in: ders., *Gewitterlicht*, Edition *e*inst @Jetzt, Bd. 3, Hannover: Revonnah 2002, S. 50-77.

39 Vgl. ausführlicher Verf., *Rauschen* (Anm. 12).

40 Vgl. Stingelin, „Unser Schreibzeug [...]“ (Anm. 3), S. 90.

41 Die Schwester dagegen hat sich nach Nietzsches Tod für Fraktur entschieden (vgl. Abb. 6): entweder, um veränderte Lesegewohnheiten ab 1900 zu berücksichtigen (also Nietzsches Widerstand fortzusetzen), oder aber, um den deutschen Kriegsherren zu gefallen – wie es ihr „Nachbericht“ einer 1918 erschienenen *Zarathustra*-Ausgabe nahelegt: „für unser herrliches tapferes Heer“. Elisabeth Förster-Nietzsche, „Nachbericht“, in: Friedrich Nietzsche, *Also sprach Zarathustra*, Kriegsausgabe, Leipzig: Alfred Kröner 1918, S. 477-478, hier S. 478. Zur Geschichte Antiqua vs. Fraktur vgl. Christina Killius, *Die Antiqua-Fraktur Debatte um 1800 und ihre historische Herleitung*, Wiesbaden: Harrassowitz 1999 (=*Mainzer Studien zur Buchwissenschaft*, Bd. 7).

einem Possenreißer gleich, sprang heraus und ging mit schnellen Schritten dem Ersten nach. „Vorwärts, Lahmfuß, rief seine fürchterliche Stimme, vorwärts Faultier, Schleichhändler, Bleichgesicht! Daß ich dich nicht mit meiner Ferse kitzle! Was treibst du hier zwischen Türmen? In den Turm gehörst du, einsperren sollte man dich, einem Bessern, als du bist, sperrst du die freie Bahn!" — Und mit jedem Worte kam er ihm näher und näher: als er aber nur noch einen Schritt hinter ihm war, da geschah das Erschreckliche, das jeden Mund stumm und jedes Auge starr machte: — er stieß ein Geschrei aus wie ein Teufel und sprang über den hinweg, der ihm im Wege war. Dieser aber, als er so seinen Nebenbuhler siegen sah, verlor dabei den Kopf und das Seil; er warf seine Stange weg und schoß schneller als diese, wie ein Wirbel von Armen und Beinen, in die Tiefe. Der Markt und das Volk glich dem Meere, wenn der Sturm hineinfährt: Alles floh auseinander und übereinander, und am meisten dort, wo der Körper niederschlagen mußte.

Zarathustra aber blieb stehen, und gerade neben ihn fiel der Körper hin, übel zugerichtet und zerbrochen, aber noch nicht tot. Nach einer Weile kam dem Zerschmetterten das Bewußtsein zurück, und er sah Zarathustra neben sich knieen. „Was machst du da? sagte er endlich, ich wußte es lange, daß mir der Teufel ein Bein stellen werde. Nun schleppt er mich zur Hölle: willst du's ihm wehren?"

„Bei meiner Ehre, Freund, antwortete Zarathustra, das gibt es alles nicht, wovon du sprichst: es gibt

22

Abb. 6: Kriegsausgabe (S. 22) des *Zarathustra* (1918). Gesetzt in Lutherscher Fraktur.

„Der Buchstabe ist der Körper der Schrift. Die buchstäbliche Lektüre mithin die, die das Medium Schrift als materiales Medium wahrnimmt und realisiert."[42]

So „wird Schriftmetaphysik zur Schriftphysik",[43] oder, *Nietzsche kehrt nach dem Wie auch das Woraus des Geschriebenen hervor*: Daß es nicht aus den Gedanken und Reden seines Autors abgeleitet werden kann, nicht deren bloße Notation ist, als Signifikant eines Signifikanten eines Signifikats,[44] sondern daß es *genuin graphematisch* funktioniert. „Das Eine bin ich, das Andre sind meine Schriften", ist Nietzsches Formel für diese Hauptunterscheidung (KSA 6, S. 298), die ihn erneut von allen Psychologen trennt.

3. Technische Störungen: Von der Mechanik der Schreibgeräte

Um dem ‚Krikelkrakel' seiner Handschrift zu entgehen, beschließt Nietzsche im Frühjahr 1882 den Kauf einer Schreibmaschine: „Also diese will ich (nicht die amerikanische [= Remington], die zu schwer ist.)" (KSB 6, Nr. 175)[45] Gemeint ist jene inzwischen längst berühmt gewordene *Malling Hansen Skrivekugle* (Abb. 7) – ein kompaktes Reisemodell, „8 Zoll lang, 6 Pfund schwer" (KSB 6, Nr. 141), benannt nach ihrem Kopenhagener Erfinder, der sie 1867 für Blinde konstruiert und schon bald zur Serienreife weiterentwickelt hatte.[46] Mit anderen Worten: Der ehemalige Philologe tauscht Feder, Faß und Tintenfluß gegen Tasten, Typenstangen und diskrete Lettern.[47] Seine Hoffnung: Daß die Augen beim Schreiben nicht mehr schmerzen und man das Geschriebene als Getipptes endlich lesen kann.

42 Fietz, *Medienphilosophie* (Anm. 32), S. 393.

43 Ebd., S. 379.

44 Vgl. dazu unter dem Stichwort „phonetische Schrift": Derrida, *Grammatologie* (Anm. 7), S. 11, S. 17 ff. und S. 23 ff. – Ebenso Sybille Krämer, „Sprache und Schrift oder: Ist Schrift verschriftete Sprache?", in: *ZS, Zeitschrift für Sprachwissenschaft* 15/1 (1996), S. 92-112, hier S. 92 f.

45 Erste Überlegungen zur Mechanisierung des eigenen Schreibens finden sich schon im August 1879, nur drei Monate nach Niederlegung der Basler Professur: KSB 5, Nr. 873 f.

46 Vgl. Anm. 3, sowie Ernst Martin, *Die Schreibmaschine und ihre Entwicklungsgeschichte*, Pappenheim: J. Meyer 1949, bzw. Leonhard Dingwerth, *Historische Schreibmaschinen. Faszination der alten Technik*, Delbrück: Dingwerth 1993.

47 Als medienhistorisches Bindeglied zwischen Stahlfedern und Maschine sei hier Nietzsches *mechanischer Minenstift* erwähnt: ein ca. 12 cm langes aus Silber gefertigtes Schreibgerät, zur Spitze hin verjüngt, mit hohlem Schaft, der zum Einlegen der Graphitminen aufgeschraubt werden kann. Die Mitte des Stiftes umschließt ein verzierter Ring für den Transport der Mine. Mutmaßlich handelt es sich um ein Fabrikat der Londoner Firma *Sampson Mordan & Co.*, die seit 1822 ein Patent auf solche „ever pointed pencils" besaß. Vgl. *Werkzeuge des Pegasus. Historische Schreibzeuge im Goethe-Nationalmuseum*, Katalog zur Ausstellung, herausgegeben von der Stiftung Weimarer Klassik, Weimar: Gutenberg 2002, S. 111 f. – Außerdem zur diesbezüglichen Bleistiftgeschichte: Henry Petroski, *The pencil. A history of design and circumstance*, New York: Knopf 1990, bzw. Deborah Crosby, *Victorian Pencils. Tools to Jewels*, Atglen: Schiffer Publishing 1998. Von Nietzsche selber ist m. W. keine Äüßerung zu seinem Minenstift überliefert – vielleicht, weil er tadellos funktionierte.

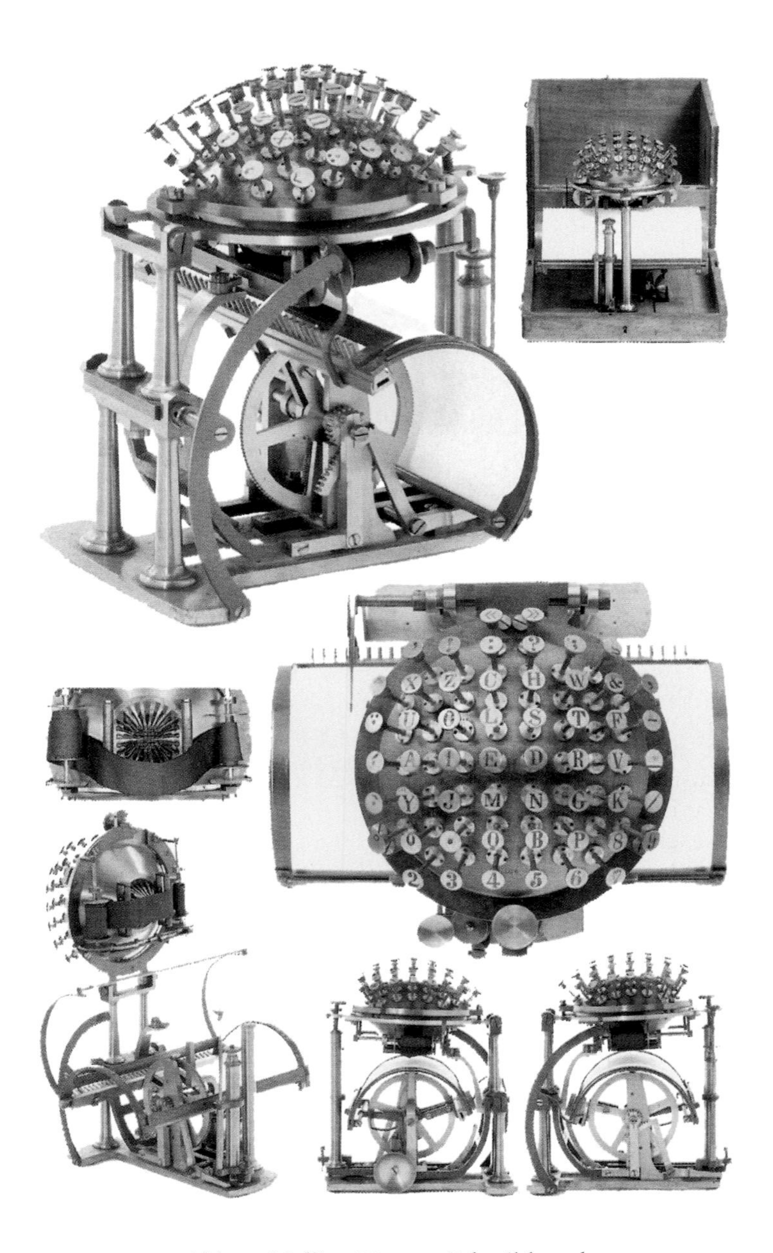

Abb. 7: Malling Hansen Schreibkugel.
Die Maschine ist aus Messing und Stahl gebaut. Ihre 54 Typenstangen (noch keine Typenhebel) schlagen durch ein anilingetränktes Baumwollfarbband (blau) serifenlose Antiqua-Großbuchstaben auf ein Blatt im Oktavformat (13,5 x 21cm). Als Widerstand fungiert ein kleiner Amboß (5 x 5mm) unterhalb des Papierzylinders.

Die Anfangseuphorie jedenfalls ist groß: „Hurrah!“, schreibt er seiner Schwester nach Naumburg (noch mit der Feder auf eine Postkarte), „Die Maschine ist eben in meine Wohnung eingezogen“ (KSB 6, Nr. 199).[48] Dabei war schon ihre Lieferung alles andere als reibungslos verlaufen: „[S]chwer beschädigt“ nämlich (im Transportkasten hatte sich die Befestigung gelöst)[49] kommt sie bei Nietzsche in Genua an und muß zunächst „eine Woche [...] ‚reparirt‘“ (KSB 6, Nr. 198) werden. Zwar funktioniert daraufhin ihre Mechanik wieder, bis zu jenem 24. März 1882 jedoch, als sie ebenso rätselhaft wie endgültig „ihren ‚Knacks‘ weg“ (KSB 6, Nr. 408) hat, kommt es nicht nur zu mindestens einer weiteren „REPARATUR“ (SchrT, 22), auch die Anwendung des neuen Schreibgeräts wird sich als eine *Anhäufung von Widrigkeiten und Mißgeschicken* erweisen. Einzig Köselitz lobt nach Erhalt des ersten Typoskripts die „Deutlichkeit der Lettern“.[50] Was keineswegs übertrieben ist, wie das Original oder sein Faksimile zeigen (vgl. SchrT, 17), was aber in Anbetracht *aller* von Nietzsche bekannten Schreibmaschinentexte eine Ausnahme darstellt. „Teufel! Können / Sie das auch lesen?!“ (SchrT, 18) Bereits das Folgetyposkript trägt diesen handschriftlichen Zusatz. Nietzsches *Tippfehler* nämlich (nicht zuletzt ausgelöst durch die *Schwergängigkeit der Typenstangen* sowie die *Transportprobleme des Papierwagens*) haben sich derart vermehrt, daß Korrekturen mit dem Stift erforderlich sind (Abb. 8): Mal müssen Buchstaben eingefügt bzw. überschrieben werden, mal gilt es, fehlende Zeichen zu ergänzen oder Worte (durch Schrägstriche) zu trennen. Auch sieht man, daß Nietzsche einige überlange Zeilen nur von Hand (aber in Blockschrift) zu Ende schreiben mußte. Später wird er sich sogar gezwungen sehen, auf seine Federn zurückzugreifen, um durchzustreichen bzw. angefangene Briefe fortzusetzen (vgl. z. B. SchrT, 32 und 36). Was impliziert, daß *Störfälle durch die Anwendung der Maschine nicht vermindert, sondern verändert werden*.[51] Denn sie ereignen sich *medienspezifisch* und spielen ihre Rollen also auch in typographischen Szenarien.

> „WANN WERDE ICH ES UEBER MEINE FINGER / BR>I\⟨I⟩\NGEN⟨,⟩ EINEN LANGEN SATZ ZU DRÜ[~U]CKEN⟨! –⟩“ (SchrT, 18)[52]

So ist der Schriftsteller Nietzsche noch einmal zum buchstabierenden Schreiber geworden; oder: Sein neues Schreibzeug verlangt von ihm eine *zweite, nun-*

---

48 So verdrängt die Maschine Heinrich Köselitz aus seiner Wohn- und Schreibgemeinschaft mit Nietzsche. Vgl. Kap. 1 bzw. KSB 5, Nr. 656; KSA 6, S. 327.

49 Vgl. Stingelin, „Kugeläußerungen“ (Anm. 3), S. 327 f.

50 Heinrich Köselitz in: *Nietzsches Briefwechsel. Kritische Gesamtausgabe*, herausgegeben von Giorgio Colli und Mazzino Montinari, III. Abt., Bd. 2: *Briefe an Friedrich Nietzsche, Januar 1880-Dezember 1884*, Berlin, New York: de Gruyter 1981, Nr. 108 (= KGB, Band und Briefnummer).

51 Kein Thema ist für Nietzsche allerdings die Geräuschkulisse seiner *Malling Hansen*: ihr Klappern, Hämmern und Klingeln anstelle des Kratzens, Schleifens und Schnarrens der Feder.

52 Die Unmöglichkeit, zwischen ‚DRÜCKEN‘ und ‚DRUCKEN‘ zu unterscheiden, zeigt einmal mehr den realen, d. h. unmetaphorischen Zusammenhang von Geste und Schrift.

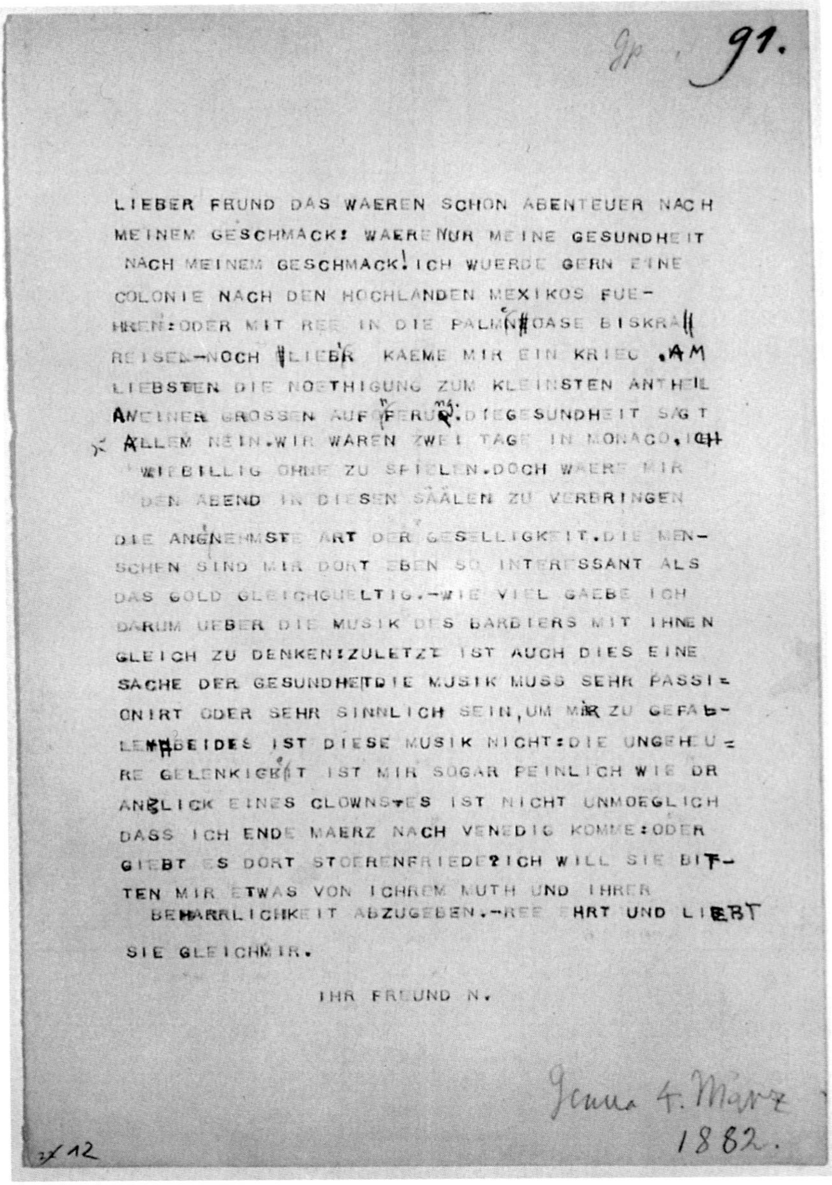

91.

LIEBER FRUND DAS WAEREN SCHON ABENTEUER NACH
MEINEM GESCHMACK! WAERE NUR MEINE GESUNDHEIT
NACH MEINEM GESCHMACK! ICH WUERDE GERN EINE
COLONIE NACH DEN HOCHLANDEN MEXIKOS FUE-
HREN:ODER MIT REE IN DIE PALMENOASE BISKRA
REISEN-NOCH LIEBER KAEME MIR EIN KRIEG.AM
LIEBSTEN DIE NOETHIGUNG ZUM KLEINSTEN ANTHEIL
AN EINER GROSSEN AUFGABE.DIE GESUNDHEIT SAGT
ALLEM NEIN.WIR WAREN ZWEI TAGE IN MONACO,ICH
WIE BILLIG OHNE ZU SPIELEN.DOCH WAERE MIR
DEN ABEND IN DIESEN SAALEN ZU VERBRINGEN
DIE ANGENEHMSTE ART DER GESELLIGKEIT.DIE MEN-
SCHEN SIND MIR DORT EBEN SO INTERESSANT ALS
DAS GOLD GLEICHGUELTIG.-WIE VIEL GAEBE ICH
DARUM UEBER DIE MUSIK DES BARBIERS MIT IHNEN
GLEICH ZU DENKEN!ZULETZT IST AUCH DIES EINE
SACHE DER GESUNDHEIT.DIE MUSIK MUSS SEHR PASSI=
ONIRT ODER SEHR SINNLICH SEIN,UM MIR ZU GEFAL-
LEN.BEIDES IST DIESE MUSIK NICHT:DIE UNGEHEU=
RE GELENKIGKEIT IST MIR SOGAR PEINLICH WIE DER
ANBLICK EINES CLOWNS.-ES IST NICHT UNMOEGLICH
DASS ICH ENDE MAERZ NACH VENEDIG KOMME:ODER
GIEBT ES DORT STOERENFRIEDE?ICH WILL SIE BIT-
TEN MIR ETWAS VON IHREM MUTH UND IHRER
BEHARRLICHKEIT ABZUGEBEN.-REE EHRT UND LIEBT
SIE GLEICHMIR.

IHR FREUND N.

Genua 4. März 1882.

Abb. 8: Typoskript von Nietzsches Schreibkugel. Brief an Heinrich Köselitz in Venedig vom 4. März 1882. Mit handschriftlichen Korrekturen Nietzsches im Text. Außerdem oben rechts (Rotstift) die Numerierung des späteren Herausgebers Hans Joachim Mette und unten rechts (Bleistift) die Datierung von unbekannter Hand.

mehr beidhändige Alphabetisierung. „VERZEIH UND NIMM FUERLIEB.> ⟨!⟩“ (SchrT, 20), bittet er den Theologenfreund Overbeck und macht seinen Brief sogleich zur „FINGERUEBUNG“ (ebd.) – ein Schwenk vom Ausdruck (des Innern) zum Anschlag (von Tasten), der nach der Mechanisierung des Schreibens noch dessen *Automatisierung* erreichen will: als die Entkoppelung der klassischen Trias Augen, Hand und Lettern.

Das Ergebnis, immerhin, kann sich sehen lassen: Neben 15 Briefen tippt Nietzsche in den sieben Wochen seines maschinengestützten Schreibens auch ein 34 Seiten umfaßendes Konvolut mit dem (noch ehrgeizigeren) Titel „⟨5 0 0⟩ A U F S C H R I F T E N / AUF TISCH UND WAND. / FUER N>A\⟨ A⟩\RRN / VON N A R R E N H A N D .“ (SchrT, 41) Köselitz ist, wie immer, begeistert. Diesmal lobt er die „Kernigkeit der Sprüche“,[53] durch die Nietzsche auf seinem Weg von der Philosophie über die Philologie zum „Denker der Mediengründerzeit“[54] mit seiner *Malling Hansen* experimentiert, um sie dabei auch als Gegenstand zu explizieren. *Auf der Maschine schreibt Nietzsche über die Maschine*: „SIE HABEN RECHT – UNSER / SCHREIBZEUG ARBEITET MIT AN UNSEREN GED\⟨A⟩\MKEN“ (SchrT, 18).[55] Tippen, mit anderen Worten, ersetzt nicht allein die von Hegel gerühmten „e i n f a c h e n Z ü g e der Hand [...] als die individuelle Bestimmtheit der Sprache“,[56] sondern mehr noch, es verkehrt die klassische Hierarchie von Mensch und Maschine. Der Nietzsche-Leser Heidegger hat das erkannt. Zehn Jahre, nachdem er den „Einbruch des Mechanismus in den Bereich des Wortes“ diagnostizierte, schreibt er:

> „Inzwischen erhält sich vordergründig immer noch der Anschein, als meistere der Mensch die Sprachmaschine. Aber die Wahrheit dürfte sein, daß die Sprachmaschine die Sprache in Betrieb nimmt und so das Wesen des Menschen meistert.“[57]

---

53 Köselitz in: KGB III/2, Nr. 108; in bezug z. B. auf Nietzsches Sentenz: „NICHT ZU FREIGEBIG:> ⟨!⟩ NUR HUNDE / SCHEISSEN ZU JEDER STUNDE.“ (SchrT, 17)

54 Kittler, *Grammophon, Film, Typewriter* (Anm. 3), S. 293.

55 Als Antwort auf Köselitz, in: KGB III/2, Nr. 108. Vgl. dazu Kittler, *Aufschreibesysteme* (Anm. 3), S. 247, der obiges Zitat für die Medientheorie entdeckt hat, bzw. im Anschluß daran Stingelin: „Kugeläußerungen“ (Anm. 3), S. 336 f., und ders., „,Unser Schreibzeug“ (Anm. 3), S. 90 f. – ohne allerdings jenen Tippfehler zu erwähnen, durch den sich der Satz nicht nur selbst beweist, sondern auch die ‚Störung‘ als Paradigma vorführt.

56 Georg Wilhelm Friedrich Hegel, *Phänomenologie des Geistes* (1807), herausgegeben von Hans-Friedrich Wessels und Heinrich Clairmont, Hamburg: Meiner 1988, S. 211. Zur Anonymisierung des Benutzers in der Geschichte des Schreibens vgl. (vom Gänsekiel zur Stahlfeder) Eduard Mörike, „Brief an Luise Walther“ (10. Januar 1874), in: Fischer, *Vom Schreiben 2* (Anm. 2), S. 49, und (von der Stahlfeder zur Maschine) Martin Heidegger, *Parmenides* [Wintersemester 1942/43], in: ders., *Gesamtausgabe*, II. Abteilung: *Vorlesungen 1923-1944*, Bd. 54, herausgegeben von Manfred S. Frings, Frankfurt am Main: Vittorio Klostermann 1982, S. 119, bzw. Kittler, *Grammophon, Film, Typewriter* (Anm. 3), S. 299.

57 Heidegger, *Parmenides* (Anm. 56), S. 126, und Martin Heidegger, „Hebel – der Hausfreund“ (1957), in: ders., *Gesamtausgabe*, I. Abteilung: *Veröffentlichte Schriften 1910-1976, Aus der Erfahrung des Denkens*, Bd. 13, Frankfurt am Main: Vittorio Klostermann 1983, S. 133-150, hier S. 149. Außerdem Kittler, *Grammophon, Film, Typewriter* (Anm. 3), S. 305.

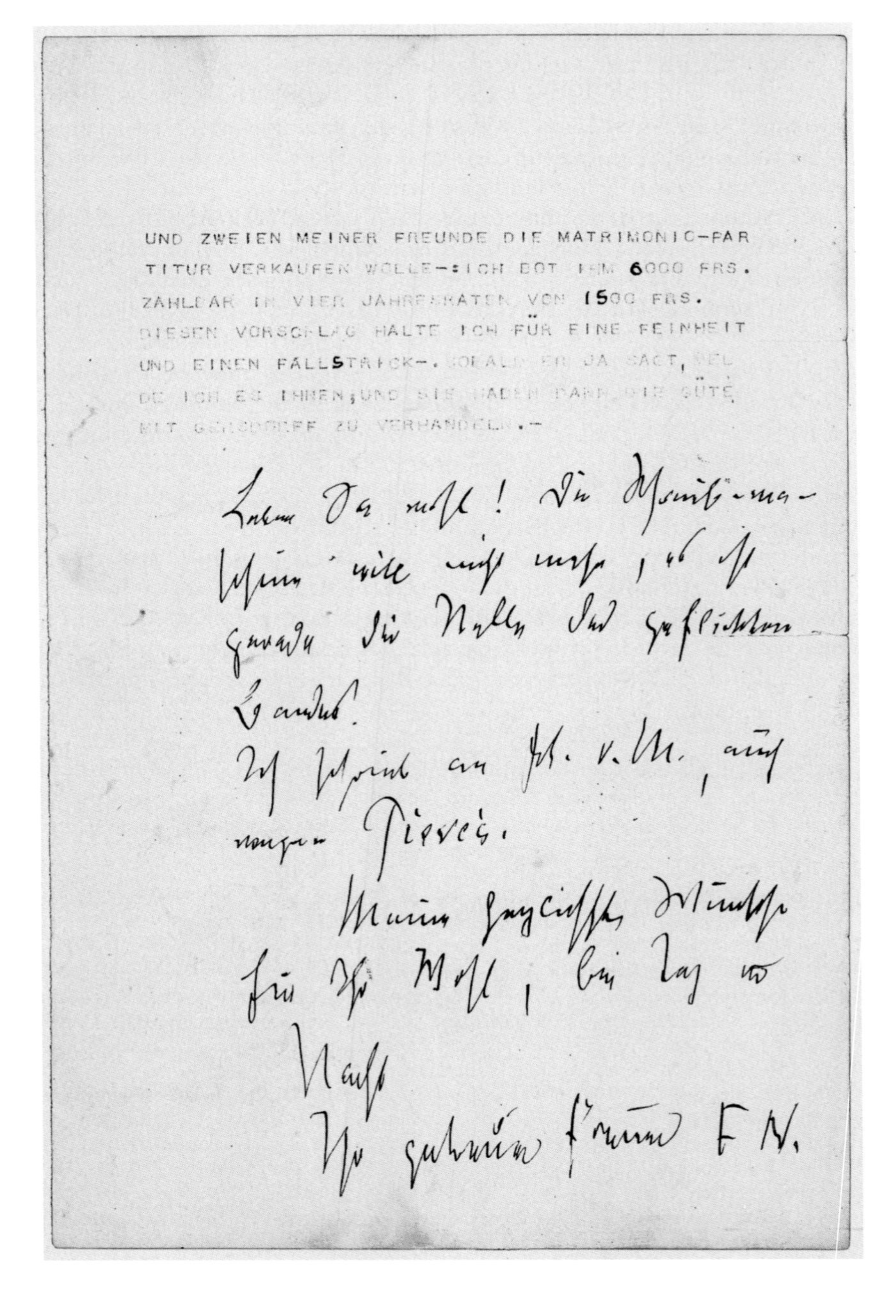

UND ZWEIEN MEINER FREUNDE DIE MATRIMONIO-PAR
TITUR VERKAUFEN WOLLE-:ICH BOT IHM 6000 FRS.
ZAHLBAR IN VIER JAHRESRATEN VON 1500 FRS.
DIESEN VORSCHLAG HALTE ICH FÜR EINE FEINHEIT
UND EINEN FALLSTRICK-. SOBALD ER JA SAGT, MEL
DE ICH ES IHNEN;UND SIE HABEN DANN DIE GÜTE
MIT GERSDORFF ZU VERHANDELN.-

Leben Sie wohl! Die Schreibma-
schine will nicht mehr; es ist
gerade die Stelle des geflickten
Bandes.
Ich schrieb an Frl. v. M., auch
wegen Pievés.
Meine herzlichsten Wünsche
für Ihr Wohl, bei Tag und
Nacht.
Ihr getreuer Freund F.N.

Abb. 9: Typoskript von Nietzsches Schreibkugel. Brief an Paul Rée in Rom vom 21. März 1882 (Zweites Blatt). Mit Korrekturen und handschriftlicher Ergänzung Nietzsches in schwarzer Tinte.

Das freilich ist noch nicht alles, denn durch die vertikale Konstruktion der *Malling Hansen* (Tasten über Kugelkopf über Transportwagen) wird beim Schreiben sowohl der gerade gedruckte Buchstabe als auch das jeweils eingespannte Blatt Papier verdeckt. Schon deshalb konnten diesbezügliche Fehler nicht sofort gesehen und korrigiert werden.

> „DIE SCHREIBMASCHINE IST ZUNAECHS>T⟨T⟩ / ANGREIFENDER ALS IRGEND WELCHES SCHREIBEN“ (SchrT, 19)

tippt Nietzsche an Mutter und Schwester. Zwar gab es die Möglichkeit, das Halbrund der Tastatur hochzuklappen und einen Blick auf das Papier zu werfen (vgl. Abb. 7), an der Fehlerquote freilich änderte das so wenig, wie es das Sätze-‚DRÜ[~U]CKEN‘ in die Länge zog. Blindes Schreiben, für Nietzsche der Glücksfall, ist nicht ohne *blindes Verschreiben* zu haben. Daher die Indifferenz von Botschaft und Rauschen; oder: *Als Ausdruck des Kugelkopfes werden Text und Makulatur ununterscheidbar.*

So sehr nämlich ist der Schreiber von seinem Schreibgerät abhängig: Er wird nicht nur durch dessen Funktionsweise ‚gemeistert‘, sondern obendrein und vor allem durch ihre Widerstände ‚angegriffen‘. Anders formuliert: Was für Nietzsche eine Art Prothese sein sollte, zur Kompensation physiologischer Defizite, erweist sich im Laufe seiner Anwendung als *Mechanismus sui generis*; geregelt durch die technischen Standards und Materialitäten von 1867. Medien nämlich produzieren laufend Effekte, die kein Mensch gewollt hat; weswegen Medientheorie bei Nietzsche (buchstäblich *avant la lettre*) mit der *Positivierung des Mißgeschicks* beginnt; mit dem Eingeständnis, nicht länger mehr der Herr zu sein am eigenen Schreibtisch und über das, was daran geschrieben wird.

„Leben Sie wohl!“, mit diesen Worten muß denn auch Nietzsche am 21. März 1882 sein Tastenspiel unterbrechen und wieder zur Feder greifen: „Die Schreib- / maschine will nicht mehr, es ist / gerade die Stelle des geflickten / Bandes“ (vgl. Abb. 9). Auf dem Papier werden die Lettern immer blasser, dann folgen, schon von Hand, ein Punkt und ein Gedankenstrich – wie um erneut das „Kritzeln-Müssen“ (KSA 3, S. 366) anzubahnen. Und tatsächlich: Nietzsches letztes datierbares Typoskript wird ein Brief vom 24. März an Köselitz in Venedig gewesen sein, so daß die Postkarte drei Tage später an die Schwester bereits einen ersten Rückblick auf seine Zeit als mechanisierter ‚Worte-Macher‘ darstellt:

> „Das verfluchte Schreiben! Aber die Schreibmaschine ist […] unbrauchbar; das Wetter ist nämlich trüb und wolkig; also feucht: da ist jedesmal der Farbstreifen auch feucht und klebrig, so daß jeder Buchstabe hängen bleibt, und die Schrift gar nicht zu sehn ist. Überhaupt!! – – –“ (KSB 6, Nr. 218)

Zweifellos, die Maschine „verweigert […] den Dienst“ (KSB 6, Nr. 216) – in jeder Hinsicht des Wortes: Weil sie erstens defekt ist und weil sie sich zweitens aus ihrer vermeintlichen Untertanen-Rolle befreit hat. Ein verregneter Frühling in Genua bringt es an den Tag – typisch, diskret und leicht zu übersehen, gleichwohl als Diskontinuität in der Geschichte des Schreibens, der Schrift und ihrer Schreibgeräte.

Roger Lüdeke

Strich/Geräusch – Poes „The Raven" und die Massenmedien

Zwei Wochen vor Abdruck von Edgar Allan Poes wohl bekanntestem Gedicht, „The Raven", erscheint in den Ausgaben des *Evening Mirror* vom 13. und 14. Januar 1845 eine anonyme Rezension desselben Verfassers. Gegenstand von Poes Kritik bildet eine von Henry Wadsworth Longfellow besorgte Gedichtanthologie, die unter dem Titel *Waifs* erschien. Tatsächlich nimmt der Titel von Longfellows Sammlung den wesentlichen Anlaß von Poes höchst kritischer Eingabe vorweg: den Vorwurf nämlich, bei den von Longfellow versammelten Texten handle es sich nicht nur um ‚Strandgüter' oder ‚Findlinge', sondern um Diebesgut. Der Vorwurf des Plagiats betrifft zum einen die in Longfellows Kollektion enthaltenen Anonyma, in denen Poe eigene Produktionen Longfellows entdecken will: „we see that Mr. Longfellow's real design has been to make a book of his ‚waifs,' and his own late compositions, conjointly; since these late compositions are not enough in number to make a book of themselves." Zum anderen richtet sich der Verdacht auf Thomas Hoods Gedicht „The Death-Bed", das Poe als Plagiat eines mit „A Death-Bed" betitelten Gedichts des amerikanischen Autors James Aldrich entlarvt:

> „We conclude our notes on the ‚Waif,' with the observation that, although full of beauties, it is infected with a *moral taint* — or is this a mere freak of our own fancy? We shall be pleased if it be so; — but there *does* appear, in this exquisite little volume, a very careful avoidance of all American poets who may be supposed especially to interfere with the claims of Mr. Longfellow. These men Mr. Longfellow can continuously *imitate* (*is* that the word?) and yet never even incidentally commend."[1]

Longfellow war nicht nur *Professor of Modern Languages and Belles Lettres at Harvard*, sondern auch das prominenteste Mitglied im Kreis der sogenannten *Cambridge Poets*, deren poetologische und poetische Praxis sich maßgeblich am Vorbild der europäischen Tradition orientierte. So wie es kein Zufall ist, daß Longfellow namentlich ausschließlich britische Autoren in seine Sammlung aufgenommen hat, so wenig scheint es ein Zufall zu sein, daß Poe seine Anschuldigung mit einem Seitenhieb auf eben dieses Faktum verknüpft. Nicht allein, daß Hood abgeschrieben, sondern daß er zudem einen amerikanischen Dichter

1 Edgar Allan Poe, „Review of Longfellow's Waif" (parts I & II), hier zitiert nach der Fassung des *Weekly Mirror*, January 25, 1845, S. 250-251; sämtliche Quellenzitate geben den verläßlichen Text der Internet-Ausgabe von Poes Werken wieder (http://www.eapoe.org/works/).

plagiiert habe, ist angesichts von Longfellows „very careful avoidance of all American poets“ der eigentliche Skandal. Longfellows vermeintliches Plagiat wird so Teil einer groß angelegten Strategie, die den Autonomieanspruch der amerikanischen Nationalliteratur beschneidet. „The charge of habitually imitating other American poets“, so ein Verteidiger Longfellows in einer Replik auf Poes Rezension, „touches Mr. Longfellow in his public character as a poet“.[2] Gleiches gilt *mutatis mutandis* natürlich auch für dessen Kritiker, Edgar Allan Poe.[3] Denn tatsächlich mag man Poes kritische Praxis im Rahmen des sogenannten *Little Longfellow War* als Beleg dafür sehen, daß Poe zu einer bestimmten Schaffensphase die für ihn kennzeichnende „independent critical voice“ aufgegeben hat, um sich den „literary and political goals of the Young Americans“[4] unterzuordnen: einer Gruppierung um Autoren wie N.P. Willis, Margaret Fuller, Charles Briggs, Evert Duyckinck, die angesichts einer „culture characterized by decentralization“ das Ideal einer genuin amerikanischen Nationalliteratur zu verwirklichen strebte.[5] Die Debatte um Longfellows Anthologie, das sollte bereits deutlich geworden sein, steht somit von Anfang an im weiteren Problemhorizont nationalliterarischer Identitätsbildung.

Im folgenden werde ich zunächst versuchen, die mediengeschichtlichen Kommunikationsbedingungen der hier skizzierten Konstellation zu rekonstruieren, die Strukturmerkmale des Magazin- und Zeitungswesens, denen die Longfellow-Debatte ihre Schlagkraft wesentlich verdankt. Dabei wird es mir aber darum gehen zu zeigen, daß eine medientechnikgeschichtliche Kontextualisierung für die Analyse und Deutung insbesondere von ästhetisch motivierten Bezugnahmen auf das hierdurch beschreibbare historische Feld, wie sie gerade für Poes Gedicht „The Raven“ kennzeichnend sind, zu kurz greift. Zwar gestattet es die mediengeschichtliche Untersuchungsrichtung, solche Referenzen in ihrer Zugehörigkeit zu einem historisch sich wandelnden Gefüge von materiell bestimmten Techniken zur Speicherung und Übertragung von Äußerungen (*énonciations*) zu beschreiben. Als Bestandteil von wiederholbaren Aussagezusammenhängen (*énoncés*) kommen sie hingegen nicht in den Blick. Eine Verbindung beider Aspekte ist hingegen immer dann unerläßlich, wenn man es, wie im vorliegenden Fall, mit komplexen Text/Laut-Beziehungen oder auch, so bei der von Stéphane Mallarmé und Edouard Manet besorgten französischen Ausgabe des

2 „H“ [George S. Hillard] and Edgar Allan Poe, in: *Weekly Mirror* (New York), January 20, 1845, S. 251.

3 Daß sich Poes Plagiatsvorwurf auch ganz allgemein und dementsprechend suggestiv gegen Longfellows gesamte dichterische Produktion richtet, erklärt sich womöglich daraus, daß Poes Artikel bereits als verspätete Reaktion auf einen ihn selbst betreffenden Plagiatsvorwurf aus den Reihen der Getreuen Longfellows einzustufen ist, der ca. ein Jahr zuvor, im Januar 1844, in der Londoner *Foreign Quarterly Review* erschien. Vgl. Sidney P. Moss, *Poe's Literary Battles. The Critic in the Context of his Literary Milieu*, Durham: North Carolina, 1963, S. 156 ff.

4 Meredith McGill, „Literary Nationalism, and Authorial Identity“, in: Shawn Rosenheim, Stephen Rachman (Hrsg.), *The American Face of Edgar Allan Poe,* Baltimore: Johns Hopkins U Press 1995, S. 273.

5 McGill, „Literary Nationalism, and Authorial Identity“ (Anm. 4), S. 289.

„Raben“ (1875), mit komplexen Text/Bild-Bezügen zu tun hat. Denn innerhalb solcher intermedialer Konfigurationen fungieren die medientechnischen Bezugssysteme als (historische) Kontexte und als semiotische Kotexte zugleich. Während erstere es erlauben, das medienhistorische Bedingungsgefüge von Literatur bzw. ihr Konkurrenzverhältnis zu anderen zeitgleichen Medientechniken in den Blick zu bekommen, sichert die Berücksichtigung der semiotischen Strukturbedingungen, daß dies zu Bedingungen geschieht, die der Komplexität ästhetisch funktionalisierter Zeichenpraktiken angemessen bleiben. Foucaults Begriff der *Wiederholbaren Materialität* erlaubt es nun, beide Untersuchungsperspektiven miteinander zu verbinden. Denn das Konzept analysiert die *mediale* Grundstruktur von *semiotisch* beschreibbaren Ordnungssystemen (*épistémés*), deren historische Semantik, Syntagmatik und Pragmatik Foucault unter dem Begriff *Diskurs* zusammenfaßt. Zusammengenommen bietet dies die Möglichkeit, eine im Stil der ubiquitären Medienwissenschaften auf medientechnische Differenzen (zwischen Autographen und Drucken, zwischen Schreibmaschine und Handschrift, zwischen Lithographie und Kupferstich etc.) gedrillte Beobachtungshaltung durch eine diskurstheoretische Ausrichtung neu zu fundieren und so literaturwissenschaftlich handhabbar zu machen. Dies geschieht aus der, wie ich denke durchaus medien-theoretischen, Überzeugung, daß es

> „das Prinzip jeder Technologie [ist], zu zeigen, daß ein technisches Element abstrakt und völlig unbestimmt bleibt, wenn man es nicht auf ein *Gefüge* bezieht, das es voraussetzt. In bezug auf das technische Element kommt als erstes die Maschine, und zwar nicht die technische Maschine, die selber ein Komplex von Elementen ist, sondern die gesellschaftliche oder kollektive Maschine, das maschinelle Gefüge, durch das determiniert wird, was ein technisches Element in einem bestimmten Moment ist, wie seine Anwendung, seine Ausdehnung, sein Umfang etc. beschaffen sind.“[6]

In konkreter Anwendung auf den vorliegenden Gegenstand heißt dies: Natürlich ist die technische Dimension der massenmedialen Reproduktions- und Distributionsweise zu berücksichtigen, denen der nationalistische ‚Normalisierungsdiskurs‘ der Longfellow-Debatte seine Zielrichtung, Dynamik und Effektivität verdankt. Natürlich bilden die auffallenden Phänomene auf der Ebene des *Kanals* (im Sinne Roman Jakobsons[7]), die intrikaten Kippfiguren zwischen

6 Gilles Deleuze, Félix Guattari, *Tausend Plateaus. Kapitalismus und Schizophrenie* (1980), aus dem Französischen übersetzt von Gabriele Ricke und Ronald Voullié, Berlin: Merve 1997, S. 549. Vgl. ähnlich auch Sybille Krämer, „Medium als Spur“ (1998), in: dies. (Hrsg.), *Medien, Computer, Realität: Wirklichkeitsvorstellungen und neue Medien*, Frankfurt am Main: Suhrkamp 2000, S. 73-94, hier besonders S. 83 f., sowie grundlegend für den hier skizzierten Technikbegriff auch Martin Heidegger, „Die Frage nach der Technik“ (1954), in: ders., *Vorträge und Aufsätze*, Stuttgart: Neske 2000, S. 9-40, hier besonders S. 11 f. und S. 23.

7 Roman Jakobson, „Linguistik und Poetik“ (1960), aus dem Englischen übersetzt von Tarcisius Schelbert, in: ders., *Poetik. Ausgewählte Aufsätze 1921-1971*, herausgegeben von Elmar Holenstein und Tarcisius Schelbert, Frankfurt am Main: Suhrkamp 1979, S. 83-121.

Geräusch und Laut, zwischen Graphie und Phonie, den Ausgangspunkt meiner Überlegungen, wenn ich nach der spezifischen Stellung von Poes „Raven" im diskursiven Rahmen der amerikanischen Traditionsbildung frage. Und schließlich: Natürlich weckt der medientechnische Wechsel in den Bereich von Lithographie und simulierter Autographie ein Hauptinteresse meiner Analyse von Stéphane Mallarmés und Edouard Manets graphischer Umsetzung der Poeschen Vorgabe im französischen Kontext. All die damit einhergehenden Strukturbeobachtungen sind aber einem weitaus grundlegenderen Erkenntnisinteresse untergeordnet, welches der Begriff der *Wiederholbaren Materialität* zu fokussieren erlaubt: der Frage nämlich, inwieweit ästhetische Diskurse durch den besonderen Einsatz ihrer (medien)technischen Elemente auf jenes ‚maschinelle Gefüge' reagieren, welchem historisch bestimmte Kommunikationstechniken ihre jeweils spezifischen Re-Präsentations- und Identitätseffekte verdanken.

1

Poes erste Replik auf die Anfeindungen seitens der Getreuen Longfellows erscheint nur zwei Wochen später am 25. Januar, nun allerdings nicht mehr im *Evening Mirror*, sondern im *Weekly Mirror*. Der Wechsel der Zeitung bietet den Anlaß, Poes ursprüngliche Rezension erneut zur Gänze abzudrucken; eingeleitet wird der Artikel durch einen Einleitungspassus des bereits genannten N.P. Willis, dessen martialischer Duktus die massenmediale Publikationsstrategie markiert:

> „The criticisms on the ‚Waif' which lately appeared in this paper, were written in our office by an able though very critical hand, and we give the following reply to them from as able a friend of Longfellow's in Boston. We add also the *reply* to the ‚*reply*' and declare the field open."[8]

Weitere Plagiatsvorwürfe gegen Longfellow tauchen auf. In einer Fülle von Artikeln ergreifen weitere Freunde Longfellows für den Beschuldigten Partei, bekräftigen seine persönliche Integrität und vor allem die Authentizität seiner Ausgaben und eigenen Schriften. Die Komplexität der darauf einsetzenden Serie von Reden und Gegenreden wird nur dadurch gesteigert, daß Paralleldrucke der Statements und Repliken gleichzeitig in verschiedenen Zeitungen abgedruckt werden. – Der *Little Longfellow War* dauert insgesamt etwa drei Monate. Ökonomisch gesehen ist die Veranstaltung für alle beteiligten Magazine ein voller Erfolg: Die Auflagen steigen, solange die Auseinandersetzung währt.

8 N.P. Willis, [Vorrede], in: „H" [George S. Hillard] and Edgar Allan Poe, from the *Weekly Mirror* (New York), January 20, 1845, S. 251

Unter mediengeschichtlicher Perspektive ließen sich die mit der Auseinandersetzung verbundenen Reprisen, wechselseitigen Bezugnahmen und Anspielungen wesentlich durch die Bedingungen massenmedialer Kommunikationstechnik erklären. Demzufolge sind die für die Debatte insgesamt kennzeichnenden Wiederholungsfiguren durch die speicher- und übertragungstechnischen Voraussetzungen des Pressewesens ermöglicht: durch die von der massenmedialen Drucktechnik zur Verfügung gestellten Möglichkeiten der, wenn auch verzögerten, Interaktion von Rezipienten und Produzenten wie auch durch die reproduktionstechnisch ermöglichte Streubreite der betreffenden Informationen. Eine rein medientechnische Betrachtung des *Little Longfellow War* gerät unter diskurstheoretischer Perspektive hingegen schnell an ihre Grenzen. Darauf lenken all jene Passagen in Michel Foucaults *Archäologie des Wissens* den Blick, in denen zwischen Äußerung (*énonciation*) und Aussage (*énoncé*) unterschieden wird:

> „Man wird sagen, daß jedes Mal eine [...] Äußerung vorliegt, wo eine Menge von Zeichen gesendet wird. Jede dieser Artikulationen hat ihre eigene räumlich-zeitliche Individualität. [...] Die Äußerung ist ein Ereignis, das sich nicht wiederholt; es hat seine Besonderheit, die festgelegt und datiert ist und die man nicht reduzieren kann."[9]

Foucault greift in seiner Definition zurück auf Emile Benvenistes Begriff der *énonciation*, der die raumzeitliche, durch Sprechsituation und Kontext gebundene Einzigartigkeit eines Äußerungsakts beschreibt. Vor dem Hintergrund dieser diskursanalytischen Betrachtung erweist sich die skizzierte medientechnische Erklärung offensichtlich als unzureichend. Denn ein einfacher, im engeren Sinne speicher- oder übertragungstechnischer Begriff der Wiederholung von Äußerungen ist unter den Bedingungen linearen Zeitflusses und disparater Örtlichkeit, denen die Äußerung konstitutiv unterworfen ist, eben gerade unzureichend. Die Wiederholung von einzelnen Äußerungen unter bestimmten äußerungstechnischen, materiell immer partikulären Bedingungen erzeugt notwendig entweder unaufhörliche Differenzen oder aber rein zufällige Identitäten. – Im Unterschied zur Äußerung impliziert die Aussage (*énoncé*) Foucault zufolge die „Neutralisierung des Moments der Äußerung und der Koordinaten, die die Individualisierung vornehmen", um auf diese Weise „eine unendlich wiederholbare Form" zu bilden, „die den verstreutesten Äußerungen Raum geben kann."[10] Ganz unangemessen wäre es nun jedoch, Foucault so verstehen zu wollen, als ob die Aussage einfach das immaterielle Substrat der Äußerung wäre. Genau dies ist eine häufig vertretene Position in der Longfellow-Debatte: „What is plagiarism?" schreibt einer von Poes Kontrahenten, der am 1. März im *Evening Mirror* unter dem Pseudonym „Outis" die Szene betritt,

---

9 Michel Foucault, *Die Archäologie des Wissens*, aus dem Französischen übersetzt von Ulrich Köppen, Frankfurt am Main: Suhrkamp 1973, S. 148.

10 Ebd.

> „What *is* plagiarism? And what constitutes a good ground for the charge? Did no two men ever think alike without stealing one from the other? or, thinking alike, did no two men ever use the same, or similar words, to convey the thoughts, and that, without any communication with each other? To deny it would be absurd. It is a thing of every day occurrence."[11]

Denn, so Outis' Erklärung weiter, „Images are not created, but suggested. And why not the same images, when the circumstances are precisely the same, to different minds?"[12] Der gängigen Auffassung nach wiederholt das Plagiat auf materiell identische Weise eine bereits bestehende Äußerung, gibt dabei aber fälschlicherweise vor, diese sei von allen anderen materiell bestehenden Äußerungen unterschieden, sei als Äußerung einzigartig. Poes anonymer Widersacher kehrt diesen Plagiatsbegriff um, indem er behauptet, neben der materiellen Äußerung und gleichsam unabhängig von ihr gäbe es ein ideelles Substrat, eine Aussage, die eine eigene unwiederholbare Identität besitzt, und zwar unabhängig davon, ob ihre materielle Beschaffenheit mit einer anderen Äußerung zufällig identisch ist oder nicht. Der unhintergehbare Referenzpunkt liegt hierbei auf der „difference of minds", die ein irreduzibel einzigartiges *énoncé* verbürgt. Im Unterschied hierzu betont Foucault nun aber gerade die Materialität der Aussage. Er spricht ausdrücklich und programmatisch von der wiederholbaren Materialität der Aussage:

> „Diese wiederholbare Materialität, die die Aussagefunktion charakterisiert, läßt die Aussage als ein spezifisches und paradoxes Objekt, als ein Objekt immerhin unter all denen erscheinen, die die Menschen produzieren, handhaben, benutzen, transformieren, tauschen, kombinieren, zerlegen und wieder zusammensetzen, eventuell zerstören."[13]

Die Äußerung ist infolge der immer singulären Bedingungen ihres materiellen Erscheinens prinzipiell unwiederholbar; und doch muß sie – unter Diskursbedingungen – eine wiederholbare, mit sich selbst identische Aussage erzeugen können.

> „Die Beständigkeit der Aussage, die Aufrechterhaltung ihrer Identität durch die besonderen Ereignisse der Äußerung, ihre Spaltungen durch die Identität der Formen hindurch, alles das ist Funktion des *Anwendungsfeldes*, in das sie sich eingehüllt findet."[14]

---

11 Edgar Allan Poe, „Imitation – Plagiarism – Mr. Poe's Reply to the Letter of Outis – A large account of a small matter – A voluminous history of the little Longfellow war", in: *Broadway Journal*, March 8, 1845, S. 147-150.

12 Ebd.

13 Michel Foucault, *Die Archäologie des Wissens* (Anm. 9), S. 153.

14 Ebd., S. 152.

Mit der Formulierung der wiederholbaren Materialität ist, so ließe sich meine These im Sinne der Luhmannschen Systemtheorie formulieren, die mediale Leitdifferenz des Diskursbegriffs benannt: die paradoxe Einheit der Differenz von Wiederholbarkeit und Singularität. Zu verarbeiten ist die Paradoxie der Aussagefunktion dadurch, daß einerseits die Aussage bereits die Wiederholbarkeit der Äußerung miterzeugt, der die Aussage ihrerseits ihre Manifestation verdankt, während umgekehrt die Einzigartigkeit der Äußerung immer schon gleichursprünglich mit der diskursiven Praxis der Wiederholung entsteht: Der Anlaß zur Wiederholung resultiert aus der singulären Stellung der Äußerung, die singuläre Stellung der Äußerung wird manifest nur über ihre Wiederholbarkeit. – „The attempt to prove“, so Poe in seiner Antwort auf den oben zitierten Passus seines Kontrahenten,

> „by reasoning *a priori*, that plagiarism cannot exist, is too good an idea on the part of Outis not to be a plagiarism in itself. Are we mistaken? — or have we seen the following words before in Joseph Miller, where that ingenious gentleman is bent upon demonstrating that a leg of mutton is and ought to be a turnip? ‚A man who aspires to fame, etc. attempts to win his object — how? By stealing, *in open day*, the finest passages, the most beautiful thoughts (no others are worth stealing) and claiming them as his own; and that too when he *knows* that every competitor, etc., will be ready to cry him down as a thief.‘“[15]

Indem Poe die Passage seines Kontrahenten nicht nur wiederholt, sondern sie selbst als Wiederholung entlarvt, sichert er die Singularität des eigenen Sprechakts. Selbst da aber noch, wo er wiederholend vermeintlich eine höhere Form von Singularität vollzieht, erzeugt er selbstverständlich den Verdacht, ein weiteres Plagiat zu begehen. Aufschluß darüber kann immer erst die nächste Ausgabe geben. Die paradoxe Annahme einer singulären Wiederholbarkeit und einer wiederholbaren Singularität erzeugt Dauerbereitschaft für weitere Information. Sie bildet den permanenten Anlaß für weitere *mise-en-discours*.[16] Dazu paßt, daß niemand weiß, ob das von Poe in singulärer Weise als Wiederholung Gebrandmarkte nicht selbst schon ein wiederholtes Singuläres ist: Denn es ist alles andere als ausgemacht, daß besagter Outis nicht nur kein ‚Nobody‘, sondern Poe selber war – oder: wie uns der Kommentar belehrt:

---

15 Poe, „Imitation – Plagiarism“ (Anm. 11).

16 Ich beziehe mich in dieser Argumentation auf Niklas Luhmanns Analyse der Massenmedien und begreife diese als paradigmatische Form von Diskursivität sowie als Ermöglichungsstruktur für Einzeldiskurse. Dies ist nicht nur motiviert durch meinen Gegenstand, welcher einen späten Ausläufer der historischen Funktionsäquivalenz von Massenmedien und Literatur bildet, sondern damit verbunden ist auch eine systematische Überlegung, insofern ich, ohne dies hier näher ausführen zu können, massenmediale Kommunikation als Selbstbeobachtung gesellschaftlicher Systemgrenzen, d. h. als „gesellschaftsinterne Umwelt der gesellschaftlichen Teilsysteme, also aller Interaktionen und Organisationen, aber auch der gesellschaftlichen Funktionssysteme und der sozialen Bewegungen“ verstehen möchte (Niklas Luhmann, *Die Realität der Massenmedien*, 2. erweiterte Auflage, Opladen: Westdeutscher Verlag 1996, S. 184).

> „Suggestions to the true identity of ‚Outis' include Charles Briggs, Cornelius Conway Felton (a member of Longfellow's Cambridge circle) and, most probably, Poe himself, seeking to incite controversy to increase the circulation of the *Broadway Journal*, where he had recently joined the editorial staff."[17]

Technisches Strukturmerkmal der Massenmedien ist ihre gesteigerte Speicher- und Distributionskapazität. Deren Funktionspotenzial für die *mise-en-discours* erschließt sich hingegen erst einer mediensystematischen Betrachtung. Denn verbunden mit den genannten technischen Aspekten ist nicht nur ein gesteigertes Potential zur Aktualisierung, sondern zugleich die Möglichkeit, dauernd neue „Erwartungshorizonte" zu erzeugen, die, wie Niklas Luhmann schreibt, „Normalitätserwartungen bereitstellen, die aber im Einzelfall durch Zufälle, Vorfälle, Unfälle durchbrochen werden können."[18] In Übereinstimmung hiermit hat Hartmut Winkler jüngst darauf hingewiesen, daß der Begriff der Normalisierung eine „letztlich kybernetische Vorstellung" impliziert und daß die Öffentlichkeitsfunktion insbesondere der Massenmedien es ist, welche die für die normalisierende Selbststabilisierung der Gesellschaft und ihrer Subsysteme erforderlichen Identitäts- und Repräsentationseffekte bildet.[19] Dies gilt gerade auch im pragmatischen Zusammenhang der Selbstvergewisserung über die eigene kulturelle Identität, die im Spannungsfeld von *Cambridge Poets* und *Young Americans* einen wesentlichen Anlaß von Poes kritischer Praxis bildet. In seinem autobiographischen Poe-Essay, der in der Februar-Ausgabe des *Graham's Magazine* 1845 erschien, skizziert James Russell Lowell deren geopolitische und kulturelle Voraussetzungen:

> „The situation of American literature is anomalous. It has no center, or, if it have, it is like that of the sphere of Hermes. It is divided into many systems, each revolving round its several suns, and often presenting to the rest only the faint glimmer of a milk-and-watery way. Our capital city, unlike London or Paris, is not a great central heart, from which life and vigor radiate to the extremities, but resembles more an isolated umbilicus, stuck down as near as may be to the center of the land, and seeming rather to tell a legend of former usefulness than to serve any present need."[20]

Unter den Sonderbedingungen des dauernden Plagiatsverdachts wird deutlich, wie die *mise-en-discours* der Massenmedien eine Verhandlung der Grenzen des Normalen garantiert, indem sie eine ständige „Entnormalisierung des Norma-

---

17 Edgar Allan Poe, *Essays and Reviews* (= Literary Classics of the United States) New York: Library of America 1984, S. 1501.

18 Luhmann, *Die Realität der Massenmedien* (Anm. 16), S. 150.

19 Hartmut Winkler, *Diskursökonomie. Versuch über die innere Ökonomie der Medien*, Frankfurt am Main: Suhrkamp 2004, S. 183-197, hier S. 183. Vgl. grundlegend Jürgen Link, *Versuch über Normalismus. Wie Normalität produziert wird,* Opladen: Westdeutscher Verlag 1996.

20 James Russell Lowell, „Our Contributors-No.XVII. Edgar Allan Poe" (1845), in: I.M. Walker, *Edgar Allan Poe. The Critical Heritage*, London, New York: Routledge & Kegan Paul 1986, S. 156-168, hier S. 156 f.

len“[21] produziert: „whatever a poet claims on the score of original versification“, so Poe am Höhepunkt der Longfellow-Debatte, „is claimed not on account of any individual rhythmical or metrical effects (for none are individually original) but solely on account of the novelty of his combinations of old effects?“ – „The affair is one of probabilities altogether, and can be satisfactorily settled only by reference to their Calculus.“[22] So erzeugt die massenmediale Kommunikationsform einerseits eine permanente Überproduktion von Texten und provoziert damit anderseits zugleich kybernetische Kontrollformen, die auf kritische Distinktion „out of an undistinguishable mass of texts“ zielen.[23] In diesem Rahmen wird es dann nicht nur prinzipiell möglich, sondern geradezu erforderlich, sich jeweils neu über die adäquaten „means of wresting American literature from the hands of the ‚false defenders of mediocrity‘“ zu verständigen.[24] Kurz: jenes endlose „Spiel mit Grenzen, Provokation und Übertretung“ zu spielen, das immer wieder auszuhandeln erlaubt, „was als ‚normal‘ *noch gerade* akzepiert werden kann“:[25]

> „And yet, some snarling critic, who might envy the reputation he had not the genius to secure for himself, might refer to the frequent, very forcible, but rather quaint repetition, in the last two lines of many of the stanzas, as a palpable imitation of the manner of Coleridge, in several stanzas of *the Ancient Mariner*.“[26]

Tatsächlich bestreitet Outis nicht nur, wie bereits gesehen, die Existenz von Plagiaten. In meisterhaft durchgehaltener Selbst-Kontradiktion bringt er auch einen neuen Plagiats-Verdacht hervor. Dieser richtet sich – unter Annahme der Identität von Outis und Poe ein einigermaßen genialer Vermarktungstrick – gegen das Gedicht, mit dem Poe berühmt werden sollte: „The Raven“, der, wie bereits erwähnt, zwei Wochen nach Auftakt des *Little Longfellow War*, am 29. Januar 1845, im *Evening Mirror* erschien.[27]

Die spezifische Materialität von Poes Gedicht – seine überdeterminierte Lautlichkeit der durch Reim und Binnenreim, Alliterationen sowie durch aufrechterhaltene Betonungsmuster erzeugten Rekurrenzen – hat bei den Interpreten des „Raven“ seit jeher eine Mischung aus Faszination und Irritation hervorgerufen. Schon die Einleitung zum Abdruck des Gedichts in der *Ameri-*

---

21 Winkler, *Diskursökonomie* (Anm. 19), S. 196.

22 Edgar Allan Poe, „A Continuation of the voluminous History of the Little Longfellow War – Mr. Poe's farther reply to the letter of Outis“, in: *Broadway Journal*, March 15, 1845, S. 161-63.

23 McGill (Anm. 4), S. 295.

24 Ebd.

25 Winkler, *Diskursökonomie* (Anm. 19), S. 186 [Hervorhebung von Verf.].

26 Poe, „Imitation – Plagiarism“ (Anm. 11).

27 Die Frage der Erstveröffentlichung ist etwas komplexer, insofern Poe das Manuskript des „Raven“ zu diesem Zeitpunkt bereits an die *American Review: A Whig Journal of Politics, Literature, Art and Science* gegeben hatte, wo das Gedicht allerdings erst in der Februar-Ausgabe 1845, S. 143-145 erschien. Technisch gesehen bildet der Abdruck des New Yorker *Evening Mirror* also die Erstausgabe.

can Review weist auf die „curious introduction of some ludicrous touches amidst the serious and impressive" hin.[28] Ein Grund hierfür dürfte sein, daß der Leser von Poes Gedicht einerseits nachdrücklich dazu angehalten ist, die Selbstaussagen des um seine Geliebte trauernden Ich für höchst authentisch zu halten, während anderseits die hierfür konstitutiven Äußerungsmodalitäten mit dieser Aussagefunktion zunehmend in Konflikt geraten. Die Frage nach den Äußerungsbedingungen des Textes drängt schließlich in dem Moment in den Vordergrund, als der Sprecher mit dem titelgebenden Raben konfrontiert wird. Denn dieser antwortet auf die Frage, wie er heißt, bekanntlich ‚Nevermore' und provoziert so immer weitere Fragen seitens des Ich, die dieses ob der monomanen Antwort gleichen Wortlauts in die sichere Verzweiflung stürzen. Fraglich wird in diesen Momenten nämlich, so die Formulierung eines irritierten Kritikers aus dem 20. Jahrhundert, ob der Text durch seine dem Einfall des Raben geschuldete „scandalizing elaboration of a text-machine" in Wirklichkeit nicht seinen authentischen Sprechanlaß Lügen strafe, indem er diesen geradewegs als „mere excuse for resonant vowels and consonants" ausstellt.[29] Ungleich differenzierter, aber mit ähnlichem Blick auf das Strukturmerkmal der ‚quaint repetition' hat jüngst Jonathan Elmer daraus die ambivalente Stellung von Poes Gedicht im Rahmen der kulturellen Traditions- und Wertbildung erklärt; und auch Elmer verankert diese, für unsere Fragestellung besonders interessante, prekäre Position in der spezifischen Materialität des Gedichts, in seiner überdeterminierten Lautlichkeit: „like any other sweet candy when it is fed on rather than simply tasted, the poem's excessive literariness can quickly begin to pall, producing indigestion. [...] we could say that the poem *thereby* manages to linger in the mind, the very image of its stickiness sticking to the memory."[30] Infolge der exponierten Materialität seiner Äußerungsebene büßt Poes Gedicht zentrale Momente seiner Aussagefunktion ein: in dem Maße, wie das lyrische Ich „forgetful of the ‚stark fact' of the loss of his beloved"[31] zu werden droht, avanciert die virtuose Speicheradressierung der geflügelten Textmaschine zum Inbegriff einer verfehlten Trauertechnik, die den eigentlichen Anlaß zur erinnernden Repetition vergißt. Mehr noch: Verglichen mit dem diskurs-

28 Edgar Allan Poe, „The Raven", in: *American Review: A Whig Journal of Politics, Literature , Art and Science*, February, 1845, S. 143-145, hier S. 143. Womöglich handelt es sich beim Autor dieser Vorrede, der unter dem Namen Quarles – womöglich ein Wortspiel auf quarrels – einmal aufs Neue um Poe. Weitere Rezeptionszeugnisse gleicher Couleur sammelt aus dem Ende des 19. Jahrhunderts: Georges Zayed, *The Genius of Edgar Allan Poe*, Cambridge, Mass.: Schenkmann 1985, S. 3-65.

29 Donald A. Pease, *Visionary Compacts: American Renaissance Writings in Cultural Context*, Madison: Univ. Wisconsin Press 1987, S. 181. Vgl. Jonathan Elmer, *Reading at the Social Limit. Affect, Mass Culture, and Edgar Allan Poe*, Stanford: California 1995, S. 203.

30 Elmer, *Reading at the Social Limit* (Anm. 29), S. 202. Elmers Formulierung bezieht sich auf eine Vorrede von N.P. Willis, der den „Raven" unter Anspielung auf Shakespearess *Love's Labours Lost* (4. Akt, 2. Szene) als „one of these dainties bred in a book which we feed on" bezeichnet (N.P. Willis, [Vorrede], in: *The Evening Mirror* (New York), January 29, 1845, S. 4, col. 1).

31 Pease *Visionary Compacts* (Anm. 29), S. 212.

konstitutiven Prinzip der wiederholbaren Materialität kommt Poes „Raven“ – und dies soll uns im folgenden noch weiter beschäftigen – eine nachgerade konterdiskursive Funktion zu. Diese verdankt sich ganz wesentlich der Tatsache, daß die Aussage dieses Textes dazu tendiert, schlicht und einfach vergessen zu werden – daß mit anderen Worten Poes Gedicht aus dem diskursiven Gefüge kultureller und nationaler Identitätsbildung und dem für dieses kennzeichnenden Wechselspiel von Normerfüllung und Normüberscheitung regelrecht herauszufallen droht:

> „Poe's work threatens to communicate its inherent tendency toward cultural obsolescence to other works within the canon. Other works in the tradition display their cultural superiority by refusing to be outmoded, acting like some archaic resource in the midst of a thoroughly modern world. Cultural symbols for what surpasses the merely passing moment, these canonical works sustain what we have called the culture's collective memory. Because they cannot be replaced, they must be remembered. [...] Both in his work and in the literary principles supporting it, however, Poe insists on his cultural expendability. [...] Reduced to their essential demands, these principles do not confirm the cultural superiority of a literary work, but align it culturally with technological artefacts.“[32]

2

> „The next *desideratum* was a pretext for the continuous use of the one word ‚nevermore‘. In observing the difficulty which I had at once found in inventing a sufficiently plausible reason for its continuous repetition, I did not fail to perceive that this difficulty arose solely from the pre-assumption that the word was to be so continuously or monotonously spoken by a *human* being — I did not fail to perceive, in short, that the difficulty lay in the reconciliation of this monotony with the exercise of reason on the part of the creature repeating the word. Here, then, immediately arose the idea of a *non*-reasoning creature capable of speech; and, very naturally, a parrot, in the first instance, suggested itself [...].“[33]

In der produktionsästhetischen Fiktion seiner „Philosophy of Composition“ gehorcht Poe der traditionsreichen Dialektik von *imitatio* und *emulatio*. Zurückgegriffen werden soll, so Poe weiter, aufs altbekannte Verfahren des Refrains, dessen „pleasure is deduced solely from the sense of identity — of repetition.“[34] Idealerweise soll der Refrain nicht zu lang sein; das Einzelwort erweist sich folglich als adäquate Form der Überbietung dieses überlieferten Verfahrens. Im Hinblick auf die lautliche Ebene des Refrains muß dieses Ein-

---

32 Pease, *Visionary Compacts* (Anm. 29), S. 164. Vgl. Elmer, *Reading at the Social Limit* (Anm. 29), S. 202.

33 Edgar Allan Poe, „The Philosophy of Composition“, in: *Graham's Magazine*, April 1846, S. 163-167, hier: S. 165 (col. 1).

34 Poe, „The Philosophy of Composition“ (Anm. 33), S. 164 (col. 2).

zelwort deswegen aber besonders klangvoll, auf klanglicher Ebene besonders einprägsam sein: „sonorous and susceptible of protracted emphasis".[35] Die Wahl fällt auf „the long *o* as the most sonorous vowel, in connection with *r* as the most producible consonant."[36] Diese Überlegungen, die dann in die Entdeckung des „Nevermore" münden, siedeln sich auf der rein lautlichen Ebene an. Während „Nevermore" auf der Ebene des akustischen Kanals die syntagmatischen Erfordernisse des Refrainworts im Sinne eines „most sonorous vowel" und eines „most producible consonant"[37] erfüllt, ist die semantisch-inhaltliche Dimension ausgeblendet und hiervon deutlich getrennt: „and, very naturally, a parrot, in the first instance, suggested itself, but was superseded forthwith by a Raven, as equally capable of speech, and infinitely more in keeping with the intended *tone*."[38]

Als *sujet de l'énonciation* bildet der Rabe infolge seiner kulturell verbürgten Konnotationen des Unheilsbringers und Todesboten ein Ähnlichkeitsverhältnis zum *sujet de l'énoncé*, und dies sowohl auf der Ebene des Einzelworts, der resignativ-düsteren Färbung des „Nevermore", als auch im Hinblick auf den Gesamtkontext von ‚loss and grief'. Der Rabe also ist ein ‚Mittel', das die mediale Differenz zwischen *enonciation* und *enoncé*, zwischen Geräusch und wiederholbarem Zeichen in der Einheit des melancholischen *tone* überbrückt – und bannt. Die Ersetzung des Papageis durch den Raben hebt die mediale Ausgangsdifferenz zwischen zeichenhaftem Laut und Geräusch auf. Dagegen würde der Papagei sich in diesem Kontext auf die bloße Speicher- und Wiedergabefunktion einer letztlich beliebigen Geräuschfolge beschränken. Während der Rabe also die Einheit der Differenz zwischen Geräusch und wiederholbarem Lautzeichen etabliert, akzentuiert der Papagei die Differenz dieser Einheit: „very naturally, a parrot, in the first instance, suggested itself, but was superseded forthwith by a Raven." Wenn aber der Papagei unter dem Raben fortbesteht, dann könnte dies heißen, daß diese Subsession des Papageis sich quasi metonymisch auf das „Nevermore" erstreckt, daß auch im „Nevermore" etwas subsidiert, nicht aufgeht in der semantischen und phonetischen Gesamtordnung des Gedichts, einen Rest bildet im Sinne eines dieser Ordnung insgesamt fremden Geräuschs. So empfiehlt es sich, die entsprechenden Passagen mit einem gewissen Bartheschen ‚Sinn' für die ‚Rauheit der Stimme' zu sprechen, wo nicht – mit Verlaub! – zu krächzen:

> „*Ah*, distinctly I remember it was in the bleak December,
> And each separate dying ember wrought its ghost upon the floor.
> Eagerly I wished the morrow; – vainly I had tried to borrow
> From my books surcease of sorrow – sorrow for the lost Lenore –

35 Ebd., S. 165 (col. 1).
36 Ebd.
37 Ebd.
38 Ebd.

For the rare and radiant maiden whom the angels name Lenore –
Nameless here for evermore.
[...]
Then, methought, the air grew denser, perfumed from an unseen censer
Swung by Angels whose faint foot-falls tinkled on the tufted floor.
‚Wretch‘, I cried, ‚thy God hath lent thee – by these angels he hath sent thee
Respite – respite and nepenthe, from thy memories of Lenore;
Let me quaff this kind nepenthe and forget this lost Lenore!‘
Quoth the raven ‚*Nevermore.*‘“[39]

Eine restlose Einheit von Lautzeichen und Geräusch würde der „ultimate impression“, der „totality, or unity, of effect“[40] entsprechen, die Poe seiner „Philosophy of Composition“ zugrundelegt. Dadurch erhalten auch die auffälligen Wiederholungsstrukturen auf lautlicher und syntaktischer Ebene ihre Funktion, denn sie arbeiten gegen das Vergessen, das durch die irreversible Zeitstruktur der gesprochenen Sprache, das Vergehen der Laute in der Zeit gegeben ist: Durch strophenübergreifende Parallelismen, durch Alliteration und Reim erhält das papageienhafte Geräusch seinen Status als überdeterminiertes Lautzeichen innerhalb des geschlossenen Systems eines poetischen Texts. Dies erfüllt den wiederholbar materiellen Status des Texts und markiert seine Aussagefunktion als potentielles Konstitutionselement von Diskursen. Gegen das irreversible Vergehen der Laute, gegen das Vergessen, gegen das monomane „Nevermore“ des Raben erhält es den Text in seiner Funktion als Mittel diskursiver Identitätsbildung, als Teil einer kulturellen Wiederholungspraxis aufrecht, die von den verschiedenen Interpreten und Kritikern wie gesehen wahlweise zur sozialen, anthropologischen, technischen oder ästhetischen Norm erhoben werden kann. Abhängig davon aber, welche Perspektive man einnimmt – die der Einheit der Differenz zwischen Geräusch und Laut oder die ihrer Differenz – ergeben sich bedrohliche Kipp-Phänomene, die allein dann hervortreten, wenn man nur dem Refrain-Wort probeweise ein Krächzen unterlegt: Unter den papageienhaften Bedingungen der Differenz, in dem Moment also, in dem der Widerhall des „Nevermore“ nicht mehr vollständig gelingt, wird auch das *sujet de l'énoncé* und damit der eigentliche Gegenstand der hier inszenierten Erinnerungspraxis – die geliebte Lenore selbst – zum einmaligen und unwiederholbaren Zeichen. Als Platzhalter für ihre verlorene Anwesenheit supersediert ihr Name nur, insoweit dieser die Differenz zwischen Geräusch und Laut selbst und *als* Differenz markiert:

„Deep into that darkness peering, long I stood there wondering, fearing,
Doubting, dreaming dreams no mortal ever dared to dream before;

39 Edgar Allan Poe, „The Raven“, in: *The Evening Mirror* (New York), January 29, 1845, S. 4, col. 1 (Hervorhebung von Verf.).
40 Poe, „The Philosophy of Composition“ (Anm. 33), S. 166 (col. 2) und S. 164 (col. 1).

But the silence was unbroken, and the darkness gave no token,
And the only word there spoken was the whispered word, ‚Lenore!'
This I whispered and an echo murmured back the word, ‚Lenore!' --
Merely this, and nothing more."[41]

3

Wo Poes Gedicht sich seiner kulturellen Erinnerungsfunktion und – im engeren Publikationskontext der Longfellow-Debatte scheint mir diese Erweiterung plausibel – auch den strukturellen Voraussetzungen eines nationalliterarischen Identitätsdiskurses offensichtlich so nachhaltig sperrt, da scheint die von Mallarmé und Manet veranstaltete Ausgabe des „Corbeau" zunächst umso nachdrücklicher auf kulturelle Repräsentativität und nationale Identifikation zu setzen. Besonders gilt dies für die nach dem Tod von Manet durch Mallarmé besorgte Neuauflage der *Poèmes d'Edgar Poe* von 1889[42] und ihre umfangreichen Paratexte.

> „Extérieurement du moins et par l'hommage matériel, ce livre, achevant après un laps très long la traduction de l'œuvre d'histoires et de vers laissée par Edgar Poe, peut passer pour un monument du goût français au génie qui, à l'égal de nos maîtres les plus chers ou vénérés, exerça chez nous une influence. Toute la génération dès l'instant où le grand Baudelaire produisit les *Contes* inoubliables, jusqu'à maintenant qu'elle lira ces *Poèmes*, a songé à Poe tant, qu'il ne serait pas malsonnant, même envers les compatriotes du rêveur américain, d'affirmer qu'ici la fleur éclatante et nette de sa pensée, là-bas dépaysée d'abord, trouve un sol authentique."[43]

Mallarmé folgt hier im wesentlichen den anti-amerikanischen Stereotypen der Zeit. Noch die biologistische Vorstellung von einer defizitären Organismus-Umwelt-Beziehung greift zurück auf die Vorstellung von Amerika als „immensité morne, moins hostile que rebutante, moins effrayante que désolante", die man spätestens seit Buffons *Variétés dans l'espèce humaine* (1749) pflegt.[44]

41 Poe, „The Raven" (Anm. 39).

42 Die *édition de luxe* von Mallarmés und Manets Gemeinschaftsunternehmen erschien 1875 bei Deman in Paris; besagte Ausgabe der *Poèmes d'Edgar Poe*, auf die ich meine Argumentation wesentlich stütze, erschien 14 Jahre später. Sie ist, nach dem ökonomischen Mißerfolg der Luxus-Ausgabe, publikumswirksamer und dementsprechend kostengünstiger angelegt; sie umfaßt neben weiteren Übersetzungen von Poes Gedichten durch Mallarmé auch zusätzliche Illustrationen Manets (vgl. im Detail auch die schöne Studie von Juliet Wilson-Bareau, Mitchell Breon, „Tales of a Raven. The Origins and Fate of ‚Le Corbeau' by Mallarmé and Manet", in: *Print quarterly 6/3* (1989), S. 258-307).

43 *Les poèmes d'Edgar Poe*. Traduction en prose de Stéphane Mallarmé avec portrait et illustrations par Edouard Manet, Paris: Léon Vanier 1889, S. 128.

44 Vgl. Philippe Roger, *L'ennemie américaine. Généalogie de l'antiaméricanisme français*, Paris: Seuil 2002, S. 28 f. – Zum epistemologischen Status des Milieu-Begriffs im medizinisch-biologischen Kontext des 19. Jahrhundert vgl. Michel Foucault, *Die Ordnung der Dinge. Eine*

Auch der Vorwurf des amerikanischen Anti-Intellektualismus ist gang und gäbe seit Tocquevilles *De la Démocratie en Amérique* (1835).[45] Ebensowenig begegnet einem natürlich der stereotype Vorwurf der Geschichtslosigkeit und einer dementsprechend defizitären kulturellen Erinnerungspraxis hier zum ersten und zum letzten Mal:[46]

> „Aussi je ne cesserai d'admirer la pratique moyen dont ces gens, incommodés par tant de mystère insoluble, à jamais émanant du coin de terre où gisait depuis un quart de siècle la dépouille abandonnée de Poe, ont, sous le couvert d'un inutile et retardataire tombeau, roulé là une pierre, immense, informe, lourde, déprécatoire, comme pour bien boucher l'endroit d'où s'exhalerait vers le ciel, ainsi qu'une pestilence, la juste revendication d'une existence de Poète par tous interdite."[47]

Bei aller Betonung eines defizitären Zeit- und Geschichtsmodells scheint hier jedoch vor allem der Rückgriff auf räumliche Ordnungsmuster aufschlußreich. Die Installation eines „monument du goût français" wie auch die eingangs zitierte Trans-Plantation der „fleur éclatante" in den „sol authentique" Frankreichs zeigen, daß Amerika so wenig über eine angemessene Zeitordnung verfügt wie über eine Raumordnung, die dem „éternel coup d'aile" des Dichters eine geeignete Verankerung bieten könnte: „Noir vagabond des nuits hagardes, ce *Corbeau*, si l'on se plaît à tirer du poème une image significative abjure les ténébreux errements, pour aborder enfin une chambre de beauté, somptueusement et judicieusement ordonnée, et y siéger à jamais."[48] Interessant an solchen Formulierungen ist, daß Mallarmé damit eine überkommene Imago Amerikas neu ausfantasiert, die bereits für die amerikanische Poe-Rezeption kennzeichnend war: Denn die Stifterfunktion für ein dezentralisiertes Amerika, die Poe im Namen etwa der *Young Americans* einnehmen kann, ist ihm nur deswegen so auf den Leib geschrieben, weil er als „type and figure of maternal abandonment; first orphaned, then disinherited" geradezu auf mustergültige Weise „personifies the national predicament".[49] Das überlieferte Bild eines nomadischen Amerikas „mit seinen Indianern ohne Abstammungslinie, seinem immer fliehenden Horizont, seinen beweglichen und verschiebbaren Grenzen"[50] wird auf dieser biographischen Grundlage zum Index einer allgemeinen kulturellen Dynamik, die – angesichts ihrer fehlenden Verankerung in

---

Archäologie der Humanwissenschaften (1966), übersetzt von Ulrich Köppen. Frankfurt am Main: Suhrkamp 1974.

45 Vgl. Roger, *L'ennemie américaine* (Anm. 44), S. 86 und S. 92.

46 So z. B. Josephin Peladin, der im „Preface" zu den *Poèmes Complets d'Edgar Poe* (trad. Gabriel Mourey, Paris 1989) beklagt, daß „Poe lived and worked in the only corner of the world where there is no past at all, and where intellectual speculation has no place." Hier zitiert nach Zayed, *The Genius of Edgar Allan Poe* (Anm. 28), S. 19 f.

47 *Les poèmes d'Edgar Poe* (Anm. 43), S. 133.

48 Ebd., S. 141.

49 McGill, „Literary Nationalism, and Authorial Identity" (Anm. 4), S. 279.

50 Deleuze/Guattari, *Tausend Plateaus* (Anm. 6), S. 33.

einem historisch und kulturpolitisch strukturierten Ordnungsraum – schlicht leerzulaufen droht. Was mit Mallarmés allegorischer Lesart der „chambre de beauté, somptueusement et judicieusement ordonnée", in dem diese imaginäre Dynamik einen ihr angemessenen Ruhepunkt findet, im Rahmen seiner Gemeinschaftsproduktion mit Manet tatsächlich gemeint sein könnte, ergibt sich zunächst bereits aus dem Text der Poeschen Vorgabe.

Erst in der letzten Strophe des „Raven" wird die *hic-et-nunc*-Deixis des lyrischen Sprechakts manifest. Der Ort des Sprechens erweist sich dabei mit der Studierstube der besprochenen Situation identisch; die Gegenwart der Sprechzeit wird über die *continuous*-Form („is sitting", „is dreaming") markiert und auf eine unbegrenzte Zukunft geöffnet, die nun mit dauerhafter Anwesenheit des Raben und ebenso dauerhafter Dysphorie des Ich infolge des Nicht-Vergessen-Könnens der toten Lenore droht. Damit aber wird die besprochene Situation, die im gesamten restlichen Text zunächst dominiert, nachträglich ins Zeichen eines Erinnerten gestellt. Das so als Erinnertes Markierte wiederum beginnt in der ersten Strophe selbst mit einer medienspezifischen Kulturpraxis des Erinnerns – mit einem Akt des Lesens: „Once upon a midnight dreary, while I pondered, weak and weary,/ Over many a quaint and curious volume of forgotten lore [...]." Nicht nur die wiederholende Aneignung des „forgotten lore" ist hier speichertechnisch gesehen ans Medium der Schrift geknüpft; auch die dadurch erhoffte „surcease of sorrow" ist von Büchern geborgt:

> „[...]
> Eagerly I wished the morrow; — vainly I had sought to borrow
> From my books *surcease* of sorrow — sorrow for the lost Lenore --
> For the rare and radiant maiden whom the angels name Lenore --
> Nameless here for evermore."[51]
>
> „[...] Ardemment je souhaitas le jour; — vainement j'avais cherché d'emprunter à mes livres un *sursis* au chagrin – au chagrin de la Lénore perdue — de la rare et rayonnante jeune fille que les anges nomment Lénore, — de non ! pour elle ici, non, jamais plus !"[52]

Nur im Amerikanischen oder Englischen ist es möglich, dem Irrtum *aufzusitzen*, mit der „*surcease* of sorrow" sei das *Enden* des Kummers gemeint: ein falscher etymologischer Schluß, demzufolge ‚surcease' dem altfranzösischen Verb ‚cesser' bzw. dem lateinischen ‚cessare' entstammt. Diese etymologische Herleitung selbst wiederum sitzt der Schriftlichkeit des Textes auf, die es ermöglicht, ‚sur' und ‚cease' in dieser Weise zu analysieren. Nur wer hinhört merkt, daß |syrsise| dem altfranzösichen Verb ‚surseoir' bzw. dem lateinischen ‚supersed<u>e</u>re' entstammt. Das Partizip Perfekt von ‚surseoir' aber bedeutet nicht ‚Aufhören' und ‚Enden' sondern ‚Aufschub', ‚Verzögerung', juristisch etwa die ‚Fristverlängerung', die ‚Zurückstellung':

51 Poe, „The Raven" (Anm. 39) [Hervorhebung von Verf.].
52 *Les poèmes d'Edgar Poe* (Anm. 43), S. 5 [Hervorhebung von Verf.].

„And the raven, never flitting, still is sitting, *still* is sitting
On the pallid bust of Pallas just above my chamber door;
And his eyes have all the seeming of a demon that is dreaming,
And the lamp-light o'er him streaming throws his shadow on the floor;
And my soul from out that shadow that lies floating on the floor
Shall be lifted — nevermore!“[53]

„Et le Corbeau, sans voleter, siège encore, — siège encore sur le buste pallide de Pallas, juste au-dessus de la porte de ma chambre, et ses yeux ont toute la semblance des yeux d'un démon qui rêve, et la lumière de la lampe, ruisselant sur lui, projette son ombre à terre : et mon âme, de cette ombre qui gît flottante à terre, ne s'élèvera — jamais plus.“[54]

Nicht also die „*cessation of sorrow for the lost Lenore“, nicht das Ende des Leidens, nicht das Vergessen des Leids, nicht das Vergessen Lenores und das Vergessen ihres Verlusts, sondern lediglich die unendliche Verzögerung des Vergessens steht hier geschrieben, eben weil der Rabe bis zuletzt subsidiert. Diskurstechnisch gesprochen schiebt das „Nevermore“ unter den Bedingungen der Differenz die materielle Wiederholung unendlich auf; medientechnisch gesehen macht genau dies den Ersatz des Verlusts, die Überwindung des Vergessens, das Bewahren des Vergangenen unmöglich. An die Stelle des Erinnerns tritt nun die Möglichkeit und der Zwang, auf Dauer das Vergessen zu memorieren. Und so sicher, wie die Beobachtung der Differenz zwischen ‚cesser‘ und ‚surseoir‘ allererst im Medium von Schrift gegeben ist, so sicher ist dieses Vergessen mit Schrift korreliert, weil erst sie es erlaubt, Informationen abzulegen, „ohne daß diese jedoch für immer verloren gingen.“[55] Schrift und insbesondere der Buchdruck ermöglichen es, „Potentialitäten des Gedächtnisses vor dem Hintergrund anderer Potentialitäten [zu] aktivieren, die nicht genutzt werden“ *müssen*.[56] Insofern ermöglicht Schrift es also nicht einfach, „ein vergangenes Ereignis ‚zurückzubringen‘“, sondern provoziert dazu, „dasselbe Ereignis in einer ständig neuen Gegenwart zu ‚konstituieren‘ [...]. Die Bindung an die Vergangenheit ist der Orientierung an der Zukunft untergeordnet, die Kontinuität dem Bruch in Anbetracht eines Werdens, das sich von dem unterscheiden wird, was man schon kennt.“[57] – Die „chambre de beauté, somptueusement et judicieusement ordonnée“, die Mallarmés allegorische Lesart für den Autor seiner Vorlage in der französischen Ausgabe des Raben bereithält, dies sollte bereits deutlich geworden sein, ist nicht mehr an den Echoraum der Vorgabe angelehnt, sondern gestaltet sich als Schriftraum – genauer: als Ort des Schreibens:

53 Poe, „The Raven“ (Anm. 39).
54 *Les poèmes d'Edgar Poe* (Anm. 43), S. 133.
55 Elena Esposito, *Soziales Vergessen. Formen und Medien des Gedächtnisses der Gesellschaft*, Frankfurt am Main: Suhrkamp 2002, S. 248.
56 Ebd., S. 240.
57 Ebd., S. 248.

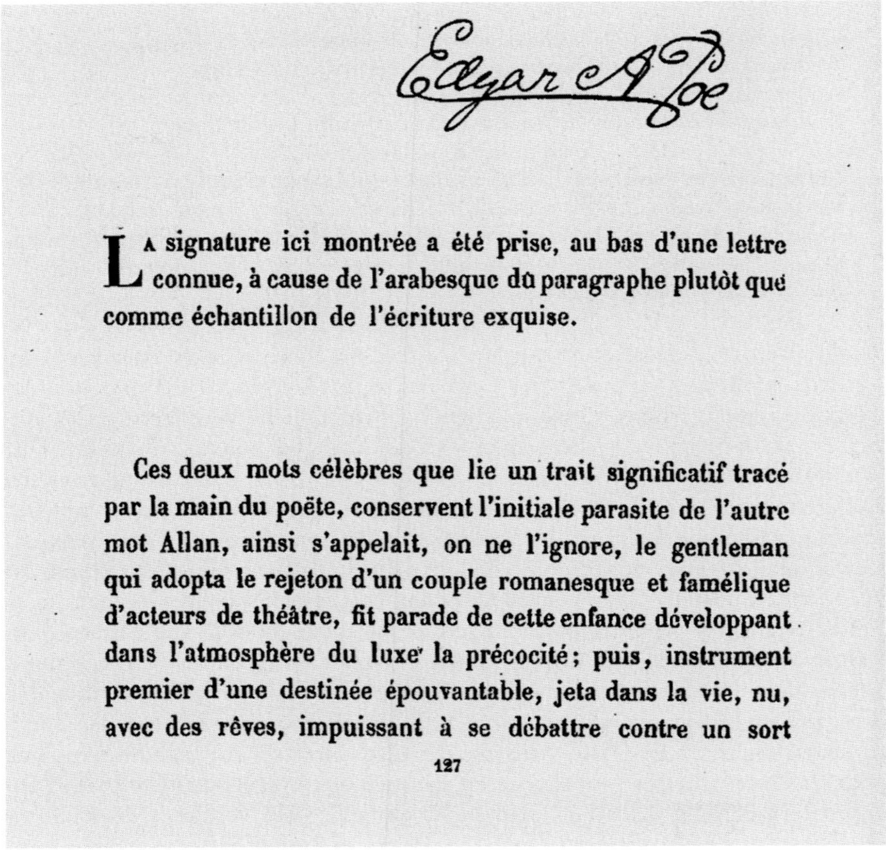

Edgar A Poe

La signature ici montrée a été prise, au bas d'une lettre connue, à cause de l'arabesque dû paragraphe plutôt que comme échantillon de l'écriture exquise.

Ces deux mots célèbres que lie un trait significatif tracé par la main du poëte, conservent l'initiale parasite de l'autre mot Allan, ainsi s'appelait, on ne l'ignore, le gentleman qui adopta le rejeton d'un couple romanesque et famélique d'acteurs de théâtre, fit parade de cette enfance développant dans l'atmosphère du luxe la précocité; puis, instrument premier d'une destinée épouvantable, jeta dans la vie, nu, avec des rêves, impuissant à se débattre contre un sort

127

Abb. 1: „un trait significatif tracé par la main du poëte."

Nicht der *gekerbte*, disjunkte und endlich differenzierte Raum der Schrift im Sinne eines „operativen Instrument[s]", das „aus einer endlichen Menge diskreter Zeichen bestehend[,] der Produktion zulässiger Zeichenkonfigurationen gemäß expliziter Regeln dient", steht hier im Vordergrund.[58] Nicht der „échan-

58 Gabriele Gramelsberger, „Schrift in Bewegung. Eine semiotische Analyse der digitalen Schrift. Vortrag und Publikationsbeitrag im Rahmen des „Grenzfälle – Workshop" der Projektgruppe *Bild – Schrift – Zahl* am Helmholtz-Zentrum für Kulturtechnik, HU Berlin, 16./17.11.2001", http://www.philart.de/articles/digitale-schrift.html (15.8.2003). Von Schrift mit Nelson Goodman in diesem Sinne als Notationssystem zu sprechen, setzt voraus, daß die verwendeten Symbole den Kriterien der *Disjunktivität* und der *endlichen Differenziertheit* gehorchen. Gemäß dem Kriterium der *Disjunktivität* muß die materielle Realisierung eines Notationszeichens

tillon de l'écriture exquise“, sondern „l'arabesque du paragraphe“ wird hier aktualisiert – das aber heißt: die „Bindung“ von Schrift „an das sinnlich Wahrnehmbare und damit an die in ihm und durch es gestiftete sinnliche Gewißheit“.[59] Auf dieser vorsemiotischen Ebene herrscht ein „Überschuß an Empirie“, der jede operationale Funktion von Inskriptionen übersteigt. Jenseits ihrer operationalen und referentiellen Dimension im Sinne einer Menge diskreter, nach bestimmten Regeln kombinierter Zeichen drängt die „bedeutungseinebnende Mannigfaltigkeit von Formen“ hervor, „als schiere Fülle von Details“.[60] Dabei markiert der „trait significatif tracé par la main du poëte“, der die drei Initialen verbindet, zugleich jene wurzellose, nomadische Existenz, die – ‚first orphaned, then disinherited‘! – den zentralen Bezugspunkt schon der amerikanischen Poe-Rezeption bildete. Jenseits der kodifizierten Repräsentationselemente (*types*) erzeugt dieser singuläre Strich im Sinne eines irreduziblen *token* den signifikanten Überschuß, der auf Dauer die Muster selbst modifiziert, jene „Gleichheit [...], die, indem sie Identität und Einmaligkeit verfälscht, das Siegel spaltet“:[61]

(*mark*) zu nur einem weiteren, nicht aber zu mehreren weiteren Zeichen (*character*) gehören. Die operationale Funktion des Schriftzeichens *i* erfordert es z. B., daß dieses auf den Buchstaben *i*, nicht aber auch auf den Buchstaben *l* verweist. Gemäß dem Kriterium der *endlichen Differenziertheit* muß ferner gewährleistet sein, daß zwischen zwei benachbarten *Marken* anstelle unendlich vieler Übergangsmöglichkeiten eine sie beide voneinander differenzierende „Lücke“ besteht, die verhindert, daß zwischen zwei Zeichen immer ein drittes steht, das die eindeutige Zuordnung unmöglich macht. Zwischen den Schriftzeichen *i* und *l* muß etwa ein graphisches Differenzkriterium existieren – der *i*-Punkt! –, damit beide Realisierungen als Teil eines Notationssystems bestehen können. – Nelson Goodman, *Sprachen der Kunst. Entwurf einer Symboltheorie* (1968), aus dem Englischen übersetzt von Bernd Philippi, Frankfurt am Main: Suhrkamp 1997; vgl. Martin Fischer, „Schrift als Notation“, in: Peter Koch und Sybille Krämer (Hrsg.), *Schrift, Medien, Kognition. Über die Exteriorität des Geistes,* Tübingen: Stauffenburg 1997, S. 83-101; Werner Kogge, „Denkwerkzeuge im Gesichtsraum. Schrift als Kulturtechnik“, in: Pablo Schneider (Hrsg.), *Grenzfälle: Transformationen von Bild, Schrift und Zahl,* Weimar (in Vorbereitung).

59 Konrad Ehlich, „Schrift, Schriftträger, Schriftform. Materialität und semiotische Struktur“, in: Erika Greber, Konrad Ehlich und Jan-Dirk Müller, *Materialität und Medialität von Schrift*, Bielefeld: Aisthesis 2002 (= *Schrift und Bild in Bewegung* Bd. 1) 2002, S. 91-111, hier S. 93.

60 Kerstin Behnke, „Romantische Arabesken. Lineatur ohne Figur und Grund zwischen Ornament-Schrift und (Text-)Gewebe“, in: Hans Ulrich Gumbrecht und K. Ludwig Pfeiffer (Hrsg.), *Schrift*. München: Wilhelm Fink 1993, S. 101-123, hier S. 110 f.

61 Jacques Derrida, „Signatur Ereignis Kontext“, aus dem Französischen übersetzt von Donald W. Tuckwiller, in: ders., *Randgänge der Philosophie*, Wien: Passagen 1988, S. 291-314, hier S. 313. Das Zitat im Kontext lautet: „Gibt es so etwas? Kommt die absolute Einmaligkeit eines Unterzeichnungsereignisses jemals vor? Gibt es Signaturen? Gewiß doch, jeden Tag. Die Auswirkungen des Unterzeichnens sind die gewöhnlichste Sache der Welt. Aber die Bedingung der Möglichkeit dieser Auswirkungen ist gleichzeitig [...] die Bedingung ihrer Unmöglichkeit, der Unmöglichkeit ihrer strengen Reinheit. Um zu funktionieren, das heißt um lesbar zu sein, muß eine Unterzeichnung eine wiederholbare, iterierbare, nachahmbare Form haben; sie muß sich von der gegenwärtigen und einmaligen Intention ihrer Produktion lösen können. Ihre Gleichheit ist es, die, indem sie Identität und Einmaligkeit verfälscht, das Siegel spaltet.“

„Ces deux mots célèbres que lie un trait significatif tracé par la main du poëte, conservent l'initiale parasite de l'autre mot Allan, ainsi s'appelait, on ne l'ignore, le gentleman qui adopta le rejeton d'un couple romanesque et famélique d'acteurs de théâtre, fit parade de cette enfance développant dans l'atmosphère du luxe la précocité."[62]

Mallarmés Übersetzung, ich kann hierauf nur am Rande eingehen, aktualisiert die Schriftlichkeit der Vorlage dadurch, daß er – beim Klangkünstler der *Poëmes en prose* ist dies ebenso überraschend wie angesichts des großen Vorbilds der Baudelaireschen Vorgabe, die die phonetisch-metrische Struktur weitestgehend zu erfüllen sucht – die Lautlichkeit des Textes und seine darauf basierende ‚totality, or unity, of effect' konsequent suspendiert und statt dessen auf syntaktische Organisation setzt. Dem entspricht Mallarmés Selbstbeschreibung als „zutiefst und skrupulös Syntaxierer (syntaxier)", die Derrida bekanntlich dazu veranlaßt hat, ganz generell vom *espacement*, vom „Gesetz der Verräumlichung" der Mallarméschen Texte zu sprechen.[63] Vergleichbares gilt, und – im vorliegenden Fall zumindest – ungleich radikaler, für die Lithographien von Manet. Wo wir in Poes Text auf die Differenz der Einheit von Geräusch und Lautzeichen gestoßen wurden, sind wir bei Manet auf die Differenz zwischen Strich und Graphie verwiesen. Um dies angemessen einzuschätzen, hilft es, sich zunächst die Voraussetzungen des massenmedialen Reproduktionsinstruments zu vergegenwärtigen, dem sich Manets Illustration auf technischer Ebene verdanken. Denn bekanntlich garantiert das Verfahren der Lithographie eine weitaus größere Nähe des Drucks zur Vorlage des Künstlers, als dies etwa beim Tiefdruck des Kupferstichs (oder auch beim Holzschnitt) gegeben ist. Der lithographische Flachdruck bietet die Möglichkeit, die Widerständigkeit zwischen der Bewegung der Einschreibung und dem Resultat der Inskription weitestgehend zu reduzieren. Wie approximativ auch immer – die Lithographie ermöglicht es, den einmaligen und individuellen Akt der Inskription im ersten Moment seiner Erscheinung quasi auf Dauer zu stellen (vgl. Abb. 2). Wir beginnen hier wahrzunehmen – wir gewinnen die Möglichkeit einer Aufmerksamkeit dafür –, daß es beim Ziehen eines Strichs ‚etwas anderes', etwas vom Ziehen des Strichs selbst, zu Unterscheidendes gibt, das dadurch getan wird, daß der Strich gezogen wird.[64] Manet realisiert diese Differenz als Wechselspiel

62 *Les poèmes d'Edgar Poe* (Anm. 43), S. 127.

63 Jacques Derrida, „Die zweifache Séance" (1972), in: ders., *Dissemination*, aus dem Französischen übersetzt von Hans-Dieter Gondek, Wien: Passagen 1995, S. 193-322, hier S. 199.

64 Arthur C. Danto veranschaulicht diese Differenzierung am Beispiel der *basalen* Körperbewegung des Zuckens im Unterschied zur identischen Körperbewegung im Sinne einer *nicht-basalen Handlung*: Während die (basale) Handlung des Zuckens es zuläßt, die Frage nach ihrem Warum, ihrer Bedeutung, auszuschließen, ist dies im Falle derselben Bewegung als nicht-basaler Handlung nicht möglich. Mehr noch: Hier ist die Frage nach dem Warum und nach der Bedeutung der Bewegung auch dann noch möglich, wenn ihr Akteur darauf besteht, sie sei ‚einfach so', ohne bestimmte Absicht, geschehen. Auch wenn auf die Frage nach dem ‚Warum' „keine positive Antwort erhältlich [ist]", so Danto weiter, gibt der Befragte „eine negative Antwort auf

Abb. 2: *Les poèmes d'Edgar Poe* … illustrations par Edouard Manet (1889)

zwischen der Schraffur als singulär gestalteter Struktur und der strukturierten Gestalt von Büste, Schatten, Türrahmen, Silhouette des Raben.[65] Die Gegenstrebigkeit dieser beiden Aspekte verhindert es, daß sich die lithographisch fixierten Einzelmomente der Inskriptionszeit des Strichs restlos ins räumliche Kontinuum einer dadurch erzielten Simultangestalt überführen ließen. Diese Differenz zwischen der Inskription des Strichs und etwa der Gestalt des Raben erzeugt nun aber zugleich ein Spannungsverhältnis zwischen der *Einmaligkeit* autographisch-bildhafter Elemente einerseits und der konstitutiven *Wiederholbarkeit* allograph-schematisierter Aufzeichnungsformen andererseits. Die Wahrnehmung der Schraffur als gestaltete Struktur betont die Differenz der Einheit von Strich und Inskription. Sie legt den Fokus auf die immer auch zufällige Singularität der Einschreibung. Dagegen betont die Wahrnehmung der Schraffur als Gestalt die Einheit der Differenz von Strich und Inskription im Bild. Genau dieses Wechselspiel aber verhindert es, daß sich die verschiedenen Momente der Bewegung der Einschreibung restlos ins Kontinuum einer räumlichen Gestalt überführen lassen. Die lithographisch aufgezeichnete Bewegung der Inskription treibt immer auch die Beziehungslosigkeit zeitlicher Differenzmomente hervor. Sie bleibt immer auch reine Abfolge quasi leer vergehender Inskriptionszeit, die nur momentweise aufgehoben wird in der Gleichzeitigkeitserfahrung einer wiederholbaren Bildwahrnehmung, die ihrerseits den Blick auf einen singulären Akt der Inskription eröffnet.

Dieser Ort des Schreibens konstituiert nun keinen gekerbten Raum mehr im operationalen Sinn von Schrift, sondern einen glatten Raum, der „nur mit ‚Merkmalen' markiert wird, die sich mit dem Weg verwischen und verwischen".[66]

> „Eine Linie [...], *die nichts eingrenzt, die keinen Umriß mehr zieht*, die nicht mehr von einem Punkt zum anderen geht, sondern zwischen den Punkten verläuft, [...] diese mutierende Linie ohne Außen und Innen, ohne Form und Hintergrund, ohne Anfang und Ende, eine solche Line, die ebenso lebendig ist wie eine kontinuierliche Variation, ist wahrhaft eine abstrakte Linie und beschreibt einen glatten Raum. Sie ist nicht ausdruckslos. Es ist allerdings richtig, daß sie keine feste und symmetrische *Ausdrucksform* bildet, die auf einer Resonanz von Punkten und einer Vereinigung von Linien beruht. Aber sie hat trotzdem *materielle Ausdrucksmerkmale*, die sich mit ihr verschieben und deren Wirkung sich schrittweise vervielfacht."[67]

Damit ist das ‚Gesetz der Verräumlichung' beschrieben, das dieser Poetik des Schreibens zugrunde liegt. Während Derridas *espacement* jedoch vorrangig das

---

eine Frage und negiert nicht sozusagen die Frage." Vgl. Arthur C. Danto, *Die Verklärung des Gewöhnlichen. Eine Philosophie der Kunst* (1981), aus dem Amerikanischen übersetzt von Max Looser, Frankfurt am Main: Suhrkamp 1984, S. 83.

65 Zur Unterscheidung von strukturierter Gestalt und gestalteter Struktur im schrifttheoretischen Kontext vgl. Kogge, „Denkwerkzeuge im Gesichtsraum. Schrift als Kulturtechnik" (Anm. 58).

66 Deleuze/Guattari, *Tausend Plateaus* (Anm. 6), S. 524.

67 Ebd.

Prinzip semiotischer Differenzialität (*différance*), das dynamische und offene Feld noch nicht geformter Bedeutungsmöglichkeiten, in den Blick zu nehmen gestattet,[68] eröffnet Foucaults Begriff der *Wiederholbaren Materialität* einen weiteren funktionsgeschichtlichen Horizont: Denn damit geraten neben den diskurstabilisierenden Wiederholungsfunktionen von Aussagezusammenhängen (*énoncés*) auch die Bedingungen der Speicherung und Übertragung von Äußerungen (*énonciations*) in den Einzugsbereich der Betrachtung. Aus dem diskurskonstitutiven Wechselverhältnis dieser beiden Ebenen ergibt sich u. a. der hohe Regulierungsaufwand, die Instabilität von Diskursen innerhalb ihrer medien- und wissenstechnisch bestimmten, historisch immer variablen Anwendungsfelder. Wenn Foucaults zentrale These einer konstitutiven Instabilität von Diskursen aber zutrifft, dann stellt sich die Frage, ob die semiotisch-technische Doppelstruktur von ästhetischen Diskursen nicht spezifische Spiel-Räume zu eröffnen vermag, die sich der diskurspragmatischen Vereinnahmung widersetzen. Besonders wahrscheinlich ist dies in intermedialen, z. B. schriftreflexiven Konstellationen. Wie gesehen ist jedoch im diskurstheoretischen Rahmen nicht annähernd zu bestimmen, wie die technischen Voraussetzungen der Wiederholung, wie die jeweils spezifischen Formen der Materialisierung gerade im Rahmen von skripturalen Realisationen beschaffen sein müssen, um das beschriebene Wechselverhältnis von Äußerung und Aussage und den ihm geschuldeten Ordnungsaufwand zu erzeugen. Deswegen ging es in einem zweiten Schritt darum, die Voraussetzungen wiederholbarer Materialität im Rückgriff auf notationstheoretische Überlegungen auch auf der konkreten Ebene der Aufzeichnungsbedingungen von Graphisch-Skripturalem zu rekonstruieren. Auf dieser Grundlage ergeben sich deutliche Hinweise auf mögliche konterdiskursive Funktionen der beschriebenen Inskriptionsformen. Denn wo die massenmediale Kommunikationsform im Sinne prototypischer Diskursivität kybernetische Kontrollformen provoziert, die darauf zielen, Normalitätsgrenzen zu markieren, erlaubt es die hier skizzierte Form von Graphie, sich der für Diskurse kennzeichnenden Chrono-Logik wiederholbarer Materialität und ihren spezifischen Repräsentations- und Identitätseffekten wesentlich zu entziehen.

68 Hans-Ulrich Gumbrecht, „Schrift als epistemologischer Grenzerlauf“, in: ders. und K. Ludwig Pfeiffer (Hrsg.), *Schrift* (Anm. 60), S. 279-390. Einen auf der Ebene von *énonciation* angesiedelten Begriff der Graphie entwickelt Derrida dagegen in *Mémoires d'aveugle* anläßlich der gleichnamigen, von ihm 1990 im Pariser Louvre veranstalteten Ausstellung.

JOHANNES FEHR

„... l'écriture dont nous parlerons en temps et lieu ..." Saussures Schreiben und sein Bezug zu Schrift

„Comme linguiste, on sera certainement porté à souhaiter
le développement indéfini des chaires de linguistique
(j'avoue toutefois, que ce développement indéfini
pourrait avoir des inconvénients inquiétants
à la longue pour tout le monde)."[1]

(Aus den Notizen zur Genfer Antrittsvorlesung,
November 1891)

I

Der Text, von dem ich ausgehe, findet sich unter den als Briefentwürfe verzeichneten Notaten Saussures in der *Bibliothèque publique et universitaire de Genève*, wo der größte Teil seines Nachlasses liegt. Er ist ein undatiertes Fragment, das in dieser Form Beachtung erlangte, seit es Jean Starobinski an den Anfang seines 1971 veröffentlichten Essays *Les mots sous les mots. Les anagrammes de Ferdinand de Saussure* stellte.

„Auf einem zerrissenen, undatierten Blatt", so beginnt Starobinski seinen Essay, „findet sich diese Notiz Ferdinand de Saussures":[2]

> „[...] absolument incompréhensible si je n'étais obligé de vous avouer que j'ai une horreur maladive de la plume, et que cette rédaction me procure un supplice inimaginable, tout à fait disproportionné avec l'importance du travail. Quand il s'a-

---

1 Ferdinand de Saussure, *Écrits de linguistique générale*, établis et édités par Simon Bouquet et Rudolf Engler avec la collaboration d'Antoinette Weil, Paris: Gallimard 2002, S. 148. Im Text französisch zitierte Passagen werden in den Fußnoten in deutscher Übersetzung wiedergegeben. Die Stelle aus den Notizen zur Genfer Antrittsvorlesung lautet: „Als Sprachwissenschaftler wird man <sicher> dazu neigen, die unbegrenzte Entwicklung sprachwissenschaftlicher Lehrstühle zu wünschen. (<Ich gebe allerdings zu, daß diese> unbegrenzte <Entwicklung> auf die Dauer <beunruhigende> Begleiterscheinungen für jedermann mit sich bringen könnte.)"
Zitiert nach Ferdinand de Saussure, *Linguistik und Semiologie. Notizen aus dem Nachlaß*, Texte, Briefe und Dokumente, gesammelt, übersetzt und eingeleitet von Johannes Fehr, Frankfurt am Main: Suhrkamp 1997, S. 247. Zu den Abweichungen zwischen den verschiedenen Nachlaßausgaben vgl. Anm. 7.

2 Vgl. Jean Starobinski, *Les mots sous les mots. Les anagrammes de Ferdinand de Saussure, Essai*, Paris: Gallimard 1971, S. 13.

git de linguistique, cela est augmenté pour moi du fait que toute théorie claire, plus elle est claire, est inexprimable en linguistique; parce que je mets en fait qu'il n'existe pas un seul terme quelconque dans cette science qui ait jamais reposé sur une idée claire, et qu'ainsi entre la commencement et la fin d'une phrase, on est cinq ou six fois tenté de refaire […].“[3]

Zwei Themen werden hier aneinander anknüpfend angesprochen: eine ‚krankhafte Furcht vor der Feder‘ und damit verbunden eine ‚unvorstellbare Qual‘ bei der Schreibarbeit zuerst, dann die Steigerung, welche eben diese Schreibmarter noch zusätzlich erfuhr, handelte es sich bei dem, woran Saussure schrieb, um Linguistik. Ein engerer, spezifischer oder gar kausaler Zusammenhang zwischen den beiden Themen (oder Qualen) wird zwar nicht ausdrücklich hergestellt. Dennoch rücken diese in eine irritierende Nähe, und was sie insbesondere verbindet, ist der geradezu verzweifelte Ton, mit welchem das Leiden angesprochen wird, welches offenbar für Saussure zur Handhabung der Feder ebenso gehörte wie zur Befassung mit der Linguistik – ‚dieser Wissenschaft, in welcher kein Term je auf einer klaren Vorstellung beruht hätte‘. Mit der gebotenen Vorsicht läßt sich daher durchaus sagen, daß Saussures Bemühungen um eine Grundlegung der Sprachwissenschaft in diesem Fragment mit einer schmerzvollen Schreibnot verknüpft erscheinen.

Der Umstand aber jedenfalls, daß Saussure in Starobinskis Essay als jemand erscheint, der schreibt, scheint mir, im Nachhinein betrachtet, von nicht minderem Gewicht als die Entdeckung *der* – respektive *seiner* – sogenannten *Anagramme* selbst. Zwar handelt es sich bei dem, was Saussure hier schreibt, lediglich um einen Brief bzw. um einen verworfenen Versuch, einen solchen zu schreiben. Doch indem er jemanden zeigt, der schreibt, und zugleich auch zu lesen gibt, was dieser mühevoll schreibt, eröffnete Starobinski einen Blick auf einen bis dahin im verborgenen gehaltenen oder wenigstens kaum wahrgenommenen Saussure.

Im Kontrast zumal zu diesem mit Qualen schreibenden Saussure wurde erst deutlich, woran man sich bislang gehalten hatte, wenn von ihm die Rede war oder wenn man sich auf seinen Namen berufen hatte: an nichts anderes nämlich als an den *Cours de linguistique générale* und mit diesem an den von dessen Herausgebern im Vorwort mitgeteilten Befund, daß die nach Saussures Tod ge-

3 Starobinski, *Les anagrammes* (Anm. 2), S. 13. „[…] vollkommen unverständlich, wenn ich Ihnen nicht gestehen müßte, daß ich eine krankhafte Furcht vor der Feder habe, und daß diese Niederschrift eine unvorstellbare Strafe für mich bedeutet, die in keinem Verhältnis zur Wichtigkeit der Arbeit steht.Wenn es sich um Linguistik handelt, wird dies für mich durch die Tatsache verschärft, daß jede klare Theorie, und zwar je klarer sie ist, sich in der Linguistik nicht ausdrücken läßt; denn ich betrachte es als Tatsache, daß es in dieser Wissenschaft keinen einzigen Begriff gibt, der jemals auf einer klaren Vorstellung beruht hätte, sodaß man zwischen dem Anfang und dem Ende eines Satzes fünf- oder sechsmal versucht ist, ihn zu ändern […].“ Zitiert nach: Jean Starobinski, *Wörter unter Wörtern. Die Anagramme von Ferdinand de Saussure* (1971), Übersetzt und eingerichtet von Henriette Beese, Frankfurt am Main: Ullstein 1980, S. 8.

hegte Hoffnung, „in seinen Manuskripten diese hochbedeutsamen Vorlesungen ausgearbeitet zu finden“,[4] sich nicht erfüllt hatte:

> „Grand fut notre déception: nous ne trouvâmes rien ou presque rien qui correspondît aux cahiers de ses disciples; F. de Saussure détruisait à mesure les brouillons hâtifs où il traçait au jour le jour l'esquisse de son exposé! Les tiroirs de son secrétaire ne nous livrèrent que des ébauches assez anciennes, non certes sans valeur, mais impossibles à utiliser et à combiner avec la matière des trois cours.“[5]

Zwar wurde seit den fünfziger Jahren das eine oder andere Manuskript aus eben diesen Schreibtischfächern veröffentlicht und zunächst insbesondere dem linguistischen Fachpublikum zugänglich gemacht. Doch daß, was Saussure schrieb, über den *Cours* hinaus bzw. unabhängig von diesem von Belang sein könnte, wurde erst durch die Arbeiten Starobinskis zu etwas, was es zur Kenntnis zu nehmen und wozu es ein Verhältnis zu finden galt.

Im Zuge von *Les mots sous les mots* wurden aber nicht nur mehr und mehr Manuskripte Saussures entdeckt resp. immer weitere seiner mehr oder weniger abseitigen Beschäftigungen publik, es begann sich auch eine zu der im *Cours* etablierten in vielem gegenläufige Gestalt seines Denkens abzuzeichnen. Mittlerweile ist der bekannte und öffentlich zugängliche Nachlaß auf über 10'000 Blätter angewachsen.[6] Dabei handelt es sich durchwegs um von Hand Ge-

---

4 Der vollständige Satz aus dem „Vorwort zur ersten Auflage“ von Charles Bally und Albert Sechehaye lautet in der deutschen Übersetzung von Herman Lommel: „Nach dem Tod des Meisters hofften wir, in seinen Manuskripten, die Frau de Saussure uns in dankenswertester Weise zur Verfügung stellte, diese hochbedeutsamen Vorlesungen ausgearbeitet zu finden oder doch wenigsten insoweit skizziert, daß auf Grund seiner eigenen Entwürfe unter Zuhilfenahme der Aufzeichnungen von Studenten eine Veröffentlichung möglich wäre.“ Zitiert nach: Ferdinand de Saussure, *Grundfragen der allgemeinen Sprachwissenschaft* (1916), herausgegeben von Charles Bally und Albert Sechehaye unter Mitwirkung von Albert Riedlinger, übersetzt von Herman Lommel, 2. Auflage mit neuem Register und einem Nachwort von Peter v. Polenz, Berlin: Walter de Gruyter 1967 (1931), S. VII.

5 Ferdinand de Saussure, *Cours de linguistique générale* (1916), édition critique préparée par Tullio De Mauro, Paris: Payot 1972, S. 7 f. – Saussure, *Grundfragen* (Anm. 4), S. VII f.: „Aber wir wurden gar sehr enttäuscht: es fand sich nichts, oder fast nichts, was den Nachschriften seiner Schüler entsprach. F. de Saussure pflegte sich nur für die jeweils bevorstehende Vorlesung Notizen zu machen und vernichtete dann diese schnell hingeworfenen Skizzen seiner Vorträge jedesmal wieder. Die Fächer seines Schreibtisches lieferten uns nur ziemlich alte Entwürfe, die zwar gewiß nicht ohne Wert, aber doch nicht ohne weiteres verwendbar und mit dem Gegenstand seiner Vorlesungen in Beziehung zu setzen waren.“

6 In Saussure, *Linguistik und Semiologie* (Anm. 1), S. 556-563 sind 76 bis zum Jahr 1994 erschienene Publikationen mit Manuskripten und Manuskriptauszügen aus dem Nachlaß Ferdinand de Saussures aufgeführt. 1996 stieß man bei einem Umbau der Orangerie des *Hôtel de Saussure* in Genf auf ein umfangreiches Konvolut bisher unbekannter Manuskripte, das in die Ausgabe der *Écrits de linguistique générale* (vgl. Anm. 1) aufgenommen wurde. In der *Saussure* betitelten und von Simon Bouquet herausgegebenen Nummer 76 der *Cahiers de L'Herne* (Paris 2003) finden sich weitere bisher unveröffentlichte Manuskripte. Die von Herman Parret in „Les manuscrits saussuriens de Harvard“ (in *Cahiers Ferdinand de Saussure* 47, 1994, S. 179-243) aufgeführten Manuskripte (rund 1000 Seiten) sind erst zum Teil respektive in Auszügen ver-

schriebenes, und das heisst auch oder anders gesagt, daß sich darunter auch nicht ein einziges Typoskript findet. Ob es damit sein Bewenden hat, wird sich allerdings erst noch weisen müssen.

Die überwiegende Mehrzahl dieser Manuskripte ist überdies vielleicht am besten als Gebrauchs- oder Behelfsnotate zu bezeichnen, das heißt, es handelt sich um Blätter, auf denen etwas schriftlich festgehalten oder umrissen ist, was aber nicht primär oder zwangsläufig als zur Mittelung an andere bestimmt erscheint. Anders verhält es sich mit einer kleineren Anzahl von Notizen, welche eindeutig erkennbar, durch Titel, Gliederung oder an eine künftige Leserschaft gerichtete Formulierungen, Entwurfscharakter haben und im Hinblick auf eine spätere Veröffentlichung verfaßt erscheinen.[7] Von den verschiedenen darin um-

öffentlicht. Unter den umfangreicheren der seit 1994 erschienenen Nachlaßveröffentlichungen seien hier die folgenden drei aufgeführt: Ferdinand de Saussure, *Deuxième Cours de linguistique générale (1908-1909) d'après les cahiers d'Albert Riedlinger et Charles Patois. Saussure's Second Course of Lectues on General Linguistics (1908-1909) from the notebooks of Albert Riedlinger and Charles Patois*, edited and translated by Eisuke Komatsu & George Wolf, Oxford-New York-Tokyo: Pergamon/Elsevier Science 1997. – Ferdinand de Saussure, *Phonétique. Il manoscritto di Harvard, Houghton Library bMS Fr 266 (8)*, edizione a cura die Maria Pia Marchese, Università degli Studi di Firenze, Quaderni del Dipartimento di Linguistica – Studi 3, Padova: Unipress 1995. – Ferdinand de Saussure, *Théorie des sonantes. Il manoscritto di Ginevra BPU Ms. fr. 3955/1*, edizione a cura die Maria Pia Marchese, Univeristà degli Studi di Firenze, Quaderni del Dipartimento di Linguistica – Studi 5, Padova: Unipress 2002.

7 Unverkennbar um Buchentwürfe handelt es sich bei dem in der *Bibliothèque publique et universitaire de Genève* als Ms. fr. 3958.4 rubrizierten Manuskript (vgl. Saussure, *Linguistik und Semiologie*, Anm. 1, S. 420 ff.) oder Ms. 3951, N12 (vgl. Saussure, *Linguistik und Semiologie*, Anm. 1, S. 331 ff.). Daß es sich, wie die Herausgeber der *Écrits de linguistique générale* vermuten (vgl. Saussure, *Écrits*, Anm. 1., S. 12) bei dem 1996 aufgefundenen Manuskriptkonvolut um einen Entwurf für ein Buch handeln soll bzw. um den Entwurf zu jenem Buch, das Saussure immer hatte schreiben wollen (vgl. Saussure, *Linguistik und Semiologie*, Anm. 1, S. 17 ff.), erscheint dagegen kaum zuzutreffen. Ludwig Jäger, der für die 2003 unter dem Titel *Wissenschaft der Sprache* erschienene deutsche Übersetzung des 1996 aufgefundenen Konvoluts das Manuskript im Original durchgesehen hat, kommt jedenfalls zu einem anderen Schluß: „Sowohl die editorische Bearbeitung der Texte als auch das Vorwort der Herausgeber erwecken also den Eindruck, daß es sich bei den *Écrits* zumindest um die *konsistente* Vorstufe zu *einem* Buch handelt, das als Produkt einer einheitlichen Autorintention verstanden werden kann. Der fragmentarische Charakter der Manuskripte vermag einen solchen Schluß aber nicht zu stützen: Die große Anzahl an Streichungen, die teilweise mehrfache Überarbeitung ganzer Abschnitte sowie nicht zuletzt das heterogene Schreibmaterial – vielfach einzelne Zettel unterschiedlichster Provenienz (Verlobungsanzeige, Briefpapier des Genfer Bahnhofscafés u. ä.) – geben ein völlig anderes Gesamtbild. Auch deshalb haben wir uns dagegen entschieden, den Titel der französischen Ausgabe zu übernehmen. Den von uns gewählten Titel *Wissenschaft der Sprache* hatte Saussure auf einem Umschlag notiert, der einen beträchtlichen Anteil der hier publizierten Manuskripte enthielt." Ludwig Jäger: „Einleitender Kommentar: Wissenschaft der Sprache", in: Ferdinand de Saussure, *Wissenschaft der Sprache. Neue Texte aus dem Nachlaß*, herausgegeben und mit einer Einleitung versehen von Ludwig Jäger, übersetzt und textkritisch bearbeitet von Elisabeth Birk und Mareike Buss, Frankfurt am Main: Suhrkamp 2003, S. 58. – Im Vergleich zwischen der deutschen Übersetzung und der französischen Ausgabe zeigen sich Weglassungen und Eingriffe im von Bouquet und Engler edierten Text, deren Begründung weder transparent noch nachvollziehbar ist. Dies ist umso bedauerlicher, als die im Vorwort zur französischen Ausgabe in Aussicht gestellte Verfügbarmachung der Manuskripte für den Online-Zugriff unter www.institut-saussure.org bis dato auf sich warten läßt. Zur Transkription der Manuskripte in der

rissenen Publikationsvorhaben hat Saussure indessen keines ausgeführt und effektiv als Buch oder auch als Artikel veröffentlicht.

Es ist daher nicht weiter erstaunlich, wenn Saussure von seinen Zeitgenossen als jemand wahrgenommen wurde, der nicht schrieb. Vielmehr hat Saussure nicht zuletzt mit den wiederholten Hinweisen auf seine „Epistolophobie“[8] das seinige zu diesem Bild beigetragen. Und so gibt es denn auch kaum einen Grund, daran zu zweifeln, daß der von Albert Riedlinger im Anschluß an ein Gespräch vom 19. Januar 1909 notierte Satz, in welchem er sich abschließend zu seiner Vorlesung über allgemeine Sprachwissenschaft und den düsteren Aussichten für deren spätere Publikation äußert, nicht von Saussure stammt:

> „Quand à un livre sur ce sujet, on ne peut y songer: il doit, dit M. de Saussure, donner la pensée définitive de son auteur.“[9]

Neben dem schieren Umfang der in den nun schon bald hundert Jahren nach seinem Tod zum Vorschein gekommenen Notate sind aber vor allem zwei Dinge bedenkenswert: Zunächst einmal ist festzustellen, daß offenkundig sprachwissenschaftliche Arbeiten nur den kleineren Teil seines Nachlasses ausmachen, nämlich rund einen Drittel. Im Gegenzug fällt aber ebenso auf, daß, bei aller thematischen Verschiedenheit, ein Großteil der Notizen durch eine übergreifende Fragestellung oder wenigstens durch eine untergründige Problematik verbunden sind. Denn was man in der vergleichenden Lektüre, insbesondere der sprachwissenschaftlichen Manuskripte mit Saussures Anagramm-Arbeiten und seinen Untersuchungen zum Nibelungenlied beobachten kann,

---

Ausgabe der *Écrits* schreibt Jäger: „Die Herausgeber der französischen Ausgabe haben sich in mehrfacher Hinsicht für die Herstellung eines vor allem gut lesbaren Textes und gegen eine textkritische Edition entschieden. In der französischen Ausgabe sind daher kaum Rückschlüsse auf den Zustand der Manuskripte möglich, wenn man von der Kennzeichnung von Lücken und der Wiedergabe von Zeilensprüngen absieht“ (ebd., S. 57). Verdienstvollerweise wurde deshalb die deutsche Übersetzung im Rückgriff auf die Manuskripte erstellt und orientiert sich an den in Saussure, *Linguistik und Semiologie* (Anm. 1), etablierten editorischen Prinzipien.

8 In seinem Brief vom 4. Januar 1894 an Antoine Meillet schreibt Sausure etwa: „Daß Sie am Anfang Ihres Briefs vom November von Ihrer *Epistolophobie* sprechen, hat mir gut getan, weil ich sehe, daß ich zu jemandem spreche, der nicht unfähig sein wird, die meinige zu entschuldigen.“ Saussure, *Linguistik und Semiologie* (Anm. 1), S. 516. Oder am 12. November 1906, wiederum in einem Brief an Meillet: „Erlauben Sie mir, noch bevor ich auf Ihre Zeilen antworte, einen rückblickenden Dank. Für mich bleibt er aktuell. Ich will von der gefühlvollen Bezeugung sprechen, die Sie mir vor einigen Monaten im Rahmen des *Collège de France* erwiesen haben, als Sie meinen Namen in einer Passage Ihrer Antrittsvorlesung nannten, mit einer Erwähnung, die meine Freundschaft ehrt. Von diesen mehr als liebenswürdigen Worten, aber auch vom ganzen Inhalt Ihrer schönen Eröffnungsrede, wollte ich zu Ihnen in einem Brief sprechen, dessen Schicksal ich Ihnen nicht sage: Es war analog zu jenem anderer, das Sie kennen!“ Saussure, *Linguistik und Semiologie* (Anm. 1), S. 519.

9 Zitiert nach Robert Godel, *Les sources manuscrites du Cours de linguistique générale de F. de Saussure* (1957), 2. Auflage, Genf: Droz 1969, S. 30. Saussure, *Linguistik und Semiologie* (Anm. 1), S. 33: „Was ein Buch über dieses Thema betrifft, so ist nicht daran zu denken: Es muß, sagt Monsieur de Saussure, das endgültige Denken seines Autors wiedergeben.“

ist, daß in all diesen Arbeitsfeldern Fragen nach den Auswirkungen der *Verschriftlichung* von Sprachen und Sprachlichem resp. danach, wie diese theoretisch zu fassen und wie damit umzugehen sei, von entscheidender Bedeutung sind. Dies jedenfalls ist der Schluß, zu dem ich über die Jahre gekommen bin und dessen Begründung ich nun darlegen will.

II

Betrachtet man die tausende von Seiten umfassenden Anagramm-Arbeiten, in welchen Saussure seine Suche nach dem, wie er vermutete, zwar geheimen,[10] aber gleichwohl „ersten Prinzip der indoeuropäischen Poesie“[11] und mithin nach der „Grundlage“ der „Versifikation“[12] vorantrieb –, betrachtet man dieses merkwürdig geschichtete Manuskriptmassiv im Hinblick auf die Frage der Verschriftlichung von Sprache, springt eine spannungsgeladene Paradoxie ins Auge: Zuallererst und ganz offensichtlich handelt es sich bei dem, was Saussure konkret betrieb, um ein Aufschreibeverfahren. Meist in Schulheften, zum Teil aber auch auf großformatigen, losen Blättern schrieb er zunächst einzelne, zumeist lateinische Verszeilen heraus, unter welche er dann, manchmal durch farbige Tinte besonders markiert, die Laute, die ihm daran auffielen, als separate, sich zum Teil mehrfach überlagernde Buchstabenfolgen notierte.

Darauf, daß er es mit Geschriebenem zu tun hatte und dieses auch als solches auffaßte, scheinen zumal auch die Bezeichnungen hinzuweisen, mit denen Saussure von diesem Verfahren bzw. von dem, was es sichtbar machte, spricht: Denn er nennt dieses neben „Ana*gramm*“ zumeist „Hypo*gramm*“[13] oder „Para*gramm*“,[14] vereinzelt aber auch „Logo*gramm*“,[15] „Anti*gramm*“,[16] „Homo*gramm*“[17] resp. „Krypto*gramm*“.[18] Doch daß das, worum es ihm geht, etwas mit Schrift zu tun habe, stellt Saussure wiederholt und mit Nachdruck in Abrede:

10 Vgl. Saussure, *Linguistik und Semiologie* (Anm. 1), S. 441 f.
11 Ebd., S. 451.
12 „In einem System, in dem kein einziges Wort geändert oder versetzt werden kann, ohne in den meisten Fällen mehrere im Hinblick auf das Anagramm notwendige Kombinationen zu verwirren, in einem solchen System kann man nicht von Anagrammen als einem zusätzlichen Spiel der Versifikation sprechen, sie werden zur Grundlage, ob der Versemacher es will oder nicht, <ob der Kritiker einerseits und der Versemacher andererseits es will oder nicht. Verse mit Anagrammen zu machen, bedeutet zwangsläufig, Verse gemäß dem Anagramm, unter der Herrschaft des Anagramms zu machen.>„ (Ebd., S. 454).
13 Ebd., S. 461.
14 Ebd., S. 456.
15 Ebd., S. 458.
16 Ebd., S. 467.
17 Ebd., S. 470.
18 Vgl. Peter Wunderli, *Ferdinand de Saussure und die Anagramme*, Tübingen: Max Niemeyer 1972, S. 51.

„TERMINOLOGIE. En me servant du mot d'*anagramme*, je ne songe point à faire intervenir l'écriture ni à propos de la poésie homérique, ni à propos de tout autre vieille poésie indo-européenne.“[19]

Das mithin, worum es ihm zu tun ist, waren nicht die Buchstaben, die er notierte, sondern, wie er an anderer Stelle schreibt, „die lautliche Paraphrase irgendeines Wortes oder Namens“,[20] welche gemäß seiner Formulierung „eine parallele Aufgabe war, die dem Dichter neben dem Metrum sich stellte.“[21] Diesen und anderen Passagen,[22] in welchen eine klare Abgrenzung gegenüber der Schrift vorgenommen wird, sind allerdings wieder solche entgegenzuhalten, wo diese zurückgenommen oder unterlaufen wird. So war Saussure, nachdem er zuerst lediglich in der lateinischen Versdichtung nach Anagrammen gesucht hatte, zu seinem Erstaunen ebenso bei den grossen Prosaautoren fündig geworden:

„Il ne fallait que peu d'heures pour constater que soit Pline, mais ensuite d'une manière encore bien plus frappante et incontestable toutes les œuvres de Cicéron, à quelque endroit qu'on ouvrît les volumes de sa correspondance [...] nageiaent littéralement dans l'hypogramme le plus irrésistible et qu'il n'y avait très probablement pas d'autre manière d'*écrire* pour Cicéron – comme pour tous ses contemporains.“[23]

Nicht nur seine Analyse der Anagramme, auch der (vermutete) Vorgang ihrer Hervorbringung hätte demnach also doch etwas mit Schreiben zu tun gehabt – aber, das legt wiederum die folgende Passage nahe, dieses Schreiben, zählte nicht als solches, trat nicht als Schreiben in Erscheinung resp. den Römern ins Bewußtsein, sondern es war vielmehr als ein zur zweiten Natur gewordenes Sprechen vorzustellen:

---

19 Starobinski, *Les anagrammes* (Anm. 2), S. 27. Saussure, *Linguistik und Semiologie* (Anm. 1), S. 446: „TERMINOLOGIE. Wenn ich das Wort *Anagramm* verwende, denke ich keineswegs daran, die Schrift ins Spiel zu bringen, weder bei der homerischen noch bei irgendeiner anderen alten indoeuropäischen Dichtung.“

20 Saussure, *Linguistik und Semiologie* (Anm. 1), S. 468.

21 Ebd.

22 Etwa: „Weder Anagramm noch Paragramm wollen sagen, daß sich die Poesie um dieser Figuren willen nach den geschriebenen Zeichen richtet; aber *-gramm* durch *-phon* zu ersetzen, würde bei dem einen wie dem anderen Wort den Glauben erwecken, daß es sich um eine ganz neue Gattung von Erscheinungen handelt.“ (ebd., S. 456).

23 Starobinski, *Les anagrammes* (Anm. 2), S. 116 (Hervorhebung von Verf.). Saussure, *Linguistik und Semiologie* (Anm. 1), S. 462: „Es bedurfte nur weniger Stunden, um festzustellen, daß nicht nur Plinius, sondern dann auch auf eine noch überwältigendere und unbestreitbarere Weise alle Werke von Cicero, an welcher Stelle man auch die Bände seiner Korrespondenz oder die Bände [...] öffnet, in unwiderstehlichsten Hypogrammen buchstäblich schwimmen, und daß es sehr wahrscheinlich für Cicero keine andere Art des Schreibens gab – wie für alle seine Zeitgenossen.“

> „tout cela [...] force à croire que cette habitude [de l'hypogramme] était une seconde nature pour tous les romains éduqués *qui prenaient la plume pour dire le mot le plus insignifiant.*"[24]

Vorerst bleibt wohl kaum etwas anderes, als diese Paradoxie zur Kenntnis zu nehmen: Einen buchstäblich als schriftspezifisch und ans Schreiben gebunden in Erscheinung tretenden Prozeß versucht Saussure beharrlich als ein wesentlich lautsprachliches Phänomen zu fassen oder wenigstens als solches zu behaupten:

> „Ni anagramme ni paragramme ne veulent dire que la poésie se dirige pour ces figures d'après les signes écrits [...]."[25]

Genau dies aber ist auch der Schluß, zu dem Saussure im Verlauf seiner Untersuchungen an den germanischen Legenden kommt – allerdings, wie sich gleich zeigen wird, mit einer auffälligen Verschiebung des Akzents.

III

Es waren philologische Beobachtungen an Ortsnamen in der Romandie, an welchen sich Saussures schon lange schwelendes Interesse für die germanischen Legenden spätestens um 1901 von neuem entfacht hatte. Wie seinen Entwürfen zu einem Buch und den dafür erwogenen Titeln, etwa *„La Légende des Nibelungen comme Légende Burgonde. Nouvel essai d'interprétation historique du poème"*[26] zu entnehmen ist, vermutete Saussure, daß die germanischen Legenden auf historische Ereignisse aus der Zeit des Königreichs von *Lyon* zurückgingen und nicht, wie bisher fälschlich behauptet, auf Ereignisse im rund ein Jahrhundert älteren Königreich von *Worms*. Um nun diese kulturhistorisch brisante Vermutung zu begründen, wollte und mußte Saussure beweisen, daß das *Nibelungenlied* „das getreue Abbild war von Ereignissen, die sich im rhodanischen Burgund – ‚la Burgonde rhodanienne' – von 495 bis 534 abspielten."[27]

In seinem Nachlaß zeugt eine beeindruckende Fülle dichtbeschriebener Blätter vom großangelegten Versuch, diesen Beweis anhand des Vergleichs historischer Chroniken mit den verschiedenen überlieferten Versionen des *Nibelungenlieds* zu führen. Doch wie sich herausstellte, war dies kein gangbarer Weg,

---

24 Starobinski, *Les anagrammes* (Anm. 2), S. 117 (Hervorhebung von Verf.). Saussure, *Linguistik und Semiologie* (Anm. 1), S. 462: „all das übt nicht den geringsten Einfluß auf die wahrhaft unerbittliche Regelmäßigkeit des Hypogramms aus und zwingt zu dem Glauben, daß diese Gewohnheit für alle gebildeten Römer eine zweite Natur war, sobald sie zur Feder griffen, um ein auch noch so unbedeutendes Wort zu sagen."

25 Starobinski, *Les anagrammes* (Anm. 2), S. 31. Vgl. Anm. 22.

26 Vgl. Saussure, *Linguistik und Semiologie* (Anm. 1), S. 424.

27 Ebd., S. 418.

und dies nicht mangels des für den Vergleich verfügbaren Materials, sondern weil Saussure, wie er sich eingestehen mußte, die *Legenden* unbesehen – resp. ihrem Namen nach – als zu *lesende* behandelt, als geschriebenen Text mithin, und sich nicht hinlänglich Gedanken gemacht hatte über deren Herkunft aus einem Prozeß mündlicher Überlieferung. Wie in der folgenden Notiz anhand des Vergleichs mit einem literarischen Werk erläutert, konnte jedoch ein geschriebener Text nicht als Modell für die Verfaßtheit von Legenden gelten:

> „Les personnalités créées par le romancier ou le poète, ne peuvent être comparées pour une double raison; – au fond 2 fois la même. – Elles ne sont pas un objet lancé dans la circulation avec abandon de l'origine: la lecture <de Don Quichotte> rectifie continuellement ce qui arriverait à Don Quichotte <dès qu'on le laisserait courir sans recours à Cervantes> ce qui revient à dire que ces créations ne passent ni par l'épreuve du *temps* ni par l'épreuve de la socialisation [...].“[28]

Sobald also, wie zum Beispiel beim *Don Quichotte*, ein Werk als geschriebener Text vorliegt, auf den jederzeit zurückzugreifen war, konnten dessen Stoff und Wortlaut als gesichert gelten, das heißt, deren Authentizität wurde auch über grössere Zeiträume hinweg nicht grundlegend gefährdet. Genau dies aber war für die Legenden, welche erst nach jahrhundertelanger mündlicher Überlieferung niedergeschrieben worden waren, nicht der Fall. Oder anders gesagt: Wovon diese zeugten, waren nicht einfach und nicht bloß die historischen Ereignisse, von denen sie einmal ihren Ausgang genommen haben mochten, sondern vor allem und vielmehr vom Prozeß ihrer mündlichen Tradierung, dessen Spuren unauflösbar mit dem Stoff der Legenden in all deren verschiedenen Varianten verwoben waren. Im Hinblick auf die in Frage stehende Verschriftlichung von Sprache läßt sich das, was aus dieser Einsicht folgt, auch so formulieren: Für den Entstehungsprozeß und die Verfaßtheit der Legenden war es offenbar entscheidend, daß sie nicht schriftlich fixiert waren. Denn das Nichtvorhandensein eines Textes, auf den die Erzähler hätten zurückgreifen können, wird von Saussure nicht einfach negativ als Mangel verstanden, sondern geradezu als Grundbedingung für den Prozeß, dem die Legenden ihre überlieferte Form verdanken.

So gewendet treten aber die Überlegungen, die Saussures Notizen zu den germanischen Legenden nahelegen, in merkwürdigen Kontrast zu seinen gleich-

---

28 Ferdinand de Saussure, *Le leggende germaniche*, scritti scelti e annotati a cura di Anna Marinetti e Marcello Meli, Este: Zielo 1986, S. 192 f. – Saussure, *Linguistik und Semiologie* (Anm. 1), S. 429: „Die vom Romancier oder Dichter geschaffenen Personen können aus einem doppelten Grund nicht verglichen werden; – im Grunde zweimal derselbe. – Sie sind nicht ein in die Zirkulation geworfenes Objekt, unter Preisgabe des Ursprungs; die Lektüre von <Don Quichotte> berichtigt ständig das, was Don Quichotte passieren würde, <wenn man ihn seinem Schicksal überlassen würde, ohne Zuflucht zu Cervantes>, was darauf hinausläuft zu sagen, daß diese Schöpfungen weder der Bewährungsprobe der *Zeit* ausgesetzt sind noch jener der Sozialisation [...].“

zeitig entstehenden Anagramm-Arbeiten: Bestand nämlich im Falle der Legenden Saussures Arbeit gerade darin, den von der schriftlichen Form und dem Modell des literarischen Textes verdeckten Prozeß der mündlichen Überlieferung als den für die Transformation von Stoff und Wortlaut der Legenden bestimmenden Faktor freizulegen, so will er dagegen mit den Anagrammen offenbar eine Erscheinung als rein lautsprachliche fassen, deren Hervorbringung und Analyse sich jedoch als in mehrfacher Hinsicht an das Vorhandensein von Schrift und Geschriebenem gebunden erweist. Was aber, umgekehrt, die Anagramm-Arbeiten mit den Untersuchungen zu den germanischen Legenden verbindet, ist, daß in beiden Fällen Gesprochenes und Geschriebenes nicht als ohne weiteres austauschbar oder als einander substituierbar behandelt wird.[29] Vielmehr erscheinen die je besonderen Auswirkungen und Gestaltungsformen, welche der Umstand zeitigt, daß und wie Geschriebenes vorhanden ist oder nicht, als das, was Anagramme wie Legenden als solche erst ausmacht. Das wiederum ist aber präzis auch der Punkt, wo sich diese als abseitig geltenden Arbeiten mit dem treffen und überlagern, womit sich Saussure bei seinem Versuch einer Grundlegung der Sprachwissenschaft abmühte.

IV

Daß für Saussure die Bestimmung des Verhältnisses von Sprache und Schrift zu den Kernproblemen gehörte, die es zur Fundierung einer künftigen Linguistik zu lösen galt, geht auch aus dem *Cours de linguistique générale* hervor. Saussures Position läßt sich stichwortartig wie folgt umreissen: Die Vorgeschichte wie die Anfänge der Linguistik bis hin zu Franz Bopp waren dadurch charakterisiert, daß man sich nicht wirklich Rechenschaft abgelegt hatte über den Unterschied zwischen gesprochener Sprache und schriftlichen Dokumenten, so daß oft schlicht und einfach Buchstaben mit Sprachlauten verwechselt worden waren.[30] Aber auch wenn man für die Linguistik forderte,

---

29 Womit sich Saussure klar jenseits der unter anderem auf Aristoteles zurückgehenden Auffassung bewegt, wonach Geschriebenes als ein sekundäres Zeichensystem für die Repräsentation von Gesprochenem behandelt werden kann, welches seinerseits als das primäre Zeichensystem für die Repräsentation der seelischen Vorgänge verstanden wird. Vgl. dazu auch Johannes Fehr, „Semiologie im Spannungsfeld von Sprache und Schrift“, in: *Cahiers Ferdinand de Saussure* 51 (1998 [1999]), S. 160 ff.

30 In den *Grundfragen* (Anm. 4) heißt es dazu (S. 29 f.): „Die ersten Linguisten haben sich darüber getäuscht, ebenso wie vor ihnen die Humanisten. Bopp selbst macht keinen klaren Unterschied zwischen Buchstabe und Laut; wenn man Bopps Schriften liest, sollte man glauben, daß eine Sprache von ihrem Alphabet völlig untrennbar sei. Seine unmittelbaren Nachfolger sind in demselben Irrtum gefangen; die Schreibung *th* des Reibelauts *þ* ließ Grimm glauben, nicht nur daß es ein doppelter Laut, sondern auch, daß es ein aspirierter Verschlußlaut sei; daher der Platz, den er ihm in seinem Gesetz der Lautverschiebung anweist. Auch heute noch verwechseln gebildete Leute die Sprache mit ihrer Orthographie; so sagte Gaston Deschamps von Berthelot, ‚daß er die französische Sprache vor dem Verderb bewahrt habe‘, weil er sich einer Reform der Orthographie widersetzt hat.“

daß deren Gegenstand allein die Sprache als gesprochene zu sein habe, blieb der Umstand bestehen, daß dieser Gegenstand für die Wissenschaft *nur als* resp. *nicht ohne* Schrift zugänglich war. Insofern oder solange Geschriebenes das einzige Mittel war, um Gesprochenes zu kennen, konnte es aber zugleich und schnell auch dazu verleiten, dieses zu verkennen. Schrift war, mit anderen Worten, nicht nur ein unabdingbares Mittel zur Aufzeichnung von Sprache, sondern zugleich auch ein ernsthaftes Hindernis oder, wie es in einem der erst vor kurzem entdeckten Manuskripte heißt, ein „Schleier“,[31] der sich über die Sprache legte und den Blick auf sie verzerrte. Denn was in der schriftlichen Aufzeichnung gerade verloren- oder unter-ging, das war das Transitorische und Volatile, welches für die Sprache als gesprochene konstitutiv war – der Umstand mithin, daß Sprachlaute beim Sprechen immer nur einer nach dem andern aufeinander folgen konnten bzw. nur ausgesprochen werden konnten, weil der ihnen jeweils vorangegangene bereits wieder verschwunden war.[32] Im Geschriebenen wurde daher gerade wegen dessen Dauerhaftigkeit, wegen der Möglichkeit des gleichzeitigen oder auch zeitlosen Nebeneinanders der Schriftzeichen das entscheidende zeichentheoretische Problem, welches die Sprachen als gesprochene der Wissenschaft stellten, verdeckt – die Frage nämlich, wie es kommt und möglich ist, daß Sprachen trotz ihrer Flüchtigkeit über jene frappierende Stabilität verfügten, die es erst erlaubte, mit ihnen zu sprechen und nicht einfach bloß immer wieder andere singuläre Lautfolgen aneinanderzureihen. Denn ebenso erstaunlich wie die Tatsache, daß sich die Sprachen wandelten, war deren Konstanz und Persistenz in diesem unablässigen Wandel:

31 „Die erste Schule von {Sprachwissenschaftlern} hat die Sprache [langage] nicht <<in> ihrer Eigenschaft als> Phänomen <betrachtet>. <Mehr noch>, sie <hat die Tatsache der> Sprache [langage] <außer acht gelassen>, hat sich direkt mit der *Sprache* [*langue*] <oder> dem Idiom (Gesamtheit der Erscheinungsformen der Sprache [langage] <in einer Epoche und bei einem Volk>) befaßt und hat <das Idiom> nur durch <den Schleier der> Schrift betrachtet. <Es gibt keine Rede [parole], es gibt nur Ansammlungen von Buchstaben.>
Ein erster <Schritt wurde getan>: Vom Buchstaben ging man dazu über, den artikulierten Laut zu betrachten, und vom Papier kam man zum Sprecher, {<ohne [...?] zu legen>}. <Die Sprache [langage] gibt es noch nicht, schon aber die Rede [parole].>„ Saussure, *Wissenschaft der Sprache* (Anm. 7), S. 165.

32 In den *Grundfragen* (wie Anm. 4) heißt es dazu etwa (S. 82): „Das Bezeichnende, als etwas Hörbares, verläuft ausschließlich in der Zeit und hat Eigenschaften, die von der Zeit bestimmt sind: a) *es stellt eine Ausdehnung dar,* und b) *diese Ausdehnung ist meßbar in einer einzigen Dimension: es ist eine Linie.* [...] Im Gegensatz zu denjenigen Bezeichnungen, die sichtbar sind (maritime Signale u.s.w.) und gleichzeitige Kombinationen in verschiedenen Dimensionen darbieten können, gibt es für die akustischen Bezeichnungen nur die Linie der Zeit; ihre Elemente treten nacheinander auf; sie bilden eine Kette. [...] In gewissen Fällen tritt das nicht so klar hervor. Wenn ich z. B. eine Silbe akzentuiere, dann scheint es, als ob ich verschiedene bedeutungsvolle Elemente auf einen Punkt anhäufte. Das ist jedoch nur eine Täuschung; die Silbe und ihr Akzent bilden nur einen einzigen Lautgebungsakt; es gibt keine Zweiheit innerhalb dieses Aktes, sondern nur verschiedene Gegensätzlichkeiten zum Vorausgehenden und Folgenden.“ Vgl. dazu auch Saussure, *Linguistik und Semiologie* (Anm. 1), S. 364 ff.

> „La langue a [...] une tradition orale indépendante de l'écriture, et bien autrement fixe; mais le prestige de la forme écrite nous empêche de le voir."[33]

Wenn es aber darum ging, die Beständigkeit der Sprachen im Prozeß ihrer mündlichen Überlieferung zu fassen, war klar, weshalb dieses Problem und dessen Brisanz der Sprachwissenschaft durch ihre – unbedachte – Ausrichtung an der Schrift gerade verdeckt bleiben mußten:

> „l'image graphique des mots nous frappe comme un objet permanent et solide, plus propre que le son à constituer l'unité de la langue à travers le temps. Ce lien a beau être superficiel et créer une unité purement factice: il est beaucoup plus facile à saisir que le lien naturel, le seul véritable, celui du son."[34]

Solange man sich an die zwar viel einfacher zu fassenden, aber ‚rein künstlichen Einheiten' der Schrift hielt, konnte die Frage, worin denn das ‚natürliche' und ‚allein wirkliche Band', ‚die Einheit der Sprache in der Zeit', bestand, gar nicht erst gestellt werden. Um sie zu stellen, mußte Gesprochenes jenseits von und ohne Geschriebenes gedacht werden. Und wenn sich Saussure wiederholt über die Schrift und insbesondere über die Orthographie ausließ, über deren „Inkonsequenz"[35] und „Verkleidung"[36] zumal, dann deshalb, weil es ihm um das Freilegen dieser Frage in ihrer ganzen, sprachtheoretischen Radikalität ging, und nicht, wie von Jacques Derrida behauptet, weil sein Sprachdenken in der Tradition einer Metaphysik der Präsenz stand.[37]

Denn obwohl Saussure beharrlich einem Primat der Sprache als gesprochene das Wort redete, so war ihm doch zugleich klar, daß dieses nicht bloß deshalb verkannt wurde, weil die Linguisten unentwegt Sprachlaute mit Buchstaben verwechselten, sondern weil eine strikte Grenze zwischen gesprochener und geschriebener Sprache, zwischen der „langue dans la bouche" und jener „dans le

---

33 Saussure, *Cours* (Anm. 5), S. 46; Saussure, *Grundfragen* (Anm. 4), S. 29: „In der Sprache gibt es [...] unabhängig von der Schrift eine Überlieferung, die mündliche, und diese ist zuverlässiger als die schriftliche. Aber die Geltung der geschriebenen Form läßt das leicht übersehen."

34 Saussure, *Cours* (Anm. 5), S. 46; Saussure, *Grundfragen* (Anm. 4), S. 30: „ Zunächst erscheint uns das Schriftbild der Worte wie ein beständiges und festes Objekt, das mehr als der Laut geeignet sei, die Einheit der Sprache durch die Zeit hindurch aufrecht zu erhalten. Obgleich diese Verbindung nur oberflächlich ist und eine lediglich künstliche Einheit schafft, so ist sie doch leichter zu fassen als das natürliche und allein wirkliche Band, dasjenige des Lautes."

35 Ebd., S. 34.

36 Ebd., S. 35. „Travestissement" heißt es hier auf Französisch – und in den *Grundfragen* heißt es weiter, die Schrift „usurpiere" „unrechtmässig" die Vormacht gegenüber der Sprache, sie sei „widernatürlich", eine „Tyrannei", im geschriebenen Französisch etwa wimmle es nur so von „irrationalen Schreibweisen", „Verunstaltungen", „orthographischen Ungeheuerlichkeiten", „teratologischen Fällen" etc.

37 Vgl. dazu auch Verf., „Die Theorie des Zeichens bei Saussure und Derrida oder Jacques Derridas Saussure-Lektüre", in: *Cahiers Ferdinand de Saussure* 46 (1992), S 35-54.

livre“,[38] wie die Hörer seiner Vorlesung Anfang Dezember 1910 notierten, schlicht nicht zu ziehen war:

> „Est-il possible de distinguer le développement naturel, organique d'un idiome, de ses formes artificielles, telles que la langue littéraire, qui sont dues à des facteurs externes, par conséquent inorganiques?“[39]

Diese Frage ist im *Cours* gestellt, ohne daß ersichtlich würde, welche Konsequenzen zu ziehen sind, wenn ‚natürliche Entwicklung' und ‚künstliche Form', ‚Organisches' und ‚Anorganisches', ‚Innen' und ‚Aussen' nicht voneinander unterschieden werden können. Was sich im Nachlaß abzeichnet, ist dagegen, daß Schrift für Saussure nicht einfach als etwas zu denken oder zu behandeln war, was der Sprache einfach von außen zustößt und sie sich ihrer Natur entfremden läßt. Denn die Sprache – „La langue“ –, so hatte es Saussure bereits 1894 notiert,

> „est une institution humaine, mais de telle nature que toutes les autres institutions humaines, *sauf celle de l'écriture*, ne peuvent que nous tromper sur sa véritable essence, si nous nous fions par malheur à leur analogie.“[40]

In seinen Notaten sehen wir Saussure, schreibend, immer wieder an der Schwelle dazu, sich in seiner Befassung mit Sprache von der Schrift leiten zu lassen, und dies nicht bloß *als* resp. *von* deren *Analogie*. Das aber bedeutet insbesondere – und um hiermit zu schließen – zweierlei.

Wenn – zum einen – die Linguistik sich dadurch als Wissenschaft konstituierte, daß sie sich nur mit Sprache als gesprochener befaßte, dann brauchte es neben ihr eine andere Disziplin, die es erlaubte, das Verhältnis von Gesprochenem und Geschriebenem zu fassen, das, worin sie sich voneinander unterschieden und zugleich aufeinander verwiesen, das auch, worin sie unauflösbar miteinander verflochten waren: *eine aus den Sprachen nicht wegzudenkende*

38 Ferdinand de Saussure, *Cours de linguistique générale* (1968), Édition critique par Rudolf Engler, Reproduction de l'édition originale, tome 1, Wiesbaden: Otto Harrassowitz 1989, S. 61: „Une troisième cause, c'est que nous n'avons pas seulement à compter avec le fait nu de l'écriture mais avec tout ce qui constitue ce qu'on appelle la langue écrite. Toute langue littéraire, cultivée arrive à posséder dans le livre une sphère d'existence indépendante de sphère normale qui est dans la bouche des hommes, une sphère de diffusion séparée.“ So die Mitschrift Émile Constantins vom November 1910.

39 Saussure, *Cours* (Anm. 5), S. 42; Saussure, *Grundfragen* (Anm. 4), S. 26: „Es ist die Frage, ob die natürliche, organische Entwicklung eines Idioms von künstlichen Formen wie die Schriftsprache, welche durch äußere, folglichermaßen unorganische Umstände hervorgerufen sind, sich absondern läßt.“

40 Saussure, *Écrits* (Anm. 1), S. 211. Saussure, *Linguistik und Semiologie* (Anm. 1), S. 314: „ist eine menschliche Institution, aber von solcher Natur, daß alle andern menschlichen Institutionen, *ausgenommen jene der Schrift*, uns nur täuschen <können> über ihre <wahre> Natur, wenn wir ihrer Analogie trauen.“ Zu den Abweichungen zwischen französischem Zitat und deutscher Übersetzung vgl. Anm. 7.

Verschriftlichung. Es scheint mir nun alles andere als abwegig, darin just die Aufgabe zu sehen, an die sich Saussure mit seinem Projekt einer Semiologie gemacht hatte. Für die Leser des Nachlasses jedenfalls wird denkbar, daß Saussure, wenn er die Struktur des sprachlichen Zeichens beschreibt, das einlöst, was er in einer undatierten Notiz zur Semiologie angekündigt hatte, nämlich zu gegebener Zeit und an gegebenem Ort von der Schrift zu sprechen.[41] Sich von der Schrift leiten zu lassen, bedeutete allerdings – und zum anderen – auch, die Spuren, welche Geschriebenes wie Gesprochenes in den Sprachen und ihrer Geschichte hinterlassen hatten und auch weiterhin hinterließen, als etwas zu denken, worin sich nicht nur *die Sprache* als solche reproduzierte, sondern worin sich zugleich und irrevozibel die sprechenden Subjekte und deren Geschichte(n) einschrieben. Sich aber als Schreibenden zu denken oder sein Denken als Schreiben zu begreifen und zuzulassen, lag – wie sein Nachlaß ebenfalls und auf ergreifende Weise zeigt – jenseits dessen, was *als* oder *in der Linguistik* für Saussure zu leisten möglich war.

Post dictum

In den Fächern seines Schreibtischs, also, fanden sich keine ausgearbeiteten Vorlesungsskripte, und entsprechend groß war die Enttäuschung derer, die sich, „nach dem Tod des Meisters“,[42] seiner Lehre annahmen. Doch wie ist es unter diesen Umständen zum Wortlaut des *Cours* gekommen? Woher rührte die Sprache, die dem 1916 erschienenen Buch sein Gepräge gibt, diese unverwechselbaren Bilder, auf welche man bei der Lektüre immer wieder stößt? Was für eine Bewandtnis hat es mit Formulierungen wie etwa dieser hier, welche sich im dritten, die diachronische Sprachwissenschaft behandelnden Teil des Buches findet:

> „La langue est une robe couverte de rapiéçages faits avec sa propre étoffe.“[43]

---

41 „Man hat herausfinden wollen, ob die Linguistik zur Ordnung der Naturwissenschaften oder zu jener der historischen Wissenschaften gehört. Sie gehört zu keiner der beiden, sondern zu einer Abteilung der Wissenschaften, <die, wenn sie nicht existiert, existieren sollte unter dem> Namen *Semiologie*, das heißt Wissenschaft der Zeichen oder Studium [‚étude‘] dessen, was sich ereignet, wenn der Mensch versucht, sein Denken mittels einer notwendigen Konvention zu bedeuten. <Unter allen semiologischen Systemen> ist das semiologische System ‚Sprache‘ [‚langue‘] das einzige (mit der Schrift, <von der wir zu gegebener Zeit sprechen werden,>) das <sich dieser Prüfung zu stellen> hatte, sich der *Zeit* gegenüber zu finden, das nicht einfach von Nachbar zu Nachbar <gegründet> ist, durch gegenseitiges Einverständnis, sondern auch von Vater zu Sohn durch eine bindende Tradition und *gemäß dem Zufall dessen, was in dieser Tradition eintrifft*, was außerhalb davon nicht erprobt, <weder bekannt noch beschrieben ist>.“ Saussure, *Linguistik und Semiologie* (Anm 1), S. 404.

42 Saussure, *Grundfragen* (Anm. 4), S. VII; vgl. dazu auch Saussure, *Linguistik und Semiologie* (Anm. 1), S. 17-27.

43 Saussure, *Cours* (Anm. 38), S. 394, Nr. 2616. Saussure, *Grundfragen* (Anm. 4), S. 205: „Die Sprache ist ein Kleid, das besetzt ist mit lauter Flicken, die aus seinem eigenen Stoff genommen sind.“

Die Sprache als ein mit Flicken aus seinem resp. ihrem eigenen Stoff bedeckten Kleid – woher ein Bild wie dieses stammt, wie es zustande gekommen sein wird, dies nachzuzeichnen, ist eine der Aufgaben, an die sich Rudolf Engler mit seiner zwischen 1968 und 1974 erschienenen kritischen Ausgabe des *Cours* gemacht hat. [44] Im konkreten Fall nun findet sich dort nur auf der ersten der vier für die erhaltenen studentischen Mitschriften aus Saussures verschiedenen Vorlesungen über allgemeine Sprachwissenschaft vorgesehenen Spalten ein Eintrag. Einzige bekannte Quelle zu diesem Satz ist demnach der folgende Auszug aus Albert Riedlingers Notizen zur Vorlesung von 1906/07:

> „C'est ainsi que si l'on considère l'ancienneté des éléments des mots, <on voit que> l'analogie <est obligée de> travailler éternellement sur la même étoffe <et que dans cette perpétuelle rénovation, il y a quelque chose d'extrêmement conservateur>. La langue est une robe faite de rapiéçages.“[45]

Das verdichtete sprachliche Bild, die Pointe zumal, daß das Sprach-Kleid mit Flicken aus seinem eigenen Stoff bedeckt ist, scheint hier also im Nachhinein erst gefunden worden zu sein. Beglaubigen mag es allenfalls der Umstand, daß Albert Riedlinger – aus dessen Mitschrift ja die fragliche Vorlage stammt – auch an der späteren Redaktion des *Cours* mitgewirkt hat. Es gibt jedoch auch das Umgekehrte. So scheint der folgende Satz aus dem mit „Principes généraux“ überschriebenen ersten Teil des *Cours* kaum weiter beachtenswert:

> „La langue est un mécanisme qui continue à fonctionner malgré les détériorations qu'on lui fait subir.“[46]

In ihren Mitschriften vom 9. Juni 1911 hatten George Dégallier und Émile Constantin – zwei der wenigen Hörer von Saussures dritter und letzter Vorlesung über allgemeine Sprachwissenschaft – hier Wort für Wort übereinstimmend etwas anderes festgehalten:

---

44 Im Vorwort zu seiner Ausgabe umschreibt Engler deren Zielsetzung wie folgt: „l'expression d' ‚édition critique‘ est ambiguë: on entend communément par là un texte dont les leçons ont été vérifiées et corrigées, muni d'un apparat où figurent les variantes. Or, il ne pouvait être question pour nous de ‚corriger‘ le CLG. D'une part, il serait présomptueux de contester l'admirable travail des éditeurs; d'autre part, nul ne saurait déterminer la pensée définitve de F. de Saussure. Notre propos se trouve ainsi défini par avance: l'édition critique ne devrait pas être une critique du CLG, mais une édition permettant de confronter le texte du CLG avec ses sources.“ Saussure, *Cours* (Anm. 38), S. X.

45 Saussure, *Cours* (Anm. 38), S. 394, I R 2.95, Nr. 2616. „Wenn man derart das Alter der Wortelemente betrachtet, <sieht man, daß> die Analogie <gezwungen> ist, ewig den selben Stoff zu bearbeiten, <und daß es in dieser ewigen Erneuerung etwas extrem Konservatives gibt>. Die Sprache ist ein aus Flicken gemachtes Kleid.“

46 Saussure, *Cours* (Anm. 5), S. 124. Saussure, *Grundfragen* (Anm. 4), S. 103: „Die Sprache ist ein Mechanismus, der trotz des Verfalls, der stattfindet, nicht aufhört zu funktionieren.“

> „La langue est comparable à une machine qui marcherait toujours, quelles que soient les détériorations qu'on lui ferait subir.“[47]

Zweifellos, der Vergleich der Sprache mit einer Maschine, die bei, ja mit allen ihr zugefügten Beschädigungen immer weiter läuft, weckt andere Assoziationen als deren Gleichsetzung mit einem Mechanismus, der trotz Beschädigungen nicht zu funktionieren aufhört. Je nachdem bieten sich unterschiedliche interpretatorische Verknüpfungen und theoretische Zusammenhänge an.

Worauf ich mit diesen zwei Beispielen hinaus will, ist indessen nicht die Frage, welche Lesart nun letzlich zutreffen mag respektive welche weiter führt. Und noch weniger geht es mir um die mittlerweile mehr als erschöpfend diskutierte Frage, was von der Arbeit der Herausgeber oder Redakteure des *Cours* zu halten sei, ob diese dem Denken des Meisters nun gerecht worden sind oder nicht. Nein, was ich hier, in der buchstäblichen Nachspielzeit, wagen möchte, ist eine andere, und zwar die folgende Frage: Was, wenn man den *Cours* als Spur einer bisher noch nicht als solche angesprochenen *kollektiven Schreibszene* liest, in welcher es, ob delegiert oder nicht, andere – die Hörer der Vorlesungen wie die Redakteure des Buchs – übernommen haben, Saussures Gedanken oder zumindest das, was er im Hörsaal davon verlauten ließ, doch noch niederzuschreiben, sie seinem ebenso enigmatischen wie ostentativen Widerstreben zum Trotz endlich zu Papier zu bringen? Der *Cours* könnte dann durchaus als Ergebnis eines Schreibens oder wenigstens Mitschreibens Saussures gelten – eines Schreibens freilich, zu dem es gehört, daß es Gesprochenes gerade in seiner Variabilität und Vorläufigkeit fixiert und damit jeden Versuch unterläuft, es seinem Wortlaut nach als Wiedergabe wie auch immer autorisierter Rede zu begreifen.

47 Saussure, *Cours* (Anm. 38), S. 192, D 242/C 346, Nr. 1444.

Rüdiger Campe

Schreiben im *Process*
Kafkas ausgesetzte Schreibszene

Die Weise, in der wir heute das Wort *Schreiben* benutzen, geht in der deutschen Literatur auf Franz Kafka zurück. Diese Verwendung ist vor allem durch die *Tagebücher* bestimmt, die Max Brod in Auswahl 1937 und vollständiger wieder 1951 herausgegeben hat. Besonders seit der zweiten Edition der Tagebücher in den fünfziger Jahren des letzten Jahrhunderts und im Anklang an den Begriff der *écriture*, den Roland Barthes im selben Jahrzehnt entwickelte, spricht die Kritik nun ausschließlich und wie selbstverständlich von Kafkas *Schreiben*. Dichten, hervorbringen, schaffen – das klassische und romantische Wortfeld wirkt seitdem auf Kafka bezogen falsch.[1]

Schreiben war in Kafkas Tagebüchern von Anfang an, ähnlich wie es Barthes begrifflich sagen wird, auf die Bedeutungssphäre der Sprache auf der einen Seite und auf die materialen Unterlagen und Geräte des Schreibens auf der anderen bezogen; und es bezeichnete drittens eine Lebensform, die Bedeutung und Instrument in einer gestischen, d. h. einer körperhaften Sinn unterstellenden, Weise aneinandersetzt. Was Roland Barthes Schreiben in intransitiver Verwendungsweise, ein Schreiben ohne Objekt, genannt hat, läßt sich nach diesen drei Momenten analysieren. Dabei ermöglicht das dritte Moment, die Lebensform und Gestik des Schreibens, die gegenseitige Beziehung der beiden ersten, der Momente von Bedeutung und von Instrumentalität.[2] In einem Tagebucheintrag vom 6.12.1921 hat Kafka die diätetische und inszenatorische Regulierung des Schreibens, die das Schreiben als Lebensform

1 Als Beispiele seien Arbeiten über Kafka genannt, die sich ausdrücklich auf Barthes bezogen haben: Gerhard Neumann, „Schrift und Druck. Erwägungen zur Edition von Kafkas *Landarzt*-Band", in: *ZfdtPh* 101 (1982), S. 115-139; ders., „Der verschleppte Prozeß. Literarisches Schaffen zwischen Schreibstrom und Werkidol", in: *Poetica* 14 (1982), S. 92-112; Wolf Kittler, „Brief oder Blick. Die Schreibsituation der frühen Texte von Franz Kafka", in: Gerhard Kurz (Hrsg.), *Der junge Kafka*, Frankfurt am Main: Suhrkamp 1984, S. 40-67; Walter Bauer-Wabnegg, *Zirkus und Artisten in Franz Kafkas Werk. Ein Beitrag über Körper und Literatur im Zeitalter der Technik*, Erlangen: Palm & Enke 1986, S. 34-44, und Stanley Corngold, *The Necessity of Form*, Ithaca und London: Cornell UP 1988, S. 105-136 und S. 228.

2 Historisch kann man für das dritte Moment an die Diätetik und Inszenierung des Schreibens denken, wie sie zumindest seit dem Humanismus und typischerweise für den gelehrten Autor ausgearbeitet worden sind. In ironischer Brechung gibt Erasmus' *Ciceronianus* ein Beispiel dafür. – Zum Vorschlag, die Szene des Schreibens nach diesen drei Momenten zu analysieren vgl. Verf., „Die Schreibszene, Schreiben", in: Hans Ulrich Gumbrecht und K. Ludwig Pfeiffer (Hrsg.), *Paradoxien, Dissonanzen, Zusammenbrüche. Situationen offener Epistemologie*, Frankfurt am Main: Suhrkamp 1991, S. 759-772.

ausmacht,[3] besonders hervorgehoben; aber er hat im selben Augenblick, wo Schreiben als Tun eigener Art sichtbar und anerkannt wird, auch von der gänzlich abgeleiteten Art dieses Tuns gesprochen: „Die Unselbständigkeit des Schreibens, die Abhängigkeit von dem Dienstmädchen das einheizt, von der Katze, die sich am Ofen wärmt, selbst vom armen alten Menschen, der sich wärmt. Alles dies sind selbstständige, eigengesetzliche Verrichtungen, nur das Schreiben ist hilflos, wohnt nicht in sich selbst, ist Spaß und Verzweiflung."[4] Während das Hervorbringen und Schaffen einer autonomen Dichtung sich über die Welt der Verrichtungen erhob, stellt das Schreiben, aus dem überlieferten Vokabular der Kunst herausgelöst und als Verrichtung eigenen Rechts anerkannt, fest, daß es unter den Verrichtungen nun gerade keine eigengesetzliche, sondern die von allen anderen abhängige ist.

Dieses Schreiben als *Verrichtung*, von dem Kafka in den Tagebüchern spricht, ist ein Schreiben mit der Hand. In den letzten dreißig Jahren, d. h. ganz besonders seit der Veröffentlichung der *Briefe an Felice* ist aber unter demselben Namen die andere Seite von Kafkas *Doppelleben* in den Vordergrund geraten. In etwas greller Beleuchtung hat Rainer Stach in seiner Kafka-Biographie sie unter dem Titel „High-Tech und die Geister der Bürokratie" zusammengezogen. Es ist von Schreibmaschinen und Vervielfältigungstechniken in der Arbeiter-Unfall-Versicherung die Rede, wo Kafka als Konzipist und später als Sekretär arbeitete. Man liest von seiner Fasziniertheit durch die Grammophone und Büromaschinen der Carl Lindström AG, bei der die langjährige Verlobte Felice Bauer, die ehemalige Stenotypistin, Prokura erworben hatte. Mit einiger Überzeugungskraft stellt Stach uns vor, wie Kafka in der *Frankfurter Zeitung* über die Schnellschreibvorführung an der *Underwood*-Schreibmaschine liest. 1913 war dieser Wettbewerb nämlich während der *Ausstellung für Geschäftsbedarf und Reklame* ausgerichtet worden, wo Felice Bauer Lindströms Parlograph und automatische Frankiermaschine zeigte.[5] Außerdem weiß man inzwischen gut Bescheid über Kafkas Gebrauch der Schreibmaschine: über seine getippten Briefe und Postkarten;[6] über die eigenhändigen maschinenschriftlichen Abschriften für den *Landarzt*-Band; über die Typoskripte weite-

3 Kafkas bündigste Erklärung einer solche Diätetik und Inszenierung gibt der Eintrag: „In mir kann ganz gut eine Koncentration auf das Schreiben hin erkannt werden. Als es in meinem Organismus klar geworden war, daß das Schreiben die ergiebigste Richtung meines Wesens sei, drängte sich alles hin und ließ alle Fähigkeiten leer stehn, die sich auf die Freuden des Geschlechtes, des Essens, des Trinkens, des philosophischen Nachdenkens der Musik zuallererst richteten", Franz Kafka, *Tagebücher*, herausgegeben von Hans-Gerd Koch, Michael Müller und Malcolm Pasley (*KKA-T*), Frankfurt am Main: Fischer 1990, Bd. 1, S. 341 (Januar 1912).

4 Kafka, *KKA-T*, Bd. 1, S. 875.

5 Rainer Stach, *Kafka. Die Jahre der Entscheidungen,* Frankfurt am Main: Suhrkamp 2002, S. 316-334.

6 Vgl. dazu Friedrich Kittler, *Aufschreibesysteme 1800/1900,* München: Fink 1985, S. 368-372; ders., *Grammophon, Film, Typewriter,* Berlin: Brinkmann & Bose 1986, S. 322-329, und Bernhard Siegert, *Relais. Geschicke der Literatur als Epoche der Post, 1751-1913,* Berlin: Brinkmann & Bose 1993.

rer Erzählungen, die er zum Druck vorbereitete, angefertigt von Sekretärinnen der Arbeiter-Unfall-Versicherung und von kommerziellen Schreibbüros;[7] und schließlich, so weit sich Verfasserschaften hier klären lassen, über die Typoskripte juristischer Schriftsätze, die Schreibmaschinistinnen der Arbeiter-Unfall-Versicherung nach Kafkas Diktat schrieben.[8] Alle diese Schreibmaschinen standen aber in Büros; keine in der elterlichen Wohnung oder der Alchimistengasse.[9] Wenn Kafka in den *Tagebüchern* vom *Schreiben* spricht, bezieht er sich also trotz seiner Fasziniertheit durch die Schreibmaschine auf das Schreiben mit dem Stift und dem Federhalter. Es wäre wohl zu bestimmend formuliert, würde man sagen, daß Kafka ‚Schreiben mit der Hand' *meint.* Es handelt sich um eine Weise, vom Schreiben zu sprechen, die von dem besonderen Instrument des Schreibens und seiner Wahl weitgehend abzusehen vermeint, dabei aber synekdochisch immer das Schreiben mit der Hand im Auge hat. Intransitiv und ohne instrumentale Adverbialbestimmung gebraucht, ist *Schreiben* in den *Tagebüchern* exemplarisch Schreiben mit Stift oder Federhalter, so wie bis heute *Schreiben mit der Hand* diesen Sinn hat, obwohl auch mechanisiertes, elektrifiziertes und elektronisches Schreiben mit der Hand ausgeführt werden.

Kafkas Ausarbeitung des – handschriftlichen – *Schreibens* als Lebensform und seine Fasziniertheit durch die Mechanisierung des Schreibens (und die Elektrifizierung des Sprechens) stehen bei Stach wie oft auch in der akademischen Forschung ohne Zusammenhang nebeneinander.[10] Ich schlage dagegen

---

7 Vgl. dazu den Kommentar in: Franz Kafka, *Kritische Ausgabe*, herausgegeben von Jürgen Born, Gerhard Neumann, Malcolm Pasley, Jost Schillemeit und Gerhard Kurz [*KKA*], *Zur Typographie der maschinenschriftlichen Überlieferungsträger*, elektronische Ausgabe, S. 27-29.

8 Zur Frage der Trennung von Verfasser- und Autorschaft (und Schreibtätigkeit) im amtlichen Verwaltungsgang vgl. Klaus Hermsdorf, „Schreibanlässe und Textformen der amtlichen Schriften Franz Kafkas", in: Franz Kafka, *Amtliche Schriften*, herausgegeben Klaus Hermsdorf und Benno Wagner (*KKA-AS)*, Frankfurt am Main: Fischer 2004, S. 11-104, hier S. 15-24.

9 Vgl. Wolf Kittler, „Schreibmaschinen, Sprechmaschinen. Effekte technischer Medien im Werk Franz Kafkas", in: Wolf Kittler und Gerhard Neumann (Hrsg.), *Franz Kafka: Schriftverkehr*, Freiburg im Breisgau: Rombach 1990, S. 75-163, hier S. 80-107.

10 Die Arbeiten, die sich mit der Bedeutung der technischen Medien bei Kafka beschäftigen, sehen den Komplex des – handschriftlichen – Schreibens in den *Tagebüchern* in der einen oder anderen Weise als ein Zurückbleiben der literarischen Autorschaft Kafkas hinter dessen Einsicht in die technische Ära des Schreibens. Für Klaus Benesch bringt sich der Stand der technischen Welt erst indirekt in Unfällen der Repräsentation zur Geltung; vgl. Klaus Benesch, „Writing Machines. Technology and the Failures of Representation in the Works of Franz Kafka", in: Joseph Tabbi und Michael Wutz (Hrsg.), *Reading Matters. Narrative in the New Media Ecology*, Ithaca und London: Cornell UP 1997, S. 76-95. Friedrich Kittler schränkt das Zurückbleiben des Werks gegenüber der theoretischen Einsicht in einer Hinsicht ein: Die Mechanisierung des Schreibens durch die Schreibmaschine habe Kafka zur Anonymisierung der Autorschaft geführt; vgl. Kittler, *Grammophon, Film, Typewriter* (Anm. 6), S. 328. Wolf Kittler sieht einen zweiphasigen Prozeß: einmal den Übergang von der Interaktion (einschließlich des Briefverkehrs) zum handschriftlichen Werk (wobei die Schrift der eigenen Hand einerseits Instanz der Fremdheit – und des Gesetzes – gegenüber der – imaginären – Unmittelbarkeit des Erlebens ist, andererseits eine vom Autor gleichsam personal erlittene oder christusgleich auf sich genommene Fremdheit darstellen kann), dann die Ablösung des Manuskripts durch das maschinenschriftliche Typoskript (das einerseits den Autor von seinem Produkt unwiderruflich entfremdet, andererseits

vor, das so fraglose und exemplarische Auftauchen des *Schreibens* in den Tagebüchern als *Beobachtung* manuellen Schreibens *unter der Bedingung* seiner Mechanisierung aufzufassen. Man kann Kafkas Übergang von der deutschen zur lateinischen Schrift damit zusammenbringen.[11] Erst durch die Möglichkeit mechanisierten Schreibens, das dem Autor selbst zur Verfügung steht, gibt es die Distanz, die das Schreiben – exemplarisch mit dem Stift oder Federhalter, das *Schreiben mit der Hand* – zur Verrichtung eigenen Rechts macht.[12] Dabei bleibt zunächst offen, ob die Schreibmaschine nur als erste Alternative überhaupt zum handschriftlichen Schreiben von Bedeutung ist oder ob sie durch die mechanische Standardisierung, die das Schreiben schon dem veröffentlichenden Druck annähert, diese Distanz zum Schreiben als Verrichtung schafft. Man kann in jedem Fall von *sekundärem Schreiben* sprechen; so wie Walter Ong in einem verwandten Sinne von *sekundärer Mündlichkeit* gesprochen hat.[13]

Um diesen Vorschlag zu erläutern, ist zunächst etwas darüber zu sagen, wie in den bekannten Passagen der *Tagebücher* die Beschreibung des *Schreibens* auftaucht. Im Anschluß daran soll dann eine Schreibszene im *Process* beschrieben werden. Sie ist nicht nur die einzige in diesem Roman, sondern sie ist wohl auch die einzige formbestimmende in Kafkas Literatur. Es läßt sich zeigen, daß das intransitive Schreiben – *Schreiben* ohne zielbestimmenden Gegenstand – in den *Tagebüchern* zur Verrichtung eigenen Rechts wird in Verbindung mit einem bestimmten Mißlingen des transitiven Schreibens – des Schreibens des Werks. Entsprechend wird die Schreibszene im *Process* formbildend, indem sie immer wieder aussetzt. In beiden Fällen – in den *Tagebüchern* und im Roman – schimmert die Möglichkeit der Maschinenschrift durch, wenn *Schreiben* – Schreiben *mit der Hand* in lateinischer Schrift – sich als Verrichtung eigener Art abzeichnet.

I

Drei Momente in den Tagebucheinträgen zum *Schreiben* fallen auf. *Erstens* nennt Kafka anders als bei seiner beredten Faszination durch die Schreibmaschine (oder das Telephon und das Kino) das Schreib*gerät* im Falle des manuellen

---

von der personalen Erfahrung der Fremdheit aber auch entlastet und befreit; Kittler: „Schreibmaschinen, Sprechmaschinen", Anm. 9, hier besonders: S. 80-90). Vgl. auch Bauer-Wabnegg, *Zirkus und Artisten* (Anm. 1), S. 44-53, der Körper und neue Medien im größeren Zusammenhang der Ertüchtigung des Körpers nach 1900 aufeinander bezieht.

11 Vgl. Klaus Wagenbach, *Franz Kafka. Eine Biographie seiner Jugend, 1883-1912*, Bern: Francke 1958, S. 238.

12 Vgl. dazu die Bemerkung von Wolf Kittler und Gerhard Neumann, wonach erst die technische Möglichkeit des Typoskripts der Handschrift ihre heutige sakrale Stellung in der Edition und ihrer inhärenten Hermeneutik eingetragen habe: Wolf Kittler und Gerhard Neumann, „Kafkas ‚Drucke zu Lebzeiten'. Editorische Technik und hermeneutische Entscheidung", in: dies. (Hrsg.), *Franz Kafka. Schriftverkehr* (Anm. 9), S. 30-74, hier S. 35.

13 Walter Ong, *Orality and Literacy. The Technologizing of the World,* London und New York: Routledge, 1989 (zuerst Methuen & Co. 1982).

Schreibens kaum beim Namen. Im strengen Sinne tut er es nur ein- oder zweimal. In einem der frühesten Einträge, wo zum ersten Mal vom *Schreiben* die Rede ist, heißt es:

> „Wieviel Tage sind wieder stumm vorüber; heute ist der 29. Mai. Habe ich nicht einmal die Entschlossenheit, diesen Federhalter, dieses Stück Holz täglich in die Hand zu nehmen. Ich glaube schon, daß ich sie nicht habe. Ich rudere, reite, schwimme, liege in der Sonne. Daher sind die Waden gut, die Schenkel nicht schlecht, der Bauch geht noch an, aber schon die Brust ist sehr schäbig und wenn mir der Kopf im Genick".[14]

In dieser einmalig deutlichen Nennung der sinnlichen Gewißheit – *dieser Federhalter, dieses Stück Holz*[15] – ordnet sich das Schreibgerät zwingend einem Körper zu, dessen untere Teile – *Waden, Schenkel, Bauch* – in guter Form sind, während die oberen – *Brust* und *Kopf* – eher debil scheinen. Das Instrument, das er *nicht die Entschlossenheit* besitzt, *täglich in die Hand zu nehmen,* scheint wie auf halbem Wege zwischen Unten und Oben. Nur in merkwürdig indirekter Weise kommt ein sehr viel späterer Eintrag noch einmal auf das Schreibgerät zurück:[16] „Was verbindet Dich mit diesen festabgegrenzten, sprechenden, augenblitzenden Körpern enger als mit irgendeiner Sache, etwa dem Federhalter in Deiner Hand? Etwa daß Du von ihrer Art bist? Aber Du bist nicht von ihrer Art, darum hast du ja diese Frage aufgeworfen."[17] Hier steht das Gerät des Schreibens beispielhaft für die Fremdheit, in der sich ein Körper einem anderen anzuschließen oder zu verbinden versuchen könnte. Der *Federhalter in deiner Hand* ist ein fremdes Ding, gerade weil er als ein Stück Körper angesehen wird. Die von diesen Stellen abgesehen vollständige Auswerfung des Schreibgeräts aus der Oberflächengrammatik des *Schreibens* in den *Tagebüchern* steht im Gegensatz zum ersten Text, den Kafka, soweit wir wissen, mit eigener Hand auf der *Oliver*-Maschine seiner Schreibmaschinistin in der Arbeiter-Unfall-Versicherungsanstalt geschrieben hat. Es handelt sich dabei um den ersten Brief an Felice Bauer vom 20.10.1912.[18] Der Verfasser stellt sich ihr in seinem Brief noch einmal als jener Franz Kafka vor, der „in dieser Hand, mit der er jetzt die Tasten schlägt, ihre [sic] Hand hielt".[19] Im folgenden beharrt Kafka darauf, wie mühe-

---

14 Kafka, *KKA-T*, Bd. 1, S. 16 f. [Abbruch der Eintragung].

15 Vgl. Georg Wilhelm Friedrich Hegel, *Phänomenologie des Geistes* (*Werke*, Bd. 3), Frankfurt am Main: Suhrkamp 1986, S. 91 f. Bei Hegel ist das ‚Beispiel' der sinnlichen Gewißheit allerdings weder die Hand noch das Schreibgerät, sondern das Papier, *dieses Papier.*

16 Eine weitere Ausnahme, wo Kafka aber nur metaphorisch von der ‚Feder' spricht, findet sich in: Kafka, *KKA-T*, [17. Dezember 1910,] Bd. 1, S. 133.

17 Kafka, *KKA-T*, [zwischen Oktober und November 1921,] Bd. 1, S. 872.

18 Vgl. dazu Kafka, *KKA. Zur Typographie* (Anm. 7), S. 27. Siehe auch die brillante Analyse des Briefes von Friedrich Kittler, der die statistische Fehlersignifikanz im Fall der Pronomina für Absender und Adressatin entdeckt hat, Kittler, *Grammophon, Film, Typewriter* (Anm. 6), S. 326.

19 Franz Kafka, *Briefe an Felice und andere Korrespondenz aus der Verlobungszeit*, herausgegeben von Erich Heller und Jürgen Born, Frankfurt am Main: Fischer 1993 (zuerst 1967), S. 43.

los *diese Hand* die Tastatur der Maschine beherrscht. Eine Art jenes Virtuosentums, das er in seinen Erzählungen über die Kunst immer hervorhebt, scheint sich für Kafka mit der *Hand* zu verbinden, die die Maschine bedient. Man hat gesagt, Kafka sei aus lauter Technikfeindschaft vor dem mechanisierten Schreiben zum autorschaftlichen Schreiben mit der Hand geflohen.[20] Die angeführten Passagen widerlegen das. Sie kommen zunächst zusammen in dem Nachdruck, mit dem sie die Beziehung zwischen *dieser Hand* und dem jeweiligen Gerät des Schreibens benennen. Beim mechanisierten Schreiben bleibt die sinnliche Gewißheit *dieser Hand* unversehrt, wenn sie auf der Klaviatur der Tasten spielt. Bei der Handschrift stellt sich dagegen das Gerät des Schreibens – *dieser Federhalter* – als Schwierigkeit der Vertrautheit und Gewißheit der Hand entgegen. Es ist gerade nicht die Schreibmaschine, sondern *dieser Federhalter*, der *im Zeitalter der Mechanisierung* die Phobie vor dem Apparat auf sich zieht. Die scheinbare Vertrautheit des Federhalters steht viel eher für die Fremdheit der Maschine als die Schreibmaschine. Man kann darin eine Verschiebung sehen. Die Erfahrung der Maschine, mit der Kafka nicht ernsthaft zu *schreiben* erwägt, projiziert danach ihre apparatehafte Fremdheit zurück auf ihren ersten Ansatz im vortechnischen Stand des Schreibgeräts. Aber für einen solchen Schluß muß man die Figur des *Schreibens* in den *Tagebüchern* zunächst genauer untersuchen.

Wenn Kafka also *erstens* das Schreibgerät aus den Schreibszenen der *Tagebücher* weitgehend ausklammert, dann gestaltet er *zweitens* die Schreib-Szene[21] aber auch kaum im literarischen Werk aus. Während im Fall der Sprechmaschinen und Telefone die Faszination durch den technischen Stand der Medien, die sich in Briefen und Tagebüchern dokumentiert, auch in Erzählung und Roman Ausdruck findet,[22] bleiben das Schreiben und seine Szene, die im Tagebuch so reich besprochen werden, im literarischen Werk ausgespart. Das gilt jedenfalls mit der Ausnahme einer, eigentümlich ausgesetzten, Schreibszene im *Process*. Um sie wird es im zweiten Teil dieser Überlegungen gehen.

Im Zentrum der einschlägigen Passagen in den *Tagebüchern* steht *Schreiben* als Lebens- und Arbeitsform, die das Gerät nicht mehr beim Namen nennt und die es nicht zur Spiegelung im Werk bringt. Aber zwischen der Materialität und dem sprachlichem Sinn erhält *Schreiben* eine feste Struktur in den *Tagebüchern* – eine Struktur zwischen der Materialität der Schreibszene und dem sprachli-

20 Vgl. W. Kittler, „Schreibmaschinen, Sprechmaschinen" (Anm. 9), und Benesch, *Writing Machines* (Anm. 10).

21 Mit der unterschiedlichen Schreibung von Schreibszene und Schreib-Szene folge ich dem Vorschlag, den Martin Stingelin, Sandro Zanetti und Davide Giuriato in der Einladung zu dieser Tagung gemacht haben. Danach bezeichnet *Schreibszene* die Aspekte von Instrumentalität, Sinn und Gestik in ihrer historischen und faktischen Varianz, *Schreib-Szene* meint die literarische Darstellung und typischerweise den Selbstverweis der Literatur auf ihr Geschriebensein.

22 Einiges dazu bei Verf., „Pronto! Telefonate und Telefonstimmen", in: Friedrich A. Kittler, Manfred Schneider und Samuel Weber (Hrsg.), *Diskursanalysen 1: Medien*, Opladen: Westdeutscher Verlag 1987, S. 68-93, und vor allem W. Kittler, „Schreibmaschinen, Sprechmaschinen" (Anm. 9), S. 75-112.

chen Sinn der Schreib-Szene. Das ist der *dritte* Punkt, der hier etwas ausführlicher zu erörtern ist. Zwei Gegenüberstellungen organisieren, was Kafka die „Erkenntnis des Schreibens" genannt hat.[23] Einmal gibt es die Gegenüberstellung von *Schreiben* und *Geschriebenem* (oder von *Schreiben* und *Aufschreiben).* Am 19. Januar 1911 heißt es: „Wenn ich wahllos einen Satz hinschreibe, z. B. Er schaute aus dem Fenster so ist er schon vollkommen."[24] Kurz zuvor schrieb Kafka: „Welche Kälte verfolgte mich aus dem Geschriebenen tagelang! Wie groß war die Gefahr und wie wenig unterbrochen wirkte sie, daß ich jene Kälte gar nicht fühlte, was freilich mein Unglück im ganzen nicht viel kleiner machte."[25] Oder ein anderes Beispiel: Am 1. November 1911 schreibt Kafka von der „Kraft, die ich durch dieses Schreiben gewinne". Am 3. November bemerkt er: „um zu beweisen, daß beides falsch war, was ich [über die Schauspieler der ostjüdischen Theatertruppe] aufgeschrieben hatte, ein Beweis der fast unmöglich scheint, kam Löwy gestern am Abend selbst und unterbrach mich im Schreiben."[26] Während Schreiben *in actu* Kraft verleiht und zum Ausdruck bringt und in seiner augenblicklichen Wahllosigkeit unwiderleglich ist, ist das Geschriebene, das Fixierte und Aufgeschriebene, das im Nachhinein eine Wahl repräsentiert, unweigerlich falsch.[27] Der andere Gegensatz betrifft das stück-

23 Kafka, *KKA-T*, [29.5.1914,] Bd. 1, S. 526. Den Genitiv *des Schreibens* wird man an der Stelle als subjektiven und auch als objektiven Genitiv verstehen. Damit bezeichnet der Ausdruck *Erkenntnis des Schreibens* das Schreiben *und* das (Auf-)Geschriebene in dem im folgenden erörterten Sinne.

24 Kafka, *KKA-T*, [19.2.1911,] Bd.1, S. 30.

25 Kafka, *KKA-T*, [19.1.1911,] Bd. 1, S. 145.

26 Kafka, *KKA-T*, [3.11.1911,] Bd. 1, S. 221 f.

27 In den Zusammenhang dieses ersten Gegensatzes gehören z. B. folgende Passagen aus den Jahren 1911 bis 1913: „endgiltig durch Aufschreiben fixiert, dürfte eine Selbsterkenntnis nur dann werden, wenn dies in größter Vollständigkeit [...] sowie mit gänzlicher Wahrhaftigkeit geschehen könnte. Denn geschieht dies nicht – und ich bin dessen jedenfalls nicht fähig – dann ersetzt das Aufgeschriebene nach eigener Absicht und mit der Übermacht des Fixierten das bloß allgemein Gefühlte [...]." (*KKA-T*, [12.1.1911,] Bd. 1, S. 143) „Mit welchem Jammer (dem gegenwärtigen allerdings unvergleichbar) habe ich angefangen! Welche Kälte verfolgte mich aus dem Geschriebenen tagelang! [...] Einmal hatte ich einen Roman vor, in dem zwei Brüder gegeneinander kämpften [...]. Ich fieng nur hie und da Zeilen zu schreiben an, denn es ermüdete mich gleich." (*KKA-T*, [19.1.1911,] Bd. 1, S. 146) „Zum erstenmal seit einigen Tagen wieder Unruhe, selbst vor diesem Schreiben. [...] Mit abfahrender Wut [...] und beginnender Erleichterung und Zuversicht fange ich zu schreiben an." (*KKA-T*, [5.10.1911,] Bd. 1, S. 57) „Beispiele für die Kräftigung, die ich diesem im Ganzen doch geringfügigem Schreiben verdanke: [...]." (*KKA-T*, [Oktober 1911,] Bd. 1, S. 93) „Ich hätte es doch nicht aufschreiben sollen, denn ich habe mich geradezu in Haß gegen meinen Vater hineingeschrieben [...]." (*KKA-T*, [Oktober 1911,] Bd. 1, S. 215) „Ich will schreiben mit einem ständigen Zittern auf der Stirn." (*KKA-T*, [November 1911,] Bd. 1, S. 225) „Trotzdem hat mich der Anblick der Menge des von mir Geschriebenen von der Quelle des eigenen Schreibens [...] abgelenkt [...]." (*KKA-T*, [Dezember 1911,] Bd. 1, S. 332) „Nur nicht überschätzen, was ich geschrieben habe, dadurch mache ich das zu Schreibende unerreichbar." (*KKA-T*, [26. März 1912,] Bd. 1, S. 413) „Ich habe nicht einmal Lust ein Tagebuch zu führen [...], vielleicht weil selbst das Schreiben zu meiner Traurigkeit beiträgt. [...] Alles wehrt sich gegen das Aufgeschriebenwerden." (*KKA-T*, [20.10. 1913,] Bd. 1, S. 585 f.) „Die Festigkeit aber, die das geringste Schreiben mir verursacht [...]." (*KKA-T*, [27.11.1913,] Bd. 1, S. 601 f.)

weise Schreiben im Unterschied zum Schreiben des Ganzen, vor allem: zum Schreiben der ganzen Geschichte: „Es kommen daher immer nur abreißende Anfänge zu Tage [...]. Würde ich einmal ein größeres Ganzes schreiben können wohlgebildet vom Anfang bis zum Ende, dann könnte sich auch die Geschichte niemals endgiltig von mir loslösen und ich dürfte ruhig und mit offenen Augen als Blutsverwandter einer gesunden Geschichte ihrer Vorlesung zuhören [...].“[28] Diesen Wunsch sieht Kafka, man weiß es, erfüllt in der Nacht vom 22. auf den 23. November 1912: „von zehn Uhr abends bis sechs Uhr *früh*“ habe er die Erzählung „Das Urteil“ „in einem Zug geschrieben“. „Nur so kann geschrieben werden, nur in einem solchen Zusammenhang, mit solcher vollständigen Öffnung des Leibes und der Seele.“[29] Man sieht, wie die Werte kreuzweise umspringen zwischen dem intransitiven Schreiben (vs. dem Geschriebenen) und dem transitiven Schreiben der Erzählung (vs. den abreißenden Anfängen): Gut ist das intransitive Schreiben im Augenblick des Vorgangs, schlecht als fixiert Aufgeschriebenes. Dagegen ist beim transitiven Schreiben das stückweise Schreiben schlecht, das Schreiben des Ganzen gut. Dabei deckt, was ich ‚gut‘ und ‚schlecht‘ nenne, zwei verschiedene Wertvorstellungen Kafkas. Im *Geschriebenen* wird das *Schreiben* bei Kafka *falsch*. Beim intransitiven Schreiben geht es also um die logische oder ethische Unterscheidung ‚wahr oder falsch‘. Beim transitiven Schreiben der Erzählung bzw. des Werks geht es dagegen um das körperlich gedachte Kriterium: von der Geschichte getrennt sein oder wie durch alle Poren auf sie hin geöffnet bleiben.

Man kann der Ausgestaltung des Schreib-Chiasmus weiter in die Kafka 1911 und 1912 besonders engagierenden Erfahrungen Literatur darbietender Körper

---

Der Gegensatz von Schreiben und Aufschreiben erscheint nur selten mit anderen Bewertungen wie in der Bemerkung: „Was nicht aufgeschrieben ist, flimmert einem vor den Augen [...].“ (*KKA-T*, [Januar 1912,] Bd. 1, S. 358) Und nur ausnahmsweise sind beide Seiten, das Schreiben und das Falsche des Aufgeschriebenen, in eins zusammengezogen; so in einem Eintrag vom Ende des Jahres 1911: „Dieses Gefühl des Falschen das ich beim Schreiben habe [...].“ (*KKA-T*, [Dezember 1911,] Bd. 1, S. 325) Und vor allem am Beginn der letzten Eintragung in den *Tagebüchern*: „Immer ängstlicher im Niederschreiben.“ (*KKA-T*, [Juni 1923,] Bd. 1, S. 926)

28 Kafka, *KKA-T*, [November 1911,] Bd. 1, S. 227.

29 Kafka, *KKA-T*, [23.9.1912,] Bd. 1, S. 461. Den Eintragungen zum „Urteil“ stehen schon frühere Notizen nahe wie z.B.: „Sicher ist, daß ich alles, was ich im voraus selbst im guten Gefühl Wort für Wort oder sogar nur beiläufig aber in ausdrücklichen Worten erfunden habe, auf dem Schreibtisch beim Versuch des Niederschreibens, trocken, verkehrt, unbeweglich, der ganzen Umgebung hinderlich, ängstlich, vor allem aber lückenhaft erscheint, trotzdem von der ursprünglichen Erfindung nichts vergessen worden ist.“ (*KKA-T*, [November 1911,] Bd. 1, S. 251) Später nehmen Eintragungen mehr oder minder deutlich Bezug auf die Nacht des „Urteils“: „Wieder eingesehn, daß alles bruchstückweise und nicht im Laufe des größten Teiles der Nacht (oder gar in ihrer Gänze) Niedergeschriebene minderwertig ist [...].“ (*KKA-T*, [8.12.1914,] Bd. 1, S. 706) „Jämmerliches Vorwärtskriechen der Arbeit, vielleicht an ihrer wichtigsten Stelle dort wo eine gute Nacht so notwendig wäre.“ (*KKA-T*, [14.12.1914,] Bd. 1, S. 709) „[...] vielleicht nicht mehr imstande den Dorfschullehrer fortzusetzen, an dem ich jetzt eine Woche arbeitete und den ich gewiß in 3 freien Nächten rein und ohne äußerliche Fehler fertiggebracht hätte, jetzt hat er trotzdem er noch fast am Anfang ist, schon zwei unheilbare Fehler in sich und ist außerdem verkümmert.“ (*KKA-T*, [26.12.1914,] Bd. 1, S. 713)

folgen. Immer wieder liest man in den Eintragungen dieser beiden Jahre von Aufführungen des geschriebenen oder vorgeplanten Wortes: von Dichterlesungen und von Theateraufführungen. Das *Falsch*werden des intransitiven Schreibens, wo es ins Geschriebene kippt, verbindet Kafka sehr oft mit dem Fehlschlag, der Feinheit und Genauigkeit des Spiels von Löwys ostjüdischer Theatertruppe im Schreiben nachzukommen. Falsch zu werden droht das Schreiben im Geschriebenen, wenn es den gestisch agierenden Körper protokollieren will. Mit der Geschichte eins zu bleiben, ist dagegen die Utopie oder, im außerordentlichen Fall des „Urteil", die Erfahrung der Literaturlesung, an der Kafka als Zuhörer teilnimmt oder sich teilzunehmen vorstellt (*ruhig und mit offenen Augen, als Blutsverwandter einer gesunden Geschichte, ihrer Vorlesung zuhören*). Hier steht im Zuhören der Lesung eine körperliche Verbundenheit des Schreibenden mit dem Geschriebenen auf dem Spiel, die einem Geburtsphantasma ähnlich scheint.[30] Es handelt sich dabei um eine phantasmatische Erfahrung, und sie geht das Bild oder innere Schema des Körpers an.[31] Mit der Geste des agierenden Körpers kann das Schreiben *in actu* in Beziehung gesetzt werden, weil es schon selbst in einem seiner Momente ein gestisch-inszenatorischer Akt ist. Auch wenn es an performativer Stringenz hinter der Gestik zurückbleibt, ist es von gleicher Art. Dagegen heftet sich an das Schreiben des Werks wohl deshalb bei Kafka so häufig die Metapher des Körperbildes beim Vorlesen oder Zuhören des Geschriebenen, weil es bei beidem – beim

30 Vgl. dazu Gerhard Neumann, „,Wie eine regelrechte Geburt mit Schmutz und Schleim bedeckt.' Die Vorstellung von der Entbindung des Textes aus dem Körper in Kafkas Poetologie", in: Christian Begeman und David E. Wellbery (Hrsg.), *Kunst – Zeugung – Geburt. Theorien und Metaphern ästhetischer Produktion in der Neuzeit*, Freiburg im Breisgau: Rombach 2002, S. 293-324.

31 Zum Komplex Schreiben/Aufschreiben und Theater siehe die folgenden Eintragungen: „Die Schauspieler überzeugen mich durch ihre Gegenwart immer wieder zu meinem Schrecken, daß das meiste was ich bisher über sie aufgeschrieben habe, falsch ist. Es ist falsch, weil ich mit gleichbleibender Liebe (erst jetzt da ich es aufschreibe, wird auch dieses falsch) aber wechselnder Kraft über sie schreibe [...]." (*KKA-T*, [23.10.1911,] Bd. 1, S. 98) „Um zu beweisen, daß alles was ich über sie schreibe und denke falsch ist, sind die Schauspieler [...] wieder hier geblieben [...]." (*KKA-T*, [November 1911,] Bd. 1, S. 221) „um zu beweisen, daß beides falsch war, was ich aufgeschrieben hatte, ein Beweis der fast unmöglich scheint, kam Löwy gestern am Abend selbst und unterbrach mich im Schreiben." (*KKA-T*, [3.11.1911,] Bd. 1, S. 221 f.)
Zu den wichtigsten Eintragungen über den Zusammenhang zwischen Schreiben des Ganzen und Literaturlesung vgl. neben der zitierten Stelle vom November 1911 (*KKA-T*, Bd. 1, S. 227) vor allem die Eintragungen zur Niederschrift des „Urteil". Der Satz von der *vollständigen Öffnung des Leibes und der Seele* steht im Zusammenhang mit der ersten Lesung der Geschichte vor der Schwester (*KKA-T*, [23. und 24.9. 1912,] Bd. 1, S. 461 und 463). Die Bemerkung, die „Geschichte" sei „wie eine regelrechte Geburt mit Schmutz und Schleim bedeckt aus mir herausgekommen", steht im Zusammenhang mit Korrekturen für eine Lesung im Hause Weltsch (*KKA-T*, [11. und 12. Februar 1913,] Bd. 1, S. 491-493). Zur phantasmatisch körperlichen Vereinigung mit dem Geschriebenen, aber ohne Bezug auf Lesungen, siehe: „Ich habe jetzt [...] ein großes Verlangen, meinen ganzen bangen Zustand ganz aus mir herauszuschreiben und ebenso wie er aus der Tiefe kommt in die Tiefe des Papieres hinein oder es so niederzuschreiben daß ich das Geschriebene vollständig in mich einbeziehen könnte." (*KKA-T*, [Dezember 1911,] Bd. 1, S. 286)

Werk und beim Körperbild – um die Frage des Ganzen geht, das sich nur im vergleichenden Bezug beider Seiten aufeinander herstellt.

Die Vorstellung vom Schreibstrom, der am Schreibheft und am Ideal des an die Öffentlichkeit zu bringenden Werkes seine Gegenwehr hat, reicht für die Analyse des Komplexes *Schreiben* nicht aus.[32] Sie zerstört nämlich die chiastische Struktur, in der *Schreiben* als neue Form der literarischen Produktion in Kafkas *Tagebüchern* auftaucht. Es ist aber erst diese in sich verschränkte Struktur, in der *Schreiben* in den *Tagebüchern* als eigener Komplex kristallisiert und den Sprung in die Identifizierbarkeit und Wiedererkennbarkeit einer Verrichtung eigener Art überhaupt machen kann.

Ergäben schon *Schreibstrom* und *Werk* allein die hinreichende Beschreibung von Kafkas *Schreiben*, dann handelte es sich um eine bloße Wiederkehr der fiktionalen Darstellung von ästhetischen Theorien des autonomen Werks, wie man sie in der deutschen Literatur seit Karl Philipp Moritz oder bei Wackenroder und E.T.A. Hoffman findet. Vom Kapellmeister Berglinger oder dem Ritter Gluck kennt man die Emphase des ganzen Werks, die sich paradox spiegelt in den Geschichten vom guten Improvisieren im Augenblick und dem Mißglücken des Werks im Aufgeschriebenen. Kafka (das ist, kurzgefaßt, die zu Grunde liegende Behauptung) wendet im Chiasmus des *Schreibens* die ästhetische Theorie der Romantik zusammen mit ihrer fiktionalen Darstellung in ein beobachtbares und praktizierbares Verfahren – in die Verrichtung des *Schreibens*, das, als *ein* Wort für die beiden Seiten der Unterscheidung von ‚gut' und ‚schlecht' im Kreuz des Chiasmus, ihren romantisch unbeobachtbaren Widerstreit zum Paradoxon zusammenzieht und zum Ausgangspunkt weiterer Überlegungen macht. Am Kreuzungspunkt zwischen intransitivem und transitivem Schreiben, zwischen Wahrheit und körperlicher Verbundenheit als Authentizitätskriterien (schließlich: zwischen nachgeahmter Gestik und imaginiertem Körperbild) *ist* Schreiben die zum *Verfahren* gemachte Darstellung der romantischen *Theorie* der Produktion. *Schreiben* in Kafkas Tagebüchern und Briefen ist das Wiederaufnehmen der *Voraussetzungen* von romantischer Produktionstheorie und ihrer narrativen Veranschaulichung als Praktik und *Verrichtung*.

Kafkas Schreiben kann sich aber nur aus einem gewissen Abstand heraus als eine solche Verrichtung wieder aufnehmen. Dabei handelt es sich, so die zu Anfang skizzierte These, um den Abstand des Schreibens zu sich selbst im Zeitalter seiner Mechanisierung. Für diese These kann man ein Indiz anführen, das noch einmal auf den Tagebucheintrag zur Niederschrift des „Urteil" zurückführt. Am 23. September 1912, am Tag, der auf die nächtliche Niederschrift der Erzählung folgte, hatte Kafka das geglückte Schreiben durch die Indifferenz

32 Dies ein Einwand gegen den Sprachgebrauch von Malcolm Pasley, z. B. in: ders, „Wie der Roman entstand", in: Hans Dieter Zimmermann (Hrsg.), *Nach erneuter Lektüre: Franz Kafkas „Der Proceß"*, Würzburg: Königshausen & Neumann 1992, S. 11-34; und auch gegen die Formulierung des Gegensatzes in Gerhard Neumanns ansonsten grundlegendem Aufsatz „Der verschleppte Prozeß" (Anm. 1).

zwischen intransitivem wahren Schreiben und dem transitiven Schreiben des Ganzen charakterisiert: „Nur so kann geschrieben werden, nur in einem solchen Zusammenhang, mit solcher vollständigen Öffnung des Leibes und der Seele.“ Diesen Zusammenhang in doppelter Hinsicht (Zusammenhang *der* Geschichte und des Schreibenden *mit der* Geschichte) tragen aber auf andere Weise auch die „während des Schreibens mitgeführte[n] Gefühle“, die Gedanken an die Verwendung für eine Zeitschrift Max Brods, an Lektüren von Freud, Brod, Wassermann, Werfel und eigene frühere Versuche.[33] Wenn Kafka nun im Februar des folgenden Jahres auf dieses paradox geglückte, wahre *und* zusammenhängende, Schreiben zu Zwecken der Korrektur zurückkommt, spricht er von einer „regelrechte[n] Geburt mit Schmutz und Schleim bedeckt“, die – in merkwürdiger Wiederaufnahme der Instrumentalität des Schreibens – zudem nur die eigene „Hand“ säubern kann, „die bis zum Körper dringen kann und Lust dazu hat“.[34] Eine vergleichbare Szene der Zeugung durch Schreiben findet sich sonst aber nur (allerdings im Modus ihrer Verhinderung) in einem komplexen Eintrag vom 3. Oktober 1911, der gerade um ein Diktat mit Schreibmaschinistin kreist: „Das Bewußtsein meiner dichterischen Fähigkeiten ist am Abend und am Morgen unüberblickbar [...]. Dieses Hervorlocken solcher Kräfte, die man dann nicht arbeiten läßt, erinnern mich an mein Verhältnis zur B. Auch hier sind Ergießungen, die nicht entlassen werden, sondern im Rückstoß sich selbst vernichten müssen“. Kurz danach heißt es dann:

> „Beim Diktieren einer größeren Anzeige an eine Bezirkshauptmannschaft im Bureau. Im Schluß, der sich aufschwingen sollte, blieb ich stecken und konnte nichts als das Maschinenfräulein Kaiser ansehn [...]. Endlich habe ich das Wort ‚brandmarken‘ und den dazu gehörigen Satz, halte alles aber noch im Mund mit einem Ekel und Schamgefühl wie wenn es rohes Fleisch, aus mir geschnittenes Fleisch wäre [...]. Endlich sage ich es, behalte aber den großen Schrecken, daß zu einer dichterischen Arbeit alles in mir bereit ist“.[35]

Zwar wird auch in dieser Passage Kafka wieder sagen, daß die Arbeit am Tage im Büro der literarischen Produktion in der Nacht im Wege sei. Aber hier wird für einmal wie in einer kurzen Öffnung der sonst verdeckten Büro-Schreibszene klar, wie sehr die diktierende Stimme und die maschineschreibende Frau zugleich und zuvor das Vorbild des wie immer verhinderten literarischen Schreibens *mit der eigenen Hand* sind. Utopie des Schreibens *mit der Hand* ist es, dem nahezukommen, was einfach schon geschieht im maschinenschriftlichen Schreiben, dessen Organisation dem handschriftlichen Schreiben in der Nacht so sehr entgegen ist. Es gründet in einer Fasziniertheit des Dichters, der auch sonst aufmerksam maschineschreibende Kontoristinnen beobachtet, an

---

33 Kafka, *KKA-T*, [23.12.1912,] Bd. 1, S. 461.
34 Kafka, *KKA-T*, [11.2.1913,] Bd. 1, S. 491.
35 Kafka, *KKA-T*, [3.10.1911,] Bd. 1, S. 53 f.

deren „Schreibmaschine [...] die Stäbchen – Oliversystem – wie die Stricknadeln in alter Zeit (flogen)“.[36]

Schreiben – um zusammenzufassen – taucht in Kafkas *Tagebüchern* an der Stelle dichterischer Hervorbringung auf. Es evoziert die Beziehung auf Sprache und Bedeutung einerseits, Instrumentalität andererseits; aber diese beiden *Schreiben* konkretisierenden Bezüge sind ausgeprägter und deutlicher in Kafkas Faszination für das moderne Büro, für die Stenotypistinnen besonders, die die Stäbchen seiner diktierenden Stimme nachfliegen lassen. *Schreiben* wird zentral thematisch im dritten Aspekt, der Bedeutung und Instrumentalität unausgesprochen überkreuzt. Es ist der Aspekt der Schreibübung oder dessen, was man in frühmodernen Zeiten im metonymischen Sinn von Sprache *und* Instrument den *stilus* nannte. Das heißt in Kafkas Vokabular: im Aspekt des gestischen Körpers der intransitiven Schreibbewegung bzw. des transitiven Schreibens, das die Vorstellung des Körperschemas mit sich führt. *Schreiben* – wie es im Zeitalter seiner Mechanisierung ansichtig werden kann – bezeichnet in Kafkas *Tagebüchern* in der komplexen Anlage des Chiasmus von ‚gutem‘ und ‚schlechtem‘ Schreiben den Übergriff von einer Seite der grundlegenden Unterscheidung Instrument/Sinn auf die andere. Darum kann *Schreiben* ebensosehr zentral für Kafka sein und als Wort der Verständigung über Literatur erst auftauchen; und doch als ausgeführte Schreib-Szene in Kafkas Literatur weitgehend ausgesetzt und unsichtbar bleiben.

II

Ein knappes Jahr vor der Niederschrift des „Urteil“ erwähnt Kafka den Plan zu einer Autobiographie. Sie ist Inbegriff des *Schreibens*, eines Schreibens *mit der Hand* jenseits des Büros: „Meinem Verlangen eine Selbstbiographie zu schreiben, würde ich jedenfalls in dem Augenblick, der mich vom Bureau befreite, sofort nachkommen.“ Der nächste Satz modifiziert das Bedingungsverhältnis: „Eine solche einschneidende Änderung müßte ich beim Beginn des Schreibens als vorläufiges Ziel vor mir haben“. Was zuerst als Vorbedingung gegeben sein mußte, damit das Schreiben anfangen kann, soll jetzt nur als Ziel von vornherein mitgegeben sein, indem das Schreiben seinen Anfang nimmt. Man kann das auch nachdrücklicher sagen: Der Plan der Autobiographie projektiert den *Beginn des Schreibens*, in dem von vornherein das *Ziel* der Freisetzung des Schreibens zu sich selbst liegt. *Beginnendes Schreiben*[37] – Schreiben *in actu* – hat schon

36 Kafka, *KKA-T*, [8.11.1911,] Bd. 1, S. 236.

37 Der Anfang und die Implikation des Ganzen im Anfang (und nur im Anfang) ist eigenes Thema der Kafkaschen Poetologie des Schreibens: „Anfang jeder Novelle zunächst lächerlich. Es scheint hoffnungslos, daß dieser neue, noch unfertige überall empfindliche Organismus in der fertigen Organisation der Welt sich wird erhalten können, die wie jede fertige Organisation danach strebt sich abzuschließen. Allerdings vergißt man hiebei, daß die Novelle falls sie berechtigt ist, ihre fertige Organisation in sich trägt [...].“ (*KKA-T*, [Dezember 1914,] Bd. 1, S. 711)

sein Ziel, das *Ganze der Erzählung*, in sich: „Dann aber wäre das Schreiben der Selbstbiographie eine große Freude, da es so leicht vor sich gienge, wie die Niederschrift von Träumen".[38] Von hier führt eine Linie zu der, in meiner Sicht, einzigen gewichtigen Schreib-Szene in Kafkas Werk, zu einer Schreib-Szene im *Process.* Aber auch diese Selbstbiographie wird nicht geschrieben, sie wird immer aufs Neue im Roman ausgesetzt. Und es handelt sich darüber hinaus um eine literarische Schreib-Szene, hinter der das Ensemble einer maschinenschriftlichen Diktier- und Abschreibszene, einer Schreibszene im Büro, durchschimmert. Um diese Schreib-Szene im *Process* wird es im zweiten Teil dieser Überlegungen gehen.

Von einer Selbstbiographie K.s im *Process* ist die Rede in einem Konvolut einzelner Seiten, die Kafka in ein Blatt mit der Aufschrift „Advokat Fabrikant Maler" eingeschlagen und das Max Brod später mit dem Zusatz „7. Kapitel" versehen hat.[39] Es ist nützlich, schon an dieser Stelle daran zu erinnern, wie der Text des *Process* organisiert ist: Wie üblich trug Kafka den Text fortlaufend in Quarthefte ein; dabei hat er offenbar mit dem ersten und letzten Kapitel begonnen und dann an verschiedenen Stellen gleichzeitig gearbeitet.[40] Im Fall des *Process* hat nun Kafka die Hefte, in die er eingetragen hatte, aufgetrennt und dann zu Konvoluten neu zusammengelegt. Diese Konvolute schlug er, um sie zusammenzuhalten, jeweils in eine Seite ein, auf der er Stichworte oder auch bereits Überschriften für Kapitel vermerkte. Die Einschlagblätter, die die fortlaufende Handschrift der Quarthefte, neu oder überhaupt erst zum Roman organisieren, sind die Rückseiten eines Typoskriptdurchschlags des *Heizer.* Wie Malcolm Pasleys Untersuchungen ergeben haben, wurde dieses Typoskript des zur Veröffentlichung abgetrennten Kapitels aus dem ersten gescheiterten Romanversuch, dessen maschinenschriftliche Durchschläge nun den zweiten Roman im Entstehen zusammenhalten sollten, auf derselben *Oliver*-Maschine der Arbeiter-Unfall-Versicherung geschrieben, auf der Kafka selbst seinen ersten Brief an Felice Bauer schrieb.[41] Auf Felice Bauer deutet im übrigen, wie man weiß, das Kürzel F.B. für die Schreibmaschinistin Fräulein Bürstner im *Process*.[42] Und abgeschrieben hat das *Heizer*-Typoskript vermutlich die

38 Kafka, *KKA-T*, [Dezember 1911,] Bd. 1, S. 298.

39 Zitiert wird nach Franz Kafka, *Der Proceß. Kritische Ausgabe*, herausgegeben von Malcom Pasley [*KKA-P*], Frankfurt am Main: Fischer 1990, hier S. 149; es folgt der Hinweis auf die Umschrift des Faksimile in: Franz Kafka, *Der Process. Historisch-kritische Ausgabe sämtlicher Handschriften, Drucke und Typoskripte*, herausgegeben von Roland Reuß und Peter Staengle [*KKA-P*], Frankfurt am Main und Basel: Stroemfeld 1997, hier S. 355.

40 Vgl. neben den Kommentaren in *KKA-P* und *FKA-P* auch Michael Müller, *Franz Kafka. Der Prozeß*, Stuttgart: Reclam 1993, S. 66-72; und: Roland Reuß, „‚genug Achtung vor der Schrift'? Zu: Franz Kafka, Schriften Tagebücher Briefe, Kritische Ausgabe", in: *Text. Kritische Beiträge* 1 (1995), S. 107-126.

41 *KKA. Zur Typographie*, S. 28 f.

42 Vgl. dazu Gerhard Neumann, „Der Zauber des Anfangs und das ‚Zögern vor der Geburt' – Kafkas Poetologie des ‚riskanten Augenblicks'", in: Zimmermann (Hrsg.), *Nach erneuter Lektüre* (Anm. 32), S. 121-142.

Schreibmaschinistin Fräulein Kaiser, die im schon angeführten Tagebucheintrag vom 3. Oktober 1911 nach Kafkas Diktat auf der Schreibmaschine schreibt.

Folgt man nun der Anordnung der Konvolute zu Kapiteln, die sich von Brod über Pasley zu Reuß nicht wesentlich verändert hat,[43] dann befindet sich dieser Einsatz einer Autobiographie der Kapitelzählung nach zu Beginn des letzten Drittels des Romans und von der Seitenzählung her recht genau in der Mitte. Dieser erste Hinweis auf den Plan einer Autobiographie im *Process* lautet:

> „Der Gedanke an den Process verließ ihn nicht mehr. Öfters schon hatte er überlegt, ob es nicht gut wäre, eine Verteidigungsschrift auszuarbeiten und bei Gericht einzureichen. Er wollte darin eine kurze Lebensbeschreibung vorlegen und bei jedem irgendwie wichtigern Ereignis erklären, aus welchen Gründen er so gehandelt hatte, ob diese Handlungsweise nach seinem gegenwärtigen Urteil zu verwerfen oder zu billigen war und welche Gründe er für dieses oder jenes anführen konnte. Die Vorteile einer solchen Verteidigungsschrift gegenüber der bloßen Verteidigung durch den übrigens auch sonst nicht einwandfreien Advokaten waren zweifellos."[44]

Eine immerhin rudimentär ausgeführte Schreib-Szene geht als Eingang des Konvoluts (oder Kapitels) voraus:

> „An einem Wintervormittag [...] saß K. trotz der frühen Stunde schon äußerst müde in seinem Bureau. Um sich wenigstens vor den untern Beamten zu schützen, hatte er dem Diener den Auftrag gegeben, niemanden von ihnen einzulassen [...]. Aber statt zu arbeiten drehte er sich in seinem Sessel, verschob langsam einige Gegenstände auf dem Tisch, ließ dann aber, ohne es zu wissen den ganzen Arm ausgestreckt auf der Tischplatte liegen und blieb mit gesenktem Kopf unbeweglich sitzen."[45]

Mit der Autobiographie und ihrer Schreib-Szene steht die Form des Romans auf dem Spiel. Diese, der Sache nach nicht neue, Erkenntnis formulierte in derselben Zeit, in der Kafka am *Process* schrieb (1914/15), Georg Lukács in der *Theorie des Romans* mit geschärfter Präzision: Der Roman, so argumentierte Lukács, habe an der Stelle poetologischer Formvorgaben in der Art anderer Gattungen – der objektivierenden Fokussierung der Bühne und der subjektivierenden Fokussierung lyrisch gebundener Rede – nur ein narratives Muster als innere Stütze der Formbildung. Dieses Medium für Formbildung im Roman sei die Biographie oder Autobiographie.[46] Genauer gesagt, treten Biographie

43 Neben den Kommentaren in *KKA-P* und *FKA-P* zur Frage der Kapitelanordnung vgl. die zusammenfassende Diskussion mit Literaturangaben bei Andreas Wittbrodt, „Wie ediert man Franz Kafkas *Proceß*? Eine Fallstudie zur hermeneutischen Dimension der Edition moderner Literatur", in: *editio. Internationales Jahrbuch für Editionswissenschaft* 13 (1999), S. 131-156.

44 *KKA-P*, Bd. 1, S. 149; *FKA-P*, S. 358.

45 Ebd.

46 Georg Lukács, *Die Theorie des Romans. Ein geschichtsphilosophischer Versuch über die Formen der großen Epik*, Neuwied und Berlin: Luchterhand 1971.

und Autobiographie in formermöglichender Funktion, Lukács zufolge, beim Erzählen des Romans an die Stelle, die der Mythos im Epos innehatte; und es ist das geschichtsphilosophisch Charakteristische der erzählenden Gattung, daß sie, und nur sie, eine Umbesetzung an der Stelle des formermöglichenden Mediums kennt. Nur das Erzählen hat für Lukács im Auftreten der Autobiographie anstelle des Mythos eine Geschichte seiner Form. Kafka hat den Eintritt der Autobiographie in den Roman, der die Form erstmalig entscheidend an die Schreib-Szene bindet, im *Process* auf besondere Weise ausgeführt: Eine *kurze Lebensbeschreibung*, in der K. *bei jedem irgendwie wichtigern Ereignis erklärte, aus welchen Gründen er so gehandelt hatte*, wäre entweder zuviel oder zuwenig, um die Funktion der inneren Form des Romans auszufüllen.[47] Man muß dazu verstehen, was K.s prozeßstrategische Lage ist, die der Erzähler im folgenden langwierig erläutert. K. will den Advokaten, den ihm der Onkel aufgedrungen hat, entlassen. Statt den Anwalt oder seine Gehilfin Leni als Fürsprecher und Vermittler anzunehmen, will K. im eigenen Namen sprechen. Die Autobiographie als eigene Verteidigungsschrift soll die erste Eingabe ersetzen, an der sein Advokat inzwischen ergebnislos arbeitet. Das führt in ein Dilemma: Entweder K. schreibt eine Art von Lebensbeschreibung *als Verteidigung* in der Form einer amtlichen Eingabe – dann unterwirft er gerade die Beschreibung seines eigenen Lebens der Logik des amtlichen Prozesses. Oder er schreibt wirklich eine Autobiographie – dann aber macht er sein Leben als ganzes zum Fall, der dann im Prozeß zur Verhandlung stünde. Gerade mit dem Entschluß, der ihn der Verstrickung in die Mechanismen des Prozesses entziehen und wieder in die anfängliche Beziehungslosigkeit gegenüber dem Verfahren einsetzen soll, verstrickt sich K. im genauen Sinne: *selbst.* Anstatt die eigene Stimme wieder zu gewinnen, die er vor der Annahme von Advokat und Helferin gehabt zu haben meint, macht der Plan der *Autobiographie als Verteidigungsschrift* K. zum Vertreter seiner Vertreter, zum Für-Sprecher der Fürsprecher, die ihn in das System des Gerichts und der Institution des Verfahrens verstricken.

Man muß sich klarmachen, daß K. zweimal in die Institution des Gerichts initiiert wird. Filmreif, wie man seit Orson Welles weiß, geschieht das, wenn er im ersten Kapitel zu seiner Verhaftung erwacht. K. wird hier zu Anfang des Romans zum Gegenstand des Verfahrens, ohne noch als Element des Verfahrens bestimmt zu sein. K. ist soweit noch nicht durch die Unterscheidung Schuld-oder-Unschuld organisiert. Wie in eine bloße Episode erzählerischer Entwicklung des Romans versteckt ist die zweite Initiation, eine Aufnahme nun im engeren Sinne. K. akzeptiert in der nächtlichen Düsternis im Haus des Advokaten den Anwalt und Leni als Helfer und Fürsprecher *im* Process. Damit erkennt er an, sich durch die Frage Schuld-oder-Unschuld bestimmen zu lassen.

---

47 Das Folgende schließt sich an den Vorschlag an, *Process* und *Schloss* als Romane der Institution statt der individuellen Entwicklung oder Bildung zu lesen, vgl. dazu Verf., „Kafkas Institutionenroman. Der *Proceß,* das *Schloß*", in: Verf. und Michael Niehaus (Hrsg.), *Gesetz. Ironie. Festschrift für Manfred Schneider*, Heidelberg: Synchron Verlag 2004, S. 197-208.

Diese zweite Aufnahme in die Institution, die man die *systemische* Initiation nennen kann, wird dann mit K.s Plan einer Autobiographie als eigener Verteidigungsschrift wieder berührt; und wieder berührt ist damit auch die Formfrage des Romans und seine einzige interne Schreib-Szene. Indem K. seine Initiation in das *System* des Gerichtsverfahrens rückgängig zu machen, sich als vorsystemisches Wesen wieder (oder überhaupt erst) zu erschaffen versucht – indem er den Roman seines Lebens schreiben will, durch den der Prozeß der Roman *Der Process* würde –, wiederholt und vertieft er, möglicherweise, seine Systeminitiation. Es ist diese doppelte Perspektive von Rückgängigmachen und tieferer Verstrickung, die der ausgesetzten Schreib-Szene im *Process* ihre Stellung und ihr Gepräge gibt. Es handelt sich um die Figur eines Wiedereintrags: der Beginn der Autobiographie ist, zumindest möglicherweise, ein Wiedereintrag in den Schriftverkehr des Prozesses, der mit den Eingabeversuchen des Anwalts angefangen hatte. In diesem Sinne ist K.s mögliches *Schreiben* im *Process* überhaupt: Wiedereintragen; und Wiedereintragen ist der Name für die Doppelsicht des Erzählten auf Vor-der-Institution und In-der-Institution (in der Romanhandlung) bzw. für Schreibszene und Schreib-Szene (was die Institutionalität der Literatur selbst angeht, die Frage, ob und wie sich der Text des *Process* in die literarische Form des Romans bringen kann).

Diese Sicht auf die Schreib-Szene im *Process* bestätigt sich bei Wiederaufnahme des Autobiographieplans nach den folgenden zwanzig Seiten, auf denen K. sich ausmalt, welche Gefahren für ihn vom Advokaten und seiner Arbeit ausgehen. In unterschiedlichen Varianten hatte K. immer wieder das Risiko des rückkehrlosen Eintritts in das System des Prozesses beschäftigt. Resümierend heißt es dann: „War aber einmal der Advokat abgeschüttelt, dann mußte die Eingabe sofort überreicht [...] werden".[48] Von diesem Augenblick an heißt die *kurze Lebensbeschreibung* offenbar nur noch so wie das, was sie gerade ablösen sollte: eine *Eingabe*. Unter diesem Namen wird sie Gegenstand der wohl ausführlichsten (und wieder einmal verhinderten) Schreib-Szene in Kafkas literarischem Werk:

> „Er erinnerte sich, wie er einmal an einem Vormittag, als er gerade mit Arbeit überhäuft war, plötzlich alles zur Seite geschoben und den Schreibblock vorgenommen hatte, um versuchsweise den Gedanken einer derartigen Eingabe zu entwerfen und ihn vielleicht dem schwerfälligen Advokaten zur Verfügung zu stellen, und wie gerade in diesem Augenblick, die Tür des Direktionszimmers sich öffnete und der Direktor-Stellvertreter mit großem Gelächter eintrat. Es war für K. damals sehr peinlich gewesen, trotzdem der Direktor-Stellvertreter natürlich nicht über die Eingabe gelacht hatte, von der er nichts wußte, sondern über einen Börsenwitz, den er eben gehört hatte, einen Witz der zum Verständnis eine Zeichnung erforderte, die nun der Direktor-Stellvertreter, über K.'s Tisch gebeugt mit K.'s Bleistift, den er ihm aus der Hand nahm, auf dem Schreibblock ausführte, der für die Eingabe bestimmt gewesen war."[49]

---

48 *KKA-P*, Bd. 1, S. 168; *FKA-P*, S. 393.
49 *KKA-P*, Bd. 1, S. 169 f.; *FKA-P*, ebd.

K. sitzt hier nicht nur gemessen an Kafkas Tagebüchern in einer überaus heiklen Situation: als einer, der mit der Hand schreiben soll, im Büro, wo er Schreibmaschinistinnen diktieren sollte oder sogar selbst auf der Maschine schreiben könnte. Ein maschinenschriftlicher Brief, den Kafka im September 1912 an Brod und Weltsch nach Triest schickte, entstand denn auch offenbar in einer ähnlichen Szene. Das jedenfalls steht am Anfang dieses von Kafka getippten Briefes: „Ich mache mir die allerdings sehr nervöse Freude, Euch mitten in den Bürostunden zu schreiben. Ich würde es nicht tun, wenn ich noch Briefe ohne Schreibmaschine schreiben könnte." Er endet handschriftlich: „Bei dieser spannenden Stelle wurde ich unterbrochen, eine Delegation des Landesverbandes der Sägewerksbesitzer kommt".[50] Gerade eine solche Szene inszeniert die Autobiographieszene des *Process:* eine in die Maschinenschrift eingeschlagene Schreibszene.

Das wiederholte Aussetzen der Schreib-Szene begleitet den Roman in der zweiten Hälfte des Textes, ja sie ist ein wichtiges Motiv seines Zusammenhangs. Nimmt man Brods und Pasleys Rekonstruktion einer fortlaufenden Romanhandlung nach dem erzähltechnischen Kriterium des Vorher/Nachher an, dann läuft von hier an der Versuch zur Niederschrift der Eingabe und das heißt: zur Schreib-Szene im Roman mit. Im Konvolut „Kaufmann Block Kündigung des Advokaten" folgt der Herausgeberrekonstruktion gemäß die Kündigung des Anwalts und damit, allerdings nur stillschweigend, die Selbstverpflichtung zur *Eingabe*. Im anschließenden „Dom"-Kapitel käme dann diese eigene Eingabe zur Sprache, wenn auch ohne ausdrücklichen Verweis auf die Kündigung des Anwalts. Auf die Frage des Geistlichen nach dem Stand seines Prozesses antwortet K. in diesem Konvolut nämlich, er habe „die Eingabe noch nicht fertig".[51] Es ist sogar so, daß für Pasley diese beiden ausdrücklichen Bezüge auf die abbrechende Schreibszene der Eingabe in „Advokat Fabrikant Maler" entscheidende Handhaben für eine lineare Kapitelanordnung in der zweiten Hälfte des Romans sind.[52]

In der Handschriftlichkeit, hinter der der Gebrauch der Schreibmaschine durchschimmert, organisiert also erst die Schreib-Szene der Selbstbiographie die in das *Heizer*-Typoskript eingeschlagene Handschrift des *Process* zum fortlaufenden Text des Romans. Für die Anordnung des „Dom"-Kapitels hat Pasley gar keine andere Begründung zur Verfügung. Dabei ist es das Signum des Editors gegenüber dem Interpreten, daß Pasley die noch immer ausstehende Fertigstellung der Eingabe im „Dom"-Kapitel nur auf die Stelle in „Advokat Fabrikant Maler" bezieht, wo K. von der eigenen Eingabe spricht.[53] Pasley erörtert nicht, ob innerhalb von „Advokat Fabrikant Maler" die eigene *Eingabe* und

50 Franz Kafka, *Briefe, 1900–1912*, herausgegeben von Hans-Gerd Koch, Frankfurt am Main: Fischer 1999, S. 169 f.

51 *KKA-P*, Bd. 1, S. 288; *FKA-P*, S. 555.

52 Vgl. hierzu vor allem Pasley, „Wie der Roman entstand" (Anm. 32).

53 Vgl. Pasley, *KKA-P*, Bd. 2, S. 127.

ihre große, verhinderte Schreibszene den Plan der *kurzen Lebensbeschreibung* als einer eigenen *Verteidigungsschrift* und die dazu gehörende kleine Schreib-Szene aufgreift.

Will man nicht die anaphorische Struktur des zusammenhängenden Erzähltextes in Frage stellen – und der Plan der Lebensbeschreibung und die Erwähnung der eigenen Eingabe gehören nach Pasleys Handschriftenanalyse in dieselbe Phase der Niederschrift –, dann muß man in der Eingabe die dilemmatische Lebensbeschreibung-als-Verteidigungsschrift anerkennen. Und man muß dann anerkennen, daß die narrative Kohärenz des zweiten Romanteils die semantische Kohärenz von Eingabe und Lebensbeschreibung einschließt, mit der wieder die formale Identität des Textes als Roman auf dem Spiel steht. Man muß schließlich anerkennen, daß die narrative Sequentialität des Romans bis zuletzt abhängig bleibt von der immer wieder ausgesetzten großen Schreib-Szene der Eingabe *und* deren Identität mit der einfach in sich verunglückenden kleinen Schreib-Szene der Autobiographie. Und auf einer noch einmal tieferen Ebene muß man auch annehmen, daß die literarische Schreib-Szene im *Process* das Zögern zwischen einer Schreibszene und einer Schreib-Szene darstellt – zwischen dem Schreiben einer Eingabe, von der der konstituierte Roman bloß erzählte, und dem Schreiben der Autobiographie, in deren Vorgabe er seine eigene Form fände und bestimmte. Als zusammenhängende Erzählung, als semantische Isotopie und schließlich als Form hängt der Roman am mitlaufenden An- und Aussetzen von Schreibszene und Schreib-Szene der autobiographischen Eingabe.

Stephan Kammer

Graphologie, Schreibmaschine und die Ambivalenz der Hand
Paradigmen des Schreibens um 1900

„Nicht denken, nicht sich besinnen, weiter, weiter, geschwinde, geschwinde, tipp, tipp, tipptipptipptipptipp......" – so rauschhaft und programmatisch gedankenflüchtig erscheint die typoskripturale Schreibszene in einem Text, den Friedrich Kittlers Mediendiskursarchäologie vorübergehend dem Vergessen der Zettelkästen entrissen hat.[1] Nicht zufällig wohl belegen Äußerungen wie diese, an den Rändern geistesgeschichtlicher Traditionszusammenhänge und ihren herkömmlichen Artikulationsumständen verzeichnet, bis in die Feinheiten ihrer Formulierung die These, daß „Sprechen und Hören, Schreiben und Lesen [...] um 1900 als isolierte Funktionen, ohne dahinterstehendes Subjekt oder Denken, auf den Prüfstand [kommen]".[2] Schreiben, das heißt unter diesen Umständen: das Tippen als „mechanische Arbeit" gerät zur „schattenhafte[n] Wechselwirkung zwischen Augen und Fingern, an der das Bewußtsein keinen Anteil hat".[3] Die Erschütterungen, die mit einem an solchen funktionalen Ausdifferenzierungen ansetzenden medien- und diskursanalytischen Erkenntnisinteresse Einzug in die Territorien der sogenannten ‚Geisteswissenschaften' gehalten haben, erwiesen und erweisen sich, abseits aller polemischen Reflexe und Provokationen, als außerordentlich ergiebig: Auch die epistemologische Verschiebung vom ‚dichterischen Schöpfungsakt' zur ‚Genealogie des Schreibens' verdankt sich nicht zuletzt dem Bruch mit dem *odd couple* von positivistischer Philologie und Geniereligion, das lange Zeit die Rede über und die Darstellung von literarische(r) Produktion bestimmt hat. Rüdiger Campes geradezu leitmotivisch und mit Recht wiederholte Bestimmung der „Schreib-Szene" als „nicht-stabiles Ensemble von Sprache, Instrumentalität und Geste"[4] skizziert, vor diesem theoretischen Hintergrund, zugleich Rahmenbedingungen und Status des zur Debatte stehenden Forschungsgegenstandes als im genauen Wortsinn *komplexe*: einerseits als Do-

1 Christa Anita Brück, *Schicksale hinter Schreibmaschinen*, Berlin: Sieben-Stäbe-Verlag 1930, S. 229. – Vgl. Friedrich Kittler, *Grammophon Film Typewriter*, Berlin: Brinkmann & Bose 1986, S. 321 f.

2 Friedrich Kittler, *Aufschreibesysteme 1800/1900*, 2. Aufl. München: Wilhelm Fink 1987, S. 219.

3 Brück, *Schicksale hinter Schreibmaschinen* (Anm. 1), S. 238.

4 Rüdiger Campe, „Die Schreibszene, Schreiben", in: Hans Ulrich Gumbrecht und K. Ludwig Pfeiffer (Hrsg.), *Paradoxien, Dissonanzen, Zusammenbrüche. Situationen offener Epistemologie*, Frankfurt am Main: Suhrkamp 1991, S. 759-772, hier S. 760.

kument einer Interaktion mehrerer mit jeweiliger Eigenlogik versehener Komponenten – Gerät, Körper, Produktion, Regeln etc.[5] –, andererseits aber als Spur einer jeder unmittelbaren Beobachtung unzugänglichen singulären Praxis, als Spur, in der die Instrumentalität und Geste geschuldeten Komponenten zugleich und je unterschiedlich getilgt *und* bewahrt sind – vom Schreiben bleibt uns allein die Semantik und Semiotik der Schrift;[6] sprachlicher Ausdruck und Schriftbild.

Die Schlaglichter, die der vorliegende Beitrag auf die Szenen des Schreibens um 1900 richtet, orientieren sich zunächst und hauptsächlich am Parameter der Instrumentalität, genauer: am technischen ebenso wie metaphorischen Dispositiv des ‚Büros', an dem die *instrumentalen* Innovationen der Schreibszene beobachtet, gesteuert und reflektiert werden können (I); dann an der ‚Schriftgestalt' als Modell, das die *gestische* Komponente des Schreibens als Gegenstand einer Ausdruckswissenschaft – noch einmal – diskursfähig machen soll (II). Abschließend wird der dritte, *sprachliche* Parameter der Schreibszene einen knappen Ausblick auf die literarische Beobachtung dieser Problemlagen des Schreibens um 1900 erlauben (III).

I. Instrumentelle Zurichtung des Schreibens: das Modell ‚Büro'

Romane wie Christa Anita Brücks eingangs zitierte *Schicksale hinter Schreibmaschinen* (1930) oder Rudolf Braunes *Das Mädchen an der Orga Privat* (1930)[7] wurden, sofern sie überhaupt in den Blick der Literaturwissenschaft gerückt sind, vorwiegend unter literatursoziologischen Gesichtspunkten in die Serien einer ‚Angestelltenliteratur' eingereiht.[8] Das erscheint schon allein deshalb wenig überraschend, da sie – nach herkömmlichen literaturästhetischen Kriterien eher belanglos – in Figurenzeichnung und Handlungsmustern, in der Schilderung von Arbeitsbedingungen und Freizeitvergnügen bis ins Detail, wenn auch unterschiedlich fokussiert mit Elementen jenes *texte social* korre-

5 Vgl. dazu die einschlägige Definition des Schreibens bei Vilém Flusser, *Gesten. Versuch einer Phänomenologie*, 2., durchgesehene und um einen Anhang erweiterte Aufl., Bensheim und Düsseldorf: Bollmann 1993, S. 33: „Um schreiben zu können, benötigen wir – unter anderen – die folgenden Faktoren: eine Oberfläche (Blatt Papier), ein Werkzeug (Füllfeder), Zeichen (Buchstaben), eine Konvention (Bedeutung der Buchstaben), Regeln (Orthographie), ein System (Grammatik), ein durch das System der Sprache bezeichnetes System (semantische Kenntnis der Sprache), eine zu schreibende Botschaft (Ideen) und das Schreiben."

6 Vgl. zu dieser Differenzierung Louis Hay, „Pour une sémiotique du mouvement", in: *Genesis* 10 (1996), S. 25-58.

7 Wiederveröffentlicht, im simulierten Schreibmaschinenlayout: Rudolf Braune, *Das Mädchen an der Orga Privat*, Berlin (Ost): Dietz 1960.

8 Vgl. Christa Jordan, *Zwischen Zerstreuung und Berauschung. Die Angestellten in der Erzählprosa am Ende der Weimarer Republik*, Frankfurt am Main u. a.: Peter Lang 1988, S. 118-131 (zu Brück) und S. 219-240 (zu Braune).

spondieren, den der „politisch[e] Traumdeuter“[9] Siegfried Kracauer in seiner im selben Jahr erschienenen Ethnographie der Angestellten konstituiert hat.[10] Sie stellen Effekte einer komplexen diskursiven Gemengelage dar, die sich vielfach um die meist weiblichen, „zum Zweck dequalifizierter, entsinnlichter Arbeit“ bestellten „multifunktionalen Wesen“, hier: die Stenotypistinnen der Weimarer Zeit lagert.[11] So stimmig indes soziologische Analysen sein mögen, in denen die Angestelltenschicksale als Ausdruck eines „Wettkampf[s] [...] um Beruf, Karriere und soziale Sicherheit“, ja als sozialer Existenzkampf zwischen Emanzipation und „gesellschaftlicher Entwertung“ auftreten,[12] so unterkomplex verhalten sie sich zum medien- und psychotechnischen Dispositiv, das die mit der Schreib- und mit anderen Datenverarbeitungsmaschinen korrelierten neuen Arbeitsbedingungen im Büro formieren.[13] ‚Dequalifiziert‘ wird diese Form der Arbeit nur nennen können, wer sie an den traditionellen Ausbildungs- und Karrererastern berufsständischer Normvorstellungen mißt, ‚entsinnlicht‘ erscheint sie allenfalls aus der Vogelperspektive der Einsicht in die Entfremdungszusammenhänge von Kapitalismus und Lohnarbeit. In einer schärfer fokussierten Perspektive auf die Inszenierungsdetails, die den (Selbst-)Beschreibungen des Bürodispositivs zugrunde liegen, wird eine „Reihe von Mehrdeutigkeiten“ sichtbar und die grundlegende „Ambivalenz“ deutlich, „die für die Rolle des Angestellten generell kennzeichnend ist“: Die von ihm eingeforderte Arbeitsleistung kann „– in dieser Hinsicht anders als die proletarische Lohnarbeit – als ‚geistige‘ oder ‚spirituelle‘ Tätigkeit angesehen werden. Zur gleichen Zeit ist der Körper der Sekretärin, ebenso wie der Körper des Proletariers, normalerweise an eine Maschine gekoppelt, in diesem Fall besonders an eine Schreibmaschine.“[14] Die Diskurse, die sich in den ersten Jahrzehnten des 20. Jahrhunderts um die ‚Schreibszene Büro‘ organisieren, die sogenannte ‚Angestelltenliteratur‘ ebenso wie die diversen Propädeutiken der neuen technisierten Arbeitsformen oder Siegfried Kracauers scharfsinnige Analyse der unerforsch-

9 Walter Benjamin, [Rez. zu.: S. Kracauer, Die Angestellten], in: ders., *Gesammelte Schriften*, Bd. III: *Kritiken und Rezensionen*, herausgegeben von Hella Tiedemann-Bartels, Frankfurt am Main: Suhrkamp 1972, S. 226-228, hier S. 227.

10 Vgl. Siegfried Kracauer, *Die Angestellten. Aus dem neuesten Deutschland*, mit einer Rezension von Walter Benjamin, Frankfurt am Main: Suhrkamp 1971.

11 Erhard Schütz, *Romane der Weimarer Republik*, München: Fink 1986, S. 166. Für eine eher archäologische als sozialgeschichtliche Perspektive vgl. den materialreichen Ausstellungskatalog von Helmut Gold und Annette Koch (Hrsg.), *Fräulein vom Amt*, München: Prestel 1993.

12 Ebd., S. 161 f.

13 Die diesem Dispositiv zugrundeliegenden „[m]edientechnische Ausdifferenzierung“ und die dadurch eröffnete „Möglichkeit von Verbundschaltungen“ sowie das damit einhergehende Spektrum von Auswirkungen rekonstruiert Kittler, *Grammophon Film Typewriter* (Anm. 1), S. 251 (Zitat) u. ff.; mit Blick übers Büro hinaus: Kittler, *Aufschreibesysteme 1800/1900* (Anm. 2), S. 183-377 sowie Lisa Gitelman, *Scripts, Grooves, and Writing Machines. Representing Technology in the Edison Era*, Stanford: Stanford University Press 1999.

14 Hans Ulrich Gumbrecht, *1926. Ein Jahr am Rand der Zeit*, Frankfurt am Main: Suhrkamp 2001, S. 29 ff.

ten Lebensform der Angestellten,[15] arbeiten sich, deutlich differenzierter als die literatursoziologischen Bestandsaufnahmen seit den 1970er Jahren, an dieser Ambivalenz ab; und es ist immer wieder gerade die konkrete technisch-mediale ‚Sinnlichkeit' der neu konfigurierten ‚Schreibszene Büro', die ihnen zum Anlaß dient.

So bildet, allem Hang zum Kitsch und seinem „konservative[n] Grundgehalt"[16] zum Trotz, Brücks Roman ohnehin ein kleines Archiv der Aussagen, die im Diskurs der ausgehenden 1920er Jahre kursieren: An der Leitsemantik des ‚Organischen' ausgerichtet, queren Wirtschaftskrisenökonomie, *gender trouble*, deutsches Sendungsbewußtsein, durch Weltkriegsniederlage, Inflation und familiäre Unglücksfälle bedingter gesellschaftlicher Abstieg, Sehnsucht nach Mutterschaft und Verschmelzung mit dem heimatlichen Boden Fräulein Brückners Weg durch diverse Büros, die voll sind von betrügerischen, lüsternen, intriganten und natürlich männlichen Vorgesetzten sowie von kranken, eifersüchtigen, hysterischen und natürlich vorwiegend weiblichen Mitangestellten. Als Integral dieser Diskursmäander jedoch figuriert die Schreibmaschine. Sie allein verspricht dem Begehren der Protagonistin nach der „Möglichkeit zu einem frohen, harmonischen Schaffen" Erfüllung zu verschaffen, dient sie doch paradoxerweise als Figuration jener Teilhabe „am Ganzen", in deren Namen die Entfremdungseffekte mechanisierter Arbeit suspendiert werden sollen.[17] „Nie ist mir eine Schreibmaschine totes Objekt gewesen, immer schon, von Anbeginn unsagbar lebendige Wesenheit." Konsequenterweise „blickt" eine dieser Schreibmaschinen, nachdem bebende Hände erst das „Wachstuchverdeck" aufgeschlagen haben, Fräulein Brückner an, diese blickt zurück und entdeckt „voller Entzücken [...] eine Aristokratin, blitzblank das Hebewerk, von gediegener Feinheit die Tastatur. Leichtester Anschlag genügt. Wie Perlenschnüre reihen sich die Buchstaben auf dem Papier. Hell und schwingend ist ihre Stimme. Mit lieblichem Glockenton meldet sie das Ende der Zeile."[18] Die rhetorische Struktur solcher Personifikation jedoch ist umkehrbar und findet demgemäß ihr Komplement in Aussagen, die buchstäblich aus futuristischen

---

15 „Hunderttausende von Angestellten bevölkern täglich die Straßen Berlins, und doch ist ihr Leben unbekannter als das der primitiven Völkerstämme, deren Sitten die Angestellten in den Filmen bewundern." Kracauer, *Die Angestellten* (Anm. 10), S. 11.

16 Jordan, *Zwischen Zerstreuung und Berauschung* (Anm. 8), S. 118.

17 Auch damit ist Brücks Roman am Puls der Zeit; vgl. den von Kracauer, *Die Angestellten* (Anm. 10) zitierten Vortrag des Deutschnationalen Hans Bechly zur „Führerfrage im neuen Deutschland", der die „Werksgemeinschaft" als „neue Grundlage alles organischen Wachsens in Volk und Statt" postuliert (S. 107).

18 Brück, *Schicksale hinter Schreibmaschinen* (Anm. 1), S. 99 und S. 230. – Weniger gediegen der Blick jener Maschine, die Erna Halbe das Schreiben lehrt: „Die Maschine glotzt mit ihren fünfundvierzig Tasten kalt und böse und völlig unbeteiligt auf die kräftigen Hände dieses kleinen Mädchens. Die rührend festen und eifrigen Finger klopfen den monotonen Takt, Zehnfingersystem, Grundhaltung. Die Gelenke schmerzen, und im Unterarm zieht es, und der Kopf tut weh ... a, s, d, f ... j, k, l, ö ... Daumen auf die Zwischenraumtaste ... so hat sie Maschineschreiben gelernt..." Braune, *Das Mädchen an der Orga Privat* (Anm. 7), S. 147 f.

Manifesten[19] zitiert sein könnten: „Die Maschine, das ist er [der Mensch] selbst, sein äußerstes Können, seine äußerste Sammlung und letzte Anspannung. Und er selbst, er ist Maschine, ist Hebel, ist Taste, ist Type und schwirrender Wagen. [...] Geschwindigkeit ist Rausch und Rausch ist Hingerissenheit."[20] Wo dann – ein gutes Jahrzehnt vor Heideggers beiläufiger Schreibmaschinenphänomenologie[21] – an der Schaltstelle zwischen Diktat und Typoskript Mensch-Maschinen und Maschinen-Menschen im Schreib(t)akt aufeinandertreffen, da läßt eine entsprechende Erotik der Funktionalität nicht lange auf sich warten: Hinter „fest verschlossen[er]" Tür, Fräulein Brückners „Fingerspitzen auf den Typentasten", beginnt die kleine Orgie von diktierendem Mann, tippender Frau und Maschine: „Ohne die Unruhe der Übertreibung holt er in geschickter Steigerung mit sicherem Instinkt für die vorhandenen Möglichkeiten das Höchsttempo aus mir heraus. Mit einem kleinen Lächeln bremst er, wenn die Typen plötzlich anfangen zu stottern. Selten kommt es bei ihm zu einer Pause des Besinnens." Lustvoll erschöpft von soviel „temperamentvolle[r] Frische und Wachsamkeit", sinkt eine Seite später die Protagonistin denn auch „[i]n einem Zustand der Gehobenheit" in die „nachgiebige Fülle der Kissen" – allein, versteht sich.[22] Natürlich fehlt, um mit den *Schicksalen hinter Schreibmaschinen* zum Ende und ins epistemologische Zentrum des Aufsatzes zu kommen, in diesem Tableau auch „die Körperlichkeit und die Instrumentalität des Schreibakts als Quelle von Widerständen" nicht, „die im Schreiben überwunden werden müssen".[23] In Brücks Roman ist es allerdings weniger das Schreibgerät als vielmehr der Stenotypistinnenkörper selbst, der diese Widerstände speist. Der gerade zitierte *rapport* und die erwähnten Geschwindigkeits- und Entgrenzungsräusche bilden lediglich den Exzess, auf den die Ernüchterung des arbeitsteiligen Normalfalls nur allzu schnell wieder folgt. Dann ist Fräulein Brückner „wie festgeschraubt hinter der Schreibmaschine, mit krummem

---

19 „Nach dem Reich der Lebewesen beginnt das Reich der Maschinen. Durch Kenntnis und Freundschaft der Materie, von der die Naturwissenschaftler nur die physikalisch-chemischen Reaktionen kennen können, bereiten wir die Schöpfung des MECHANISCHEN MENSCHEN MIT ERSATZTEILEN vor": So resümiert Marinettis „Manifest der futuristischen Literatur" den adäquaten Bildspender futuristischer Analogien (F. T. Marinetti, „Technisches Manifest der futuristischen Literatur", in: Umbro Apollonio, *Der Futurismus. Manifeste und Dokumente einer künstlerischen Revolution 1909-1918*, Köln und Mailand: M. DuMont Schauberg 1972, S. 74-81, hier S. 81).

20 Brück, *Schicksale hinter Schreibmaschinen* (Anm. 1), S. 229.

21 Martin Heidegger, *Parmenides* [Wintersemester 1942/43], in: ders., *Gesamtausgabe*, II. Abteilung: *Vorlesungen 1923-1944*, Bd. 54, hrsg. von Manfred S. Frings, Frankfurt am Main: Vittorio Klostermann 1982, S. 117-130. – Vgl. dazu Martin Schödlbauer, „Diktat des Ge-Stells – Vom Schreibzeug zur Schreibmaschine", in: Anja Lemke und Martin Schierbaum (Hrsg.), *„In die Höhe fallen". Grenzgänge zwischen Literatur und Philosophie, Ulrich Wergin gewidmet*, Würzburg: Königshausen & Neumann 2000, S. 99-121.

22 Brück, *Schicksale hinter Schreibmaschinen* (Anm. 1), S. 269 f.

23 Martin Stingelin, „‚Schreiben'", in: ders. (hrsg. in Zusammenarbeit mit Davide Giuriato und Sandro Zanetti), *„Mir ekelt vor diesem tintenklecksenden Säkulum". Schreibszenen im Zeitalter der Manuskripte*, München: Fink 2004, S. 11.

Rücken und eingefallener Brust", „rettungslos eingespannt in die Maschinerie zermalmender Eintönigkeit", beginnen ihre Muskeln zu schmerzen; die „körperliche Erschlaffung hält mit der seelischen Schritt", so daß sie abends „nicht einmal mehr lesen mag."[24]

Gegenläufig zur notwendigen Trennschärfe medientheoretischer Analysen[25] bleiben solche Mensch-Maschinen-Interferenzen im Diskursraum Büro damit keineswegs metaphorisch. Für die auf technische Bedingungen der Arbeit eingestellte und auf die „Integration von technischer Norm und medizinischer Normalität" ausgerichtete Psychotechnik[26] macht das ‚psychophysische Geschehen' an den Körpergrenzen nicht mehr halt.[27] Noch die scheinbar beiläufigsten und absurdesten Details des Arbeitsalltags konvergieren in Angestelltenromanen, arbeitswissenschaftlichen Handbüchern und im aufmerksamen Blick von Kracauers Essay aufs auffälligste. Wenn im Stenotypistinnenbüro der „Eisenverwertungs-G.m.b.H." ein „dünnes, unscheinbares Mädchen" Schlager zu pfeifen beginnt und zur Freude der Bürogemeinschaft – „es klingt angenehm, man kann besser dabei schreiben" – „im Takt des Liedes auf ihrer Maschine [hackt]",[28] dann spiegelt das nur die arbeitspsychologische Einsicht, daß musikalische „Selbstäußerungen" ebenso wie „Fremdäußerungen", daß Singen und Hören also gerade auch von Schlagern „einer Arbeitsgruppe methodisch günstig" sind und im Falle von unter Monotonieverdacht stehenden Tätigkeiten wie dem Tippen zu „aufmerksamkeitsbeeindruckenden Nebenreizen" Anlaß geben können, von denen die subjektive Arbeitsleistung unterstützt wird.[29] Wenn Kracauer die Effekte solcher Rhythmisierung auch an Personalauslese und -schulung beobachtet, dann ent-

---

24 Brück, *Schicksale hinter Schreibmaschinen* (Anm. 1), S. 251 f.

25 Vgl. Georg Christoph Tholen, *Die Zäsur der Medien. Kulturphilosophische Konturen*, Frankfurt am Main: Suhrkamp 2002.

26 Mit der zitierten Formel beschreibt Hans Wupper-Tewes, *Rationalisierung als Normalisierung. Betriebswissenschaft und betriebliche Leistungspolitik in der Weimarer Republik*, Münster: Westfälisches Dampfboot 1995, die Strategie der neuen Arbeitswissenschaften (Zitat S. 78). – Vgl. als Überblick: Siegfried Jaeger und Irmingard Staeuble, „Die Psychotechnik und ihre gesellschaftlichen Entwicklungsbedingungen", in: François Stoll (Hrsg.), *Die Psychologie des 20. Jahrhunderts*, Bd. XIII: Anwendungen im Berufsleben. Arbeits- Wirtschafts- und Verkehrspsychologie, Zürich 1981, S. 53-95.

27 Vgl. dazu übergreifend die Untersuchungen von Stefan Rieger, *Die Individualität der Medien. Eine Geschichte der Wissenschaften vom Menschen*, Frankfurt am Main: Suhrkamp 2001; ders., *Die Ästhetik des Menschen. Über das Technische in Leben und Kunst*, Frankfurt am Main: Suhrkamp 2002, und ders., *Kybernetische Anthropologie. Eine Geschichte der Virtualität*, Frankfurt am Main: Suhrkamp 2003. – Entsprechende Testanordnungen dokumentiert der Katalog von Gold/Koch (Hrsg.), *Fräulein vom Amt* (Anm. 11).

28 Braune, *Das Mädchen an der Orga Privat* (Anm. 7), S. 51 und 55.

29 Fritz Giese, *Methoden der Wirtschaftspsychologie. Handbuch der biologischen Arbeitsmethoden*, Abt. VI, Teil C/II, Berlin/Wien: Urban & Schwarzenberg 1927, S. 577 f. und S. 583. – Vgl. auch die Engführung von Großstadtrhythmen, Taylorisierung und Jazz bei dems., *Girlkultur. Vergleiche zwischen amerikanischem und europäischem Rhythmus und Lebensgefühl*, München: Delphin-Verlag 1925, S. 19-36: „Arbeit wird unterstützt durch Rhythmus, rhythmische Bewegungen, rhythmische Zurufe usw." (S. 24).

spricht diese Beobachtung dem Globalzugriff des psychotechnischen Diskurses über Arbeit:

> „Daß den [Hollerith-]Maschinen so gern Mädchen vorgesetzt werden, rührt unter anderem von der angeborenen Fingergeschicklichkeit der jungen Dinger her, die freilich eine zu weit verbreitete Naturgabe ist, um ein hohes Tarifgehalt zu rechtfertigen. Als es dem Mittelstand noch besserging, fingerten manche Mädchen, die jetzt lochen, auf den häuslichen Pianos Etüden. Ganz ist immerhin die Musik nicht aus jenem Prozeß geschwunden [...]. Ich weiß von einem Industriewerk, das die Mädchen mit einem Gehalt vom Lyzeum wegengagiert und sie durch einen eigenen Lehrer auf der Schreibmaschine ausbilden läßt. Der schlaue Lehrer kurbelt ein Grammophon an, nach dessen Klängen die Schülerinnen tippen müssen. Wenn lustige Militärmärsche ertönen, marschiert sich's noch einmal so leicht. Allmählich wird die Umlaufsgeschwindigkeit der Platte erhöht, und ohne daß es die Mädchen recht merken, klappern sie immer rascher. Sie werden in den Ausbildungsjahren zu Schnellschreiberinnen, die Musik hat das billig entlohnte Wunder bewirkt."[30]

Solche Disziplinierungen nehmen sich jenseits aller Anekdoten vor, „die natürlichen Objekte der Psychotechnik":[31] Telephonistinnen und Stenotypistinnen einerseits, das heißt als ‚Subjektspsychotechnik', „charakterologisch auf Maschine zu eichen" und andererseits, als ‚Objektspsychotechnik', in „Bureaumitteleichungen" die Arbeitsplatzrationalisierung durch wissenschaftliche Beobachtungsformen und Tests zu supponieren.[32] Wenn von Erna Halbe, dem *Mädchen an der Orga Privat*, beiläufig vermerkt werden kann, daß sie sich an den „ausrangierten Klapperkasten" des titelgebenden Geräts gewöhnt und somit „eingeschrieben" habe,[33] dann steht hinter solchen Gewöhnungsprozessen in den Idealvorstellungen der angewandten Psychologie ein hypertrophes Bündel von Prozeduren. Als ausführlich dargestelltes „Illustrationsbeispiel" einer auf entsprechende Prämissen ausgerichteten Arbeitsorganisation dient denn auch dem bereits zitierten Stuttgarter Psychotechniker Fritz Giese – einem „Autor, der überall dort zu finden ist, wo die Moderne Bilder des Menschen aus einem Verbund von Technik, Körper und Codierung ableitet"[34] – ausgerechnet die „Frage der Schreibmaschineneichung".[35] Sie beginnt beim „belebten Motor"[36] der Büroar-

---

30 Kracauer, *Die Angestellten* (Anm. 10), S. 29 f. – Neben Schlagern resp. Jazz erweisen sich in Gieses ‚Ablenkungsversuchen' denn auch „Märsche älteren Stils" als besonders leistungsmotivierend; Giese, *Methoden der Wirtschaftspsychologie* (Anm. 29), S. 578.

31 Kracauer, *Die Angestellten* (Anm. 10), S. 24.

32 Giese, *Methoden der Wirtschaftspsychologie* (Anm. 29), S. 284 und S. 618; zur Unterscheidung von ‚Subjekts-' und ‚Objektspsychotechnik' S. 120-126.

33 Braune, *Das Mädchen an der Orga Privat* (Anm. 7), S. 50 und S. 127.

34 Stefan Rieger, „Mediale Schnittstellen. Ausdruckshand und Arbeitshand", in: Annette Keck und Nicolas Pethes (Hrsg.), *Mediale Anatomien. Menschenbilder als Medienprojektionen*, Bielefeld: transcript 2001, S. 235-250, hier S. 235.

35 Giese, *Methoden der Wirtschaftspsychologie* (Anm. 29), S. 619-629, Zitate S. 619.

36 Edgar Atzler, „Die Bekämpfung der Ermüdung", in: Fritz Ludwig (Hrsg.), *Der Mensch im Fabrikbetrieb. Beiträge zur Arbeitskunde*, Berlin: Springer 1930, S. 18.

beit, der Stenotypistin, und also mit der Energieverbrauchsmessung beim Tippen (Abb. 1), mit Eignungsauslese durch den Lückentest nach Ebbinghaus, durch Buchstabierversuche, Diktat- und Abschreibeproben, durch Messung des Tastendrucks, der Sehschärfe und des Anschlagtempos, durch Tests der Konzentrationsfähigkeit und des ‚Handgeschicks', um die Geeigneten dann den Trainingsverfahren zu überantworten. Sie setzt sich fort mit der Arbeitsplatzeinrichtung, die mittels der Beobachtung von „Rückendurchkrümmungskurven" und Bewegungsabläufen Sitzhöhen, Sitzgestaltung und die Anordnung von Ablegeflächen normalisiert (Abb. 2) sowie Blickrichtungen und Beleuchtungsverhältnisse austestet. Und schließlich geraten die paraskripturalen Prozeduren des Papieraus- und -einspannens, der Farbbandkontrolle und Maschinenreinigung und deren Grifffolgen, der Anschlagjustierung, -stärke und -geschwindigkeit in den Blick des Psychotechnikers, mit denen die Zerlegung der instrumentellen Schreibszene des Büros bei den Tastaturnormen und Schreibmethoden und schließlich beim Vorgang des Schreibens selbst angekommen sein wird – und damit am Ort, von dem erste *Psychologien des Maschinenschreibens* ihren Ausgang genommen haben.[37] Gerade die Interferenzen von Eignung, Routine und Normung, die im qualitativen Leistungsquotienten der Stenotypistin, d. h. in der Zahl korrekter Anschläge pro Zeiteinheit ihren Niederschlag finden, belegen noch einmal, daß die wechselseitige Übergängigkeit von (De-)Personifikation, wie sie in Brücks Roman figuriert wird, nicht ausschließlich Sache von fiktionalen Texten ist. Die der psychotechnischen Zurichtung der Maschinenschreibszene geschuldete Komplexitätssteigerung erlaubt Giese einen Wechsel ins Grundsätzliche: „Methodisch ist dies Beispiel von Wichtigkeit, da es in seiner Verwickeltheit und Ungeklärtheit die Grenze der objektspsychotechnischen Verallgemeinerung zur objektspsychotechnischen Typisierung ebenso erweist wie der Beziehungen zwischen Subjektspsychotechnik und Objektspsychotechnik."[38] Gleichzeitig offenbart das Exempel in Hinsicht auf den instrumentellen Aspekt der typoskripturalen Schreibszene eine Verschiebung gegenüber den ersten Gehversuchen der vormals als „Stiefkind der experimentell psychologischen Forschung"[39] ausgewiesenen Maschinenschreibpsychologie. Seine Propädeutik der ‚Schreibmaschineneichung' hatte Herbertz einerseits den Prämissen der Handhabbarkeit und Lesbarkeit überantwortet,[40] sie andererseits einer typisierten Individualität unterschiedlicher Schreibin-

---

37 Richard Herbertz, „Zur Psychologie des Maschinenschreibens", in: *Zeitschrift für angewandte Psychologie und psychologische Sammelforschung* 2 (1909), S. 551-561.

38 Giese, *Methoden der Wirtschaftspsychologie* (Anm. 29), S. 629. – Ziemlich grotesk erscheinen vor diesem (dort im Gegensatz zu Kracauer natürlich ausgeblendeten) Hintergrund die kritischen Einwände der Literatursoziologie gegen die Rhetorizität der Angestelltenliteratur, so wenn z. B. Braune vorgeworfen wird, das *Mädchen an der Orga Privat* scheine den Menschen „zum Teil der dominanten Maschine" zu reduzieren, indem der Roman „Monotonie und Anstrengung" der Arbeit „durch zum Teil unzutreffende, häufig organizistische Metaphorik" wiedergebe, Jordan, *Zwischen Zerstreuung und Berauschung* (Anm. 8), S. 230 f.

39 Herbertz, „Zur Psychologie des Maschinenschreibens" (Anm. 37), S. 551.

40 Vgl. den Fragekatalog, der „20 der bedeutendsten, in Deutschland ansässigen Schreibmaschinenfirmen" zuging: „1. Nach welchem Grundsatz sind bei Ihrer Maschine die Buchstaben

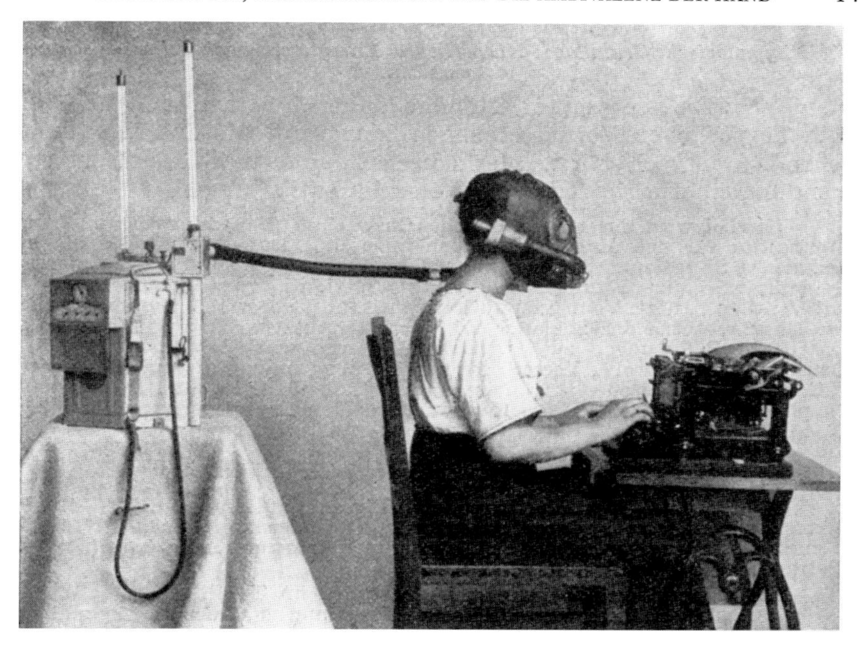

Abb. 1: Energieverbrauchsmessung beim Schreibmaschinenschreiben

Abb. 2: Bewegungsabläufe am Schreibtisch

tentionen und Arbeitsweisen unterstellt, wenn er etwa die Debatte über die Vor- respektive Nachteile sichtbarer und unsichtbarer Schrift resümierend an die „psychophysische *Eigenart* des *Schreibers*, insbesondere [den] Typus seines sprachlichen Gedächtnisses (Optiker, Akustiker, Sensomotoriker? usw.)“ sowie an die Differenz zwischen einem reproduktiven Schreiben nach Vorlage oder Diktat und den „Schreiber[n] eigener Gedankengänge“ verweist.[41] Die Kriterien, die Herbertz einer Psychologie des Maschinenschreibens zugrundelegt und deren Gewichtung seine das ‚Wesen der Technik‘ bekanntlich verfehlende Grundannahme von Organerweiterung und Instrument deutlich machen,[42] werden bei Giese – wenn auch widerwillig – an Industrienormen delegiert und in andere Zuständigkeitsbereiche verwiesen. Die aus der Perspektive der im präzisen Sinne ‚transhumanen‘ Instrumentalität fokussierte Schreibszene hat sich in ein Experimentalsystem verwandelt, das für konkrete Schreibvorgänge in dem Maße blind bleibt, in dem es die relevant gesetzten Parameter mittels vielfältiger Aufzeichnungsanordnungen in eine jenseits sprachlicher Zeichenhaftigkeit liegende Graphie von Kurven, Tabellen und Formeln überführt.[43]

II. Die Schriftgestalt im Dienst der Ausdruckskunde: das Modell ‚Graphologie‘

Eine konstitutive Blindheit für die konkreten Vorgänge auf der Szene des Schreibens liegt auch jener Thematisierung der Verbindung von Individuum und Schrift zugrunde, die – mit Fritz Gieses Unterscheidung[44] – von der ‚Ar-

angeordnet und weshalb halten Sie gerade diese von Ihnen gewählte Anordnung für am besten? 2. Haben Sie doppelte Klaviatur […] oder aber einfache Klaviatur mit Umschalter und weshalb halten Sie die eine von diesen beiden Einrichtungen für die bessere? 3. Haben Sie sichtbare oder nichtsichtbare Schrift und weshalb das eine von beiden? Welche Hauptunterschiede ergeben sich beim Vergleich des Schreibens mit sichtbarer gegenüber der unsichtbaren Schrift? Welche Erfahrungen haben Sie hierbei bezüglich Belastung des Gedächtnisses usw. gemacht? 4. Welche Umstände beeinflussen vor allen Dingen die Schnelligkeit des Schreibens, welches ist Ihr Schnelligkeitsrekord? 5. Welche Umstände beeinflussen vor allem den ‚psychophysischen Nutzeffekt‘ des Maschinenschreibens, d. h. wie kann man mit möglichst geringer körperlicher und geistiger Belastung des Schreibenden eine möglichst große Leistung beim Maschinenschreiben erzielen? 6. Welche Umstände halten Sie für das Lesen der Maschinenschrift für ausschlaggebend? 7. Insbesondere welche Typenart (lateinisch oder deutsch, Druck- oder Schreibschrift usw.) sowie welche Typenfarbe halten Sie für am zweckmässigsten?“ Herbertz, „Zur Psychologie des Maschinenschreibens“ (Anm. 37), S. 552.

41 Ebd., S. 560 f.

42 Vgl. Martin Heidegger, „Die Frage nach der Technik“, in: ders., *Gesamtausgabe*, I. Abteilung: *Veröffentlichte Schriften 1910-1976*, Bd. 7: *Vorträge und Aufsätze*, herausgegeben von Friedrich-Wilhelm von Herrmann, Frankfurt am Main: Vittorio Klostermann 2000, S. 5-36.

43 Vgl. zum Begriff des Experimentalsystems und zu dessen Graphien Hans-Jörg Rheinberger, *Experiment, Differenz, Schrift. Zur Geschichte epistemischer Dinge*, Marburg/Lahn: Basilisken-Presse 1992, und ders., *Experimentalsystem und epistemische Dinge. Eine Geschichte der Proteinsynthese im Reagenzglas*, Göttingen: Wallstein 2001.

44 Fritz Giese, *Psychologie der Arbeitshand. Handbuch der biologischen Arbeitsmethoden*, Abt. VI, Bd. B/II, 1, Berlin und Wien: Urban & Schwarzenberg 1928.

beitshand' zur ,Ausdruckshand' springt und also die gestischen Prozeduren des Schreibens vom anderen Ende her, das heißt: explizit aus der Warte der Nachträglichkeit in den Blick nimmt – der Graphologie.[45] Sie tritt, seit ihrer modernen Neubegründung am Rande von Lavaters physiognomischem Projekt und ihrer disziplinären Ausdifferenzierung im 19. Jahrhundert, als Teil eines anthropologischen Diskurses auf, für dessen „Ordnungssemantik" die Kategorien des ,Ausdrucks' und der ,Gestalt' den zentralen Bezugspunkt stellen und dessen Gegenstand das „Subjekt des Unwillkürlichen, des Unbewussten, des Reflexes, ein Subjekt des Misstrauens und des Kontrollverlustes" bildet.[46] Bereits die angesprochene Gründungsszene der Graphologie – und die Debatten um 1900 betrifft dies in womöglich noch höherem Maße – sieht sich deshalb einem Klärungsbedarf ausgesetzt, der die Kluft zwischen der Körperbewegung als dem Bezugspunkt ihres hermeneutischen Zugriffs und der Schrift als Niederschlag körperlicher Gestik betrifft: Der Sprung über die Körpergrenze und in die Nachträglichkeit einer Spurensicherungstechnik erfordert ein ganzes Bündel von Operationen, die den Ausschluß der Schreibszenen-Komponenten ,Instrumentalität' und ,Sprache' sowie die Einverleibung der Schrift in den Körper legitimieren sollen. Dies scheint umso dringlicher, als noch in der programmatischen Einbindung der Schrift ins physiognomische Projekt – dessen grundsätzliche diskursive Sprunghaftigkeit seinem prominentesten Kritiker Anlaß genug zu lustvoller Polemik geboten hatte[47] – sowohl die problematische Differenz als auch das Schreiben selbst in einer Satzfuge verschwinden können. „[U]nter allen Bewegungen des menschlichen Körpers", hält Lavater im dritten Band der *Physiognomischen Fragmente* fest (und damit an der Stelle, der er

45 Einen knappen, relativ nüchternen Überblick jenseits der ansonsten oft sehr parteiischen Forschungsliteratur bietet Hans Knobloch, „Die graphologische Bewegung", in: Stoll (Hrsg.), *Die Psychologie des 20. Jahrhunderts* (Anm. 26), S. 96-125. – Die folgenden Ausführungen beschränken sich auf die ausdruckspsychologischen graphologischen Deutungsversuche; Handschriftenanalyse als (kriminalistische) Identifizierungstechnik muß hier also unberücksichtigt bleiben. Vgl. zu dieser Differenzierung und ihren Implikationen Alois Hahn, „Handschrift und Tätowierung", in: Hans Ulrich Gumbrecht und K. Ludwig Pfeiffer (Hrsg.), *Schrift*, München: Fink 1993, S. 201-217

46 Rieger, *Die Ästhetik des Menschen* (Anm. 27), S. 185 und S. 75.

47 Vgl. Georg Christoph Lichtenberg, „Über Physiognomik; wider die Physiognomen. Zu Beförderung der Menschenliebe und Menschenkenntnis", in: ders., *Schriften und Briefe*, herausgegeben von Wolfgang Promies, Bd. 3, München: Carl Hanser 1972, S. 256-295, etwa S. 276: „Nun betrachte man einmal den Physiognomen, wie hülflos, und doch wie verwegen, er da steht. Er schließt nicht etwa von langem Unterkinn auf Form der Schienbeine, oder aus schönen Armen auf schöne Waden, oder wie der Arzt aus Puls, Gesichts- und Zungenfarbe auf Krankheit, sondern er springt und stolpert von gleichen Nasen auf gleiche Anlage des Geistes, und, welches unverzeihliche Vermessenheit ist, aus gewissen Abweichungen der äußeren Form von der Regel auf analogische Veränderung der Seele. Ein Sprung, der, meines Erachtens nicht kleiner ist, als der von Kometenschwänzen auf Krieg." – Zur Engführung von Individuum, Hand und Schrift um 1800 vgl. ausführlicher Verf., „Reflexionen der Hand. Zur Poetologie der Differenz von Schreiben und Schrift", in: Davide Giuriato und Verf. (Hrsg.), *Bilder der Handschrift. Die graphische Dimension der Literatur*, Frankfurt am Main und Basel: Stroemfeld 2005 (im Druck).

den „Ruhm" verdankt, auf „wenigen Seiten im Jahre 1777 die Grundzüge einer Graphologie entworfen zu haben"[48]), ist

> „keine so mannichfaltig [...], als die der Hand und der Finger. Und unter allen Bewegungen der Hand und der Finger keine so mannichfaltig, als die, welche das Schreiben verursacht. Das einfachste Wort, das so bald hingeschrieben ist, wie viele verschieden angelegte Punkte enthält es! aus wie mancherley Krümmungen ist es zusammen gebildet!"[49]

Von den „Zeichnungen und Figuren, die man Handschriften nennt",[50] müssen nun erstens aller semantische Sinn, zweitens sämtliche technischen Parameter und Materialwiderstände der Schreibszene: Papier, Schreibgerät, standardisierte und regularisierte Abläufe der sog. ‚Schulvorschrift', weggefiltert werden. Bereits 1792, also mitten im ‚Aufschreibesystem von 1800', ist die Programmatik einer so verstandenen graphologischen Ausdruckswissenschaft formuliert. Johann Christian August Grohmanns „Untersuchung zur Möglichkeit einer Charakterzeichnung aus der Handschrift", die im neunten Band des von Karl Philipp Moritz herausgegebenen *Magazins für Erfahrungsseelenkunde* erschienen ist, hält gegen die der Basisdefinition des Schreibens als regelgeleiteter, auf einem Notationssystem und auf standardisierter Einübung basierender kultureller Praxis geschuldeten Einwände, zu denen sich eine direkt auf den Charakter zielende Ausdrucksdeutung nicht nicht verhalten kann, fest:

> „Dieser Einwurf schränkt sich vors erste gleich dahin ein, daß das Schreiben eine nach Regeln bestimmte Bewegung der Hand ist, mit der und durch deren Führen der Feder der Buchstabe hingemahlt wird. Die Feder verhält sich also ganz leidentlich dabei, und muß nur der Bestimmung der Hand folgen. Uebrigens aber, so bestimmt auch die Regeln der Bildung des Buchstabens sind, so viel Arten sind auch wieder möglich, diese Regeln zu vollstrecken. Giebt es nicht [...] tausend mögliche Verbindungen der Buchstaben untereinander, rund geschärft, spitzig, abgebrochen, oder wohl gar keine, jeder einzeln isolirt von dem andern? Giebt es nicht Züge und Verzierungen der Buchstaben, die mehr willkührlich, als bestimmt sind? – Das Mechanische, daß das Schreiben zu haben scheint, fällt also ganz weg, [u]nd wird mehr ein nach dem Nervensystem der Hand sich richtender Ausdruck im Buchstaben. So wenig würklich der Tackt, das Pas eines jeden Tanzes das Charakteristische des Ausdrucks einer jeden Tänzerin versteckt und zu einer mechanischen Bewegung des Fußes macht: so wenig macht auch die Vorschrift des

48 Wilhelm Preyer, *Zur Psychologie des Schreibens. Mit besonderer Rücksicht auf individuelle Verschiedenheiten der Handschriften*, 2. Aufl. mit einer Ergänzung von Dr. Th. Preyer, Leipzig: Leopold Voss 1919, S. 220 f.

49 Johann Caspar Lavater, *Physiognomische Fragmente, zur Beförderung der Menschenkenntniß und Menschenliebe*, 4 Bde., Leipzig, Winterthur 1775-1778, Faksimilenachdruck Zürich: Orell Füssli 1968-1969, Bd. III, S. 111.

50 Ebd.

Buchstabens die tausend Möglichkeiten, ihn nach dem Charakter des Nervens zu bilden, unmöglich.“[51]

Gerade der schlechthin grundsätzliche Einwand in bezug auf das charakterologische Ausdruckspotential der Handschrift also verkehrt sich bei Lavater und Grohmann angesichts der faktischen Individualität der Schriftzüge in den nicht minder fundamentalen Beweis: „So einfach der Buchstabe ist, so viel unendliche Richtungen sind in ihm möglich, und eben so viel verschiedene Charakterbestimmungen enthält er. Seine Höhe, Dicke, Schärfe, Verbindung, seine ganze Gestalt ist für die kleinsten Schilderungen des menschlichen Herzens entscheidend.“[52]

An diese physiognomische Tradition eher als an die französische Graphologie des 19. Jahrhunderts mit ihren starren semiotischen Tableaus wird, bei aller Detailkritik an ihr und bei allen Beleihungen jener, die Graphologie um 1900 – und also ein Aufschreibesystem später – anschließen.[53] Allerdings sind die Anforderungen an ihr Voraussetzungssystem um einiges komplexer geworden. In einer Epoche, in der die Gleichung „eine organisch kohärente Handschrift: ein bürgerliches Individuum“ dem Durchsetzungsvermögen einer pädagogischen Disziplinierung zur Produktion von Individualität geschuldet war, blieben konkrete Differenzen eine zu vernachlässigende Variable und somit die Programme des graphologischen Diskurses im Zeichen übergeordneter Evidenzen marginal.[54] In einer Epoche, in der das Invidiuum in ein Bündel von physiologischen, neurologischen, psychischen und kulturellen Funktionen zerfällt und seine Handschrift nur eins der Symptome ist, an dem deren Zusammen- und Widerspiel sich verrät, werden individuelle Differenzen zum Maß aller Verhältnisse und geraten unterkomplexe Kausalitätsmodelle wie das der Graphologie unter Verdacht.

Der graphologische Diskurs um 1900 legt deshalb, neben der Ausdifferenzierung und Disziplinierung der Bezeichnungssprache, ein besonderes Gewicht

---

51 Johann Christian August Grohmann, „Untersuchung zur Möglichkeit einer Charakterzeichnung aus der Handschrift“, in: *Magazin für Erfahrungsseelenkunde als ein Lesebuch für Gelehrte und Ungelehrte*, mit Unterstützung mehrerer Wahrheitsfreunde herausgegeben von Karl Philipp Moritz und Salomon Maimon, Bd. 9, 3. Stück (1792), S. 34-66, hier S. 49 f.

52 Ebd., S. 56.

53 Vgl. Ludwig Klages, „Prinzipielles bei Lavater“, in: ders., *Sämtliche Werke*, herausgegeben von Ernst Frauchiger, Gerhard Funke, Karl J. Groffmann, Robert Heiss und Hans Eggert Schröder, Bd. 6: *Ausdruckskunde*, mit einer Einleitung von Ernst Frauchiger, Bonn: H. Bouvier u. Co. 1964, S. 3-12. Die Kritik bezieht sich dort vor allem auf Lavaters Argumentationsstil: „Lavater dekretiert, statt zu beweisen, und wir sollen auf Schritt und Tritt als selbstverständlich zugeben, was weder plausibel gemacht noch durch Erfahrungsbelege gestützt wird“ (S. 3).

54 Kittler, *Aufschreibesysteme 1800/1900* (Anm. 2), S. 88. – Die „schlechthin selbständige und individuelle Handschrift [...] ist individuell nicht durch irgendwelche Eigenheiten, die graphologischen Seelenkennern oder polizeilichen Handschriftexperten das Identifizieren erlauben würden, sondern durch ihre organische Kontinuität, die die biographisch-organische Kontinuität des gebildeten Individuums buchstäblich, nämlich buchstabenmäßig materialisiert“ (S. 90).

auf die Modifikation seines Kausalitätsanspruchs. Die „einfache vergleichende Nebeneinanderstellung von Handschriften und Charakteren“[55] der ‚vor‘- und ‚populärwissenschaftlichen‘ Graphologie wird zugunsten einer nuancierteren Expressivität in den Koordinaten von ‚Seele‘ und ‚Leib‘, Willenssteuerung und Unwillkürlichkeit aufgegeben, die mit der Unterscheidung von „direkten“ und „indirekten“ Symptomen, mit dem in ihrem ‚Grundgesetz des Ausdrucks‘ eingetragenen Vorbehalt – „Jede innere Tätigkeit [...], *soweit nicht Gegenkräfte sie durchkreuzen*, wird begleitet von der ihr analogen Bewegung“[56] – und schließlich mit dem Postulat einer grundsätzlichen Doppeldeutigkeit aller Ausdrucksbewegungen[57] der relationalen Komplexität in den Diskursen über das Subjekt gerecht zu werden sucht.

Damit soll die Geltung der erwähnten Ordnungssemantik von ‚Gestalt‘ und ‚Ausdruck‘ noch da gewährleistet bleiben, wo die Analyseraster der graphologischen Methode das Ausdrucksbild der Handschrift in jene immer nur annähernd diskreten Bestandteile zerlegt, die schon bei flüchtigem Blick in die einschlägige Literatur begegnen: in all die „Ab-“, „Haupt-“, „Druck-“ oder „Grundstriche“, „Auf-“, „Neben-“ oder „Haarstriche“, in „Übergangsstriche“, in „Neigungswinkel“, „Bindungsgrad“, „Regelmäßigkeit“, „Schriftlage“ und „Schreibdruck“; abstrakter formuliert: in die „vier Formelemente“ „Länge des fixierten Schreibweges“, „Verteilung auf die Fläche“, „Kontinuität des Schriftzugs“ und „Strichbreite“.[58] Gerade die erwähnte Größe des ‚Schreibdrucks‘, der mit Kraepelins Schriftwaage bekanntlich selbst experimentell aufschreibbar geworden ist, verdeutlicht, daß der Aus- und Umbau der Graphologie zum Lehr- und Analysegebäude mit wissenschaftlich-disziplinärem Anspruch nicht nur im Blick auf die Schrifturheberschaft, sondern darüber hinaus als ‚Charakter-

---

55 Georg Meyer, *Die wissenschaftlichen Grundlagen der Graphologie. Vorschule der gerichtlichen Schriftvergleichung*, 2. Aufl., bearbeitet und erweitert von Dr. Hans Schneickert, Jena: Gustav Fischer 1925, S. 51 (im Original gesperrt).

56 Ludwig Klages, *Die Probleme der Graphologie. Entwurf einer Psychodiagnostik*, in: ders., *Sämtliche Werke* (Anm. 53), Bd. 7: Graphologie I, mit einer Einleitung von Karl J. Groffmann, Bonn: Bouvier u. Co. 1968, S. 1-284, hier S. 109 und S. 137 (Hervorhebung von Verf.).

57 „Die Doppeldeutigkeit, die wir bisher für zwei Schrifteigenschaften, für Ebenmaß und Regelmäßigkeit, erwiesen haben, kehrt nun bei *jeder* Schrifteigenschaft wieder, ja bei jeder Eigenschaft des Ausdrucks überhaupt, und weist auf einen Sachverhalt von allergrößter Allgemeinheit zurück. Gefühlsschwäche, Willensstärke, Gefühlserregbarkeit usw. *sind* zwar nicht ‚Kräfte‘, aber sie haben mit den Kräften eines gemein: nämlich *gesteigert* werden zu können. [...] Da uns die Beantwortung der Frage, wieso überhaupt von einem Mehr und Weniger in Hinsicht auf Eigenschaften könne gesprochen werden, die nichts einer Menge auch nur Ähnliches haben und darum durchaus nicht wie jene durch Zahlen bestimmbar sind, weit über die hier gesteckten Grenzen hinausführen würde, so bescheiden wir uns mit der Tatsache selbst und leiten aus ihr das Recht ab, jede Charaktereigenschaft in Gemäßheit (= nach Analogie) einer Kraft zu betrachten. Dadurch erleichtern wir uns außerordentlich die Herleitung des notwendigen Doppelsinns aller Ausdruckszüge“, Ludwig Klages, *Handschrift und Charakter. Gemeinverständlicher Abriß der graphologischen Technik*, in: ders., *Sämtliche Werke* (Anm. 56), Bd. 7, S. 285-540, hier S. 326.

58 So die analytische Terminologie bei Meyer, *Die wissenschaftlichen Grundlagen der Graphologie* (Anm. 55).

kunde' einem epistemologischen Hiatus geschuldet ist: Neben die integrative Tendenz der psychologisch-hermeneutischen Deutungsabsicht, mit der die Graphologie als „Wissenschaft vom *Ausdrucksgehalt der persönlichen Bewegungsweise*" definiert wird,[59] treten auch hier die differenzorientierten Meßverfahren der Physiologie und Psychophysik. Von diesem zweiten methodischen Bezugsmodell aus kann Georg Meyer dann dafür postulieren, „den Ausdruck ‚Handschrift' auf[zu]geben und mit vollem Recht von einer ‚*Gehirnschrift*' [zu] sprechen".[60] Von diesem Modell aus kann die Generierung der Schrift neu und diesseits aller Subjekterweiterung bestimmt werden. Während noch Klages' strategische Medienblindheit, im Anschluß an die physiognomische Tradition, die Handschrift als Schattenriß der „Schreibbewegung" und somit als die „eine und nur eine Bewegung des Menschen" definieren kann, „die im Augenblick der Entstehung fixiert wird",[61] zielt Meyers psychophysiologisch informiertes Modell auf anderes: auf die Genese des Schreibens selbst, zu dem sich Fixierung in jedem Wortsinn, aber unausgesprochen sekundär verhält. „Psychophysiologisch kommt der Schreibakt folgendermaßen zustande. Der Gedanke, den man niederschreiben will, ist im Bewußtsein als eine Reihe von Lautvorstellungen konzentriert. An diese Lautvorstellungen reihen sich die optischen Vorstellungen von den Schriftzeichen, an diese weiter die entsprechenden Bewegungsvorstellungen an. Von letzteren aus geht dann der unmittelbare Antrieb zu der Schreibbewegung." Sind diese „Assoziations- und Koordinationsvorgänge" erst eingeübt, tritt an die Stelle des anfänglichen „Nachzeichnen[s]" optischer Schriftbilder „mehr direkt die Bewegungsvorstellung", Schreiben wird zur quasi-mechanischen Tätigkeit und erst dann zum Schauplatz der „unwillkürlichen Faktoren", an denen die Graphologie einzig interessiert ist.[62]

Noch im *discours mixte* der Graphologie also wird sich damit der vom Berliner Philologen Karl Victor Müllenhoff bereits 1876 geäußerte und nun auf die Praxis des Schreibens zu erweiternde Verdacht bestätigen, der Mensch sei für

59 Ludwig Klages, *Einführung in die Psychologie der Handschrift*, in: ders., *Sämtliche Werke* (Anm. 56), Bd. 7, S. 541-591, hier S. 555.

60 Meyer, *Die wissenschaftlichen Grundlagen der Graphologie* (Anm. 55), S. 51.

61 Klages, *Einführung in die Psychologie der Handschrift* (Anm. 59), S. 554. – Vgl. die differenziertere Argumentation in *Ausdrucksbewegung und Gestaltungskraft:* „Wir könnten zu dem Behuf jede beliebige Bewegung des Menschen herbeiziehen, Mienenspiel, Sprechweise, Gesten, Gang, Haltung; denn es gibt keine Gebärde, die nicht vom Zustand der Seele geprägt, keine Willkürbewegung, die von ihm nicht gemodelt würde, und darum auch keine, an welcher nicht teilhätte das Insgesamt seiner Eigenschaften. [...] Indessen, was immer den Quell seiner Deutungen bilden möge, ob es mehr Tonfall und Klang der Stimme ist, mehr der Gesichtsausdruck, mehr das Sichbewegen oder auch alles mitsammen, stets ist er auf Eindrücke von schneller Vergänglichkeit angewiesen. Ausschließlich das Schreiben, weil es im Augenblick der Entstehung fixiert wird, hinterläßt für Jahrzehnte und selbst für Jahrhunderte dauernde Spuren, die, frei sogar von den möglichen Fehlern der photographischen Platte, ingestalt der Handschrift mit vollkommener Genauigkeit auch die zartesten Schwankungen der erzeugenden Funktionen bewahren. Nur aus *diesem* Grunde bevorzugen wir die Schreibbewegung", Ludwig Klages, *Ausdrucksbewegung und Gestaltungskraft. Grundlegung der Wissenschaft vom Ausdruck*, in: ders., *Sämtliche Werke* (Anm. 53), Bd. 6, S. 139-313, hier S. 208 f.

62 Meyer, *Die wissenschaftlichen Grundlagen der Graphologie* (Anm. 55), S. 42-44.

die „modischen Herren Sprachforscher", also für die Sprachphysiologen und Phonetiker naturwissenschaftlicher Ausrichtung, nur mehr „eine Sprech- und Redemaschine ohne andern Inhalt als eine Summe von Lauten und grammatischen Formen".[63] Oder eben eine Schreibmaschine. So klingt es denn zunächst auch wie eine etwas umständlicher gefaßte Variante von Meyers eben zitierten Ausführungen, wenn Richard Herbertz den „psychophysischen Vorgang, der bei jedem Maschinenschreiben stattfindet, [...] in seine einzelnen Phasen zerlegt":

> „Zunächst wirkt auf den Schreiber ein Reiz ein, ein äußerer akustischer Reiz, wenn er das Lautwort eines Diktierenden hört, ein äußerer optischer Reiz, wenn er nach Vorlage abschreibt, ein innerer, sogenannter ideogenetischer Reiz, wenn er eigene Gedankengänge schreibt. Dieser Reiz bzw. der ihm entsprechende psychische Vorgang löst alsdann auf assoziativem Wege die Vorstellung eines optischen Bildes des zu schreibenden Schriftwortes aus. Je nach dem Übungsgrad des Schreibenden wird dann dieses Bild in die Bilder der einzelnen zu schreibenden Typen, wie sie auf dem Tastbrett vorhanden sind, zerlegt, oder es bleibt als optisches Gesamtbild eines Schriftwortes bestehen. Von den optischen Zentren aus findet alsdann eine assoziative Erregung der sensomotorischen Zentren statt, wie sie notwendig ist, damit die adäquaten Schreibbewegungen ausgelöst werden können. Es entsteht in dem Schreiber ein Erinnerungsbild von Schreibbewegungen, ein Bild, das mit zunehmendem Grade der Geläufigkeit natürlich immer mehr ins Unterbewußtsein zurückgedrängt wird. Es entsteht in dem Schreiber meist die Erinnerungsvorstellung des Zusammenhanges irgendwelcher Bewegungen, wie er sie zur Niederlegung des betreffenden Wortes auf der Klaviatur bedarf [...]. Die einzige Aufgabe, die der Schreiber nun hat, ist die Verwirklichung dieser Erinnerungsbilder von Bewegungsempfindungen (cheirokinetische Reproduktionen) auf der Klaviatur."[64]

Im Zeichen der Schreibmaschine, im Zeichen personifizierter Apparate und mechanisierter Schreibindividuen, scheint der Status des graphologischen Ausdrucksprimats prekär. Ganz entgegen Grohmanns Vermutung haben Nerven eben keinen Charakter, sondern bringen Charaktere buchstäblicher und persönlicher Art erst hervor. Das bedeutet nicht nur, daß aufgrund des technischen Dispositivs des Maschinenschreibens anderes an Ausdrucksqualität gewinnen muß als ‚Formniveau', Strichstärken oder Verschnörkelung, daß auf einmal diskrete Spatien und andere Schriftoperatoren Zeichenqualität erhalten und die Schriftdeutung buchstäblich an die Ränder des Schriftbilds verweisen. „Die moderne Graphologie, die den Zusammenhang zwischen Persönlichkeit und Schrift wissenschaftlich begründet nachgewiesen hat, ist im wesentlichen ein Kind des neunzehnten Jahrhunderts: des *Stahlfederzeitalters*", weiß denn auch

---

63 Karl Victor Müllenhoff an Unbekannt, 29. 11. 1876, veröffentlicht in Eveline Einhauser, *Die Junggrammatiker. Ein Problem für die Sprachwissenschaftsgeschichtsschreibung*, Trier: WVT Wissenschaftlicher Verlag Trier 1989, S. 332 (die Briefstelle bezieht sich auf Lautphysiologen und Phonetiker Eduard Sievers).

64 Herbertz, „Zur Psychologie des Maschinenschreibens" (Anm. 37), S. 560.

einer der Autoren, der die Disziplin für das Schreibmaschinenzeitalter aufzurüsten gedenkt.[65] Problematisch für die Ansprüche des graphologischen Hybriddiskurses wird außerdem der Umstand, daß im psychophysiologischen Modell des Schreibvorgangs der Umstand handschriftlicher Fixierung genauso kontingent ist wie ihr Auslösereiz. Wenn diktierende Lautworte, Schreibvorlagen oder Gedankengänge für den Schreibablauf ebenso austauschbar werden wie die Realisation der Bewegungsvorstellungen in der Feder oder auf der Schreibmaschinenklaviatur, dann wird die Privilegierung der Handschrift zur medientechnischen Zufälligkeit. Wenn gar die psychophysische „Sprachlokalisationsforschung" selbst „schlicht einer Schreibmaschine" gleicht und „vor jedem Bewußtsein" kein Charakter steht, sondern „sensorische und motorische, akustische und optische Sprachteilzentren, die durch Nervenbahnen genauso verschaltet werden wie die Schreibmaschinenfunktionsgruppen durch Hebel und Gestänge",[66] dann muß die Programmatik einer graphologischen Ausdruckswissenschaft den Rückzug in den scheinbar sicheren Hafen von Globalkonzepten mit universalem Erklärungsanspruch antreten – das wäre Klages' Option – oder den Rückbezug auf die scheinbare Evidenz derjenigen organischen Schnittstelle zwischen Individuum und Schrift wagen, die schon bei Lavater das Schreiben als Körperausdruck und das Schriftbild als Bewegungsprotokoll initiiert hatte: die Hand. „Die Hand bietet infolge ihrer freien Beweglichkeit eine besonders günstige Gelegenheit zur Lokalisation d[er] physiognomischen Eigenarten dar, und es ist selbstverständlich, daß sie auch in der Schreibbewegung und somit auch in der Handschrift zu irgendeinem [sic] Ausdruck gelangen."[67]

III. Hände: Dissoziation und Ambivalenz literarischer Schreib-Szenen

Eine radikalere Möglichkeit der Auseinandersetzung mit den Differenzierungszwängen und Begründungsnöten der instrumentell sowie gestisch disziplinierten Schreibszene um 1900 sei abschließend zumindest angedeutet. Sie besteht in der Ersetzung dieser Strategien und ihrer Paradoxieanfälligkeit durch die emphatische Ambivalenz poetologischer Reflexion.

In Rilkes *Aufzeichnungen des Malte Laurids Brigge* erinnert sich der Erzähler, ein junger Schriftsteller, an einen Winterabend seiner Kindheit, den er zeichnend verbracht hat. Ihm rollt ein Stift übers Blatt, über die Tischkante und

65 Alfred Kring, *Die Graphologie der Schreibmaschine auf wissenschaftlicher Grundlage. Handbuch für graphologische und kriminologische Untersuchungen*, Zürich: Albis-Verlag A.-G. 1936, S. 16 f. – Zu den ‚Rändern' der Schrift als Ausgangspunkt für die maschinengraphologische Diagnostik vgl. S. 53-91.

66 Kittler, *Aufschreibesysteme 1800/1900* (Anm. 2), S. 257 f.

67 Meyer, *Die wissenschaftlichen Grundlagen der Graphologie* (Anm. 55), S. 55.

fällt hinunter auf den langhaarigen Fellteppich, er klettert ihm nach in die Dunkelheit unter dem Tisch. Als diese sich zum diffusen Zwielicht aufklärt und er sich an Wandleiste und Tischbeinen zu orientieren beginnt, nimmt der Knabe, wie die Erzählung seiner Erinnerung formuliert, seine „eigene, ausgespreizte Hand" wahr, „die sich ganz allein, ein bißchen wie ein Wassertier, da unten beweg[t] und den Grund untersuch[t]". Er sieht ihr „fast neugierig" zu; es scheint ihm, sie sei „eigenmächtig", *autonom* geworden, vollführe „Bewegungen, die [er] nie an ihr beobachtet hatte". Diese Verfremdung im Halbdunkel unter dem Tisch, fernab vom „beschienenen Blatt", der „Helligkeit" und den „Farben auf dem weißen Papier", diese Dissoziation der eigenen Hand wird, so befremdend sie erscheint, gespannt verfolgt in der Erwartung weiterer Überraschungen. Was kommt, was der Hand und ihrem Beobachter entgegenkommt, läßt die Neugierde in „Grauen" umschlagen. „[M]it einem Male" tritt ihnen „aus der Wand eine andere Hand entgegen [...], eine größere, ungewöhnlich magere Hand, wie ich noch nie eine gesehen hatte. Sie suchte in ähnlicher Weise von der anderen Seite her, und die beiden gespreizten Hände bewegten sich blind aufeinander zu." Mit diesem Schock erst beginnt die Dissoziation der Hand zu sistieren, ohne daß allerdings die Wiederversicherung die unheimliche Szene dieses Schocks unges(ch)ehen machen könnte: „Ich fühlte, daß die eine von den Händen" – aber welche? – „mir gehörte und daß sie sich da in etwas einließ, was nicht wieder gutzumachen war. Mit allem Recht, das ich auf sie hatte, hielt ich sie an und zog sie flach und langsam zurück, indem ich die andere nicht aus den Augen ließ, die weitersuchte."[68] Das Trauma, das diese Urszene hinterläßt, bleibt, die Figur der Dissoziation aber droht sich von der zeichnenden Hand auf die Zeichen, die diese hervorbringen wird, zu verschieben: „Aber es wird ein Tag kommen, da meine Hand weit von mir sein wird, und wenn ich sie schreiben heißen werde, wird sie Worte schreiben, die ich nicht meine."[69] Die Verselbständigung jenes privilegierten Körperteils, dessen Beschaffenheit Schriftzüge zu Bewegungs- und Charakterspuren prädestiniert hatte, scheint nur noch vorübergehend kontrollierbar zu sein. Solche Versöhnungen, die latente Gewaltsamkeit von Rilkes Beschreibung weist darauf hin, bleiben damit prekär.

Die zitierte Szene ist nichts weniger als ein zufälliges Einzelbeispiel, sie gerät vielmehr in der poetologischen Reflexion des *Fin de siècle* und in ganz unterschiedlichen erzählerischen Inszenierungen geradezu zum Topos. In Tagebüchern, Briefen, Notizheften und Erzählungen werden um 1900 ähnliche Verfremdungswahrnehmungen und Ent-Fremdungstechniken im Verhältnis zwischen ‚Ich' und ‚Hand' beschrieben und beobachtet. An Kafkas kämpfende Hände wäre zu denken; zu erinnern wäre überdies einmal mehr an Robert

68 Rainer Maria Rilke, *Die Aufzeichnungen des Malte Laurids Brigge*, in: *Sämtliche Werke*, herausgegeben vom Rilke-Archiv in Verbindung mit Ruth Sieber-Rilke, besorgt durch Ernst Zinn, Frankfurt am Main: Insel 1966, Bd. 6, S. 707-946, hier S. 792-797.

69 Ebd., S. 756.

Walsers Ausführungen zum „wahren Zusammenbruch [s]einer Hand" beim Schreiben mit der Feder, zum „Krampf", den er erst mit dem Bleistift-Kritzeln und -Zeichnen seiner Mikrogramme überwindet,[70] oder an Paul Valérys Reflexionen über die Hand, die er in seinen *Cahiers* mit Zeichnungen von Händen supplementiert: „Man betrachtet die eigene Hand auf dem Tisch, und dabei stellt sich philosophische Verblüffung ein. Ich bin in dieser Hand und ich bin nicht darin. Sie ist ich und nicht ich."[71] Wo, wie der sprachreflexive und sprachkritische Tenor der Literatur um 1900 überall zur Darstellung bringt, das Verhältnis von Wort und Welt brüchig geworden ist, über diese Brüchigkeit aber grundsätzlich nur in wohlgesetzten Worten reflektiert werden kann, bietet sich die ambivalent gewordene Hand als Problemfigur einer Schnittstelle zwischen Welt und Wort geradezu an.

Doch bleibt die poetologische Reflexion der Literatur bei solcher Krisenerfahrung nicht stehen. Sie setzt zum einen die Problemkonstellation der Schreib-Szene fort als Provokation subjektiver Vergewisserungstechniken und ästhetischer Objektkonstitution zugleich, hält aber, im Unterschied zu den entweder auf den Subjektcharakter oder das mediale Dispositiv fixierten Diskursen, an der ihr zugrundeliegenden Differenzwahrnehmung ohne Versöhnungsabsicht und Synthetisierungsbegehren fest. So zeichnet sich bei Rilke, zunächst in den beiden Texten zu Rodin von 1902 und 1907, eine programmatische Ästhetik des Partikularen ab, in deren Zentrum fragmentierte und fragmentierende Hände Gieses Differenzierung zwischen ‚Arbeitshand' und ‚Ausdruckshand' als Ambivalenz vorwegnehmen und als Verwechslungsgewinn das unheimliche Schauspiel der Dissoziation durch die Einsicht ersetzt haben, „daß ein künstlerisches Ganzes nicht notwendig mit dem gewöhnlichen Ding-Ganzen zusammenfallen muß".[72] Dieser Bezugspunkt liegt deshalb nahe, weil die „Anerkennung des Teilstücks als vollgültiges Kunstwerk",[73] die im ausgehenden 19. Jahrhundert einsetzt, und damit die erstmalige Wendung der Ästhetik hin zur bewußten Unvollständigkeit des Torso als „bloße[r] *Möglichkeitsform*, die selbst zum Werk geworden ist",[74] von der Kunstgeschichte gemeinhin Auguste Rodin zugeschrieben wird. Zum anderen bleibt das – im Gestus bescheidenere, aber für die Beobachtung der Schreibszenen und -Szenen im Zeitalter

70 Robert Walser an Max Rychner, 20. 06. 1927, in: *Briefe*, herausgegeben von Jörg Schäfer unter Mitarbeit von Robert Mächler, Frankfurt am Main: Suhrkamp 1979, S. 300 f.

71 Paul Valéry, „Cahier X [1925]", 733, in: ders., *Cahiers/Hefte*, auf der Grundlage der von Judith Robinson besorgten französischen Ausgabe herausgegeben von Hartmut Köhler und Jürgen Schmidt-Radefeldt, Bd. 2, Frankfurt am Main: Suhrkamp 1988, S. 162.

72 Rainer Maria Rilke, *Rodin. Erster Teil*, in: ders., *Sämtliche Werke* (Anm. 68), Bd. 5, S. 139-201, hier S. 163.

73 Kathrin Elvers-Švamberk, „Von Rodin bis Baselitz. Der Torso in der Skulptur der Moderne", in: *Von Rodin bis Baselitz. Der Torso in der Skulptur der Moderne*, Katalog zur Ausstellung in der Staatsgalerie Stuttgart, 7. April bis 19. August 2001, herausgegeben von Wolfgang Brückle und Kathrin Elvers-Švamberk, Ostfildern-Ruit: Hatje Cantz 2001, S. 13-85, hier S. 13.

74 Hans Belting, *Das unsichtbare Meisterwerk. Die modernen Mythen der Kunst*, München: C. H. Beck 1998, S. 233.

ihrer vielfältigen Mechanisierung vielleicht faszinierendere – Sich-Einlassen auf die Paradoxien des Beobachtungsvorgangs und der von ihm beobachteten Befunde. In Robert Walsers ‚Bleistiftgebiet', jenem Ensemble von Spuren mühevoller, konzentrierter und dennoch spielerisch-entspannter Schreib-Hand-Arbeit, artikuliert sich diese unmögliche (Selbst-)Beobachtung des Schreibens so: „Prachtvoll, wie meine Dichterhand über's Schreibpapier hinfliegt, als gliche [sie] einem begeisterten Tänzer".[75]

75 Robert Walser, „Neulich lasen meine Augen ...", in: ders., *Aus dem Bleistiftgebiet*, Bd. 4: *Mikrogramme aus den Jahren 1926-1927*, im Auftrag des Robert Walser-Archivs der Carl Seelig-Stiftung/Zürich entziffert und herausgegeben von Bernhard Echte und Werner Morlang, Frankfurt am Main: Suhrkamp 1990, S. 199-202, hier S. 199.

Christoph Hoffmann

Schreibmaschinenhände
Über „typographologische" Komplikationen

I

Zu Zeiten, da noch kaum je eine Schreibmaschine erblickt worden war, hatte sich das Wort bereits im Kopf eines jungen Philologen festgesetzt. Nicht Friedrich Nietzsche ist gemeint, dessen Tippversuche noch ein halbes Jahrzehnt voraus lagen, gemeint ist Erich Schmidt, später Mitherausgeber der Sophienausgabe und Nachfolger Wilhelm Scherers an der Berliner Universität. Im Sommer 1877 schreibt Schmidt dem verehrten Lehrer über seine Klopstock-Forschungen in der Freiburger Bibliothek: „Lieber Herr Professor. Da ich hier täglich 6 1/2 Stunden kopiere und excerpiere, fühle ich mich nach dieser Tätigkeit als Schreibmaschine so unlustig, noch weiter die Feder zu führen, daß ich Ihnen jetzt nicht von dem ganzen hübschen Gewinn aus den 35 dicken Scharteken berichten will und kann."[1] Der Anlaß dieser Fron liegt selbstverständlich in Handschriften vor Schmidt ausgebreitet, und ebenso selbstverständlich fertigt er seine Auszüge von Hand an. Weder hat es der Philologe mit Maschinengeschriebenem zu tun, noch schreibt er mit der Maschine: In diesem Stadium seines Geschäfts *ist* er vielmehr schlicht „Schreibmaschine".

Mit dieser Zustandsbeschreibung kommt wohl zum ersten Mal in der sich eben etablierenden Neugermanistik die Rede auf die Schreibmaschine. Obwohl noch ganz selbstbezüglich gebraucht, drückt sich in Schmidts Formulierung bereits aus, was für die Präsenz des Maschinengeschriebenen im Auge des Philologen künftig gelten sollte. Drei Momente charakterisieren die Äußerung: 1. wird die Schreibmaschine von der Handschrift her auf den Begriff gebracht, indem sie 2. für die mechanische Rückseite eines selbstbestimmten, freien Zugs der Schrift einsteht und derart 3. zum Synonym für den sterilen, geistlosen Vorgang der Abschrift wird. Daß sich an diesem Begriff bis in die jüngste Zeit kaum etwas geändert hat, läßt sich beispielsweise in einer Einleitung in die Editionswissenschaft aus dem Jahr 1991 nachlesen. In einer Fußnote zum Begriff der „handschriftlichen Überlieferung" vermerkt der Verfasser: „Obgleich es zweckmäßig ist, zwischen den beiden Hauptüberlieferungsträgern ‚Manuskript' und ‚Typoskript' zu unterscheiden, hat sich in der Praxis für das Ma-

1 Erich Schmidt an Wilhelm Scherer, Freiburg, 25. August 1877, in: Werner Richter und Eberhard Lämmert (Hrsg.), *Wilhelm Scherer, Erich Schmidt. Briefwechsel*, Berlin: Erich Schmidt 1963, S. 91.

nuskript der Begriff ‚Handschrift' als häufigste Bezeichnung durchgesetzt."[2] Daß dem Autor im Fortgang des Satzes gleich selbst unterläuft, was er erst erläutern möchte, indem er stillschweigend das Manuskript als Sammelbegriff auch für Typoskripte benutzt, zeigt aufs beste, wie tief verankert eben dieses Vorgehen ist. Eine ähnlich instruktive Bemerkung findet sich in einer ansonsten exzeptionell an Schreibmaschinenschriften interessierten Monographie zum Nachlaß Bertolt Brechts. Über das „wichtigste Arbeitsinstrument des Schriftstellers" heißt es dort – und auf die Konstruktion des Satzes kommt es an: „Brecht benützte die Schreibmaschine nicht nur zur Herstellung von Reinschriften, sondern sehr oft auch bereits in der Phase des Entwurfs."[3] Mit anderen Worten wird üblicherweise vorausgesetzt, daß die Schreibmaschine erst dann zum Einsatz kommt, wenn das eigentliche Werk getan ist.[4] Der Ruch des „Sekundären",[5] auf den schon Stephan Kammer hingewiesen hat, wird allerdings auf Seiten der Produzenten von einer Idee der Distanzierung überlagert, für die Gottfried Benns Skizze seiner drei Arbeitsplätze einstehen kann. Der „entscheidende" Tisch ist nach seinem Wort nämlich der, auf dem die Schreibmaschine steht. Denn: „nur das maschinell Geschriebene ist dem Urteil zugängig, bereitet das Objektive vor, die Rückstrahlung vom einfallsbeflissenen zum kritischen Ich."[6]

Benns Bemerkung und die vorher zitierten eint, daß sie allesamt, randständig und verstreut wie die wenigen anderen professionellen Anmerkungen zum Maschinenschreiben, ihren Gegenstand immer als Annex handschriftlicher Produktionen behandeln. Selbst abgewanderte Philologen sprechen zwar liebend gerne über die Sekretärinnenverhältnisse moderner Dichtung, zur Frage, wie die Schreibmaschine das Schreiben durchdringt, haben sie aber kaum mehr denn die Formel vom „Rückschlag ihrer Technologie auf den Stil" beizusteuern,[7] ohne daß dieser „Rückschlag" je im Detail besprochen würde. Wenn folglich Namen wie Remington, Underwood, Ideal oder später Triumph-Adler, Olivetti und IBM eine eigene Epoche literarischen Schreibens bezeichnen sollen, dann scheint dieses Ereignis eines zu sein, das in seinen Konsequenzen noch einzufangen wäre.

---

2 Klaus Kanzog, *Einführung in die Editionsphilologie der neueren deutschen Literatur*, Berlin: Erich Schmidt 1991, S. 110, Fn. 11.

3 Gerhard Seidel, *Bertolt Brecht – Arbeitsweise und Edition. Das literarische Werk als Prozeß* (1970), 2. Aufl., Stuttgart: J. B. Metzler 1977, S. 80 f.

4 So auch bei Almuth Grésillon, *Literarische Handschriften. Einführung in die „critique génétique"* (1994), aus dem Französischen übersetzt von Frauke Rother und Wolfgang Günther, Bern: Peter Lang 1999, S. 56.

5 Vgl. Stephan Kammer, „Tippen und Typen. Einige Anmerkungen zum Maschinenschreiben und seiner editorischen Behandlung", in: Christiane Henkes und Harald Saller (Hrsg.), *Text und Autor. Beiträge aus dem Venedig-Symposium 1998 des Graduiertenkollegs ‚Textkritik' München*, Tübingen: Niemeyer 2000, S. 191-206, hier S. 194.

6 Gottfried Benn, „Neben dem Mikroskop" (1952), *Gesammelte Werke*, Bd. 4, herausgegeben von Dieter Wellershoff, 7. Aufl., Stuttgart: Klett-Cotta 1992, S. 173-174, hier S. 174.

7 Friedrich Kittler, *Grammophon, Film, Typewriter*, Berlin: Brinkmann & Bose 1986, S. 331.

Unter den verschiedenen Möglichkeiten, diese Konsequenzen zu ermessen, könnte die Frage, in welcher Weise Maschinenschriften in die Verfassung des philologischen und weiter des literarhistorischen Gegenstands eingreifen, als überflüssiger Umweg erscheinen. Es hat sich aber bereits angedeutet, daß die Vorstellungen, die man sich von seinem Gegenstand macht, hier in einer besonderen Beziehung zur Handschrift stehen. Meine These ist deshalb, daß Maschinengeschriebenes dann und *nur* dann einen Einschnitt markiert, wenn der Umgang mit ihm mehr erfordert als neue Methoden der Untersuchung, wenn vielmehr Maschinenschriften die Voraussetzungen unterlaufen, die den Umgang mit Manuskripten steuern, und das, was an Manuskripten philologisch fraglich ist, aufs Spiel setzen. Betroffen wäre hiervon zunächst jene weiterhin sehr verbreitete Spielart editorischer Tätigkeit, die mit der Formel Friedrich Beißners „das Sein als Gewordenes"[8] angeht und die Entwicklungslogik des manifesten Werks gewinnen möchte. Betroffen wäre aber auch ein Interesse, das den Schreibprozeß selbst, abgetrennt von jeder Finalität, ins Zentrum der Aufmerksamkeit rückt, wie es auf französischer Seite die „critique génétique" vertritt und in Deutschland programmatisch mit den Faksimile-Ausgaben der Schriften Kleists und Kafkas verbunden ist. Diese Ansätze verbindet, so sehr sich ihre Voraussetzungen im Einzelnen unterscheiden und ungeachtet aller Grabenkämpfe, daß sie auf den literarischen Text im Zustand seiner Produktion zurückkommen und diesen Vorgang an den zurückgelassenen Materialien aufsuchen wollen. Dieser methodische Zugriff auf die Überreste des Dichtens hat aber bekanntlich seine eigene Vorgeschichte, die wieder zurückführt in die erste Epoche der neueren deutschen Philologie.

II

In seiner Gedächtnisrede auf den früh verstorbenen Wilhelm Scherer erinnert der Wiener Germanist Rudolf Heinzel 1886 noch einmal an die Emanzipation der neueren Philologie von den textkritischen Ursprüngen des Fachs. Was ältere und neue Abteilung voneinander trennt, ist mehr noch als ein willkürlicher Zeitschnitt eine vollkommen andere Überlieferungslage. Statt zerstreuter Reste hat man es für die neuere Literatur mit einer „Fülle von Documenten" zu tun, die es zusammen mit der weit besseren „Kenntnis der socialen und politischen Zustände" gestatten, „die bewusstlosen Kräfte des dichtenden Menschengeistes und nicht bloß der Dichter von Beruf, gleichsam in der Werkstätte aufzusuchen und zu belauschen, zuzusehen, welche Auswahl er unter der unbegrenzten Menge der realen Phänomene trifft, wie er durch Zusammenfassung ähnlicher Gestalten und Geschehnisse, welche aus irgend einem, oft aus einem erkennba-

8 Friedrich Beißner, „Editionsmethoden der neueren deutschen Philologie", in: *Zeitschrift für deutsche Philologie* 83 (1964), Sonderheft, S. 72-96, hier S. 74.

ren Grunde, sein ästhetisches Interesse erwecken, Typen bildet", kurz gesagt, hier ist es möglich, „so weit historische Erkenntnis überhaupt reicht, die Entstehung eines literarischen Kunstwerks, sei es einer Tagesanekdote oder eines gewichtigen Trauerspiels, zu begreifen".[9]

Heinzels Skizze darf nicht täuschen. Die Begeisterung für die „Entstehung" von Literatur verbindet sich für ihn und die meisten seiner Kollegen damals keineswegs primär mit dem Studium der Textgeschichte. Bezeichnenderweise zählen zur „Fülle von Documenten", aus der der Neuphilologe schöpfen kann, „Tagebücher, Correspondenzen, Autobiographien", Manuskripte im engeren Sinne werden hingegen nicht erwähnt.[10] Wo die Rekonstruktion der „Entstehung" ins Zentrum philologischer Betätigung rückt, wird nicht der Text als entstehender ausgebreitet, sondern durch den zuletzt vorliegenden Text hindurch die „Seele des Dichters" ergründet, „dessen wechselnde, unterbrochene, wieder aufgenommene Intentionen", wie Heinzel an Scherers Faust-Studien deutlich macht, „dem philologisch bewaffneten Auge auch in dem äußerlich zu einer Einheit zusammengefügten Kunstwerk erkenntlich sind."[11] Die „Werkstätte" der Dichtung bestimmt sich hier, Mitte der 1880er Jahre, ganz so wie vier Jahrzehnte zuvor bei Karl Lachmann als „geistige Werkstatt",[12] in der mit Ideen und Stimmungen, aber nicht mit Papier und Feder hantiert wird.[13]

Dieser Zustand sollte sich, auch das ist nicht neu, Anfang der 1920er Jahre grundsätzlich ändern. Nur fällt der Einschnitt, für den üblicherweise auf Reinhold Backmanns Aufsatz zum Apparat der Grillparzer-Ausgabe verwiesen wird, etwas anders aus, als es unter Germanisten seit dem editionsphilologischen Schub der 1950er und 1960er Jahre Konsens ist. Gewiß, statt auf die Sammlung von Belegen für die gewählte Textgestalt, wie es gutem textkritischen Brauch entsprach, hat Backmann den philologischen Apparat auf die „Klarlegung der Entwicklung" eben dieses Textes verpflichtet.[14] Und ebenso gewiß avanciert mit dieser Akzentverschiebung, wie Wolf Kittler schreibt, „das Ver-

---

9 Rudolf Heinzel, „Rede, gehalten bei der Gedächtnisfeier für Wilhelm Scherer am 30. October 1886 im kleinen Festsaale der Universität Wien", in: *Zeitschrift für die Österreichischen Gymnasien* 37 (1886), S. 801-813, hier S. 807.

10 Ebd.

11 Ebd., S. 809.

12 Karl Lachmann, „Bemerkungen über vorstehendes Gutachten" (1841), in: ders., *Kleinere Schriften*, Bd. 1, herausgegeben von Karl Müllenhoff, Berlin: Reimer 1876, S. 565-571, hier S. 566.

13 In diesem Punkt ist auch Klaus Weimars akribischer Geschichte der deutschen Literaturwissenschaft zu widersprechen, in der nahegelegt wird, die neuphilologische Textkritik des ausgehenden 19. Jahrhunderts sei bereits restlos von der Idee durchdrungen, den Vorgang des Werdens in den Schichtungen der Manuskripte wiederzufinden. Dagegen spricht nicht zuletzt, daß in dieser Zeit vornehmlich eine Geschichte der Drucke bis zurück zur Reinschrift verfolgt wurde, wie das von Weimar angeführte Beispiel von Michael Bernays belegt; vgl. Klaus Weimar, *Geschichte der deutschen Literaturwissenschaft bis zum Ende des 19. Jahrhunderts*, München: Wilhelm Fink 1989, S. 448-450.

14 Reinhold Backmann, „Die Gestaltung des Apparates in den kritischen Ausgaben neuerer deutscher Dichter. (Mit besonderer Berücksichtigung der großen Grillparzer-Ausgabe der Stadt Wien)", in: *Euphorion* 25 (1924), S. 629-663, hier S. 638.

worfene aus einer bloßen Vorstufe zum eigentlichen Sinngehalt“ allen Edierens.[15] Daneben läßt sich aber eine weitere Neuerung beschreiben, die der Emphase für die Handschriften ihren Grund liefert und epistemologisch betrachtet nachhaltige Konsequenzen hat.

Wo Backmann die Genese des Textes faßlich machen möchte, steht ihm der Sinn nach nichts anderem als den Heinzels und Scherers zwei Generationen zuvor. Die Prämissen seines Kollegen Georg Wittkowski referierend soll der neue Typus von Apparat wieder einmal einen „Einblick in die Werkstatt des Dichters“ ermöglichen.[16] Auch hier geht es folglich um eine Geschichte der Entstehung, deren letzte Referenz ein schöpfender Geist ist. Der entscheidende Unterschied besteht allerdings darin, daß die Verfassung des dichterischen Vermögens nun tatsächlich in den überlieferten Handschriften zu studieren ist. Vorbei die Tage, da derselbe Wilhelm Dilthey, der in Feiertagsreden den handschriftlichen Nachlaß als Schlüssel preist, Werk und Autor kurzzuschließen,[17] einen langen programmatischen Aufsatz über „Die Einbildungskraft des Dichters“ publizieren konnte, ohne auch nur ein einziges Mal auf den Schreibakt selbst einzugehen.[18] Statt weiter eine Innerlichkeit von Assoziationsvorgängen zu prospektieren,[19] stehen jetzt die Überreste der Entstehung für den „Werdevorgang vor der ersten Niederschrift, das Wachsen des einzelnen Werkes und die darin abgespiegelten Entwicklungsstadien der künstlerischen Persönlichkeit“ ein.[20] Der Psychologismus der Jahrhundertwende wird kurz gesagt vom Kopf auf die berühmten Backmannschen Hände gestellt. Korrekturschicht für Korrekturschicht lassen sie eine Psychographie transparent werden, die in die Rede von der „natürliche[n] Entwicklung“[21] hineingewoben ist und das „Bild des Werdens“[22] unlösbar zum Zeugnis eines Verfassers und seiner Befindlichkeit bestimmt.

---

15 Wolf Kittler, „Literatur, Edition und Reprographie“, in: *Deutsche Vierteljahrsschrift für Literaturwissenschaft und Geistesgeschichte* 65 (1991), S. 205-235, hier S. 230.

16 Backmann, „Die Gestaltung des Apparates“ (Anm. 14), S. 636.

17 Vgl. Wilhelm Dilthey, „Archive für Literatur“ (1889), in: ders., *Gesammelte Schriften*, Bd. 15, herausgegeben von Ulrich Herrmann, 3. Aufl., Göttingen: Vandenhoek & Ruprecht 1991, S. 1-16, hier S. 4 f.

18 Vgl. Wilhelm Dilthey, „Die Einbildungskraft des Dichters. Bausteine für eine Poetik“ (1887), in: ders., *Gesammelte Schriften*, Bd. 6, 7. Aufl., Stuttgart: B. G. Teubner 1994, S. 103-241.

19 Zu den Versuchen einer psychologisch-szientifischen Fundierung der Dichtungslehre in der Neugermanistik der Jahrhundertwende siehe Gregor Streim, „Introspektion des Schöpferischen. Literaturwissenschaft und Experimentalpsychologie am Ende des 19. Jahrhunderts. Das Prokekt der ‚empirisch-induktiven‘ Poetik“, in: *Scientia Poetica. Jahrbuch für Geschichte der Literatur und der Wissenschaften* 7 (2003), S. 148-170.

20 Georg Wittkowski, „Grundsätze kritischer Ausgaben neuerer deutscher Dichterwerke“, in: *Funde und Forschungen. Eine Festgabe für Julius Wahle zum 15. Februar 1921*, Leipzig: Insel 1921, S. 216-226, hier S. 224.

21 Backmann, „Die Gestaltung des Apparates“ (Anm. 14), S. 637.

22 Ebd.

III

Die zweifache Bedeutung der Handschrift als Träger von Schriftzeichen und Schauplatz einer Psyche konstituiert das Interesse am Text als materiell gewordenen bis heute. Wenn Julius Petersen in seinem zuerst am Vorabend des Zweiten Weltkriegs erschienenen Handbuch *Die Wissenschaft von der Dichtung* über den „Schaffensvorgang" zu berichten weiß, daß „Dichterhandschriften die Gleichmäßigkeit oder Erregtheit des Seelenzustandes beim Schaffen [verraten]",[23] mag das nach schlechtem graphologischen Sediment klingen. Die folgenden Anmerkungen über den „‚Pußler'" Theodor Storm, der „unaufhörlich an der Form" feilte, oder über den „chaotischen Eindruck" Balzacscher Korrekturfahnen leiten aber schon hinüber zu der Postulierung einer „Schreibgewohnheit", aus deren genauer Kenntnis zwei so streitbare Naturen wie Friedrich Beißner und Hans Zeller selten einmütig die editorische Kompetenz für ‚ihre' Autoren herleiten, ganz so als hätten sie aus den Schriftzeichen vor Augen die Gedanken Hölderlins oder Conrad Ferdinand Meyers buchstabieren gelernt.[24] Die Textologie Siegfried Scheibes erfindet für diese Schreibgewohnheiten bald darauf ganze Modelle der „schriftstellerischen Arbeitsweise".[25] Almuth Grésillon bestimmt in den 90er Jahren das Ziel der „critique génétique" als den Versuch, von den „systematischen Operationen der Textproduktion" ausgehend „die zugrundeliegenden kognitiven Aktivitäten" zu rekonstruieren.[26] Und selbst eine editionswissenschaftliche Position, die auf das Wollen des Dichters rein gar nichts gibt, entkommt der Doppelung der Handschrift als Überlieferungsträger und Psychographie nicht. Die apodiktische Aussage: „Die tatsächliche Geschichte der Literatur besteht aus den *historischen Formen* der Texte",[27] stellt nur klar, daß sich in diesem Fall im Überlieferten ein höheres Wesen, nämlich der Gang der Geschichte, zum Ausdruck bringt.

Wohin man also blickt, es gilt: Handschriften sind mehr als Manuskripte. Damit meine ich, daß Handschriften heute dadurch ausgezeichnet sind, daß sie zugleich Dokument der Entstehung eines Textes und Zeugnis eines Schreibers sind, von dem das Entstehende durchdrungen ist. Das ist die Gegebenheit der

23 Julius Petersen, *Die Wissenschaft von der Dichtung. System und Methodenlehre der Literatur-Wissenschaft* (1939), 2. Aufl., herausgegeben von Erich Trunz, Berlin: Junker & Dünnhaupt 1944, S. 433.

24 Vgl. Beißner, „Editionsmethoden der neueren deutschen Philologie" (Anm. 8), S. 80, in Bezug auf Hölderlins Korrekturpraxis, und Hans Zeller, „Zur gegenwärtigen Aufgabe der Editionstechnik. Ein Versuch, komplizierte Handschriften darzustellen", in: *Euphorion* 52 (1958), S. 356-377, hier S. 371, der die Kenntnis dieser Schreibgewohnheiten durch den Editor als Surplus gegen die bloße fotomechanische Reproduktion der Manuskripte in Stellung bringt, die keinen Herausgeber mehr braucht.

25 Siegfried Scheibe, „Zum editorischen Problem des Textes", in: *Zeitschrift für deutsche Philologie* 101 (1982), S. 12-28, hier S. 21.

26 Grésillon, *Literarische Handschriften* (Anm. 4), S. 25.

27 Herbert Kraft, „Die Aufgaben der Editionsphilologie", in: *Zeitschrift für deutsche Philologie* 101 (1982), S. 4-12, hier S. 6.

Handschrift, kursiv gesetzt, als philologischer Gegenstand, die auf eine unheimliche Weise genau in demselben Moment fixiert worden ist, als mit dem Einzug der Schreibmaschine in Dichterhaushalte Geschriebenes in die Welt kommt, das nicht nur materiell keine Züge einer Handschrift aufweist, sondern im eben beschriebenen, umfassenden epistemologischen Sinne auch nicht zur *Handschrift* taugt.

Um Mißverständnissen vorzubeugen: Typoskripte widersetzen sich keineswegs in jedem Punkt dem, was Editionsphilologie oder Schreibprozeßforschung von *Handschriften* wissen wollen. Insbesondere für die chronologische Ordnung von Überlieferungsträgern bieten sie weit härtere Anhaltspunkte als handschriftliche Hinterlassenschaften, so daß beispielsweise der eine Zeit lang heftig wogende Streit über das „Erlöser"-Typoskript in Robert Musils Nachlaß schon im Keim hätte erstickt werden können.[28] Daß mit der Schreibmaschine an die Stelle „hochdifferenzierter und variabler" Dichterhände „standardisierte" Maschinenschriften treten sollen,[29] verliert ebenfalls seine Evidenz, wenn man berücksichtigt, daß am Ende der Schreibmaschinenzeit vor etwa zehn Jahren rund 2.500 Schriften unterschieden wurden.[30] Mehr noch fallen solche sauberen Oppositionen hinter die Einsichten zurück, die am literarischen Anfang aller Beschäftigung mit Schreibmaschinen stehen. „‚Es ist ein seltsames Ding', bemerkte Holmes, ‚daß eine Schreibmaschine genausoviel Individualität wie eine Handschrift besitzt. Wenn die Maschinen nicht ganz neu sind, schreiben nicht zwei gleich.'"[31] Diese Beobachtung, die Arthur Conan Doyle seinem Meisterdetektiv in der 1891 veröffentlichten Erzählung „A Case of Identity" in den Mund legt, bildet die Grundlage aller kriminalistischen Beschäftigung mit Maschinenschriften.[32]

Den Standard in Sachen Maschinenschriftenuntersuchung setzt 1910 Albert S. Osborn mit einem langen Kapitel in seinem ansonsten noch um Handschrif-

28 Vgl. Peter Frensel und Verf., „Maschinenschriftenphilologie. Zur Datierung von Typoskripten mit Hilfe der Maschinenschriftenuntersuchung an einem Beispiel aus dem Nachlaß Robert Musils", in: *Text. Kritische Beiträge* 4 (1998), S. 33-60, hier S. 53 f.

29 Kammer, „Tippen und Typen" (Anm. 5), S. 195 f.

30 Vgl. Peter Frensel und Michael Geipel, „Programm zur Automatischen Recherche von Schreibmaschinenschriften (PARMAS) – Systembestimmung", in: *Mannheimer Hefte für Schriftvergleichung* 17 (1991), S. 31-37.

31 Arthur Conan Doyle, „Ein Fall von Identität" (1891), in: ders., *Die Abenteuer von Sherlock Holmes, Sämtliche Sherlock-Holmes-Erzählungen I*, herausgegeben und übersetzt von Alice und Karl Heinz Berger, Leipzig und Weimar: Gustav Kiepenheuer 1988, S. 100-124, hier S. 118.

32 Zur Entwicklung der forensischen Maschinenschriftuntersuchung siehe David A. Crown, „Landmarks in Typewriting Identification", in: *The Journal of Criminal Law, Criminology and Police Science* 58 (1967), S. 105-111, sowie Peter Frensel, „Zur Geschichte der Maschinenschriftuntersuchung", in: *Mannheimer Hefte für Schriftvergleichung* 25 (1999), S. 2-7. Frensels Aufsatz bildete ursprünglich einen Abschnitt unserer gemeinsamen Untersuchung zu den Typoskripten Robert Musils (siehe Anm. 28), der bei der Publikation aus Platzgründen wegfiel. In den folgenden zwei Absätzen sind deshalb einige Passagen wörtlich übernommen, ohne gesondert als Zitat ausgewiesen zu werden.

ten zentrierten Werk *Questioned Documents*.[33] Einige Jahre später resümiert Hans Gross, der Patron der deutschen Kriminalistik: „Dieses Buch stellt den Wendepunkt von der alten phantastischen Graphologie zur modernen Disziplin der gerichtlichen Schriftenuntersuchung dar, die lediglich mit Chemie, Photographie, Mikroskop, Vergrößerung und feinsten Messungsmethoden zu beweisen und zu überzeugen trachtet."[34] Wo der Amateur Sherlock Holmes noch ganz auf Augenschein und Lupe vertrauen muß, setzt Maschinenschriftenuntersuchung nach Osborn nun auf photographische Vergrößerung und Mikrometrie der Schrifttypen. Die von Gross so geschätzte Übersetzung der Befunde in „Ziffern und Zahlen"[35] erreicht ihre Grenzen allerdings im Umfang des Satzes von Typen-Systemen, der zum Vergleich mit der fraglichen Maschinenschrift zur Verfügung steht. Ist der Satz unvollständig, nimmt die Wahrscheinlichkeit einer eindeutigen Zuordnung ab. Liegt gar kein Vergleichsstück vor oder kann nicht von vornherein ein Bezug zu einer bestimmten Schreibmaschine hergestellt werden, läßt sich eine Maschinenschrift überhaupt nicht in ein Beweisstück verwandeln.

Der Wettbewerb der Schreibmaschinenhersteller zeitigt in dieser Hinsicht zwiespältige Folgen. Einerseits schafft die unverwechselbare Note, die den Erzeugnissen im Schriftbild gegeben wird, die Unterscheidungsmerkmale, nach denen die Identifizierung der Typen-Systeme, ihre Zuordnung zu bestimmten Fabrikaten und ihre zeitliche Differenzierung erfolgen kann. Andererseits stellt jedes neue Modell und jede Veränderung und Erweiterung der Typen-Systeme Kriminaltechniker und Schriftsachverständige erneut vor eine Unbekannte. Hubert Streicher muß bereits 1919 in seiner Monographie *Die kriminologische Verwertung der Maschinschrift* vermerken, „daß es jetzt weit über 100 verschiedene Systeme und Schriftarten gibt", die dringend nach „Registratur" und „Klassifizierung" der Proben „wie für Fingerabdrücke" rufen.[36] Zu einer Routine der Schreibmaschinen-Systembestimmung mit einem Vergleich von Schriftbild zu Schriftbild führt daher nur die umfassende Archivierung des Typeninventars seit der Serienfabrikation von Schreibmaschinen. In Deutschland dauert es bis in die vierziger Jahre, ehe nach intensivem Sammeln die ersten Methoden zur Schreibmaschinen-Systembestimmung der Schriften Pica- und Elite-Druck erarbeitet sind.[37]

Das Bündnis von Philologie und Kriminalistik, das sich in der gemeinsamen Aufmerksamkeit für die materiellen Spuren des Schreibens seit Beginn des 20.

---

33 Albert S. Osborn, *Questioned Documents. A study of questioned documents with an outline of methods by which the facts may be discovered and shown*, Rochester, New York: The Lawyer's Co-Operative Publishing 1910, S. 437-465.

34 Vgl. Hans Gross, „Fälschung bei Maschinenschriften", in: *Archiv für Kriminal-Anthropologie und Kriminalistik* 61 (1915), S. 259-272, hier S. 263.

35 Ebd., S. 265.

36 Hubert Streicher, *Die kriminologische Verwertung der Maschinschrift*, Graz: Ulrich Mosers Buchhandlung (J. Meyerhoff) 1919, S. 51.

37 Vgl. Rudolf Mally, „15 Jahre Schreibmaschinensystembestimmung", in: *Kriminalistik* 12 (1958), S. 70-72.

Jahrhunderts herausbildet, schreibt allerdings keineswegs nur Erfolgsgeschichten. Wo es um die Analyse von Typoskripten geht, stellt es sich näher betrachtet vornehmlich als ein Bündnis im Scheitern heraus. Mit den Worten Osborns gilt für das Gebiet der Maschinenschriftenuntersuchung: „Perhaps the most important typewriting inquiry to be considered is that of identifying a typewritten document as the work of a particular individual machine.“[38] Daß die Lösung dieses Problems zu Aussagen von sehr hohem Wahrscheinlichkeitsgrad führen kann, ändert nichts an einer wesentlichen Schwäche solcher Untersuchungen. Auch der begeisterte Osborn-Leser Gross muß zugeben, daß sich mit Hilfe der neuen Methoden zwar „Herkunft“ und selbst „Individuum“ einer Schreibmaschine „mit Sicherheit“ klären lassen, der entscheidende Punkt jedoch offen bleibt: „Wer eine Maschine für ein bestimmtes Schriftstück benutzt hat, läßt sich u. U. vermuten, aber nicht beweisen.“[39] Gross, Verfechter eines ganz auf Sachbeweisen gestützten Rechtswesens, hat sich von dieser Aussicht nicht weiter beirren lassen. Die unmittelbar zuvor für Österreich höchstrichterlich bestätigte Ungültigkeit des maschinenschriftlichen Testaments, die seine Ausführungen veranlaßt hat, belegt für ihn einzig (und wider die eigenen Einsichten), „daß die Schöpfer dieser Entscheidung, keine Kenntnis von dem heutigen Stande moderner Kriminalistik [...] besitzen.“[40]

Daß die Errichtung eines Testaments durch eine „eigenhändig geschriebene und unterschriebene Erklärung“, wie die Formel im deutschen BGB lautet, die Benutzung einer Schreibmaschine auch in unseren Tagen ausschließt, hat genau mit der doppelten Bestimmung dieses Schriftstücks als Überlieferungsträger *und* Willensbekundung eines Subjekts zu tun, die in derselben Weise die *Handschriften* der Philologie kennzeichnet. Wie das eine mit dem anderen im Akt des Schreibens als Erzeugung von Zeichen (die etwas überliefern) durch willkürlich gesteuerte Bewegungen (in denen sich ein Subjekt ausdrückt) zusammengehalten wird, muß dieser Bezug zweifelhaft oder unstatthaft werden, wo ein Drittes in den Schreibakt eingreift und die Schriftzeichen auf dem Papier den ihnen zugesprochenen Charakter als direkten Abdruck eines psycho-physischen Geschehens einbüßen. Auch eine Maschinenschrift wird unzweifelhaft unter Beteiligung der Hand angefertigt, das beschriebene Papier läßt sich aber nur „as the work of a particular individual machine“ identifizieren. Für die philologische Gegebenheit der *Handschrift* hat dieser Umstand zur Folge, daß sich zwar die Entstehung eines Textes nach den alten Kriterien der Schicht und Variante weiter verfolgen läßt, zumal dann wenn Typoskripte handschriftlich korrigiert und überschrieben werden. Statt Zeugnisse eines Verfassers liefern die Hinterlassenschaften einer Schreibmaschine aber einzig „a continuous record of its own history“, der die Biographie eines Schreibmittels oder, um ein letztes Mal Osborn zu zitieren, „the active life of a typewriter“ aufzeichnet (Abb. 1).[41]

38 Osborn, *Questioned Documents* (Anm. 33), S. 444.
39 Gross, „Fälschung bei Maschinenschriften“ (Anm. 34), S. 264.
40 Ebd., S. 263.
41 Osborn, *Questioned Documents* (Anm. 33), S. 442.

Abb. 1: The „active life of a typewriter": Stereoskopische Aufnahme einer Schreibmaschinentype in drei verschiedenen Zuständen der Abnutzung. Links oben eine noch nicht gebrauchte Type, daneben rechts eine Type mit einer Beschädigung im Grundstrich, unten eine stark abgenutzte Type.

Mit der Überlegung, daß Maschinenschriften Maschinenhände aufbewahren, ist nicht wenig von den heutigen editionsphilologischen Bemühungen bereits ausgesprochen. Ein Vorhaben wie die kritische Ausgabe der nachgelassenen Teile von Ingeborg Bachmanns „Todesarten"-Projekt, das mit einer großen Zahl von Typoskripten zu tun hat, listet siebzehn verschiedene Schreibmaschinen auf, deren Verwendungszeiträume annähernd differenziert werden und die Überlieferung nach Maschinenepochen strukturieren.[42] Nach welchen Gesichtspunkten die Herausgeber unter den überlieferten Schreibmaschinen sechs als Autorenmaschinen gegen die anderen herausgehoben haben, wird allerdings nicht mitgeteilt. Implizites Kriterium hierfür scheinen die Besitzverhältnisse zu sein, das jedoch, wie sich aus den Bemerkungen über die Verwendung von Autorenmaschinen zu Abschriften von fremder Hand ergibt,[43] nicht dazu taugt, auch die Urheberschaft Bachmanns an allen mit diesen Maschinen erzeugten Texten zu sichern.

Welche Konsequenzen es haben kann, daß die Urheberschaft oder – philologisch formuliert – die Autorisation eines Typoskripts „besonders schwer

42 Vgl. Monika Albrecht und Dirk Göttsche, „Editorisches Nachwort", in: Ingeborg Bachmann, *„Todesarten"-Projekt. Kritische Ausgabe*, Bd. 1, herausgegeben von Robert Pichl, Monika Albrecht und Dirk Göttsche, München, Zürich: Piper 1995, S. 615-647, hier S. 639 f., sowie die Liste der Schriftbilder, Anhang 6, S. 686-690.

43 Ebd., Anhang 1, S. 651.

nachweisbar" ist,[44] zeigt das Beispiel Brechts. Wie Gerhard Seidel betont, ermöglichen die wenig korrigierten, sehr häufig erfolgten Niederschriften eine „Erkenntnis und Darstellung der Textentwicklung mit sehr viel größerer Exaktheit" als bei ausschließlich handschriftlicher Überlieferung.[45] Über den Verfasser herrscht jedoch dauernde Unsicherheit, für die die von „Brecht bevorzugte kollektive schriftstellerische Arbeit" eine Rolle spielt,[46] die aber ihren eigentlichen Grund im Werkzeug dieses Kollektivs hat. Die Schreibmaschine begünstigt nicht nur eine arbeitsteilige Vorgehensweise und die hierum entwickelten Montagetechniken. Weil Maschinenschriften einzig auf Maschinen verweisen, findet die Frage nach der Autorschaft auch keine Anhaltspunkte mehr.

Dem Begehren nach Autorisierung samt all seinen Implikationen hat dieser Umstand keinen Vorschub leisten können. Im Gegenteil wird an dem Versuch, auch an Maschinenschriften individuelle Züge nicht von Maschinen-, sondern von Menschenhänden wiederzufinden, besonders deutlich, wie unhintergehbar das Dauern des tradierten philologischen Gegenstands von der Erfüllung dieses Begehrens abhängt. So führen die Herausgeber des „Todesarten"-Projekts „typographische Besonderheiten" wie „Umlaut- und ß-Schreibung, Raumnutzung, Paginierungsform" oder „schriftbildspezifische Verschreibungen" an, um Autorenreinschriften von Abschriften fremder Hand zu unterscheiden.[47] Und Seidel wiederum greift zur Beschreibung solcher Aspekte den schon bekannten Begriff der „Schreibgewohnheiten" auf, „aus denen mit relativer Sicherheit auf Brechts Autorschaft geschlossen werden kann".[48] Man befindet sich damit in einer Linie mit den rund sechzig Jahre älteren Bemühungen Hubert Streichers, die von Hans Gross bedauerte Lücke zwischen Identifizierung der Maschine und Identifizierung des Schreibers durch die Identifizierung von nichts anderem als „Schreibgewohnheiten" zu schließen. Als allerindividuellstes Schreibermerkmal, das man einer Maschinenschrift ansehen kann, bleibt dabei aber der Grad der Übung oder die Vertrautheit mit einem bestimmten Schreibmaschinentyp über.[49] Signifikant wird demnach vornehmlich die (Un)fertigkeit eines Schreibers und die Zahl und Art der Tippfehler, auf die sich dieses Urteil jeweils stützt, stellen aus philologischer Sicht gerade solche Schreibgeschehnisse dar, die den Dichter in seiner ominösen Werkstatt als Dilettanten zeigen, der ungewollt Ausschuß anfertigt.

---

44 Hans Werner Seiffert, *Untersuchungen zur Methode der Herausgabe deutscher Texte*, Berlin: Akademie 1963, S. 16.

45 Seidel, *Bertolt Brecht – Arbeitsweise und Edition* (Anm. 3), S. 83.

46 Ebd., S. 81.

47 Albrecht und Göttsche, „Editorisches Nachwort" (Anm. 42), Anhang 1, S. 651.

48 Seidel, *Bertolt Brecht – Arbeitsweise und Edition* (Anm. 3), S. 81.

49 Streicher, *Die kriminologische Verwertung der Maschinschrift* (Anm. 36), S. 38-41. Auch heute gilt als Stand der Dinge, daß die Identifizierung von Maschinenschreibern selten „eindeutig interpretierfähige Befunde" zeitigt. Die Bemühungen halten gleichwohl an; vgl. Peter E. Baier, „Urheberidentifizierung von technisch gefertigten Schriften", in: *Mannheimer Hefte für Schriftvergleichung* 25 (1999), S. 90-114, hier S. 98.

IV

Daß Editionsphilologen im Zuge der Verwandlung von Manuskripten in *Handschriften* in den ersten Jahrzehnten des 20. Jahrhunderts die Veränderungen in der Schreibpraxis der zeitgenössischen Autoren noch nicht berücksichtigt haben, ist wenig verwunderlich. Die Arbeit eines Herausgebers hat notwendig mit den je zurückliegenden Epochen literarischer Produktion zu tun, so daß maschinenschriftliche Überlieferungsträger erst mit der Verzögerung von circa zwei Generationen zur Reflexion auffordern. Um so kurioser könnte es erscheinen, daß ausgerechnet ein Vertreter der älteren textkritischen Schule als einziger in der Zeit selbst die Parallelwelten von philologischer Sorge um die *Handschrift* und Einzug der Maschinenschrift in das alltägliche Schreiben zusammenführt. Allerdings ist für Hermann Kantorowicz die Philologie nur Hilfswissenschaft seines rechtshistorischen Berufs, mit dem offensichtlich auch ein anderer Kreis von Lektüren verbunden ist als der eines deutschen Philologen. Informiert durch einen Artikel in der *Zeitschrift für die gesamte Strafrechtswissenschaft* und die Monographie Hubert Streichers kommt er in seiner 1921 publizierten *Einführung in die Textkritik* zu der tagesaktuellen Einsicht, daß bei der Untersuchung der Textzeugen „künftig die verschiedenen Systeme der Schreibmaschine" zu berücksichtigen sind, „die ganz neue (‚typographologische') Aufgaben stellen."[50]

Daß Kantorowicz zu solchen Fragen vorstößt, dürfte ebenso sehr wie mit seinem juristischen Hintergrund mit dem Gegenstand der klassischen Textkritik in Zusammenhang stehen. Kurz und knapp bringt Julius Petersen 1914 die Aufgaben von Alt- und Neuphilologen auf den Unterschied, daß letztere „das *Entstehen* eines Textes" verfolgen, erstere dagegen erst „einen Text zu *schaffen*" haben.[51] Flagrant wird dieser Gegensatz unter anderem am Umgang mit Schreibfehlern. Unter Neuphilologen stellen sie bestenfalls eine lästige Nebensache dar. Selbstverständlich kommen Schreibfehler vor und müssen bei der Einrichtung des gültigen Textes ausgeräumt werden, sie insistieren jedoch einzig dann, wenn sie vom Autor herrühren und sich damit die Frage ergibt, ob wenigstens in diesem Fall sein schriftgewordener Wille korrigiert werden darf.[52] Im textkritischen Zugriff der älteren Philologie rücken Schreibfehler hingegen ins Zentrum der Aufmerksamkeit. Nicht nur zählen sie als „Textverderbnis" gefaßt unter die Widerstände, die im Zuge der Rekonstruktion des ursprünglichen Textes aus den überlieferten Abschriften zu überwinden sind. Schreibfehler werden zugleich auch als Anhaltspunkte für die stemmatologische Ordnung

50 Hermann Kantorowicz, *Einführung in die Textkritik. Systematische Darstellung der textkritischen Grundsätze für Philologen und Juristen*, Leipzig: Dieterich'sche Verlagsbuchhandlung 1921, S. 32.

51 Julius Petersen, *Literaturgeschichte als Wissenschaft*, Heidelberg: Carl Winter 1914, S. 23.

52 Vgl. zu dieser Diskussion Karl Konrad Polheim, „Der Textfehler. Begriff und Problem" (1991), in: ders., *Kleine Schriften zur Textkritik und Interpretation*, Bern: Peter Lang 1992, S. 67-87.

der Überlieferung herangezogen; eine Praxis, für die Paul Maas in den dreißiger Jahren den Ausdruck „Leitfehler" prägt.[53]

Daß es das textkritische Interesse am Schreibfehler ist, das Kantorowicz' Aufmerksamkeit für technische Innovationen bestimmt, belegt der Kontext seiner Überlegungen. Statt um Fragen der Identifizierung und der Urheberschaft, die in der angegebenen kriminalistischen Literatur im Vordergrund stehen, geht es in dem betreffenden Abschnitt seiner Schrift um die „‚unbewußten' Abweichungen der Textzeugen von der Urschrift", zu denen „zum guten Teile die unzähligen niemals fehlenden Fälle des Sich-Verlesens und Sich-Verschreibens" zählen.[54] Kein Freudsches Unbewußtes ist dabei gemeint. Nicht durch Seelenerforschung, sondern durch „Kenntnis der Schriftgeschichte" sind solche Fehler aufzuklären, „da in jeder Schriftgattung andere Buchstaben und Abkürzungszeichen täuschend ähnlich sind und daher [beim Lesen] verwechselt oder bei ihrer [schreibenden] Wiederholung ausgelassen werden können".[55] In Analogie hierzu führen die kommenden ‚typographologischen' Aufgaben gerade nicht auf die Untersuchung von Typoskripten als Spiegel eines schreibenden Subjekts, sondern auf das Studium der „verschiedenen Systeme der Schreibmaschine", die je verschiedene Tippfehler des Schreibers bedingen werden.

Kantorowicz' Überlegung, so knapp sie auch ausfällt, deutet auf eine wichtige Komplikation im Verhältnis von schriftlichem Befund auf dem Überlieferungsträger und schreibendem Subjekt hin, die *als* Komplikation die epistemische Präsenz der Schreibmaschine von vornherein charakterisiert hat. Denn seitdem die Schreibmaschine um 1900 zum Gegenstand der Kriminalistik, Maschinenschriftenpädagogik und etwas später auch der Experimentalpsychologie geworden ist, hat sie dauernd dazu Anlaß gegeben, den Zusammenhang von manifesten Verschreibungen zu den technischen Bedingungen der Maschine und den Operationen ihrer Bedienung zu untersuchen. Man kann sogar sagen, daß im Schnittpunkt aller dieser Bemühungen das Schreiben mit der Schreibmaschine ausschließlich nach der „Produktion eines spezifischen Versagens"[56] im Wissen ist – eines Versagens, das von den Beteiligten immer weiter differenziert wird bis hin zu der Unterscheidung von mehr als einem Dutzend verschiedener Fehlerquellen in einem 1931 erschienenen Lehrbuch des Maschinenschreibens,[57] und eines Versagens, das zugleich mit dessen weidlicher Analyse die Verwicklung von Schreibgerät und Schreibakt in den auf dem Papier überlieferten schriftlichen Befund unabweisbar vor Augen stellt.

Daß das mittlerweile einschlägige Wort Nietzsches vom Schreibzeug, das an unseren Gedanken mitarbeitet, auch an der Widerspenstigkeit seiner Malling-

---

53 Vgl. Paul Maas, „Leitfehler und stemmatische Typen" (1937), in: ders., *Textkritik* (1927), 2. Aufl., Leipzig: B. G. Teubner 1950, Anhang, S. 27-31, hier S. 27.

54 Kantorowicz, *Einführung in die Textkritik* (Anm. 50), S. 32.

55 Ebd.

56 Paul Virilio, „Der Urfall (Accidens Originale)", in: *Tumult: Zeitschrift für Verkehrswissenschaften* 1 (1979), S. 77-82, hier S. 77.

57 Vgl. Martin Menzel, *Methodik des Maschinenschreibens*, Berlin: Verlag für Bürotechnik 1931, S. 135-138.

Hansen, gleichsam als „Positivierung des Mißgeschicks", Präsenz gewinnt,[58] deutet an, welche Funken es schlagen kann, wenn sich Schreiben als Bedienen eines Schreibgeräts zwischen Schreiber und Geschriebenem breit macht. Ebenso gilt aber, daß sich all diejenigen hoffnungslos verheddern, die im Zugriff auf Maschinengeschriebenes gerade jene Komplikation übergehen, die mit der Epistemologisierung der Schreibmaschine als steten Quell des Versagens Gestalt gewonnen hat. Genau dies unterläuft dem Zürcher Psychiater Eugen Bleuler, als er im Zuge einer Selbstanalyse den Tippfehler als Signifikanten einer Freudschen Sprache des Unbewußten in Dienst nehmen will. „So lange man nicht sehr grosse Uebung hat, ist die Schreibmaschine ein sehr gutes Reagens auf Complexe", schreibt Bleuler 1905 in einem Brief an Sigmund Freud und gibt damit zu verstehen, daß er vom schreibmaschinellen Einschnitt in das Verhältnis von Geschriebenem und Schreiber nichts begriffen hat.[59] Kein Zweifel jedenfalls, daß „die Complexsymptome", die Bleuler aus seinen Tippfehlern erkannt haben will, einzig und allein seine mangelnde Maschinenfertigkeit und weiter ein maschinelles ES zum Ausdruck bringen, das durch den Zeichensatz der verwendeten Maschine, die Verteilung der Zeichen auf der Tastatur und die Methode des Schreibens, die Bleuler anwendet, strukturiert wird. Mit zehn Fingern vertippt man sich anders als mit einem Finger. Daß auch am anderen Ende des Übungsspektrums keine Hoffnung auf (psychoanalytische) Erkenntnis besteht, bemerkt Jahrzehnte später Roland Barthes. Mag auch die Maxime gelten: „mit der Maschine schreibt das Unbewußte sehr viel sicherer", muß er doch eingestehen: „allerdings irrt sich eine gute Schreibkraft nicht: sie hat kein Unbewußtes!"[60]

In Barthes' kleiner Note zum „Tippfehler" findet sich noch ein zweiter Gedanke: „Mit der Maschine schreiben: nichts wird zur Spur: es existiert nicht, und wird dann plötzlich zu einer Eintragung: keine *Produktion*: keine Annäherung; es gibt kein Entstehen des Buchstabens, sondern nur das Ausstoßen eines Stückchens Code."[61] Was im Anschlag der Tasten und Ausschlag der Typenhebel verschwindet, ist ganz einfach der Schriftzug, der die Schriftzeichen verbindet und allen Begriffen vom Werden, Wachsen, Wuchern des Geschriebenen, wie auch immer man es nennt, vorausgeht. Mit der Maschine schreiben, heißt hingegen, durch Leeräume voneinander abgetrennte Zeichen zu Papier zu bringen, für die gilt, daß nichts *an ihnen* von vornherein auf einen zeit-räumlichen Zusammenhang untereinander hinweist. Auf eine elementare Weise bringen Maschinenschriften damit die Vorgänge wieder ins Spiel, unter denen sich isolierte Einheiten zu größeren Gebilden fügen, während sich im Blick auf Hand-

58 Vgl. Christof Windgätter, „Rauschen. Nietzsche und die Materialitäten der Schrift", in: *Nietzsche-Studien* 33 (2004), S. 1-36, hier S. 35.

59 Vgl. hierzu Andreas Mayer, *Mikroskopie der Psyche. Die Anfänge der Psychoanalyse im Hypnose-Labor*, Göttingen: Wallstein 2002, S. 229 f.

60 Roland Barthes, „Tippfehler", in: ders., *Über mich selbst* (1975), aus dem Französischen übersetzt von Jürgen Hoch, München: Matthes & Seitz 1978, S. 106.

61 Ebd., S. 105.

schriften stets schon der Schriftzug in seiner Zusammenhänglichkeit vordrängt. Die triviale Feststellung, daß Schreibmittel nicht gleich Schreibmittel ist, führt so zuletzt auf die vielleicht etwas weniger triviale Feststellung, daß der philologische Gegenstand wie jeder andere von den Umständen seiner materiellen Repräsentationen abhängig ist. Die handschriftliche Darstellung gräbt sich dem je an Handschriften Darstellbaren ein, begrenzt es und bestimmt somit, was als Gegenstand der Forschung zur Artikulation kommt.[62] Ändern sich die materiellen Umstände des Schreibens, so verändert sich mit der Beschaffenheit der erzeugten Schriften insgesamt auch das Objekt, das möglicherweise in ihrer Auswertung dingfest gemacht werden kann.

Dadurch daß Maschinenschriften den Zusammenhang der Schriftzeichen in dem eben erwähnten einfachen Sinne als einen immer erst *zu leistenden* aufwerfen und gleichzeitig den Bezug auf einen bestimmten Schreiber als letzte Referenz für diesen Zusammenhang unterbinden, eröffnen sie die *Leistung* des Zusammenhangs selbst als Ansatzpunkt von Fragen. Maschinenschriften könnten uns deshalb aufgeben, Schreiben als Verfahren zu denken, das nicht einfach etwas anderweitig Gegebenes festhält, sondern durch Zusammenstellung von Schriftzeichen, Operationen der Anordnung und Prozesse der Umordnung eine Leistung vollbringt, Erfahrungen ermöglicht, Systeme unterhält, Komplexität erzeugt. Beispielsweise könnte man Brechts Typoskripte mit mehr Gewinn studieren, wenn man sie als Routine der Textverarbeitung analysiert statt als Überreste einer nicht mehr rekonstruierbaren Autorschaft. Und eben dieses Gespür für die Verfahrensmäßigkeit des Schreibens mag umgekehrt den Philologen Schmidt bei seiner ab- und herausschreibenden Tätigkeit in der Freiburger Universitäts-Bibliothek darauf gebracht haben, von sich als Schreibmaschine zu schreiben.

62 Ich schließe mich hier dem Begriff der Darstellung als Hervorbringung an, wie ihn Hans-Jörg Rheinberger für die molekularbiologischen Repräsentationstechniken eingeführt hat; vgl. ders., *Experiment, Differenz, Schrift. Zur Geschichte epistemischer Dinge*, Marburg an der Lahn: Basilisken Presse 1992, S. 29.

Wolfram Groddeck

Robert Walsers „Schreibmaschinenbedenklichkeit"

An Christian Morgenstern, den Dichter der *Galgenlieder* und späteren Anthroposophen, der seit 1903 im Verlag von Bruno Cassirer als Lektor wirkte und der den ersten Roman von Robert Walser, *Geschwister Tanner*, in seiner literarischen Originalität entdeckt und zur Publikation gebracht hatte – allerdings nicht ohne gründliche Eingriffe in das etwas salopp verfaßte Manuskript des Romandebütanten –, schreibt Robert Walser am 18. Januar 1907:

> „Ich muss versuchen, weniger zu protzen. Haben Sie eine Maschine, lieber Herr Morgenstern, die einen jedesmal auf den Federhalter klopft, sobald man versucht ist, künstlerisch unanständig zu werden?"[1]

Der Wunsch nach einer Maschine, welche dem Schriftsteller auf die zum Federhalter verlängerten Finger klopft, wenn er sich beim Schreiben gehen läßt oder versucht ist, künstlerisch zu „protzen", steht in deutlicher Opposition zur allgemeinen Wunschvorstellung der Schreibmaschine, die das Schreiben und das Lesen erleichtern und beschleunigen soll. Denn die ‚Morgensternmaschine', die dem achtlosen Dichter auf den Federhalter klopft, soll das Schreiben nicht erleichtern, sondern es vielmehr schwerer machen. Insofern liegt das Schreiben mit der Schreibmaschine dem immer wieder zu beredtem Ausdruck gebrachten Schreibethos Walsers fern. Schon in *Geschwister Tanner* begründet der Protagonist Simon seine Kündigung bei der Bank mit den stolzen Worten: „Ich bin nicht dazu geschaffen, eine Schreib- und Rechenmaschine zu sein."[2] Und als Simon im 16. Kapitel in der „Schreibstube für Stellenlose" strandet, weiß er, daß dies ein Ort ist, wo das Schreiben industrialisiert ist und wo „im kargen Tagelohn mit hastigen Fingern" [3] geschrieben wird:

> „Schriftsteller gaben dort ihre hingesudelten Manuskripte und Studentinnen ihre beinahe unleserlichen Doktorarbeiten ab, um sie entweder mit der Schreibmaschine abtypen, oder mit der geläufigen, sauberen Feder abschreiben zu lassen."[4]

---

1 Robert Walser, *Briefe*, herausgegeben von Jörg Schäfer unter Mitarbeit von Robert Mächler, Frankfurt am Main: Suhrkamp 1979, S. 50.

2 Robert Walser, *Sämtliche Werke in Einzelausgaben*, herausgegeben von Jochen Greven, Zürich, Frankfurt am Main: Suhrkamp 1985 (im folgenden zitiert als: SW Band, Seite), hier SW 9, S. 42.

3 SW 9, S. 268.

4 SW 9, S. 268 f..

Die Schreibmaschine erscheint also nicht als Wundermaschine, sondern als ein lebloses Ding, mit dem ein Dichter lieber nichts zu tun haben will. Mechanisiertes Schreiben bedeutet für den Schriftsteller Walser eher eine bedrohliche Selbstentfremdung. Die Schreibmaschine steht allerdings – das hat Peter Utz gezeigt[5] – auch im Zusammenhang mit Walsers ambivalentem und zugleich wahrhaft schicksalhaftem Verhältnis zum Feuilleton, dem literarischen Genre der Schnellebigkeit schlechthin. Bei Utz findet man auch die Abbildung zweier Schreibmaschinen-Inserate, die 1920 in der *Neuen Zürcher Zeitung* eingerückt waren und die der Verfasser in einen Zusammenhang mit Walsers Prosastück „Der Buchdeckel" setzt, das ebenfalls 1920 in der *Neuen Zürcher Zeitung* publiziert wurde.[6] Der Erzähler des Prosastücks inszeniert sich hier als ein hektisch produzierender Romanschreiber, der die sarkastische Frage stellt: „War ich nicht beinah eine Schreibmaschine?"[7] – Solcher Ironisierung hält Peter Utz, mit dem Hinweis auf Texte von Siegfried Kracauer und Alfred Polgar die nüchterne Beobachtung entgegen: „Die Schreibmaschine ist aber das zeitgemäße Instrument des Feuilletonisten."[8] Daß das „zeitgemäße" Schreiben jedoch eines ist, das mit der Geschwindigkeit der Produktion auch die Entindividualisierung der Schrift durch die Maschine mit sich führt, läßt Walser entschieden auf Distanz gehen.[9] Die Distanz zeigt sich vor allem im beharrlichen – um nicht zu sagen feindseligen – Ignorieren der neuen Schreibtechnik. Walser hat, nach allem was man über ihn weiß, wohl nie eine Schreibmaschine angerührt, und auch das Thema oder überhaupt nur das Wort „Schreibmaschine" findet sich äußerst selten in seinem Werk.

Eine hübsche Schreibmaschinen-Bemerkung ist der Forschung jedoch, auch der biographischen Walser-Forschung, meines Wissens bisher entgangen. Ein nur als Mikrogramm erhaltenes Prosastück, das erst im Jahr 2000 publiziert und von Bernhard Echte auf „vermutlich Herbst 1925" datiert wurde, beginnt mit den Worten „Dieses einzigschöne frühmorgenliche Dieneln ..."[10] und schildert ausführlich den typisch Walserschen Minnedienst an einer „Gräfin", die allerdings keine ist, sondern die vom Schreiber des Mikrogramms nur so „genannt" wird und die zum „schönsten Zärtlichkeitsgegenstand" erhoben wird. Hier findet sich eine eher beiläufige, den aristokratisch-verträumten Kontext kontrastierende Bemerkung:

---

5 Peter Utz, *Tanz auf den Rändern. Robert Walsers „Jetztzeitstil"*, Frankfurt am Main: Suhrkamp 1998.

6 Vgl. ebd., S. 348.

7 SW 16, S. 270.

8 Utz, *Tanz auf den Rändern* (Anm. 5), S. 347.

9 Vgl. dazu auch das Kapitel „‚Handschriftidee' und ‚Schreibmaschinenbedenklichkeiten'", in: Kerstin Gräfin von Schwerin, *Minima Aesthetica. Die Kunst des Verschwindens. Robert Walsers mikrographische Entwürfe „Aus dem Bleistiftgebiet"*, Bern: Peter Lang 2001, S. 51-60.

10 Robert Walser, *Aus dem Bleistiftgebiet. Mikrogramme 1924-1933*, im Auftrag des Robert Walser-Archivs der Carl Seelig-Stiftung/Zürich entziffert und herausgegeben von Bernhard Echte und Werner Morlang, Frankfurt am Main: Suhrkamp (6 Bde.) (im folgenden zitiert als AdB, Band und Seitenzahl), hier AdB 5, S. 143-145.

> „Nebenbei zögerte ich freilich nicht, *an Unteraufseherinnen herzgewinnende Schreibmaschinenbriefe zu schreiben*, von denen ich annehmen durfte, sie würden mit der lebendigsten Begierde gelesen, was zweifellos auch der Fall gewesen sein muß".[11]

Wenn man der Versuchung nachgeben wollte, hier biographisch zu deuten, könnte man auf den Gedanken verfallen, Walser habe womöglich sein Dichtergenie irgendwann einmal auch an einer Schreibmaschine – verbunden natürlich mit lesefreudigen „Unteraufseherinnen" – erprobt. Denkbar wäre das vielleicht schon, aber ich will mich auf die Beobachtung beschränken, daß auch hier die Schreibmaschine als Signal des Trivialen, sozial Minderern, des ‚Jetztzeitigen' fungiert. Die – allerdings nicht ganz eindeutig als solche entzifferten – „Unteraufseherinnen" als Adressatinnen der rätselhaften „Schreibmaschinenbriefe" stehen im kollektiven Plural und bilden einen repräsentativen Kontrast zu der aristokratisch-individuellen, hochliterarischen „Gräfin".

Walser, der Schreibkünstler mit der kalligraphisch ambitionierten Kanzleischrift, wollte nicht nur dem Zeitgeist der eiligen literarisch-feuilletonistischen Produktion widerstehen, sondern er bemühte sich, auch im eigenen Schreibfluß künstliche Widerstände herzustellen. Man kann sagen, daß er es hierin zu einer Meisterschaft gebracht hat, die ihm so leicht keiner nachmacht: Er erfand und praktizierte nämlich die Mikrogrammschrift, welche ihm – wie er 1926 an Max Rychner in einem, inzwischen oft zitierten, Brief bekennt – in gewisser Weise die eingangs erwähnte ‚Morgensternmaschine' ersetzt zu haben scheint:

> „Sie sollen erfahren, mein Herr, daß ich vor ungefähr zehn Jahren anfing, alles, was ich produziere, zuerst scheu und andächtig mit Bleistift hinzuskizzieren, wodurch der Prozeß der Schriftstellerei naturgemäß eine beinahe in's Kolossale gehende, schleppende Langsamkeit erfuhr. Ich verdanke dem Bleistiftsystem, das mit einem folgerichtigen, büreauhaften Abschreibesystem verquickt ist, wahre Qualen, aber diese Qual lehrte mich Geduld, derart, daß ich im Geduldhaben ein Künstler geworden bin."[12]

Das Bekenntnis an Rychner verschweigt aber (wie so oft bei Walsers scheinbaren Bekenntnissen) einen Teil der Wahrheit; denn Walser erwähnt seine Praxis der Miniaturisierung der Buchstaben, welche wohl die eigentliche Qual des Schreibers ausmachte, mit keinem Wort – weder gegenüber Rychner noch gegenüber irgend jemand anderem.[13] Man muß nur einmal ausprobieren, seine

---

11 AdB 5, S. 145 (Hervorhebung von Verf.).

12 Walser, *Briefe* (Anm. 1), S. 300.

13 Vgl. dazu auch Werner Morlang, „Melusines Hinterlassenschaft. Zur Demystifikation und Remystifikation von Robert Walsers Mikrographie", in: *Runa* (Revista portuguesa de estudos germanísticos), no. 21, 1/1994, S. 81-100.

Handschrift auf Millimetergröße zu verkleinern, um zu begreifen, wie sehr diese Praxis auch eine Technik der Verlangsamung ist.[14]

Uns interessiert hier aber mehr der Begriff des „büreauhaften" Schreibens, bei dem wir wieder an die nun ihrerseits versinkende Welt der Schreibmaschinen denken. Walser betont jedoch gegenüber Max Rychner, daß er die Abschriften der Bleistiftentwürfe mit der Feder anfertige. Die Technik des Bleistiftentwurfs, mit der Walser dem Schreibkrampf begegnete, der ihn seit einer bestimmten Zeit beim Schreiben mit der Feder heimgesucht zu haben scheint – seine „Hand entwickelte sich zu einer Art Dienstverweigerin", schreibt er in „Meine Bemühungen"[15] – ermöglichte es ihm wieder zu schreiben. Das mikrographische Bleistiftschreiben scheint also für Walser eine durchaus vergleichbare Bedeutung zu haben wie bei anderen Autoren die Schreibmaschine. Und dennoch ist Walsers Mikrographie eine zur Schreibmaschinenschrift antipodische Schreibtechnik. Dazu ein Bild (Abb. 1).

Es handelt sich um einen Brief, datiert auf den 11. September – oben rechts –, den Walser 1928 von dem Redakteur Fred Hildenbrandt erhielt; er teilt ihm mit, daß das *Berliner Tageblatt* Walsers Texte vorderhand nicht weiter publizieren möchte. Das war keine gute Nachricht, denn Walser lebte vom Verkauf seiner Feuilletonbeiträge.

Walser hat den Brief von Hildenbrandt gevierteilt und als Konzeptpapier verwendet. Auf diesem einen Briefblatt, von dem hier nur die oberen zwei Viertel zu sehen sind, hat er insgesamt 15 verschiedene Texte entworfen. Links – bis zur Mitte – sehen wir den Entwurf zu dem Prosastück „Eine Art Kleopatra", das er später mit Feder abgeschrieben, aber nicht publiziert hat.[16] Auf dem rechten Viertel findet sich, kopfstehend, der zweite Teil des Entwurfs zu dem ebenfalls mit Feder abgeschriebenen, ebenfalls unpublizierten Prosastück „Ich war ein Spatz".[17]

Wenn man das Blatt auf den Kopf stellt (Abb. 2), zeigen sich in der jetzt oberen rechten Ecke drei Gedichte.

In zwei Kolumnen notiert ist das Gedicht: *Man steht am Morgen zeitig auf*,[18] dann ganz rechts oben das Gedicht: *Der Ernst des Lebens*;[19] es weicht dem Schriftverlauf des schon dastehenden ersten Gedichtes elegant aus und reicht bis zu der Zeile: „Poetisch nennt man das gesprochen" (gegenüber dem kopfstehenden maschinenschriftlichen „so").

Darunter befinden sich ein paar Zeilen in Schweizerdeutsch:[20] „'s Idi het e cheibe Wuet" – eines der wenigen Dialektgedichte von Walser, wenn man es über-

14 Vgl. dazu: Bernhard Echte, „,Ich verdanke dem Bleistiftsystem wahre Qualen'. Bemerkungen zur Edition von Robert Walsers ,Mikrogrammen'", in: *Text. Kritische Beiträge* 3 (1997), „Entzifferung 1", S. 3-23, insbes. S. 15.

15 SW 20, S. 429.

16 SW 20, S. 259-261.

17 SW 19, S. 218-221.

18 AdB 6, S. 491.

19 AdB 6, S. 492.

20 AdB 6, S. 687.

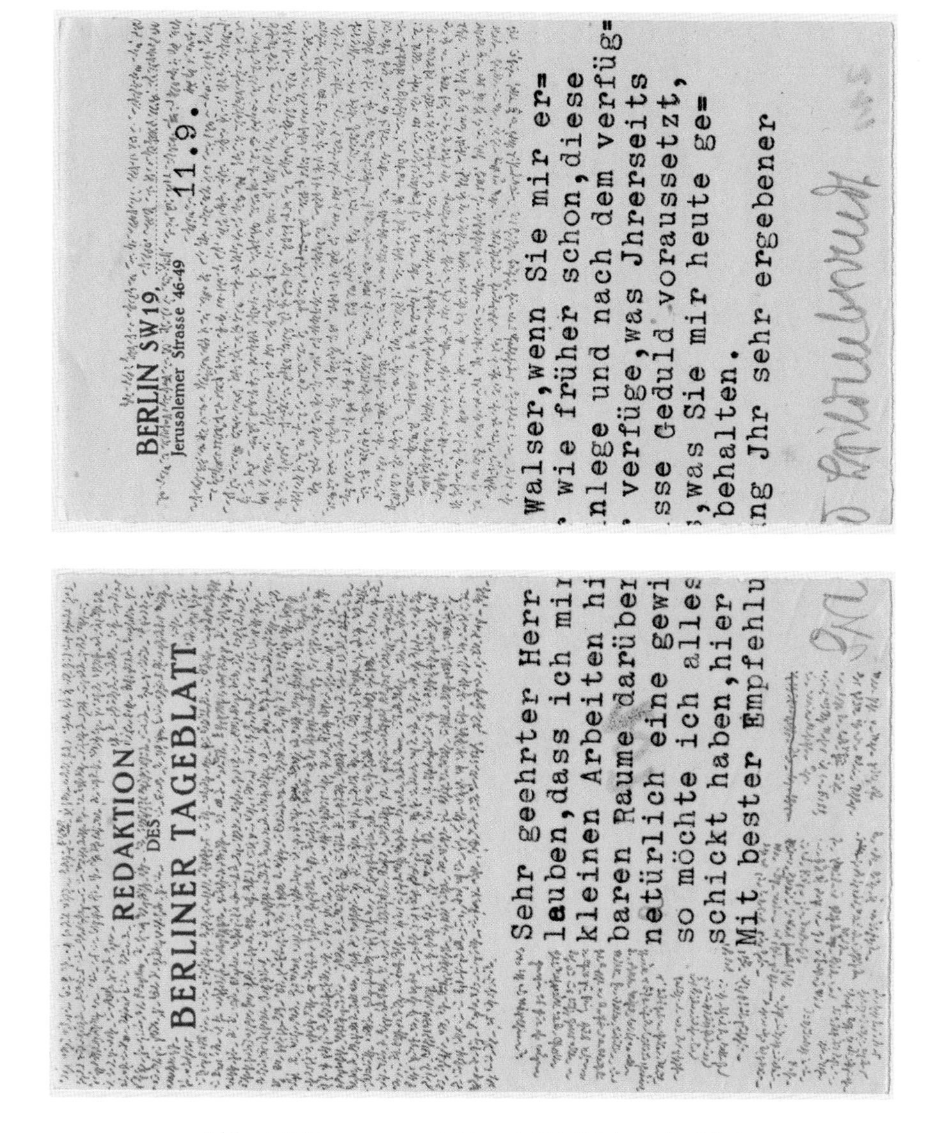

REDAKTION DES BERLINER TAGEBLATT

BERLIN SW 19, Jerusalemer Strasse 46-49

11.9.

Sehr geehrter Herr
lauben, dass ich mir
kleinen Arbeiten hi
baren Raume darüber
natürlich eine gewi
so möchte ich alles
schickt haben, hier
Mit bester Empfehlu

Walser, wenn Sie mir er=
wie früher schon, diese
nlege und nach dem verfüg=
verfüge, was Jhrerseits
sse Geduld voraussetzt,
, was Sie mir heute ge=
behalten.
ng Jhr sehr ergebener

Abb. 1: Mikrogramm 107 und 211 (Originalgröße)

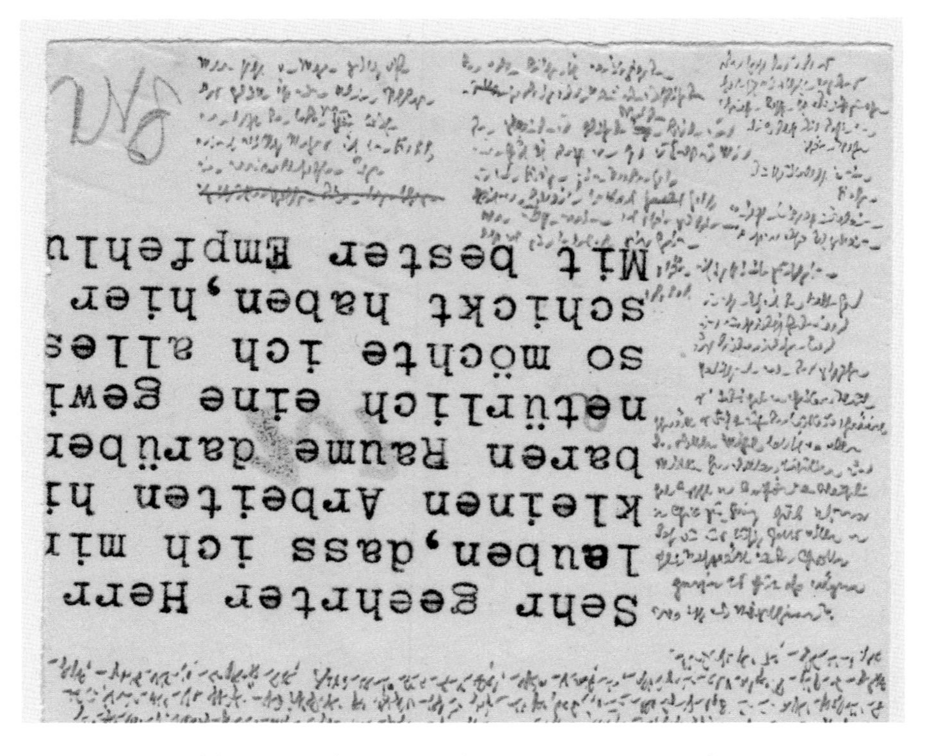

Sehr geehrter Herr
Lauben,dass ich mir
kleinen Arbeiten hi
baren Raume darüber
natürlich eine gewi
so möchte ich alles
schickt haben,hier
Mit bester Empfehlu

Abb. 2: Ausschnitt aus Mikrogramm 107, vergrößert

haupt als Gedicht identifizieren will. Die Schrift konnte hier streckenweise auch nur hypothetisch entziffert werden. Gut lesbar ist aber das Wort in der sechsten Zeile von unten; es heißt: „Wauserli" – auf hochdeutsch: Walserchen. Und die letzte Zeile – Jacques Derrida hat sie nicht entdeckt[21] – lautet: „Wo isch mi Rägeschirm?"

Die beiden Mikrogrammblätter 107 und 211 zeigen höchst anschaulich die Konkurrenz der beiden ungleichen, ungleichzeitigen Schreibtechniken. Die Verkleinerung der Schrift ist dem Verfahren der Schreibmaschine im Universum der Mikrogramme evidentermaßen überlegen: Die miniaturisierte Schrift sieht schöner aus als die Schreibmaschinentype, sie bewegt sich lebendiger und sie formt sich – in der Makrostruktur der beschriebenen Blätter – zu mnemotechnisch markanten Bildern. Schließlich kann in der Mikrographie auch bedeutend mehr Information auf einem Blatt gespeichert werden als mittels der genormten Schreibmaschinen-Typen.

Walser besaß – wie einige Briefe an Verleger und Herausgeber belegen[22] – ein entwickeltes Gespür für Typographie und Layout. So mag es sein, daß er die Schreibmaschinentypographie einfach als häßlich empfunden hat. Ein solcher ästhetischer Vorbehalt gegen die Maschinenschrift könnte nun auch als ein poetologischer verstanden werden. Die Maschinentype ist – wie es die Abbildung des Mikrogrammblattes unmittelbar zeigt – nicht nur viel größer als die umliegende Bleistiftschrift, sie ist auch, im Gegensatz zur Mikrographie, absolut *eindeutig*. Die Mikrographie hingegen ist in ihrer visuellen Unschärfe und Mehrdeutigkeit eine gleichsam weiche Schrift, die sich zunächst in einer Art von graphischem Rauschen jeder Lesbarkeit zu entziehen scheint. Was sie an graphischer Eindeutigkeit zurücknimmt, bringt sie als ästhetischen Ausdruck im Visuellen wieder hervor. Die Expressivität der Mikrogramme hat eine unmittelbar künstlerische Wirkung, der sich kaum jemand entziehen kann, der die Originale auf sich wirken läßt.

Ich möchte nun die anscheinend einzig bekannte Aussage Walsers zur Verwendung der Schreibmaschine als schriftstellerisches Arbeitsinstrument genauer betrachten. Diese (wiederum erst seit dem Jahr 2000 publizierte) Bemerkung läßt sich auf Oktober 1927 datieren und wurde in der Sekundärliteratur schon gelegentlich als Beleg für Walsers Einstellung zum Schreibmaschinen-Schreiben herangezogen:[23]

---

21 Zur Erinnerung: Jacques Derrida, „Sporen. Die Stile Nietzsches", in: Werner Hamacher (Hrsg.), *Nietzsche aus Frankreich. Essays von Maurice Blanchot u.a.*, Frankfurt am Main und Berlin: Ullstein 1986, S. 129-168, hier S. 158.

22 Vgl. hierzu Walsers Briefe an den Insel Verlag im Zusammenhang mit der Drucklegung von *Fritz Kocher's Aufsätze* in: Walser, *Briefe* (Anm. 1), S. 31 und S. 32. Oder den Brief an Hans Wilhelm Keller vom 9. August 1926, erstveröffentlicht in: *Mitteilungen der Robert Walser-Gesellschaft* Nr. 9 (März 2003), S. 5 f.

23 Z. B. von Utz, *Tanz auf den Rändern* (Anm. 5), S. 347, oder Gräfin von Schwerin, *Minima Aesthetica* (Anm. 9), S. 57 f.

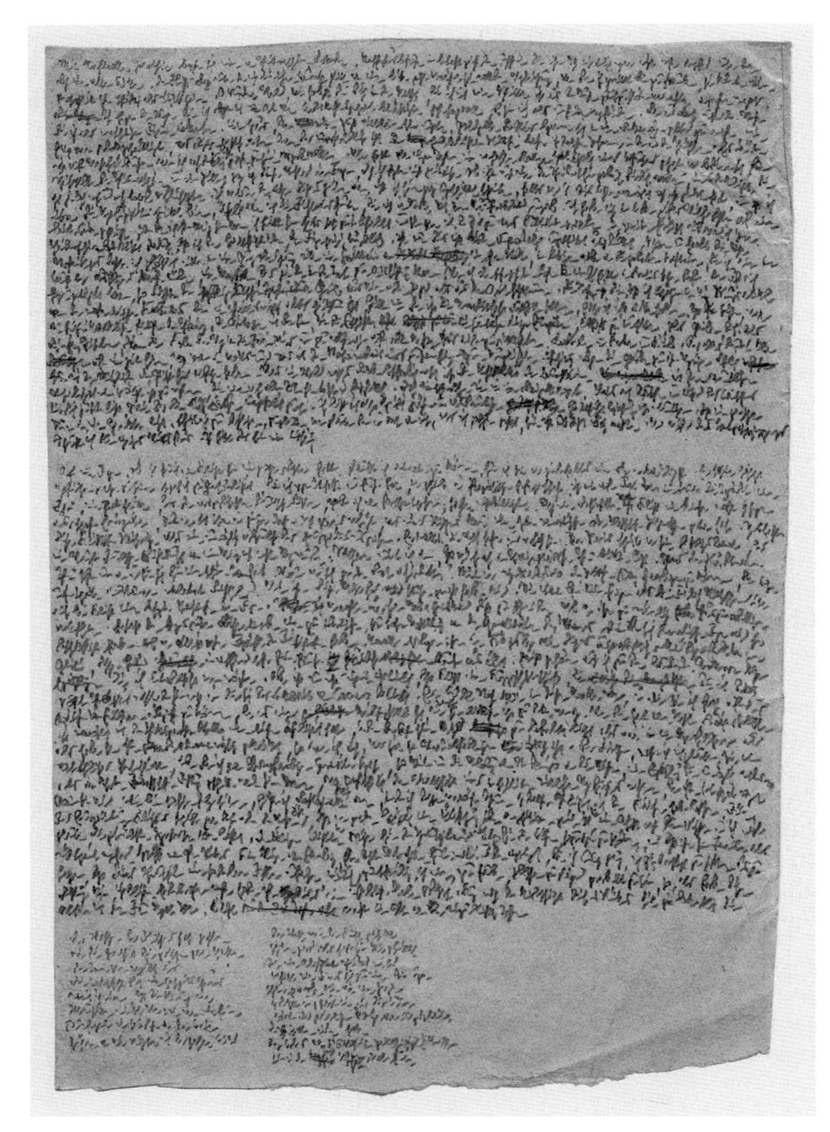

Abb. 3: Mikrogrammblatt 409 (Originalgröße 14,2 [13,8] cm x 9,8 [9,4] cm)

> „Mir hatte vor einigen Jahren ein namhafter Kollege anläßlich eines Besuches gesagt, er bediene sich beim Schriftstellern der Schreibmaschine, und eine Zeitlang zog ich diesen Umstand in Frage, d. h. ich fragte mich zeitweise, ob nicht auch mir der Schreibmaschinengebrauch dienlich wäre, eine Bedenklichkeit, die sich jedoch nach und nach total verflüchtigte."[24]

Diese für sich genommen völlig eindeutige Aussage steht jedoch in einem komplexen poetologischen Zusammenhang, in welchem m. E. auch das Schriftbild auf dem Mikrogrammblatt 409 (Abb. 3) eine Rolle spielt.

Das Blatt enthält im oberen Abschnitt den Prosaentwurf „Mit kraftvoller Zartheit", aus dem der zitierte Satz über Walsers „Schreibmaschinenbedenklichkeit" stammt, darunter den Entwurf zu dem zwar später noch abgeschriebenen, aber von Walser nicht mehr publizierten Prosastück „Heinrich von Kleist".[25] Am unteren Rand der Seite befindet sich – in einem noch kleineren und zarteren Schriftduktus – ein Gedichtentwurf mit dem Anfang: „Das Wasser des Flusses sah gestern / wie die Zartheit, die zwischen zwei Schwestern / den Ton gern angibt, aus."[26] (Auf den Vergleich des Flusses mit dem Verhalten der „Zartheit" komme ich später zurück.)

Ein auf Proportionen achtendes Auge erkennt bald, daß zwischen dem ersten Textblock und dem Rest des Blattes ziemlich genau der goldene Schnitt verläuft: Die Schrift zitiert also bewußt oder reproduziert unbewußt in ihrer Makrostruktur die klassische Proportion der Schönheit. Das Schriftbild selbst ist aber keineswegs kalligraphisch im herkömmlichen Sinne, man erkennt auch eine Reihe von Streichungen, dennoch hat der Schriftblock eine merkwürdig expressive Kraft. Der Zeilenverlauf zeigt Schwankungen, er bildet eine schwache Wellenbewegung, welche der oberen Schnittkante des Blattes folgt und die sich bis zum Schluß des Absatzes erhält.

Es sei hier nun der integrale Wortlaut des Textes wiedergegeben, die Passagen, die sich unmittelbar auf die Schreibtechnik beziehen, habe ich durch Kursivierung hervorgehoben:

> *„Mit kraftvoller Zartheit bewegte sich meine an Schreibmaschinen denkende, kaffeehausbesucheinbetrachtziehende Ichheit, die ihr Ich eigentlich gar nicht mehr empfand*, unter dem Dach einer alten Brücke. Der Fluß lag unter dem eigentümlichen Bauwerk still wie eine lieber nicht erwähnt sein wollende Vergleichung, von der ich gewillt bin zu glauben, sie könnte meinem Prosastück eher schädlich als nützlich sein. O, raunender Wald, wie hobest du dich in der Nacht, die ich mit meinen Schritten nicht aus der Ruhe aufzustören vermochte, angenehm empor. Ich fragte die Wege, die ich mit einer Art von Landsknechtsgangart belästigte, sehr sorgenvoll, ob sie mich als unfein empfänden. Da und dort umstanden Wesen, die ich als menschliche Figuren erkannte, ein Haus, denen mein Gruß willkommen sein

24 AdB 5, S. 50.
25 SW 19, S. 253 f.
26 AdB 6, S. 438.

mußte. Goldgelbe Kaffees begannen sich in meinem Denkvermögen geltend zu machen, mein Gang war gedankengesättigt, was diejenigen am besten verstehen werden, denen das unverständlich ist. In hellbeleuchteten Stübchen lasen irgendwelche Personen in den und den Schriften. Es würde nicht auf Wahrheit beruhen, wenn ich nachdenklich gewesen zu sein vorgeben wollte. *Mir hatte vor einigen Jahren ein namhafter Kollege anläßlich eines Besuches gesagt, er bediene sich beim Schriftstellern der Schreibmaschine, und eine Zeitlang zog ich diesen Umstand in Frage, d. h. ich fragte mich zeitweise, ob nicht auch mir der Schreibmaschinengebrauch dienlich wäre, eine Bedenklichkeit, die sich jedoch nach und nach total verflüchtigte.* Ich vertraue dem Leser dieser Zeilen an, daß ich hier ganz ungeschickt schreibe, falls er's bis dahin womöglich noch nicht gemerkt hat, und daß ich über die Ungefügigkeiten entzückt bin, ähnlich wie mich die Finsternis freute, die mich eine Strecke weit im Neunuhrabendwald umgab. *Ich habe mich im Leben auf's Vielfachste auf meine beiden Hände gestützt, von denen ich der Meinung sein kann, ich hätte sie stets sehr gut behandelt und sie seien mit der Zeit zu etwas Kultiviertem geworden. In zweiter Hinsicht überwand ich jene Schreibmaschinenbedenklichkeit dadurch, daß ich der Handschriftidee, dem Fingerprinzip*[27] *treu blieb.* Ist nun dies nicht wieder außerordentlich ungeschickt ausgedrückt? Schon um halb drei Uhr nachmittags dachte ich plötzlich mitten in einem Gump oder Sprung über ein Gräbelein an eine ferne Stadt, im übrigen aber an die gebratenen Kastanien, die ich mir im Lauf des Ausfluges kaufen würde, ein Vorhaben, das ja dann in der Tat zur Ausführung kam. Wenn ich den sehr geehrten Leser von einem Einfall in Kenntnis setzen darf, der auf mich herzugetänzelt kam, so dürfte der schweizerdeutsche Sprachausdruck Cheib aus keiner anderen Gegend als aus dem Orient herstammen. Die Sache ist die, daß ich letzthin in einem Zeitungsartikel von der mohammedanischen Kaaba las, die ein verhältnismäßig altes Heiligtum ist. Hätte mir da nicht die Verwandtschaft auffallen sollen, hätte ich nicht denken sollen, daß die frühen, etwa die frühmittelalterlichen Einwohner der Schweiz, die Orientalen, mit denen sie, wie die Geschichte lehrt, wie sämtliche übrigen Europäer lebhaft zu tun hatten, als Cheibe, d.h. als diejenigen bezeichneten, denen die Kaaba den Weg in die Ferne wies und zu welcher sie auf allen Straßen stets wieder zurückkehrten. Kabale, Kaaba und Keib, das alles deutet klar auf eine Zeit hin, wo man im Volksmund, was mit dem Mohammedanismus zusammenhing, bequem verunglimpfte. Ihrerseits mögen die Cheibe zu ihrem Vergnügen ähnlich mit den Mitgliedern der Christenheit verfahren haben. Was einen Wald nachts denkbar beschwerlich macht, ist die Unsichtbarkeit der Baumstämme, mit deren vermutlicher Vorhandenheit man genötigt ist zu rechnen, die man nach allen Seiten hin tastend feststellt. Doch wie schmeckten mir in einem Donizettikonzert, das mich lauschen und während des Lauschens innerlich jubeln ließ, zwei bis drei Käsetörtchen unvergeßlich gut. *Ich ließ mich also bezüglich zäher und ausdauerlicher Handschriftbejahung nicht entmutigen.* Daß eine gewisse Treue in meinem Charakter liegt, scheint mich zu berechtigen, zu glauben, man glaube da und dort an mich, was ich, offen gesagt, für nicht unbedingt nötig erachte. Und während des Sonntagsspazierganges besuchte ich kein einziges Wirtshaus. Ich hielt das für eine Leistung.“[28]

---

27 Neuentzifferung von Bernhard Echte anstelle der bisherigen hypothetischen Entzifferung: „Fingergesetz“.

28 AdB 5, S. 49-51 (Hervorhebungen von Verf.).

Bei einem ersten Durchlesen ist der Inhalt dieses Prosastückes – wie so oft in Walsers Texten – nicht ohne weiteres nachvollziehbar. Denn der Erzähler springt zwischen verschiedenen Ebenen, er beschreibt, reflektiert aufs Geschriebene, digrediert in Erinnerungen und produziert so unversehens eine komplexe Textstruktur. Wenn man Anfang und Schluß betrachtet, kann man den Text jedoch zwanglos dem genuin Walserschen Genre des *Spaziergangs* zuordnen.[29] Das Ziel des Spaziergangs ist hier die Feststellung einer „Leistung“ des erzählenden Ichs, nämlich *kein* Wirtshaus besucht zu haben. Der Anfang des „Sonntagsspazierganges“ ließe sich aufgrund dieses Hinweises nun so verstehen, daß der anfangs „[m]it kraftvoller Zartheit“ sich bewegende Icherzähler nicht ganz nüchtern ist. Denn die „kaffeehausbesucheinbetrachtziehende Ichheit“ geht offenbar auf nicht mehr ganz sicheren Beinen, selbst die schon erwähnte Wellenlinie des Schriftverlaufs scheint darauf zu reagieren und auch die Selbstwahrnehmung der erzählten „Ichheit“ deutet es an, da diese „ihr Ich eigentlich gar nicht mehr empfand“. In diesem Zustand der Selbstentfremdung denkt das erzählte Ich des Textes „an Schreibmaschinen“, aber das erzählende Ich wendet sich zunächst einem anderen Problem zu: Der Ort der Ausgangsbewegung des Textes ist eine alte Bücke, unter der ein „Fluß“ fließt. Der Fluß, „der unter dem eigentümlichen Bauwerk“ liegt, erinnert nun an das „Wasser des Flusses“, mit dem das am unteren Rand des Mikrogrammblattes notierte Gedicht beginnt und das mit der „Zartheit [...] zwischen zwei Schwestern“ verglichen wird.[30] In dem Prosastück taugt der „Fluß“ aber nicht zum Vergleich, weil er nach Ansicht des Erzählers dem gerade „[m]it kraftvoller Zartheit“ entstehenden Prosastück eher schädlich wäre. Allerdings wird qua Negation der Vergleich dennoch gemacht: Der Fluß liegt still wie eine Vergleichung, die man lieber nicht erwähnt. Und das bedeutet doch wohl, daß hier der Schreib*fluß* schon ins Stocken gerät. Vielleicht gar, weil das erzählte Ich, das Sujet der Erzählung, gerade an „Schreib*maschinen*“ gedacht hatte?

Die Hinwendung zum „Wald“ hilft dem Erzähler weiter. Die Erzählung geht zwar nur holprig voran – das Ich entschuldigt sich für seine „Landsknechtsgangart“ – aber sie bewegt sich wenigstens wieder. Die Erzählung spreizt sich, und der Text wird auf eine auffällige Weise periphrastisch: „Da und dort umstanden Wesen, die ich als menschliche Figuren erkannte, ein Haus“. Es braucht wahrscheinlich einen Moment der Besinnung, bis man begreift, daß es sich bei diesem „Haus“ um ein „Wirtshaus“ handelt, das der Spaziergänger am Ende des Textes erfolgreich gemieden haben wird: Er *umgeht* es so, wie er es *umschrieben* hat. Während es sich wohlbemerkt um den Gedanken an „Kaffee[ ]“ handelt, den das Ich mit dem problematischen Gang anscheinend nötig hat, behauptet der Erzähler, daß seinen Ausdruck „mein Gang war gedankengesättigt“ diejenigen Leser

29 Das in der Walser-Sekundärliteratur vieldiskutierte Genre hat in dem berühmten, von Walser in zwei Versionen veröffentlichten Text *Der Spaziergang* (SW 5, S. 7-77 und SW 7, S. 83-151) seinen Prototyp, den er selbst immer wieder variiert hat.

30 Das am unteren Rand des Blattes notierte Gedicht ist wahrscheinlich später als der obenstehende Prosatext notiert worden, doch spielt die Chronologie der Niederschriften für das Reflexionsverhältnis der beiden Texte zu einander keine Rolle.

„am besten verstehen werden, denen das unverständlich ist". Die durchaus dekonstruktivistisch anmutende Aporie im Text löst sich vielleicht, wenn man sie strikt auf den erzählten bzw. angedeuteten Inhalt, die Betrunkenheit des Ichs, bezieht. Es bleibt aber ein reflexiver Überschuß, der gleichsam ins Leere geht. Der unmittelbar daran anschließende, aber völlig isoliert wirkende Satz: „In hellbeleuchteten Stübchen lasen irgendwelche Personen in den und den Schriften", bringt die Paradoxie des Verstehens aus der Unverständlichkeit in einem verallgemeinernden, seltsam ortlosen Bild zum Ausdruck. Der darauf folgende Satz: „Es würde nicht auf Wahrheit beruhen, wenn ich nachdenklich gewesen zu sein vorgeben wollte", spielt wieder mit der Paradoxie der Verstehbarkeit, indem sich die Aussage scheinbar selbst aufhebt: Ist es unwahr, daß das Ich nachdenklich war oder ist es unwahr, daß es prätendiert, nachdenklich gewesen zu sein, und war es also doch nachdenklich? Erst die Unterscheidung von erzählendem und erzähltem Ich läßt vermuten, daß das erzählte Ich überhaupt nicht nachdenklich war. Damit tritt es aber in Widerspruch mit der Bemerkung: Sein „Gang war gedankengesättigt". In dem unentscheidbaren Zustand der Nicht-Nachdenklichkeit ereignet sich nun die an den ersten Satz des Textes wieder anschließende Überlegung zum „Schreibmaschinengebrauch", die allerdings zu gar keinem Ergebnis kommt, da sie sich wieder „total verflüchtigt[ ]".

Merkwürdig ist an dieser Stelle der Gebrauch des Wortes „Bedenklichkeit", das eigentlich ja schon ‚Vorbehalt', ‚Einwand', ‚Fragwürdigkeit' oder ‚Zweifel' bedeutet, das hier aber (wie auch weiter unten im Text) offenbar im Sinne von ‚Erwägung' oder ‚Überlegung' verwendet wird. Indem der Erzähler das Wort „Bedenklichkeit" anscheinend neu aus dem Verb „bedenken" ableitet, entsteht der semantische Effekt, daß sich der Akt des Nachdenkens über die Schreibmaschine bereits als Einwand gegen sie darstellt. Indem sich solche „Bedenklichkeit" aber „nach und nach total verflüchtigt[ ]" hat, ist nicht etwa der Vorbehalt gegen das Schreibmaschinenschreiben entkräftet, sondern vielmehr erübrigt es sich nun, überhaupt noch an Schreibmaschinen zu denken. Es gibt also eigentlich auch gar keine Bedenken gegen die Schreibmaschine. Solche lexikalische Unentscheidbarkeit könnte freilich auch durch eine Unsicherheit in Walsers hochdeutscher Sprachkompetenz verursacht sein, und Walser selbst war dieses Problem ja keineswegs fremd.[31] Nun lesen wir aber schon im folgenden Satz: „Ich vertraue dem Leser dieser Zeilen an, daß ich hier ganz ungeschickt schreibe, falls er's bis dahin womöglich noch nicht gemerkt hat" –, und wir sehen uns von einem Verwirrspiel des Textes ertappt. Das Bedenken der Schreibmaschine – keineswegs die Schreibmaschine selber – führt also zum ungeschickten Schreiben. Aber das ist kein Malheur, sondern das dergestalt schreibende Ich bekennt, „daß ich über die Ungefügigkeiten entzückt bin, ähnlich wie mich die Finsternis freute, die mich eine Strecke weit im Neunuhrabendwald umgab". Mit dem Vergleich der stilisti-

---

31 Noch 1948 äußert sich Walser diesbezüglich: „Schon ein ordentliches Deutsch zu schreiben, hat mich Sorgen genug gekostet." In: Carl Seelig, *Wanderungen mit Robert Walser*, Frankfurt am Main: Suhrkamp [7]1993, S. 115.

schen Ungeschicklichkeit mit dem realen Gehen im dunklen Wald schließt der Erzähler wieder an den Anfang der Erzählung an, wobei die dort implizite metaphorische Relation von Gehen und Schreiben jetzt durch die umgekehrte Anwendung des poetologischen Vergleichs explizit wird. Dabei wird nun auch, im Bekenntnis des erzählenden Ichs, es habe sich „im Leben auf's Vielfachste auf [s]eine beiden Hände gestützt“, wieder der Verdacht lebendig, daß das erzählte Ich, dessen hindernisreicher Spaziergang ja das Thema oder wenigstens der narrative Rahmen des Textes ist, nicht immer nur auf den Füßen gegangen ist. Indem das Ich des Textes, das – wie der erste Satz schon festhält – sein „Ich eigentlich gar nicht mehr empfand“ und sich auf allen Vieren voranbewegt, überwindet es „jene Schreibmaschinenbedenklichkeit“ und findet – wieder einmal steht das Wichtigste in der genauen Mitte des Textes – zur ihm eigenen „Handschriftidee“ zurück. Das Ich des Mikrogramms bleibt dem „Fingerprinzip“ treu. Wieder folgt die Feststellung, der Erzähler habe sich „außerordentlich ungeschickt ausgedrückt“ – eine Feststellung, von der wir annehmen dürfen, daß sie den Schreiber ebenso entzückt hat wie uns Leser. Entzückend ist jedenfalls auch der Gedankensprung, den das erzählende Ich vollführt, indem es das erzählte Ich in den Nachmittag zurückversetzt und nach einem „Gump oder Sprung über ein Gräbelein“ die Etymologie des „schweizerdeutsche[n] Sprachausdruck[s] Cheib“ bedenken läßt. Es scheint mir evident zu sein, daß der Text, nachdem er sich seiner eigenen „Handschriftidee“ versichert hat, im zweiten Teil übermütiger und leichtfüßiger – die Einfälle kommen jetzt nur so „herzugetänzelt“ – und ohne weitere stilistische Bedenken vorangeht. Die Abfolge der Einfälle, von den gebratenen Kastanien über die orientalische Herkunft des Wortes „Cheib“ bis zu den während eines Konzertes verzehrten Käsetörtchen wird zum Beweis, daß sich das schreibende Ich in seiner „Handschriftbejahung“ nicht „entmutigen“ ließ. – Allerdings steht, in der zweitletzten vollen Zeile des Textblocks vor dem Wort „Handschriftbejahung“ ein gestrichenes, fast unleserliches Wort, das Bernhard Echte jetzt als „Handschrifttreue“[32] entziffert hat (Abb. 4):

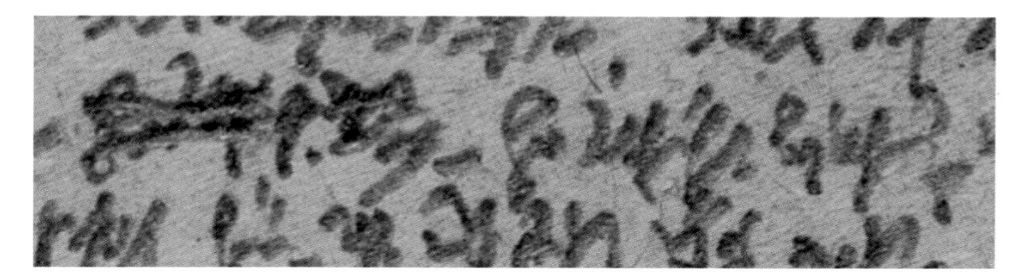

Abb. 4: Ausschnitt aus Mikrogrammblatt 409, stark vergrößert

32 Der von unten kommende Strich am Ende des ersten Wortes ist nicht als Unterlänge, sondern als Streichung des Wortendes zu interpretieren. Für die beiden Entzifferungen (vgl. Anm. 27) bedanke ich mich bei Bernhard Echte.

Walsers Mikrogramm zur „Schreibmaschinenbedenklichkeit“ enthält kein Urteil über Vor- oder Nachteile des „Schreibmaschinengebrauch[s]“, es teilt aber in komplexer Erzählreflexion eine Erfahrung des Schreibens mit, die aus der konsequenten *Umschreibung* und damit der *Umgehung* des mechanischen Schreibens entsteht. So wie zu Anfang der „Fluß [...] still wie eine lieber nicht erwähnt sein wollende Vergleichung“ als abwesende Schreibmetapher nur gedacht werden kann, so steht die drohende Möglichkeit des mechanisierten Schreibens am Horizont einer singulären Technik des handschriftlichen Schreibens. Diese in die radikale Verkleinerung und bis in den visuellen Entzug hineingehende Konsequenz des schriftstellerischen Eigensinns produziert ein Schriftbild, das ebensosehr geschrieben wie graphisch komponiert wirkt. Es wird zu einer modernen Zeichnung im künstlerischen Sinne.

Walser sagt in einem Aphorismus, den er 1927 in der Beilage zur *Frankfurter Zeitung*, *Für die Frau*, unter dem Titel „Sätze“ publiziert hat: „Schreiben scheint vom Zeichnen abzustammen.“[33] Im Mikrogrammentwurf dazu lautete der Satz noch: „Schreiben, Schriftstellern scheint mir vom Zeichnen abzustammen.“[34] Robert Walser hat diesen Satz mit einem Konvolut von über 500 Manuskriptblättern in Kleinstschrift erprobt und bewiesen. Wäre es mit Schreibmaschine notiert, enthielte es, grob geschätzt, vielleicht 10 Millionen Anschläge – im Universum der Mikrographie sind die Zeichen allerdings nicht zählbar.

33 SW 19, S. 232.
34 AdB 4, S. 410

Christian Wagenknecht

Schreiben im Horizont des Druckens: Karl Kraus

Ein Aphorismus von Karl Kraus beginnt mit den Sätzen: „Manchmal lege ich Wert darauf, daß mich ein Wort wie ein offener Mund anspreche, und ich setze einen Doppelpunkt. Dann habe ich diese Grimasse satt und sähe sie lieber zu einem Punkt geschlossen. Solche Laune befriedige ich erst am Antlitz des gedruckten Wortes." (F 309-310, 28 f.)[1] Das ist buchstäblich wahr. Um aber mit einiger Genauigkeit die Rolle zu beschreiben, die bei Karl Kraus das Druckwesen noch vor der Drucklegung spielt, empfiehlt sich wohl ein Blick aufs Ganze dieses Werks – und zwar vor allem hinsichtlich seiner schriftlichen Beschaffenheit.

Es ist gut hundert Jahre her, daß der kaum fünfundzwanzigjährige Karl Kraus, nachdem er sich schon als Vorleser und als Schriftsteller zumindest in Wien einen Namen gemacht hatte, an die Gründung einer eigenen Zeitschrift ging, die *Die Fackel* heißen und im Frühjahr 1899 erstmals erscheinen sollte. Da gab es allerlei zu bedenken und zu entscheiden. Der Vater stellte für die ersten Nummern das Papier bereit und gewährte einen großzügig bemessenen Kredit, Maximilian Harden, der Herausgeber der *Zukunft*, stand dem jungen Freund mit Ratschlägen bei („,Die Fackel': meinetwegen, wenn auch nicht originell. Aber es prägt sich ein ..."), an Mitarbeitern sollte es unter den vielen Bekannten des umtriebigen Mannes nicht fehlen, und ein interessierter Drucker war gleichfalls schnell gefunden. (Er hatte soeben eine satirische Streitschrift des jungen Karl Kraus verlegt: *Eine Krone für Zion*, 1898.) Statt wie zunächst geplant „allwöchentlich" sollte das Periodikum aus steuerlichen Gründen nur dreimal im Monat erscheinen. Man darf vermuten, daß Karl Kraus sich ebensogut die Frage überlegt hat, in welcher Schrift die *Fackel* hervortreten sollte. Zur Wahl standen die Antiqua und die Fraktur, die lateinische und die sogenannte deutsche Schrift.

Das Vorbild der *Zukunft* von Maximilian Harden hätte ebenso wie das Beispiel von Revuen nach Art der *Gesellschaft* oder der *Neuen Rundschau* die Wahl der Fraktur empfohlen – statt der vor allem in wissenschaftlichen Publikationen gebräuchlichen Antiqua, die nur den Gebildeten ohne weiteres zugänglich war. Bibel und Gesangbuch waren ebenso wie der Berliner *Vorwärts* und die Wiener *Arbeiter-Zeitung* in Fraktur gedruckt. Kraus selber hat später nur ausnahmsweise, zweimal, die deutsche Druckschrift gewählt: jeweils im Interesse

1 Auf Heftnummern und Seitenzahlen der *Fackel* wird hier allemal in dieser Form verwiesen. Die Sigle S verweist auf die Ausgabe: Karl Kraus, *Schriften*, herausgegeben von Christian Wagenknecht, Frankfurt am Main: Suhrkamp 1986-1994.

einer Breitenwirkung, die noch um 1920 nur von ihr gewährleistet war. Das betrifft den Postkartendruck der *Volkshymne*, seiner Umdichtung des „Gott erhalte“, und die Volksausgabe (sozusagen) der ersten Nestroy-Bearbeitung *Das Notwendige und das Überflüssige*. Gleichwohl hat Kraus mit der Entscheidung für die Antiqua (die „fatalen Aristokraten“, wie Goethes Mutter sie genannt hat) keine Wendung ins Vornehme oder gar Elitäre vollzogen. Die Antiqua war die Schrift der programmatischen Moderne: europäisch statt deutsch und schlicht statt ornamental.[2] Diesen Zügen widerstreitet nun einigermaßen die Gestaltung des Umschlagtitels: „Die Titelzeichnung zeigt [...] zwischen Rauchwolken eine lodernde Fackel, unter derselben und getroffen von den von ihr ausgehenden Strahlen die Zeichnung der Stadt Wien.“ (F 83, 34) Aber eben dieses Bild hat Kraus bei der ersten Gelegenheit, die sich dazu bot, getilgt, und später auch den Namen selber, der wohl der *Lanterne* von Henri Rochefort nachgebildet war, zur Disposition gestellt: „Nun wäre mir ja nichts lieber, als einen Titel zu opfern, der wohl immer in einem billigen Sinn ornamental war und längst nicht den Inhalt dieser Zeitschrift andeutet, welcher heute kaum mehr der dümmste Leser die Ambition, in irgendetwas hineinzuleuchten, zutraut.“ (F 331-332, 56 f.) Der Titel mußte wohl beibehalten werden – während das Bild einer Fackel, mit dem die Hauptartikel sinnfällig voneinander abgegrenzt werden, zu Beginn des XII. Jahres, Mai 1910, aufgegeben und durch einen schmucklosen Gliederungsstrich ersetzt wird. Aber nicht bloß im Hinblick auf die Typographie nimmt von den vielen Zäsuren, die das Werk der *Fackel* gliedern, die vom Mai 1910 eine der ersten Stellen ein. Eben ist zum Ende des XI. Jahrgangs die Nummer 300 erschienen, mit Beiträgen von Dehmel, Strindberg, Altenberg, Schönberg und Adolf Loos und allerlei Aphorismen von Kraus selber, deren einer von den Lesern der *Fackel* sagt: „Sie wissen nichts von dem, was der Autor erlebt, ehe er zum Schreiben kommt; sie verstehen nichts von dem, was er im Schreiben erlebt; wie sollten sie etwas von dem ahnen, was sich zwischen Geschriebenem und Gelesenem ereignet?“ (F 300, 23) Bei derselben Gelegenheit zieht Kraus Bilanz – indem er die bis dahin erschienenen Hefte durch ein „Register der Autoren und Beiträge“ erschließen läßt. Und er beginnt eine neue Phase seines publizistischen Wirkens: mit der ersten seiner Wiener „Vorlesungen“, am 3. Mai 1910, in der unter anderem die damals noch nicht veröffentlichte Schrift *Heine und die Folgen* zu hören ist. Zugleich stellt Kraus seine Mitarbeit an den Münchner Zeitschriften *Simplicissimus* und *März* ein – mit der erklärtermaßen angestrebten Folge, daß er nun so gut wie alle seine Arbeiten von der Firma seines Vertrauens, Jahoda & Siegel, setzen und drucken lassen kann. Und die wiederum zeigt sich den erhöhten Ansprüchen, die Kraus inzwischen an Technik und Kunst der Typographie zu stellen gelernt hat, nun erst wirklich gewachsen. Nun erst wird das Schriftbild der *Fackel* definitiv bestimmt: werden alle Artikel in der charakteristischen *Fackel*-Type, der Antiqua

---

2 Dazu einiges Nähere bei Eckhart Pohl, „Zur Typographie der letzten ‚Fackel'-Hefte“, in: *Kraus-Heft* 17 (1981), S. 4-6.

Romanisch, gesetzt. Diese damals noch junge, erst um die Jahrhundertwende aufgekommene Schrift entspricht auf ihre Weise ziemlich genau dem Ideal, das Kraus einmal von seinem Stil gezeichnet hat: ist „schlank und schmal", „fettlos", „maceriert" (F 572-576, 74). Aber auch in Aufbau und Umbruch der Hefte tritt um diese Zeit ein sichtbarer Fortschritt ein – hin zu einer satztechnisch ebenso untadelhaften wie schriftstellerisch funktionalen Gestaltung.

Was zunächst den Aufbau der Hefte betrifft, so hat sich Karl Kraus schon ziemlich früh (etwa seit 1905, und wann immer es geht) um eine spiegelsymmetrische Anordnung der Beiträge bemüht. So viel ist Karl Kraus an dieser Symmetrie gelegen, daß er sie nicht vom Zensor stören lassen mag – und von sich aus nachhilft, das Ebenmaß auch im reduzierten Umfang zu sichern. So im Falle des *Fackel*-Hefts vom Oktober 1916 (F 437-442). Die Zensur hatte außer allerlei „Glossen" (ganz oder teilweise) auch das erste Haupt-Stück des Heftes verboten. Es sollte „Tagebuch" heißen und das Pendant bilden zu dem letzten Haupt-Stück: dem Gedicht „Gebet während der Schlacht". Gegen den Druck dieser Verse hatte der Zensor nichts einzuwenden, und wenn auch sie im fertigen Heft fehlen, dann aufgrund eines Eingriffs von Kraus selber, der auf diese Weise die gestörte Symmetrie wiederherstellt. (Das war in Österreich möglich – anders als in Deutschland, wo verlangt war, die Zensurlücken durch neuen Text zu füllen.) Außerdem nutzt er die Möglichkeit, sich an auffälligster Stelle, nämlich am Fuß der nunmehr leeren letzten Seite, epigrammatisch über die Zensur zu äußern – mit einem Vierzeiler, der eigens für diesen Zweck und aus diesem Anlaß geschrieben sein dürfte:

„Nie wird bis auf den Grund meiner Erscheinung
der kühnste Rotstift eines Zensors dringen.
Verzichtend auf die Freiheit einer Meinung,
will ich die Dinge nur zur S p r a c h e bringen." (F 437-442, 128)

Unbehelligt ist das „Gebet" denn auch im nachfolgenden Heft erschienen.

Ebenso genau hat Karl Kraus es mit dem Umbruch genommen. Bekanntermaßen gehört zu den strengsten Regeln des Setzerhandwerks das Verbot von ‚Hurenkindern' – nämlich solcher Schlußzeilen eines Absatzes, die an den Anfang einer Seite zu stehen kommen.[3] Der Sinn ist klar: Wenn ein Absatz schon nicht als ganzer auf einen Blick zu erfassen ist, weil der Setzer ihn nicht im Rahmen einer Seite halten kann, dann sollen doch wenigstens die durch Seitenwechsel getrennten Teile des Absatzes zumindest von der Größe eines kleineren Absatzes sein. Der Mechanik des Maschinen- wie des älteren Computersatzes sind solche Rücksichten offenbar nur schwer beizubringen – wie das Beispiel von Christa Reinigs Roman *Die Frau im Brunnen* zeigt, erschienen 1984, wo

3 Man vergleiche (auch zum folgenden) Friedrich Bauer, *Handbuch für Schriftsetzer. Mit vielen Abbildungen und Beispielen im Text und auf Beilagen, sowie mit einem ausführlichen Wörterverzeichnis*, Frankfurt am Main: Klimsch [8]1934. Als „Hurkind" ist der Fall schon in Christian Gottlob Täubel, *Orthotypographisches Handbuch*, Halle, Leipzig: Täubel 1785, verzeichnet.

jede zehnte Seite mit einem Hurenkind beginnt. Schon gar nicht darf man erwarten, daß in Buchwerken unserer Zeit dem Erfordernis Rechnung getragen ist, das Ganze eines Kapitels oder eines Artikels weder rechts unten noch links oben abzuschließen – damit sich, wie Karl Kraus einmal sagt, der geistige Atem des Lesers auf den Abschluß einstellen kann (F 484-498, 137). Übrigens verlangt eine ähnliche Rücksicht, die letzte Zeile eines Absatzes nicht mit einem Minimum an Zeichen zu füllen – einem isolierten „ist" oder „hat" oder gar mit einem Fragment wie „ren" („wa-ren") oder „te" („hat-te"). Derlei kommt in der *Fackel* kaum jemals vor. Man kann sich sogar fragen, ob nicht manche Texte mit Rücksicht auf den Druck gerade so kurz oder so lang gehalten sind, daß sie genau auf eine Seite passen. So bei den Nachrufen auf Ludwig von Janikowski (F 331-332, 64) und auf Franz Grüner (F 462-471, 73). Im Fall der Grabrede für Adolf Loos wiederum (F 888, 1-3), die bequem auf zwei Seiten gepaßt hätte, ist durch größere Schrift und weiteren Durchschuß dafür gesorgt worden, daß sie erst nach acht Zeilen der dritten Seite, rechts, zum Abschluß kommt – so daß am Ende der Leser ebenso gesammelt verweilen kann wie am Grab der Hörer.

Mit derselben Aufmerksamkeit hat Karl Kraus auch auf den Umbruch der Zeilen geachtet – erklärtermaßen, so daß nun auch der Leser der *Fackel* gehalten ist, darauf zu achten. Es geht in der Hauptsache um den Gebrauch der Worttrennung am Zeilenende – in der Sprache des Duden wie des Computers: der Silbentrennung. Die Setzer der *Fackel* und der Bücher von Karl Kraus haben dieses Instrument möglichst selten angewandt.[4] Auf zehn Worttrennungen in der Ausgabe der *Schriften*, bei Suhrkamp, kommen höchstens drei in den Originalen. Häufungen (mehr als zwei Trennungen in Folge) sind da überhaupt nicht anzutreffen. Nach altem Setzerbrauch war die Trennung von Eigennamen („Goethe") sowie von leichten Zweisilblern (wie „eine") grundsätzlich verboten, und Komposita von drei oder mehr Silben durften getrennt werden nur in der Fuge, nicht also innerhalb der Glieder. Es ging nur „Haupt-sache", nicht „Hauptsa-che", nur „Zeilen-ende", nicht „Zeilenen-de". Vollends unzulässig, ja schlechterdings sträflich war es, ein Kompositum zu trennen so, daß der Trennungsstrich beim Leser Erwartungen weckt, die dann nicht eingelöst werden – wenn nämlich am Zeilenende ein Wort zu stehen scheint, das tatsächlich kein Bestandteil des Kompositums ist. Man durfte also „Dieselbe" nur nach der ersten Silbe (nicht: „Diesel-be") und „Analphabeten" nicht nach der zweiten trennen (statt wie einmal bei Kittler: „Schreibende Anal-phabeten").[5] So kann, wie Kraus einmal erzählt, aus einem falsch getrennten „Mor-genstern" bei der Hauskorrektur zunächst ein „Mor-gestern" und dann ein „Vorge-stern" werden (F 864-867, 62 f.). Immerhin: Solche Wörter können getrennt werden. Von den für Karl Kraus charakteristischen Wortspielen sind zumindest gewisse Schachtelwörter von dieser Möglichkeit ausgenommen – Neubildungen vom Typ

---

4 Man vergleiche die Notiz in *Kraus-Heft* 51 (1989), S. 15 f., sowie die in meiner Selbstanzeige (*Kraus-Heft* 71/72, 1994, S. 28-30) angeführten Bemerkungen von Martin Jahoda.

5 Friedrich A. Kittler, *Aufschreibesysteme 1800/1900*, München: Wilhelm Fink [3]1995, S. 407.

„Hakenkreuzottern" und „Schreibmaschinengewehre", die nur auf einen Blick aufgefaßt werden dürfen (F 601-607, 41; F 917-922, 112). Karl Kraus selber hat es einmal sogar für nötig und richtig befunden, die Teilung des Wortes „Überzeugungsakt", das der Setzer seinen Regeln gemäß in der Hauptfuge getrennt hatte: „Überzeugungs-akt", als Druckfehler zu bezeichnen – gewiß ein weitgefaßtes Verständnis dieses Begriffs, unter den heutzutage nicht einmal die Scheußlichkeit eines „Überzeu-gungsaktes" (oder auch „Überzeugungsak-tes") fiele (F 234-235, 3; F 236, 24). Fälle wie dieser hätte wohl ein Buch „über Schrift und Druck" zur Sprache gebracht, in dem Kraus einmal eine „Druckmethode" hat entwickeln wollen, „durch die der Autor zum Drucker wird".[6]

Wer das Ebenmaß einer Seite der *Fackel* betrachtet, den wird es vielleicht überraschen zu erfahren, wie ungefällig und unübersichtlich, wie schief und krumm das Manuskript beschaffen ist, das am Anfang der Ausarbeitung steht. Wenn man nicht wüßte, daß es bereits die Reinschrift und die Druckvorlage bildet – man käme auf die Idee nur darum, weil am Beginn die Schriftart angewiesen ist, etwa: „petit durchschossen". Kraus hat den Zweck der Niederschrift jedoch dauernd im Auge behalten, ja bisweilen schon im Manuskript auch nähere Bestimmungen über das Schriftbild getroffen. Ein Beispiel (Abb. 1). Der Schluß des Aufsatzes „Aus der Sudelküche", erschienen im März 1921, ein Vorspiel zu Kraus' „Magischer Operette" *Literatur*, nimmt sich in typographischer Hinsicht so unauffällig aus wie jeder beliebige *Fackel*-Text. Allenfalls ein geschulter Blick kann bemerken, daß einige Zeilen etwas lockerer gefügt sind als der Rest, mit größeren Abständen zwischen den einzelnen Wörtern. Der Grund dafür ist schon im Manuskript gelegt, in dem sich angewiesen findet, daß der beispielshalber angeführte „unaussprechlichste" Name Przygode aufzuteilen sei und zwar so, daß die Konsonanten-Trias Prz „am Ende der Zeile" erscheint (Abb. 2). Mit diesem ungewöhnlichen (orthographisch auch unstatthaften) Verlangen hat Karl Kraus den Setzer freilich überfordert – der die typographische Anweisung zunächst für einen Teil des zu setzenden Textes gehalten und als solchen auch wirklich gesetzt hat (Abb. 3). Erst nach Aufklärung des Mißverständnisses („die Worte ‚am Ende der Zeile' waren für den Setzer bestimmt!") ist der Name dann wie gewünscht am Zeilenende aufgeteilt und in dieser Fassung durch eine Vielzahl von Korrekturen hindurch, die gerade auch der Schluß des Artikels erfahren hat, beibehalten worden. Der Preis dafür war gering: Kaum jemand sieht es dem Druckbild an, daß es einer Pointe zuliebe genau so beschaffen ist.[7]

6 An Herwarth Walden, 24. 3. 1910. Karl Kraus und Herwarth Walden, *Feinde in Scharen: ein wahres Vergnügen dazusein. Briefwechsel 1909-1912*, herausgegeben von George C. Avery, Göttingen: Wallstein 2002, S. 188 f. – Wahrscheinlich hätte Karl Kraus schon an dieser Stelle, wie später mehrfach in der *Fackel*, dem „Mitschöpfer" Georg Jahoda, seinem Drucker, Dank und Anerkennung ausgesprochen (F 649-656, S. 1).

7 Die Entstehung des *Fackel*-Hefts F 561-567 vom März 1921 behandelt ausführlich Martin Leubner, „‚Die drei Wochen sind wirklich ein Taumel.' Zur Entstehung der ‚Fackel' vom März 1921", in: *Festschrift für Christian Wagenknecht zum 60. Geburtstag*, Göttingen 1995 (als Manuskript gedruckt), S. 116-129.

In der neueren Editionslehre pflegt man zwischen solchen Autoren zu unterscheiden, die ein Werk schon vor der Niederschrift beisammen, im Kopf haben, und solchen, die es erst beim Schreiben, angesichts des immer nur vorläufig beschrifteten Papiers hervorbringen.[8] Karl Kraus gehört ohne Zweifel zum zweiten Typ. Ja es dürfte in der Literatur des 20. Jahrhunderts nur wenige Fälle geben, wo zwischen der ersten Niederschrift und der Imprimierung des Textes eine ähnlich lange Reihe von Korrekturgängen liegt. Gewiß: Da wird immer wieder auch bloß redigiert – verbessert, gefeilt. Aber vor allem wird gedichtet – wird gedacht und formuliert, kommen Sätze und Absätze hinzu, verwandelt sich die Glosse in einen Essay, der Essay in ein Buch. Anfang und Schluß gehören in aller Regel schon der ersten Fassung an – die aber bisweilen nur ein Viertel, in Einzelfällen auch nur ein Achtel der letzten Fassung umfaßt. Von der allmählichen Verfertigung der Gedanken beim Schreiben könnte da die Rede sein – oder vielmehr davon, daß sich die Gedanken bilden gutenteils erst angesichts des Druckes, wie ihn die Fahnen-, dann die Umbruchabzüge bieten, also eigentlich beim Lesen, beim Korrekturlesen. Daraus versteht sich auch der Plan (den Kraus aber nicht ausgeführt hat): „kein Buch erscheinen zu lassen, sondern seine Korrekturen" (F 341-242, 50)[9].

Ein Beispiel gibt der Artikel „Heimkehr und Vollendung" (F 546-550, 1-2) in der *Fackel* vom Juli 1920 (Abb. 4 und 5). Kraus hat ihn ausnahmsweise gleich auf Umbruch setzen lassen. Der kurze Text nahm da nicht ganz zwei Seiten ein, auf der zweiten blieb noch Platz für ein Dutzend Zeilen (Abb. 6 und 7). Wohl nicht, um den Raum zu füllen, den Kraus am Ende eines Artikels nicht selten leer gelassen hat, wohl aber: weil noch genügend Raum zur Verfügung stand, der für eine Ergänzung genutzt werden konnte, hat Kraus alsbald, schon bei der ersten Korrektur, das pathetische Finale noch durch einige Sätze erweitert und verstärkt.

Demgegenüber bildet „Wichtiges von Wichten", der letzte Artikel der *Fackel*, einen Sonderfall in mehr als einer Hinsicht. Der Aufsatz (F 917-922, 94-112) umfaßt im Druck neunzehn Seiten – ist aber entwickelt aus dem Manuskript einer „Notiz", die der Setzer bequem auf eine Seite bringen konnte. Von den insgesamt fast zwanzig Fahnensätzen dieses Artikels verdient der (mutmaßlich) 17. besondere Aufmerksamkeit. Erst jetzt hat Kraus den Untertitel hinzugefügt: „(In verständlicher Sprache)", und erst jetzt auch entschieden, dem bisherigen Schluß des Artikels ein neues Finale folgen zu lassen. Darum die Anfrage am Rand des Fahnenabzugs (Abb. 8):

8 Man vergleiche insbesondere die Arbeiten von Almuth Grésillon zur „Critique Génétique". Zur Einführung: Almuth Grésillon, *Literarische Handschriften. Einführung in die „critique génétique"* (1994), aus dem Französischen übersetzt von Frauke Rother und Wolfgang Günther, Bern, Berlin u. a.: Peter Lang 1999.

9 Dazu ausführlicher Verf., „Korrektur und Klitterung. Zur Arbeitsweise von Karl Kraus", in *Text + Kritik*, *Sonderband Karl Kraus* (1975), S. 108-115.

„bitte
Noch *nicht* umbrechen!
für wie viele Zeilen noch Raum, wenn 112 S. [7 Bogen] und hier Verlängung um eine oder zwei Zeilen?"

Die Antwort des Setzers:

> „(Bei Zeilenverlängerung um 2 Zeilen (die unbedingt nötig ist) bleibt noch Platz für 8 Zeilen, nach Einbringen der mit ev. bezeichneten Ausgänge 10 Zeilen)".

Am Ende mußte für „Wichtiges von Wichten" der Satzspiegel dann doch nur um eine Zeile (von 38 auf 39) verlängert werden. Aber im Vertrauen auf die Auskunft des Setzers hat Karl Kraus dem nächsten Fahnenabzug das Manuskript des neuen Schlusses beigefügt – der hier schon beinahe ganz so lautet wie dann im fertigen Heft (Abb. 9). Es gibt im Werk der *Fackel* einige, wenngleich nicht viele Fälle, wo ein als Glosse oder als Notiz entworfener Text sich im Gang der Arbeit zu einem Aufsatz ausgewachsen hat. Kaum jemals aber dürfte ein Artikel fast zwanzig Fahnensätze durchlaufen haben und dabei von nur einer auf fast zwanzig Seiten gebracht worden sein. Und in keinem zweiten Falle hat Karl Kraus, soviel ich weiß, den Schluß eines Artikels erst kurz vor der Imprimierung abgefaßt.[10]

Ein letztes Beispiel aus der *Fackel* vom November 1920 (F 554-556, 52-56). Der Seitenumbruch ist, wie man sieht (Abb. 10), schon erfolgt, am Text kaum noch etwas zu ändern. Da entdeckt der Blick des Autors am Kopf von Seite 55 die Möglichkeit einer typographischen Pointe. Indem er die ersten beiden Zeilen auf Seite 54 zu stellen verlangt und die zweite mit einem eingefügten „hoch" abschließen läßt, tritt das „galgenhoch", am Schluß des Satzes, an den Anfang nicht bloß einer Zeile, sondern auch einer Seite: Abbild der berufenen Höhe des berufenen Galgens. Darüber entspinnt sich auf dem Abzug ein Dialog zwischen Setzer und Autor, der mit dem Machtwort schließt: „muß so sein! habe alles reiflich erwogen."[11] Die Korrektur war auszuführen natürlich nur um den Preis einer Verlängerung des Satzspiegels, auch hier um eine Zeile; aber diesen Preis konnte der Setzer seinerzeit zahlen, damals, als die Maschine noch nicht zur Herrin des Verfahrens geworden war (Abb. 11). Im Neusatz der Suhrkamp-Ausgabe ist die Pointe verlorengegangen (Abb. 12).

Der Fall ist aufschlußreich auch darum, weil der typographische Sprung beim Seitenwechsel im Vortrag des Textes (den Kraus in der Tat zu wiederholten Malen, insgesamt siebenmal, vorgelesen hat) durch eine sprechende Gebärde

---

10 Dazu ausführlicher Verf., „Zu ‚Wichtiges von Wichten'", in: *Kraus-Heft* 68 (Oktober 1993), S. 7-10.

11 Kraus zitiert an dieser Stelle (nicht ganz korrekt) einen Satz aus Franz Josefs Manifest „An meine Völker" vom Sommer 1914. – Das Motiv des Umblätterns kommt schon in den *Letzten Tagen der Menschheit* vor: III, 23 (S 10, S. 365). Man vergleiche auch F 501-507, S. 45 und F 554-556, S. 53.

oder auch durch eine Anhebung der Stimme leicht wiederzugeben ist. Die allgemein verpönte und in der *Fackel* wirklich nur selten anzutreffende Worttrennung am Seitenende – sie wird gestattet oder geradezu gesucht dort, wo sie eine Pointe abzugeben verspricht. So wenn das „Licht eines Tag- | blatts" zur Sprache kommt (F 568-571, 9 f.) oder (weil der Vortragende das Fortsetzungsblatt nicht gleich finden kann und Leute im Auditorium dazu lachen) die „unter- | brochene Wirkung" einer Szene festzustellen ist (F 577-582, 74 f.).[12]

Und das wäre zum Schluß noch eigens zu bedenken. So sehr sich nämlich der Schriftsteller Karl Kraus „im Erdensturz dem Umbruch einer Zeile | noch zugewandt" zeigt (F 508-513, 7), also dem Medium, das bekanntlich mehr ist als dieses, nämlich die Botschaft selber oder doch wenigstens auch eine solche, ist er doch außerdem und vor allem Schauspieler, zumindest: Darsteller, Rezitator, Sprecher. Karl Kraus hat zwischen 1910 und 1936 siebenhundert „Vorlesungen" gehalten, teils aus eigenen, teils aus fremden Schriften, er hat sogar die Auffassung bekundet, er sei vielleicht der erste Fall eines Schreibers, der sein Schreiben zugleich schauspielerisch erlebt (F 389-390, 42). Da kann man es wohl befremdlich finden, daß dieser passionierte Sprecher und Darsteller doch im Medium der Schrift gelebt hat wie nur wenige Schriftsteller davor und danach. Imposant ist ja bereits der schiere Umfang seines Werks – die mehr als 20.000 Seiten der *Fackel*, von denen er etwa drei Viertel selbst geschrieben hat, und die noch einmal rund 2000 Seiten, die seine Dramen zusammen mit der nachgelassenen *Dritten Walpurgisnacht* umfassen. (Ganz zu schweigen von seinen Übersetzungen und Bearbeitungen sowie der unübersehbaren Masse an Briefen und Schriftsätzen aus vierzig Jahren.) Das fällt schon in die Größenordnung der Œuvres von Goethe oder Thomas Mann. Hinzu kommt die ungemeine Sorgfalt bei der Drucklegung seiner Schriften – vor allem die exorbitante Aufmerksamkeit, die Karl Kraus, je später desto mehr, ihrer typographischen Gestalt gewidmet hat. Man weiß es aus seinen eigenen vielfach wiederholten Erklärungen und kann sich dessen anhand der erhalten gebliebenen Korrekturfahnen vergewissern: daß kaum je ein Manuskript nur einmal gesetzt und nach Berichtigung von Setzerfehlern alsbald gedruckt worden ist. Im Regelfall bietet das Manuskript, dem allerlei Entwürfe vorangegangen sein mögen und das selber schon eine Vielzahl von Änderungen enthält, nur die erste Version des Textes, dessen vorerst letzte dann im Druck der *Fackel* erscheint. Dazwischen findet die eigentliche Ausarbeitung statt, fast immer über mehrere, nicht selten über sechs, bisweilen über zwölf und mehr Stufen und allemal anhand von Fahnen- oder Umbruchabzügen, angesichts also des Bildes, das der Setzer dem Text jeweils zugeteilt hat. Sicherlich gehört – nach der schon er-

12 Wahrscheinlich hat Karl Kraus den Seitenumbruch nicht schon von Anbeginn dermaßen in Acht genommen, also nur versehentlich erlaubt, daß man am Schluß der ersten Seite der *Fackel*, inmitten des Programm-Artikels, lesen kann: „Was hier geplant wird, ist nichts" – und erst nach dem Umblättern auf der nächsten Seite erfährt: „als eine Trockenlegung des weiten Phrasensumpfes".

wähnten Unterscheidung – Karl Kraus dem Typus des ‚Papierarbeiters' an, der anders als der ‚Kopfarbeiter' die letzte Fassung seiner Schrift erst im Verlauf des Schreibens gewinnt. Aber er bildet doch insofern einen Sonderfall, als dieses Schreiben mit der Herstellung des Manuskripts noch längst nicht abgeschlossen ist. Wie bei Proust oder Joyce (aber wohl auch schon bei Schopenhauer und Balzac) geht die Arbeit weiter am gesetzten Text – der nun erst die Reihe von Fassungen durchläuft, die uns von anderen Autoren dieser Gruppe in Gestalt sei es mehrerer Handschriften, sei es mehrerer Schichten einer Handschrift überliefert sind. Und dieser Schriftsteller will nun vor allem ein Schauspieler gewesen sein? Das Paradox löst sich auf mit der Feststellung, daß Karl Kraus das S c h r i f t bild nach den Erfordernissen der R e d e gestaltet hat. So will er die Verbindung „nicht mehr", um nur dieses Beispiel noch zu nennen, „nicht einmal durch einen Zeilenumbruch trennen" lassen, „damit das unbetonte ‚mehr' keinen Ton erhalte" (F 885-887, 58). In vielen Zügen dient wie in diesem die Druckgestaltung der *Fackel* dem Vortrag – zunächst dem eigenen, dann aber auch dem des Lesers, den Karl Kraus sich offenbar ebenfalls als Vorleser denkt. Verlangt ist zumindest ein l a u t e s Lesen.

Mit der Schriftlichkeit des Werkes von Karl Kraus hat es also eine besondere Bewandtnis. Sie ist Medium und Botschaft zugleich – und auf eigenwillige Art außerdem Äquivalent einer Mündlichkeit, die statt des Lesers den Hörer imaginiert. Was in den Vorlesungen von Karl Kraus nur einigen wenigen Zeitgenossen vernehmlich werden konnte, die lebendige Stimme, sollte (außer auf ein paar Schallplatten und in einem kurzen Film) für Mit- und Nachwelt aufbewahrt sein im Schriftbild der Texte. Dieses Ziel haben nicht eben viele S c h r e i b e r des vergangenen Jahrhunderts mit solcher Beharrlichkeit verfolgt wie der R e d n e r Karl Kraus.

Denn was die ganze Rasse der Neu-, Nach- und Nebbichtöner betrifft, die sich jetzt vereinigt zu haben scheinen, um das Literaturgeschäft auf meinem Rücken zu effektuieren und mit dem Polemiker Kraus oder wenigstens mit seiner Hilfe abzurechnen, so sei ihnen bedeutet: Nicht der Mörder, der Ermordete ist schuld, wenn's schief geht. Wer schon unsterblich ist, soll es bis auf Widerruf bleiben. Ich habe genug Pathos, um Magiker nicht ernst zu nehmen, und genug Witz, um vor Hanswursten keinen Spaß zu verstehn. Also mehr Angst! Ich gehe nicht unter, und wenn heute ein Unglück geschehen sollte! Doch die Hoffnung, daß ich, Herr aller Geräusche, als Fürzefänger derart unerschrocken sein werde, die unaussprechlichsten Namen — wie etwa Przygode — in der Fackel einzubürgern, ist ein Irrwahn. Ich mache es auf meine Art. Und die deutschen Verleger werden es schon zu spüren bekommen, daß die Unterstützung der ganzen Tagespresse und eines speziellen Tagebuchs nicht ausreicht, wenn ich ihre Wirksamkeit statt der Mitwelt bloß der Nachwelt überliefere, wenn ich zwar zur Verabscheuung, aber nicht zur Verbreitung des gröbsten Unfugs helfe, der je, aller Zucht von Sprache und Moral entratend, dem Polizeiparagraphen entronnen ist!

Abb. 1: Karl Kraus, „Aus der Sudelküche“

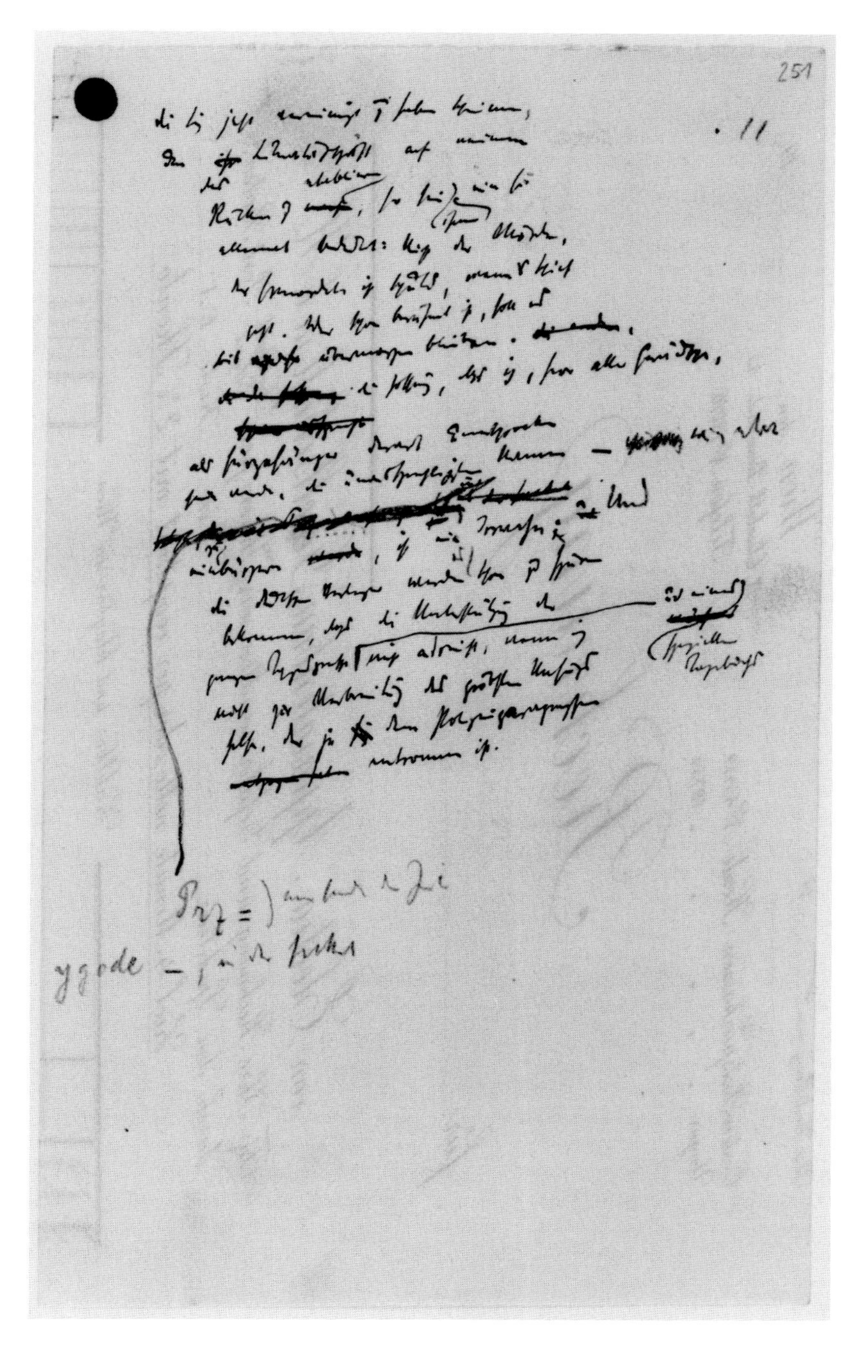

Abb. 2: Karl Kraus, „Aus der Sudelküche“

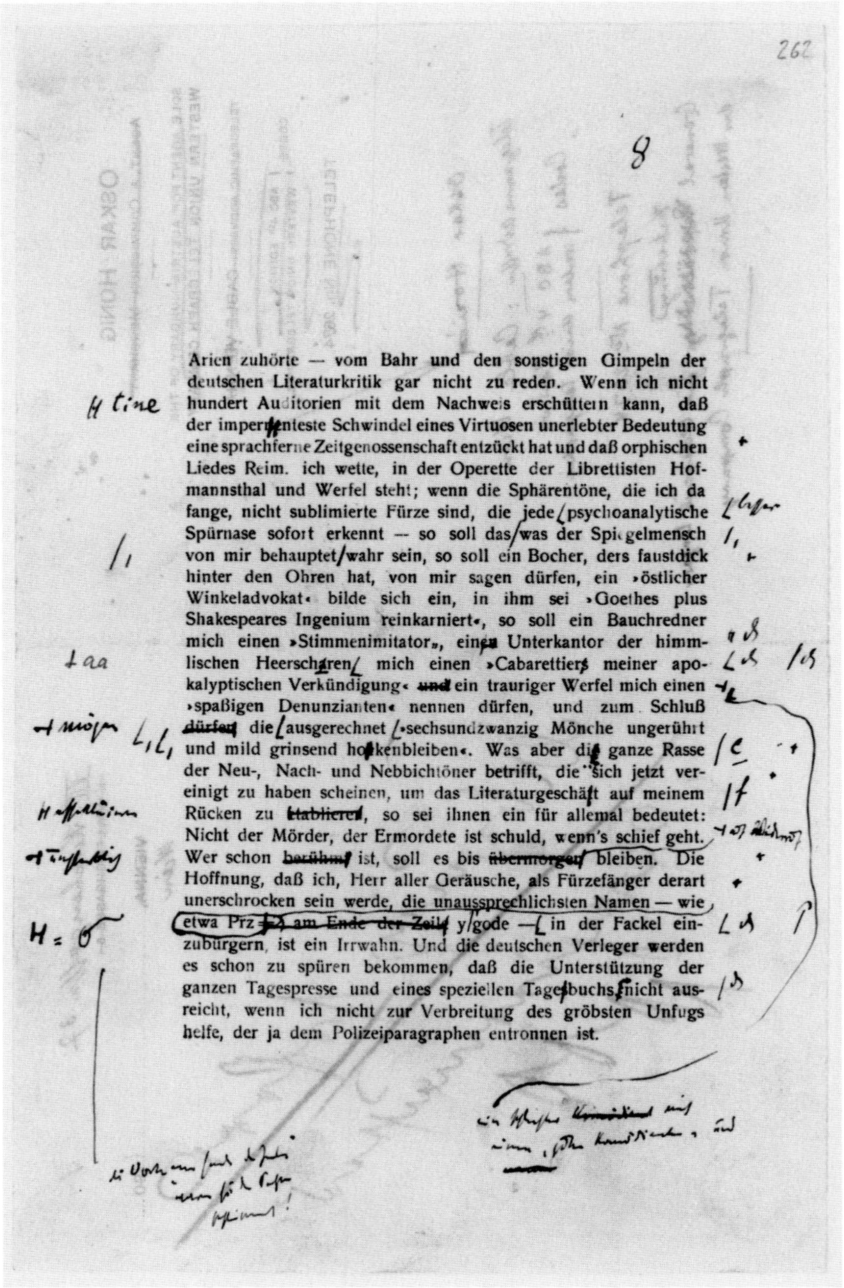

Arien zuhörte — vom Bahr und den sonstigen Gimpeln der deutschen Literaturkritik gar nicht zu reden. Wenn ich nicht hundert Auditorien mit dem Nachweis erschüttern kann, daß der impertinenteste Schwindel eines Virtuosen unerlebter Bedeutung eine sprachferne Zeitgenossenschaft entzückt hat und daß orphischen Liedes Reim. ich wette, in der Operette der Librettisten Hofmannsthal und Werfel steht; wenn die Sphärentöne, die ich da fange, nicht sublimierte Fürze sind, die jede psychoanalytische Spürnase sofort erkennt — so soll das was der Spiegelmensch von mir behauptet wahr sein, so soll ein Bocher, ders faustdick hinter den Ohren hat, von mir sagen dürfen, ein »östlicher Winkeladvokat« bilde sich ein, in ihm sei »Goethes plus Shakespeares Ingenium reinkarniert«, so soll ein Bauchredner mich einen »Stimmenimitator«, einen Unterkantor der himmlischen Heerscharen mich einen »Cabarettier meiner apokalyptischen Verkündigung« und ein trauriger Werfel mich einen »spaßigen Denunzianten« nennen dürfen, und zum Schluß dürfen die ausgerechnet »sechsundzwanzig Mönche ungerührt und mild grinsend hockenbleiben«. Was aber die ganze Rasse der Neu-, Nach- und Nebbichtöner betrifft, die sich jetzt vereinigt zu haben scheinen, um das Literaturgeschäft auf meinem Rücken zu etablieren, so sei ihnen ein für allemal bedeutet: Nicht der Mörder, der Ermordete ist schuld, wenn's schief geht. Wer schon berühmt ist, soll es bis übermorgen bleiben. Die Hoffnung, daß ich, Herr aller Geräusche, als Fürzefänger derart unerschrocken sein werde, die unaussprechlichsten Namen — wie etwa Prz — am Ende der Zeile ygode — in der Fackel einzubürgern, ist ein Irrwahn. Und die deutschen Verleger werden es schon zu spüren bekommen, daß die Unterstützung der ganzen Tagespresse und eines speziellen Tagebuchs nicht ausreicht, wenn ich nicht zur Verbreitung des gröbsten Unfugs helfe, der ja dem Polizeiparagraphen entronnen ist.

Abb. 3: Karl Kraus, „Aus der Sudelküche"

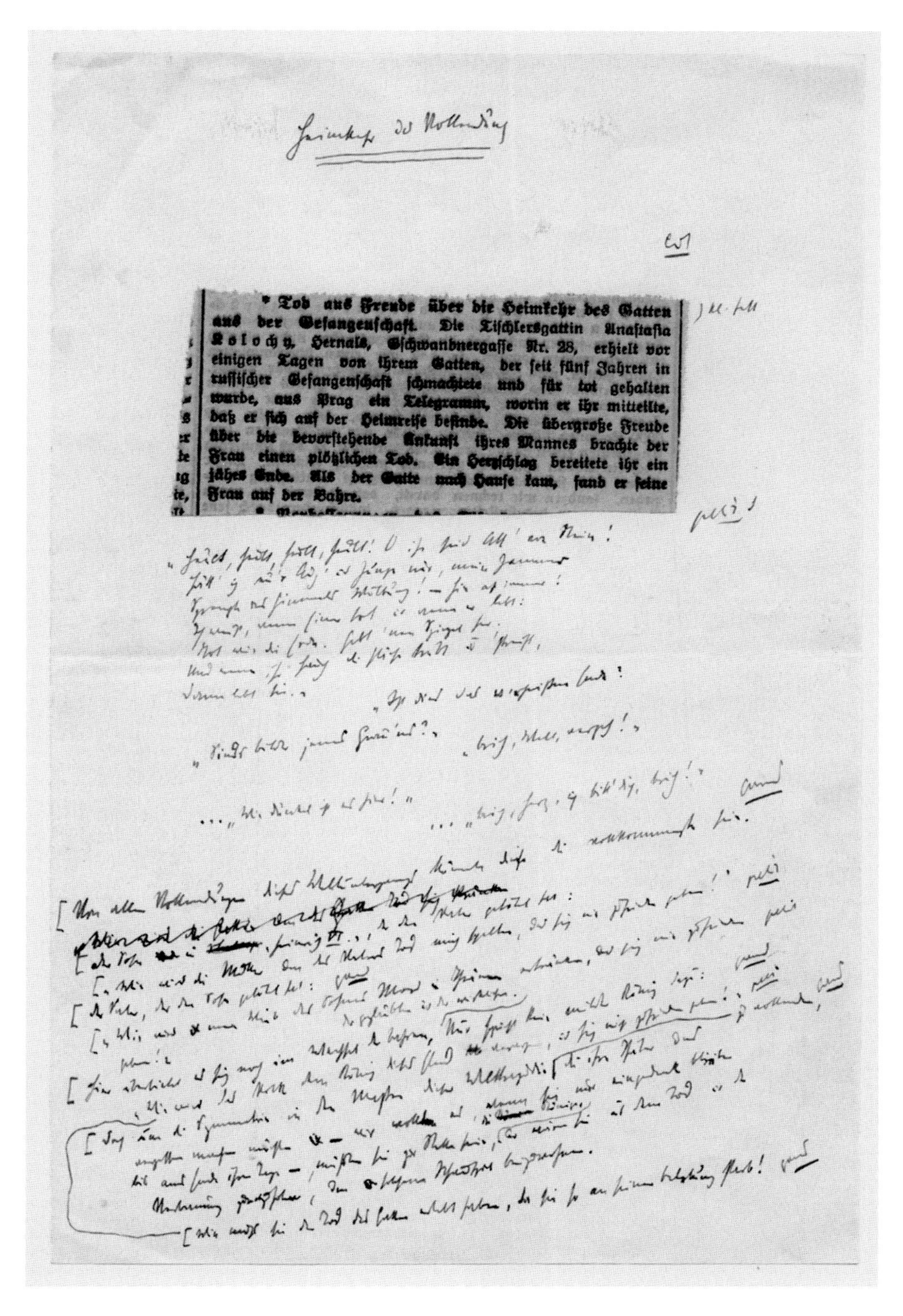

Heimkehr und Vollendung

* Tod aus Freude über die Heimkehr des Gatten aus der Gefangenschaft. Die Tischlersgattin Anastasia Kolochy, Hernals, Gschwandnergasse Nr. 28, erhielt vor einigen Tagen von ihrem Gatten, der seit fünf Jahren in russischer Gefangenschaft schmachtete und für tot gehalten wurde, aus Prag ein Telegramm, worin er ihr mitteilte, daß er sich auf der Heimreise befinde. Die übergroße Freude über die bevorstehende Ankunft ihres Mannes brachte der Frau einen plötzlichen Tod. Ein Herzschlag bereitete ihr ein jähes Ende. Als der Gatte nach Hause kam, fand er seine Frau auf der Bahre.

Abb. 4: Karl Kraus, „Heimkehr und Vollendung“ (1)

Abb. 5: Karl Kraus, „Heimkehr und Vollendung“ (2)

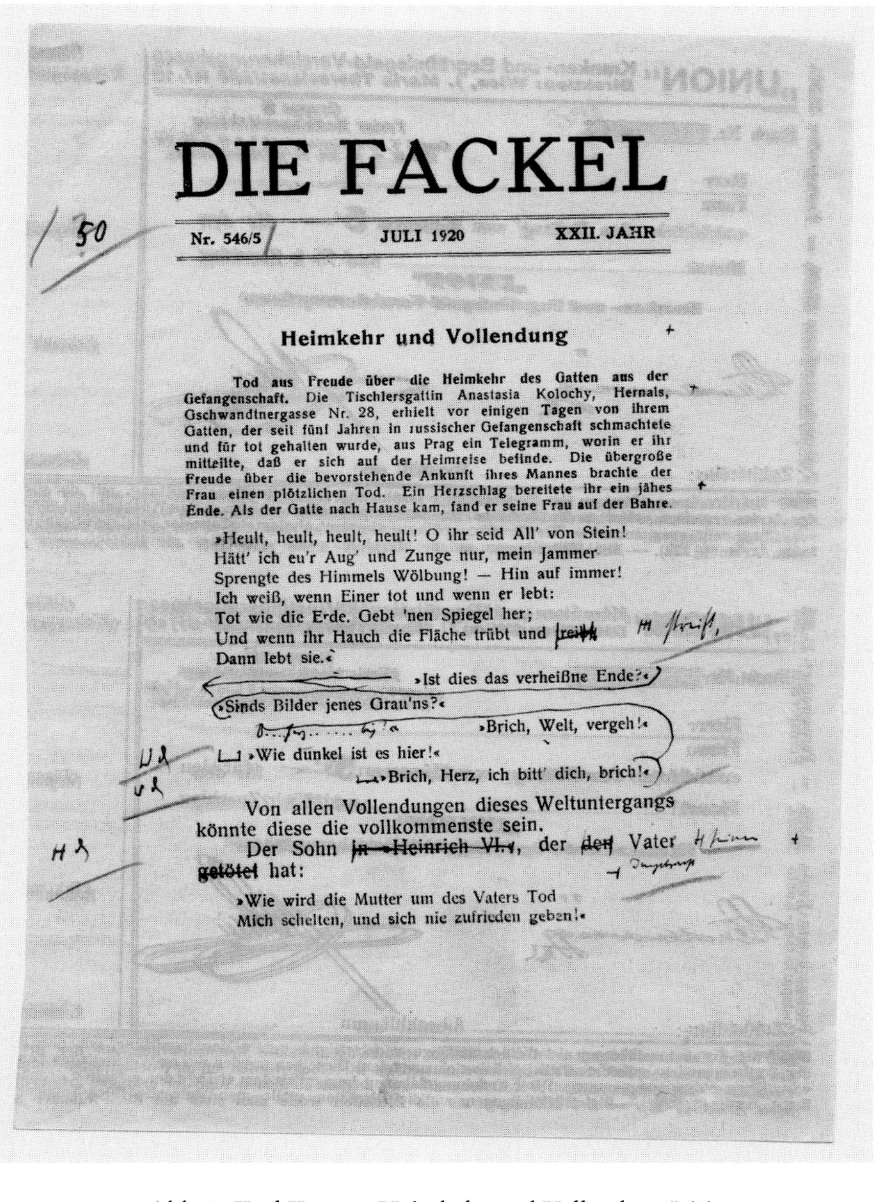

DIE FACKEL

Nr. 546/5 JULI 1920 XXII. JAHR

Heimkehr und Vollendung

Tod aus Freude über die Heimkehr des Gatten aus der Gefangenschaft. Die Tischlersgattin Anastasia Kolochy, Hernals, Gschwandtnergasse Nr. 28, erhielt vor einigen Tagen von ihrem Gatten, der seit fünf Jahren in russischer Gefangenschaft schmachtete und für tot gehalten wurde, aus Prag ein Telegramm, worin er ihr mitteilte, daß er sich auf der Heimreise befinde. Die übergroße Freude über die bevorstehende Ankunft ihres Mannes brachte der Frau einen plötzlichen Tod. Ein Herzschlag bereitete ihr ein jähes Ende. Als der Gatte nach Hause kam, fand er seine Frau auf der Bahre.

»Heult, heult, heult, heult! O ihr seid All' von Stein!
Hätt' ich eu'r Aug' und Zunge nur, mein Jammer
Sprengte des Himmels Wölbung! — Hin auf immer!
Ich weiß, wenn Einer tot und wenn er lebt:
Tot wie die Erde. Gebt 'nen Spiegel her;
Und wenn ihr Hauch die Fläche trübt und ~~treibt~~
Dann lebt sie.«

»Ist dies das verheißne Ende?«
»Sinds Bilder jenes Grau'ns?«
»Brich, Welt, vergeh!«
»Wie dunkel ist es hier!«
»Brich, Herz, ich bitt' dich, brich!«

Von allen Vollendungen dieses Weltuntergangs könnte diese die vollkommenste sein.

Der Sohn ~~in »Heinrich VI.«~~, der ~~den~~ Vater ~~getötet~~ hat:

»Wie wird die Mutter um des Vaters Tod
Mich schelten, und sich nie zufrieden geben!«

Abb. 6: Karl Kraus, „Heimkehr und Vollendung“ (1)

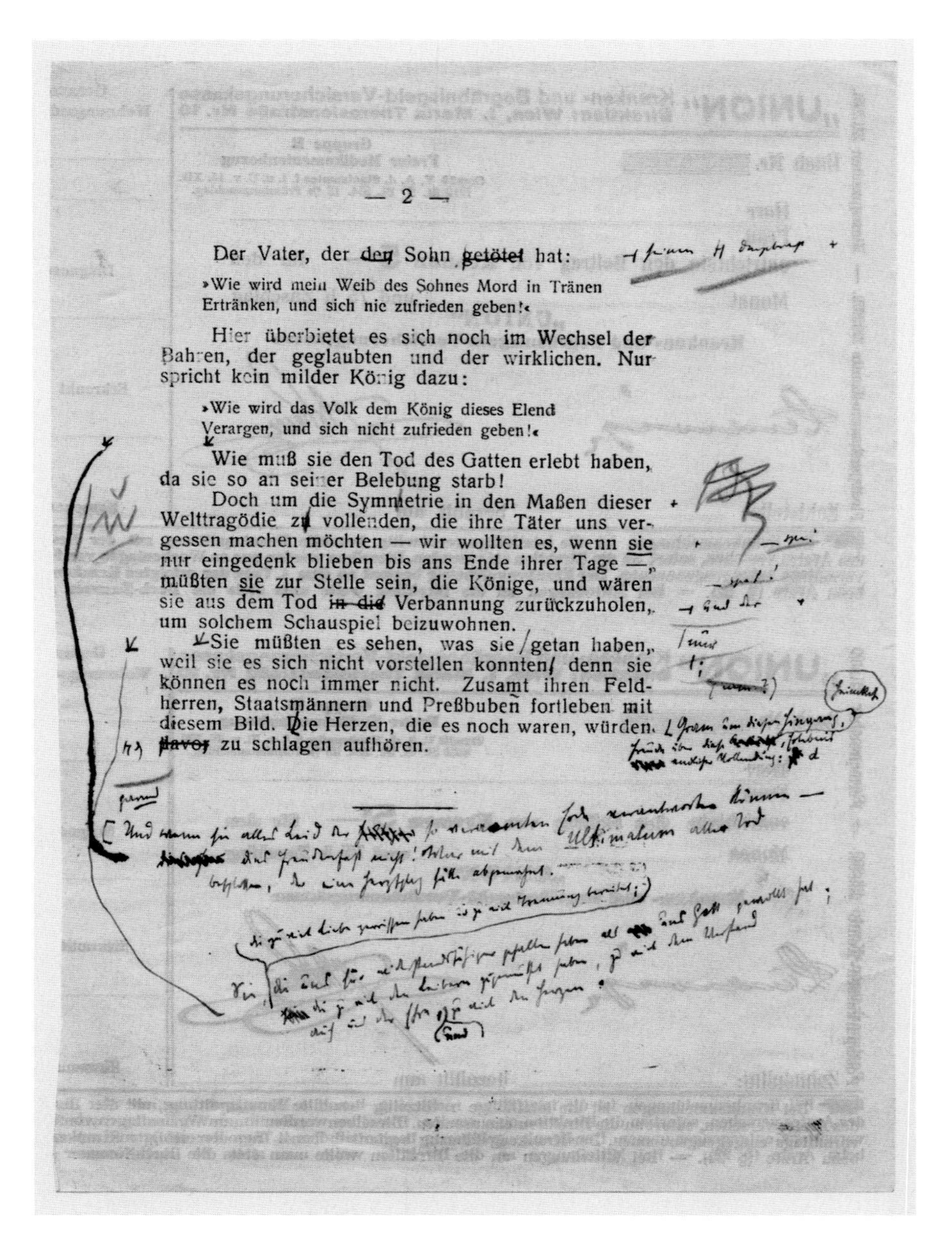

— 2 —

Der Vater, der den Sohn getötet hat:

»Wie wird mein Weib des Sohnes Mord in Tränen
Ertränken, und sich nie zufrieden geben!«

Hier überbietet es sich noch im Wechsel der Bahren, der geglaubten und der wirklichen. Nur spricht kein milder König dazu:

»Wie wird das Volk dem König dieses Elend
Verargen, und sich nicht zufrieden geben!«

Wie muß sie den Tod des Gatten erlebt haben, da sie so an seiner Belebung starb!

Doch um die Symmetrie in den Maßen dieser Welttragödie zu vollenden, die ihre Täter uns vergessen machen möchten — wir wollten es, wenn sie nur eingedenk blieben bis ans Ende ihrer Tage —, müßten sie zur Stelle sein, die Könige, und wären sie aus dem Tod in die Verbannung zurückzuholen, um solchem Schauspiel beizuwohnen.

Sie müßten es sehen, was sie getan haben, weil sie es sich nicht vorstellen konnten, denn sie können es noch immer nicht. Zusamt ihren Feldherren, Staatsmännern und Preßbuben fortleben mit diesem Bild. Die Herzen, die es noch waren, würden davor zu schlagen aufhören.

Abb. 7: Karl Kraus, „Heimkehr und Vollendung" (2)

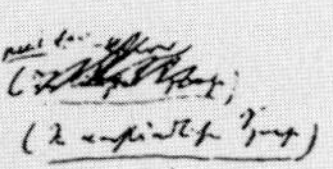

Wichtiges von Wichten

Manche Richtigstellung ist nicht so wichtig wie jene Reklamation des Kommas, über die sich die Trotzbuben aufgeregt haben, und dennoch wichtiger als das Werk, dem sie oblügen. Sollte man es für möglich halten, daß ein anonymer Schmierfink, der sich freilich der Schreibmaschine bedient — und den man beinahe hat —, unfrankierte Briefe herumschickt, die vom Hausbesorger übernommen werden, hinten den Absendernamen eines Wiener Richters tragen und nichts enthalten als den Brünner Wisch, dessen sinnlose Herstellung noch immer aus den Mitteln der ahnungslosen Wiener Arbeiterschaft erfolgt? Strafporto ist das Ziel dieser Vendetta; oder doch eines der Mittel, die Weltgeschichte vorwärts zu bringen: Scherflein zu dem »großen Zahltag«, den der Wahn entmachteter Schreiberhirne verheißt. Aber wenn die heimlichen Trotzbübereien nicht aufhören und auch die öffentliche Anonymität nicht zum Kuschen zu bringen ist, welche behauptet, man sei »in Starhembergs Arme geeilt«, weil man ihn nun einmal, mag er vorher wie immer erschienen oder gewesen sein, für keinen Spiegelberg hält, doch für einen mutigeren, phrasenloseren und volkstümlicheren »Kämpfer« als das halbschlächtige Geschlecht, das dem Hitler die Bahn gebrochen hat — wie man ja auch ehedem einen Schuhmeier einem Otto Bauer vorzog, und weil adelige Geburt just keinen Nachteil gegenüber verfehltem Advokatenberuf bilden muß —; wenn also da nicht endlich Ruhe wird, dann wird sich doch eine fürchterliche Musterung (inklusive Paßrevision) in den Reihen jener als notwendig erweisen, die einem, der kein Karl Moor ist, zum gegönnten Fortkommen in die böhmischen Wälder verholfen haben. Die Bevorzugung Starhembergs vor sozialdemokratischen Führern ist mindestens schon in der Zeit nachweisbar, da er das Wort von »Johannes dem Täuscher« prägte und sie in dessen stets weit geöffnete Arme eilten (damals als sie sich von ihm zur Überwindung der »Unüberwindlichen« in der Berliner Volksbühne gebrauchen ließen). Allerdings, die Enttäuschung, erleben zu müssen, daß die Fackel nicht für Parlamentarismus und Preßfreiheit entbrennt — selbst dann nicht, wenn sie ihr selbst entzogen würde, was in einer Notzeit vorstellbar wäre —, und daß sie (Widerspruch!) gleichwohl in der Neuen Freien Presse annoncieren läßt: das ist schon etwas Umstürzendes, Intelligenzverwirrendes. Da wird so manches nicht kapiert: etwa, daß man, wäre man anderer oder gar pragerischer Ansicht, es jetzt nicht »sagen« könnte, nicht dürfte, nicht sollte, nicht wollte, nämlich im allgemeinen vitalen Interesse, jenes der hiesigen und auch der auswärtigen Revoluzzer inbegriffen, die sogar das sagen dürfen, was sie nicht glauben, und die im Namen der Freiheit Gewalt anwenden (weil sie sie erleiden, indem sie sagen müssen, was ihnen der Bonze diktiert). Ja daß einem gar nichts einfallen oder zum Ausdruck reifen könnte, woran der allgemeine Todfeind Freude hätte. Was aber berechtigt sie zu dem Verdacht, was man sagt und sagen will, sei das Resultat eines schmierigen Denkprozesses, wie sie selbst ihn gegen die Erkenntnis von Sachverhalten und Notwendigkeiten (»Gegebenheiten«) führen? Was berechtigt sie, dreinzureden, wo gedacht wird, zu »diskutieren«, wo nicht zugehört wird? Was zu dem Einblick, der so der Einsicht entbehrt, in ein geistiges Gebiet, wo Politiker, Journalisten oder ähnlich Beschäftigte von jeher nur passiven Zutritt erhalten?

Hört, »ihr Herren«, ihr Buben, ihr Kämpfer, und laßt euch »sagen«, wenn ihr schon nicht hören wollt, wie viel's geschlagen hat: Auch Widerruf einer Ansicht wäre keine unsittliche Handlung, solange Einsicht ~~oder~~ Besinnung, innere Umkehr, ja ~~selbst~~ Reue kein unsittlicher Beweggrund ist. Wo aber ist für diese ein Anzeichen vorhanden, wo ein »Canossa« sicht-

Abb. 8: Karl Kraus, „Wichtiges von Wichten"

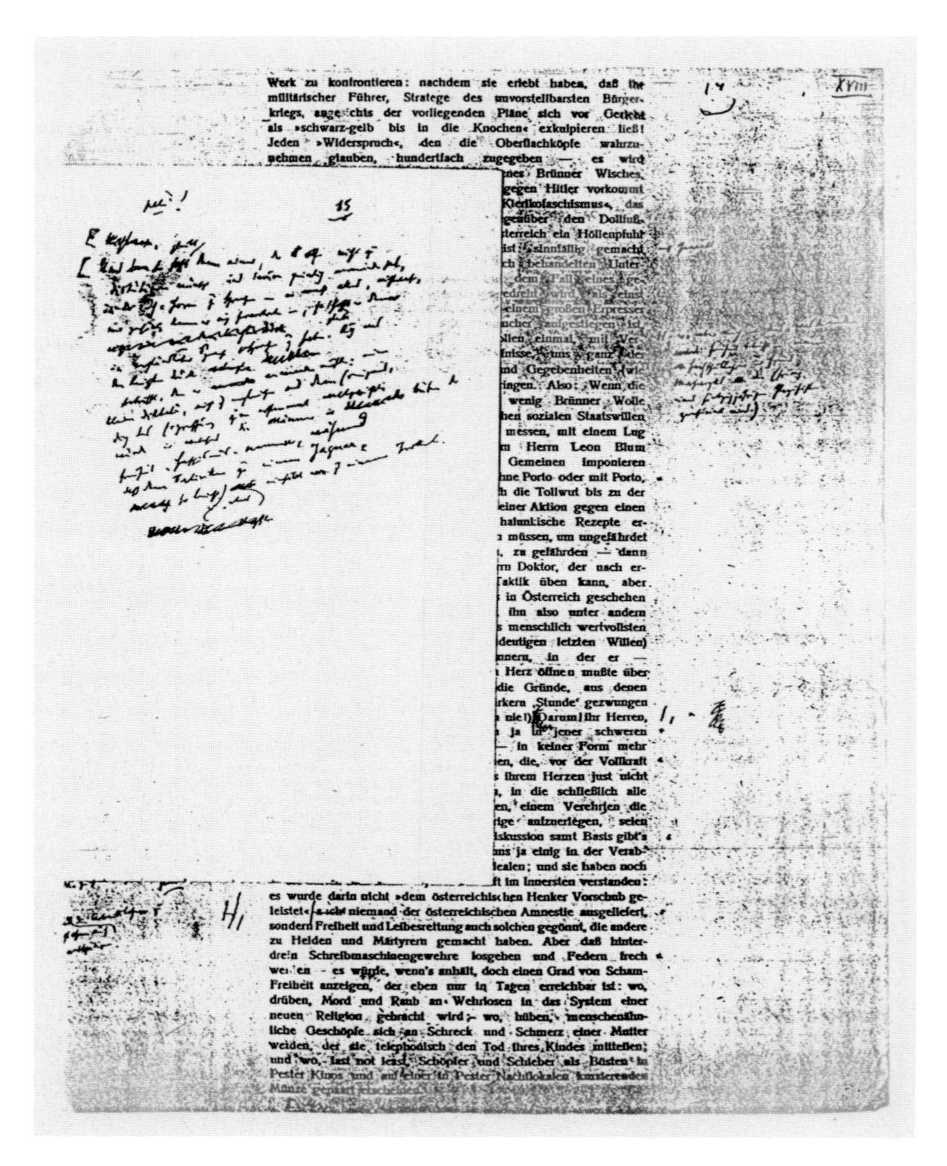

Werk zu konfrontieren: nachdem sie erlebt haben, daß ihr
militärischer Führer, Stratege des unvorstellbarsten Bürger-
kriegs, angesichts der vorliegenden Pläne sich vor Gericht
als »schwarz-gelb bis in die Knochen« exkulpieren ließ!
Jeden »Widerspruch«, den die Oberflachköpfe wahrzunehmen glauben, hundertfach zugegeben — es wird
...nes Brünner Wisches,
gegen Hitler vorkommt
Klerikofaschismus«, das
gegenüber den Dollfuß-
sterreich ein Höllenpfuhl
ist, sinnfällig gemacht
ch behandelten Unter-
dem Fall eines Ge-
edreht wird, als einst
einem großen Erpresser
ncher aufgestiegen ist.
llen einmal mit Ver-
nisse, uns ganz ...
nd Gegebenheiten (wie
ingen. Also: Wenn die
wenig Brünner Wolle
hen sozialen Staatswillen
messen, mit einem Lug
n Herrn Leon Blum
Gemeinen imponieren
hne Porto oder mit Porto,
h die Tollwut bis zu der
einer Aktion gegen einen
halunkische Rezepte er-
n müssen, um ungefährdet
, zu gefährden — dann
rn Doktor, der nach er-
Taktik üben kann, aber
in Österreich geschehen
, ihn also unter andern
s menschlich wertvollsten
deutigen letzten Willen)
nnern, in der er —
Herz öffnen mußte über
die Gründe, aus denen
rkern ‚Stunde' gezwungen
nie!) Darum! Ihr Herren,
ja in jener schweren
— in keiner Form mehr
en, die, vor der Vollkraft
s ihrem Herzen just nicht
, in die schließlich alle
en, einem Verehrten die
rige anzuerlegen, seien
iskussion samt Basis gibt's
ns ja einig in der Verab-
ealen; und sie haben noch
ft im Innersten verstanden:
es wurde darin nicht »dem österreichischen Henker Vorschub geleistet« ~~auch~~ niemand der österreichischen Amnestie ausgeliefert,
sondern Freiheit und Leibesrettung auch solchen gegönnt, die andere
zu Helden und Märtyrern gemacht haben. Aber daß hinter-
drein Schreibmaschinengewehre losgehen und Federn frech
werden — es würde, wenn's anhält, doch einen Grad von Scham-
Freiheit anzeigen, der eben nur in Tagen erreichbar ist: wo,
drüben, Mord und Raub an Wehrlosen in das System einer
neuen Religion gebracht wird; — wo, hüben, menschenähn-
liche Geschöpfe sich an Schreck und Schmerz einer Mutter
weiden, der sie telephonisch den Tod ihres Kindes mitteilen;
und wo, last not least, Schöpfer und Schieber als Büsten in
Pester Kinos und auf einer in Pester Nachtlokalen kursierenden
Münze gepaart erscheinen.

Abb. 9: Karl Kraus, „Wichtiges von Wichten“

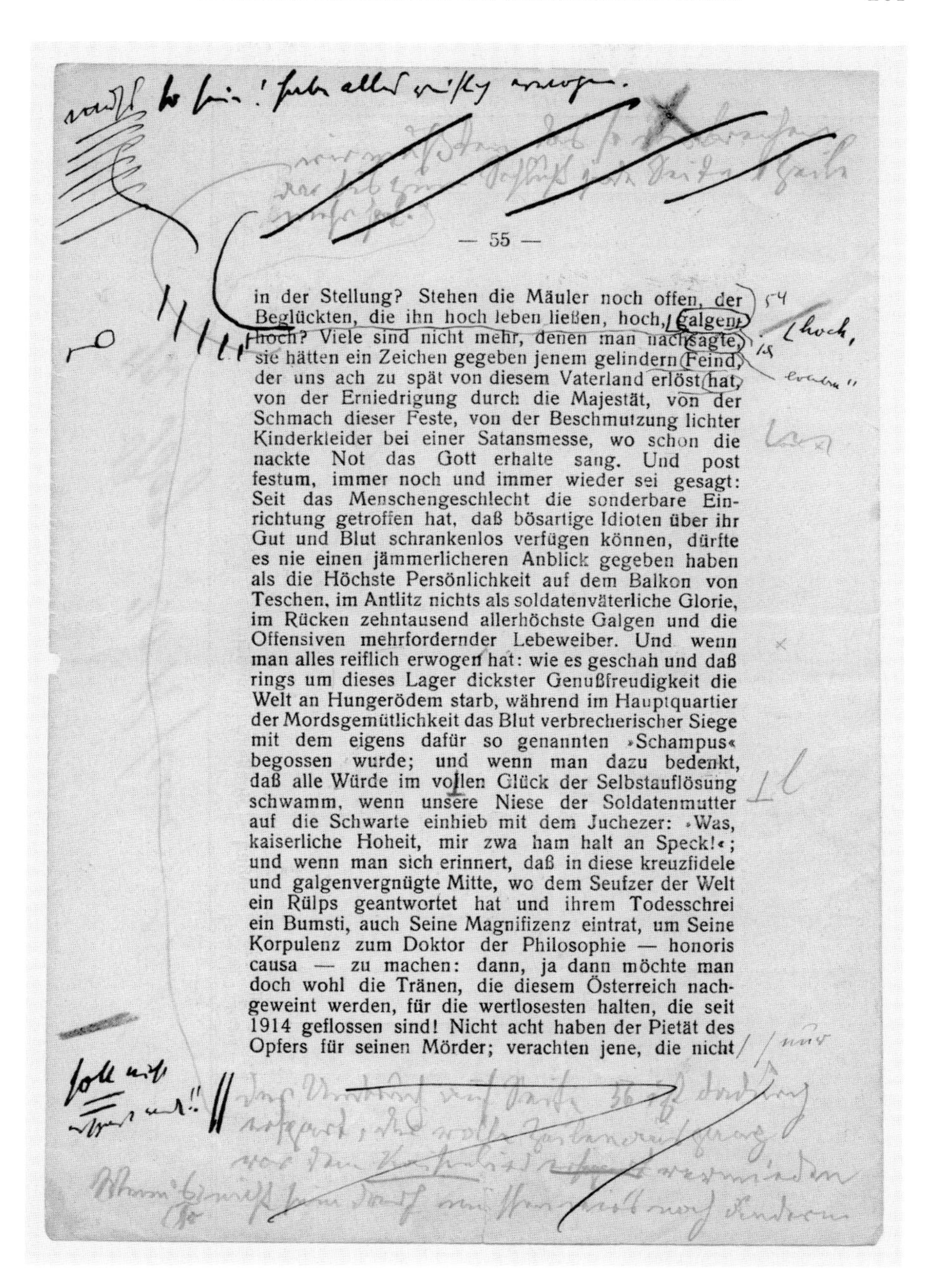

— 55 —

in der Stellung? Stehen die Mäuler noch offen, der Beglückten, die ihn hoch leben ließen, hoch, galgenhoch? Viele sind nicht mehr, denen man nachsagte, sie hätten ein Zeichen gegeben jenem gelindern Feind, der uns ach zu spät von diesem Vaterland erlöst hat, von der Erniedrigung durch die Majestät, von der Schmach dieser Feste, von der Beschmutzung lichter Kinderkleider bei einer Satansmesse, wo schon die nackte Not das Gott erhalte sang. Und post festum, immer noch und immer wieder sei gesagt: Seit das Menschengeschlecht die sonderbare Einrichtung getroffen hat, daß bösartige Idioten über ihr Gut und Blut schrankenlos verfügen können, dürfte es nie einen jämmerlicheren Anblick gegeben haben als die Höchste Persönlichkeit auf dem Balkon von Teschen, im Antlitz nichts als soldatenväterliche Glorie, im Rücken zehntausend allerhöchste Galgen und die Offensiven mehrfordernder Lebeweiber. Und wenn man alles reiflich erwogen hat: wie es geschah und daß rings um dieses Lager dickster Genußfreudigkeit die Welt an Hungerödem starb, während im Hauptquartier der Mordsgemütlichkeit das Blut verbrecherischer Siege mit dem eigens dafür so genannten »Schampus« begossen wurde; und wenn man dazu bedenkt, daß alle Würde im vollen Glück der Selbstauflösung schwamm, wenn unsere Niese der Soldatenmutter auf die Schwarte einhieb mit dem Juchezer: »Was, kaiserliche Hoheit, mir zwa ham halt an Speck!«; und wenn man sich erinnert, daß in diese kreuzfidele und galgenvergnügte Mitte, wo dem Seufzer der Welt ein Rülps geantwortet hat und ihrem Todesschrei ein Bumsti, auch Seine Magnifizenz eintrat, um Seine Korpulenz zum Doktor der Philosophie — honoris causa — zu machen: dann, ja dann möchte man doch wohl die Tränen, die diesem Österreich nachgeweint werden, für die wertlosesten halten, die seit 1914 geflossen sind! Nicht acht haben der Pietät des Opfers für seinen Mörder; verachten jene, die nicht

Abb. 10: Karl Kraus, „Post festum“

— 54 —

b) Landesregierungsrat Bobowski, Bürgermeister Gamroth,
c) Die Bürgermeister des politischen Bezirkes Teschen in Begleitung von Mädchen.
d) Volks- und Bürgerschulen in der Reihenfolge wie sub II angegeben,
e) Jugendwehren.
f) Abordnungen, welche beim Kaiserhaus und beim Lipowczan-Haus Aufstellung genommen haben.
g) Das Publikum.

XI. Der Festzug bewegt sich über die Kaiser Wilhelmstraße—Bahnhofstraße—Schießhausstraße und Kaiser Franz Josefstraße. Hinter der neuen Brücke auf der Kaiser Franz Josefstraße löst sich der Festzug auf.

XII. Falls die Höchste Persönlichkeit von Teschen abwesend sein sollte, wird die Feierlichkeit auf einen anderen Zeitpunkt verschoben, wovon rechtzeitig Mitteilung gemacht werden wird. Ansonsten findet die Feier auch bei unsicherem Wetter statt.

XIII. Das gefertigte Komitee gibt sich der Hoffnung hin, daß mustergiltigste Ordnung von selbst aufrecht erhalten werden wird und die beordeten Sicherheitsorgane keine Ursache zum Einschreiten haben werden.

Teschen, am 26. Mai 1916.

Landesregierungsrat: Bobowski. Bürgermeister Regierungsrat: Gamroth.

Der XIV. Punkt (Wilsons): Gleich nachdem sich der Festzug aufgelöst hat — in mustergiltigster Ordnung und ohne daß die »beordeten« Sicherheitsorgane eine Ursache zum Einschreiten haben — tut Österreich desgleichen. »Das is a Pech«, wie die Höchste Persönlichkeit sagte, als ihr im Weltkrieg erzählt wurde, daß jemand gefallen sei, nachdem sie bis dahin das Fallen von Soldaten nur im Kino als eine mehr mechanische Prozedur erlebt und mit dem geflügelten Wort »Bumsti!« begleitet hatte. Was aus ihnen allen geworden sein mag! Der Matusiak hat Unterkunft gefunden. Aber was macht denn der Rudel, der das Zeichen gab und dessen Namen schon dem Hang dieser Menschheit gehorcht, Gruppen und Spaliere für ihre Henker zu bilden — verharrt er in der Stellung? Stehen die Mäuler noch offen, der Beglückten, die ihn hoch leben ließen, hoch, hoch,

— 55 —

galgenhoch? Viele sind nicht mehr, denen man nachsagte, sie hätten ein Zeichen gegeben jenem gelindern Feind, der uns ach zu spät von diesem Vaterland erlöst hat, von der Erniedrigung durch die Majestät, von der Schmach dieser Feste, von der Beschmutzung lichter Kinderkleider bei einer Satansmesse, wo schon die nackte Not das Gott erhalte sang. Und post festum, immer noch und immer wieder sei gesagt: Seit das Menschengeschlecht die sonderbare Einrichtung getroffen hat, daß bösartige Idioten über ihr Gut und Blut schrankenlos verfügen können, dürfte es nie einen jämmerlicheren Anblick gegeben haben als die Höchste Persönlichkeit auf dem Balkon von Teschen, im Antlitz nichts als soldatenväterliche Glorie, im Rücken zehntausend allerhöchste Galgen und die Offensiven mehrfordernder Lebeweiber. Und wenn man alles reiflich erwogen hat: wie es geschah und daß rings um dieses Lager dickster Genußfreudigkeit die Welt an Hungerödem starb, während im Hauptquartier der Mordsgemütlichkeit das Blut verbrecherischer Siege mit dem eigens dafür so genannten »Schampus« begossen wurde; und wenn man dazu bedenkt, daß alle Würde im vollen Glück der Selbstauflösung schwamm, wenn unsere Niese der Soldatenmutter auf die Schwarte einhieb mit dem Juchezer: »Was, kaiserliche Hoheit, mir zwa ham halt an Speck!«; und wenn man sich erinnert, daß in diese kreuzfidele und galgenvergnügte Mitte, wo dem Seufzer der Welt ein Rülps geantwortet hat und ihrem Todesschrei ein Bumsti, auch Seine Magnifizenz eintrat, um Seine Korpulenz zum Doktor der Philosophie — honoris causa — zu machen: dann, ja dann möchte man doch wohl die Tränen, die diesem Österreich nachgeweint werden, für die wertlosesten halten, die seit 1914 geflossen sind! Nicht acht haben der Pietät des Opfers für seinen Mörder; verachten jene, die nicht nur vergessen haben, sondern auch die Erinnerung verpönen möchten! Immer von neuem sie erschrecken, die nur das andre österreichische Antlitz kennen möchten,

Abb. 11: Karl Kraus, „Post festum“

und Spaliere für ihre Henker zu bilden – verharrt er in der Stellung? Stehen die Mäuler noch offen, der Beglückten, die ihn hoch leben ließen, hoch, hoch, galgenhoch? Viele sind nicht mehr, denen man nachsagte, sie hätten ein Zeichen gegeben jenem gelindern Feind, der uns ach zu spät von diesem Vaterland erlöst hat, von der Erniedrigung durch die Majestät, von der Schmach dieser Feste, von der Beschmutzung lichter Kinderkleider bei einer Satansmesse, wo schon die nackte Not das Gott erhalte sang. Und post festum, immer noch und immer wieder sei gesagt: Seit das Menschengeschlecht die sonderbare Einrichtung getroffen hat, daß bösartige Idioten über ihr Gut und Blut schrankenlos verfügen können, dürfte es nie einen jämmerlicheren Anblick gegeben haben als die Höchste Persönlichkeit auf dem Balkon von Teschen.

Abb. 12: Karl Kraus, „Post festum"

Sandro Zanetti

Techniken des Einfalls und der Niederschrift Schreibkonzepte und Schreibpraktiken im Dadaismus und im Surrealismus

1. Marcel Duchamp

„Zweimal nur möchte jeder Schüler melken, wenn er die verstreute Schaukel erleichtert; aber da jemand weniger zahlreiche Zerrissenheiten, sich inbegriffen, demontiert und hierauf verschlingt, ist man genötigt, mehrere große Wanduhren anzubrechen, um eine Schublade niedrigen Alters zu bekommen. Folgerung: nach manchen Anstrengungen in Hinsicht des Kamms, wie schade! alle Pelzhändler sind weggegangen und bedeuten Reis."[1]

Als Marcel Duchamp (1887-1968) diesen hier auszugsweise und in Übersetzung wiedergegebenen Text im Winter 1915/16 auf seiner Underwood-Schreibmaschine auf die Rückseiten von vier Postkarten tippte, war erst ein gutes halbes Jahr vergangen, seit er Paris in Richtung New York verlassen hatte. Während schon bald darauf, mitten im Ersten Weltkrieg, eine Gruppe von Exilanten auf politisch neutralem Boden in der Schweiz zusammenfand, am 5. Februar 1916 in Zürich das *Cabaret Voltaire* gründete und bei dieser Gelegenheit programmatisch den Dadaismus ausrief, hatte Duchamp schon längst auf ziemlich eigenwillige Weise damit begonnen, „mit der Vergangenheit zu brechen und völlig neu anzufangen": dies Duchamps Definition von „Dadaismus".[2]

Auf die politischen Programme, die in den Krieg führten, und auf die künstlerischen Reaktionen und Aktionen, die den Expressionismus zur Blüte kommen ließen, reagierte Duchamp mit einer Haltung, die zunächst einmal durch das Vorhaben bestimmt war, das, was von der Vergangenheit übriggeblieben

1 Marcel Duchamp, *Schriften,* Bd. 1, zu Lebzeiten veröffentlichte Texte, übersetzt, kommentiert und herausgegeben von Serge Stauffer, gestaltet von Peter Zimmermann, Zürich: Regenbogen-Verlag 1981, S. 203. Darin ist auch das Original wiedergegeben: „Deux fois seulement, tout élève voudrait traire, quand il facilite la bascule disséminée; mais comme quelqu'un démonte puis avale des déchirements moins nombreux, soi compris, on est obligé d'entamer plusieurs grandes horloges pour obtenir un tiroir à bas âge. Conclusion: après maints efforts en vue du peigne, quel dommage! tous les fourreurs sont partis et signifient riz." Das obenstehende Zitat wurde neu nach dem Original übersetzt. Die (Hilfs-)Übersetzungen stammen im folgenden, wenn nicht anders vermerkt, vom Verf.

2 Ebd., S. 5. Zum Verhältnis Duchamp und Dada vgl. auch Marcel Duchamp, *Interviews und Statements,* gesammelt, übersetzt und annotiert von Serge Stauffer, Stuttgart: Cantz 1992, S. 58 f. und 165 f. – Darin geht Duchamp vor allem auf die Beurteilung des Krieges und den Unterschied zwischen Dada in New York und Zürich ein.

war, und das, was in der Gegenwart vorhanden war, aber einseitig genutzt oder interpretiert wurde, möglichst nüchtern, wenn auch nicht ohne Humor, auf das hin zu befragen, was mit ihm noch möglich sei oder sein sollte. Die ersten *Ready-mades*, die Duchamp zur Zeit des Ersten Weltkrieges anfertigte, sind Manifestationen dieser Frage. Das, was schon da ist, *already made*, ist nicht unbedingt schon das, was es sein kann oder soll. Das gilt auch für die Sprache und die in ihr enthaltenen Worte. Letztere sind gewiß die vertracktesten *Ready-mades*, mit denen Duchamp sich beschäftigte.[3] Sein Interesse für die Sprache,[4] für Worte und Wortspiele,[5] hinterließ zusammen mit demjenigen fürs Schachspiel[6] Spuren bis in die spätesten seiner Arbeiten.

Als Duchamp am 15. Juni 1915 mit dem Schiff in New York ankam, erfuhr sein Interesse an der Sprache, das er zuvor nur in der Titelgebung seiner Bilder sowie in seinen Lektüren von Alfred Jarry, Jules Laforgue, Stéphane Mallarmé und Raimond Roussel kultivierte,[7] eine neue Akzentuierung. Diese ist zunächst einmal damit in Verbindung zu bringen, daß Duchamp sich zu dieser Zeit gänzlich von der Malerei verabschiedete und neue sowohl künstlerische als auch nicht-künstlerische Reflexions- und Artikulationsformen, auch sprachliche eben, zu erproben begann. Dazu kam, daß die Fremdheit der neuen Sprache, des Amerikanischen, Gelegenheit bot, Möglichkeiten dieser Sprache zu erkun-

---

3 „Aber die Worte sind nun einmal da" (ebd., S. 228), sagte Duchamp in seinem Gespräch mit Philippe Collin vom 21. Juni 1967. Mit diesem Satz wies Duchamp auf ein mögliches Verständnis von Worten als *Ready-mades* hin, ein Verständnis, das seinen früheren Arbeiten implizit längst zugrunde lag. Zur Verbindung von *Ready-mades* und Worten vgl. David Joselit, *Infinite Regress. Marcel Duchamp 1910–1941*, Cambridge, Massachusetts: MIT Press 1998, S. 71-109.

4 Duchamps Interesse an der Sprache war außerordentlich vielfältig. Es zeigt sich in den Titeln, die er seinen Werken gab, in Briefen, Reden und Vorträgen, Texten für Museen, Interviews, Gestaltungen von Schriftbildern für Plakate und Bücher, in unzähligen Wortspielen und Schreibexperimenten sowie in Ansätzen zu einer neuen Sprachtheorie. Zu Duchamps Interesse an der Sprache vgl. allgemein David Antin, „Duchamp and Language", in: Anne d'Harnoncourt und Kynaston McShine (Hrsg.), *Marcel Duchamp*, New York: Museum of Modern Art / Philadelphia: Philadelphia Museum of Art 1973, S. 99-115; Dominique Chateau, „Langue philosophique et théorie de l'art dans les écrits de Marcel Duchamp", in: *Les Cahiers du Musée National d'Art Moderne* 33 (1990), S. 40-53; Joselit, *Infinite Regress* (Anm. 3), und Françoise Le Penven, „Du verbal au verbe: Duchamp à l'infinitif", in: *Étant donné* 1 (1999), S. 37-47; zu Duchamps Schreiben im besonderen: Françoise Le Penven, *L'art d'écrire de Marcel Duchamp. A propos de ses notes manuscrits,* Nîmes: Édition Jacqueliene Chambon 2003, und Verf., „Handschrift, Typographie, Faksimile. Marcel Duchamps frühe Notizen – ‚Possible' (1913)", in: Davide Giuriato und Stephan Kammer (Hrsg.), *Bilder der Handschrift. Die graphische Dimension der Literatur*, Basel/Frankfurt am Main: Stroemfeld/Nexus 2005.

5 Duchamps Wortspiele sind gesammelt in Marcel Duchamp, *Duchamp du Signe. Écrits*, réunis et présentés par Michel Sanouillet, nouvelle édition revue et augmentée avec la collaboration de Elmer Peterson, Paris: Flammarion 1994, S. 151-157, auf deutsch in Duchamp, *Schriften* (Anm. 1), S. 171-200.

6 Zur Bedeutung des Schachspiels in Duchamps Werk vgl. Verf., „Schach: Marcel Duchamps Zeitvertreib", in: Alexander Karschnia, Oliver Kohns, Stefanie Kreuzer und Christian Spies (Hrsg.), *Zum Zeitvertreib*, Bielefeld: Aisthesis-Verlag 2005.

7 Vgl. hierzu die entsprechenden Stellen in Duchamp, *Interviews und Statements* (Anm. 2), die sich aus dem Index erschließen.

den, die sich einem *native speaker* vielleicht kaum erschlossen, ja die einen solchen vielleicht sogar beleidigt hätten. Aus heutiger Sicht ist das Manuskript *The* (Abb. 1) vom Oktober 1915 als erstes Ergebnis der Versuche Duchamps zu lesen, ein Schriftstück zu verfassen, das aus möglichst sinnlosen Sätzen bestehen sollte.[8] Über vierzig Jahre später sagte Duchamp dazu in einem Interview:

> „It was only a kind of amusement [...], there would be a verb, a subject, a complement, adverbs, and everything perfectly correct, as such, as words, but meaning in these sentences was a thing I had to avoid [...]. The construction was very painful in a way, because the minute I *did* think of a verb to add to the subject, I would very often see a meaning and immediately [if] I saw a meaning I would cross out the verb and change it, until, working for quite a number of hours, the text finally read without any echo of the physical world [...]. That was the main point of it."[9]

Man wird bestreiten dürfen, daß es im Manuskript *The* so etwas wie ein Echo aus der physischen Welt nicht mehr gebe. Wichtig bleibt jedoch, daß Duchamp am Projekt einer möglichst abstrakten Sprache weiterarbeitete, kurz darauf auch in seiner eigenen, der französischen. Dokumentiert ist diese Arbeit erstmals in einer Ende 1915 entstandenen handschriftlichen Notiz, die mit den Worten „porte, dès maintenant" beginnt (Abb. 2). Auf dieser Notiz finden sich bereits die zu Beginn zitierten Sätze mit den Schülern, den Wanduhren, dem Kamm[10]

---

8 Die Sterne im Manuskript *The* sind jeweils durch den Artikel „the" zu ersetzen. Diese Anleitung steht mit Farbstift und in französischer Sprache unter dem mit Tinte geschriebenen englischen Text („remplacer chaque ⁎ par le mot: the"). Der Wortschatz des englischen Textes ist sehr einfach und verweist auf den Prozeß des Einübens einer neuen Sprache. Der Text enthält zudem eine Reihe von Verweisen auf seine eigene Materialität bzw. Sprachlichkeit: „ink", „writes", „meaning" usw.

9 Arturo Schwarz, *The Complete Works of Marcel Duchamp*, Revised and Expanded Paperback Edition, New York: Delano Greenidge Editions 2000, S. 638 und S. 642. – „Es war nur eine Art Amüsement [...], es sollte ein Verb, ein Subjekt, eine Ergänzung, Adverbien geben, und alle völlig perfekt, als solche, als Worte, aber Bedeutung war in diesen Sätzen etwas, das ich vermeiden mußte [...]. Die Konstruktion war irgendwie sehr mühsam, denn sobald mir tatsächlich ein Verb einfiel, das ich mit dem Subjekt hätte verbinden können, sah ich sehr oft eine Bedeutung, und sofort wenn ich eine Bedeutung sah, strich ich das Verb wieder und veränderte es, bis sich der Text schließlich, nach recht vielen Stunden Arbeit, ohne jegliches Echo aus der physischen Welt las [...]. Darum ging es hauptsächlich."

10 Vgl. auch Thierry de Duve, *Kant after Duchamp*, Cambridge, Massachusetts: MIT Press 1996, S. 170 f. – De Duve weist nach, inwiefern der in der Notiz erwähnte „Kamm" mit dem *Readymade Comb* (*Kamm*) in Verbindung steht. Dieses dürfte just am Tag nach der Niederschrift der Notiz entstanden sein. *Comb*, vom Material her ein gewöhnlicher Hundekamm, trägt das Datum „FEB. 17 1916 11 A. M.", zudem eine Nonsens-Aufschrift. Duchamp sagte dazu: „The important thing then is just this matter of timing, this snapshot effect, like a speech delivered on no matter what occasion but at such and such an hour. It is a kind of rendezvous." Schwarz, *The Complete Works of Marcel Duchamp* (Anm. 9), S. 643. – „Wichtig ist dann vor allem das Timing, dieser Schnappschuß-Effekt, wie eine Rede, die bei irgendeinem Anlaß gehalten wird, aber zu der und der Stunde. Es ist eine Art Rendezvous." Vgl. hierzu auch Duchamp, *Duchamp du Signe* (Anm. 5), S. 49, und Duchamp, *Schriften* (Anm. 1), S. 100 und S. 201.

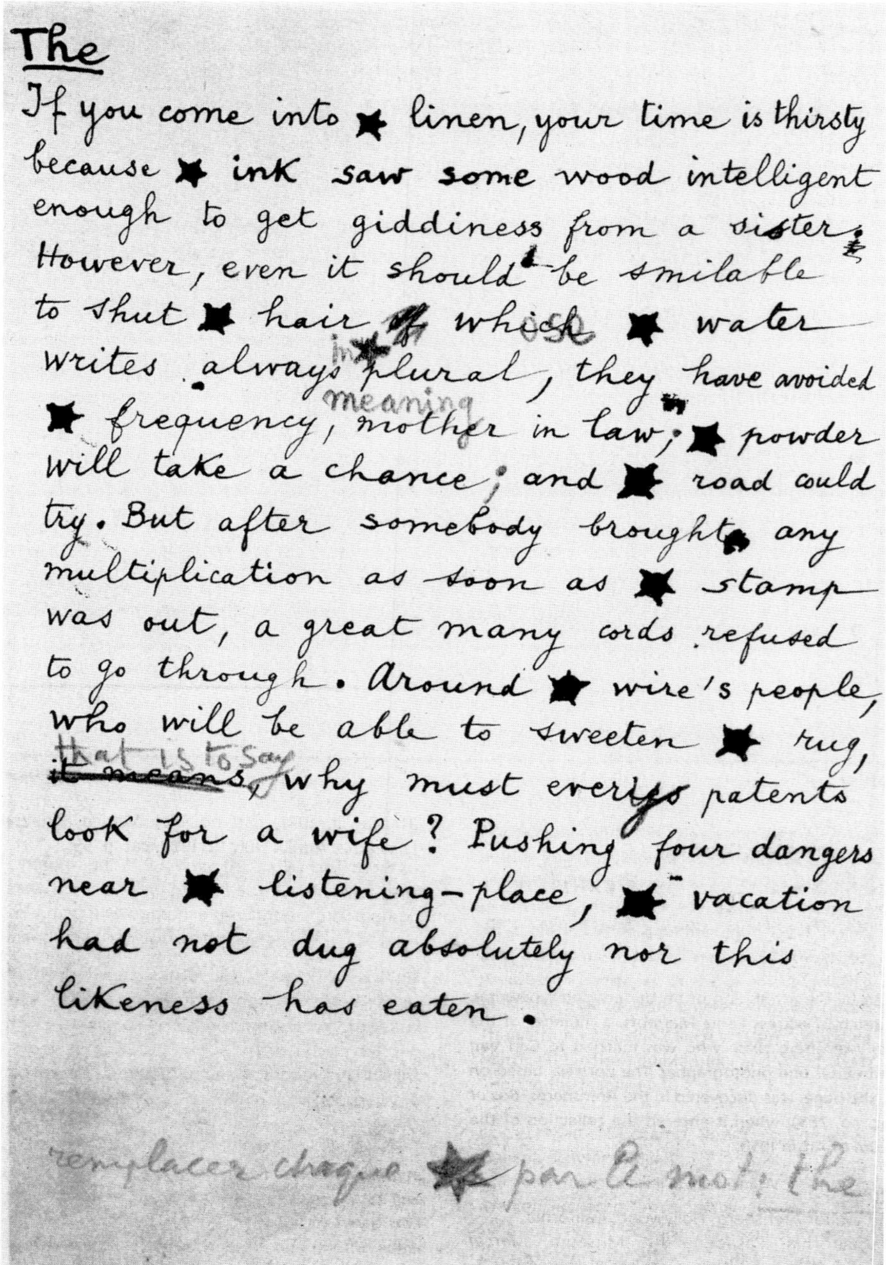

The

If you come into ★ linen, your time is thirsty
because ★ ink saw some wood intelligent
enough to get giddiness from a sister.
However, even it should be smilable
to shut ★ hair of whose ★ water
writes always in plural, they have avoided
★ frequency, meaning mother in law; ★ powder
will take a chance; and ★ road could
try. But after somebody brought any
multiplication as soon as ★ stamp
was out, a great many cords refused
to go through. Around ★ wire's people,
who will be able to sweeten ★ rug,
~~it means~~ that is to say, why must every patents
look for a wife? Pushing four dangers
near ★ listening-place, ★ vacation
had not dug absolutely nor this
likeness has eaten.

remplacer chaque ★ par le mot: the

Abb. 1: Marcel Duchamp, *The*, 1915

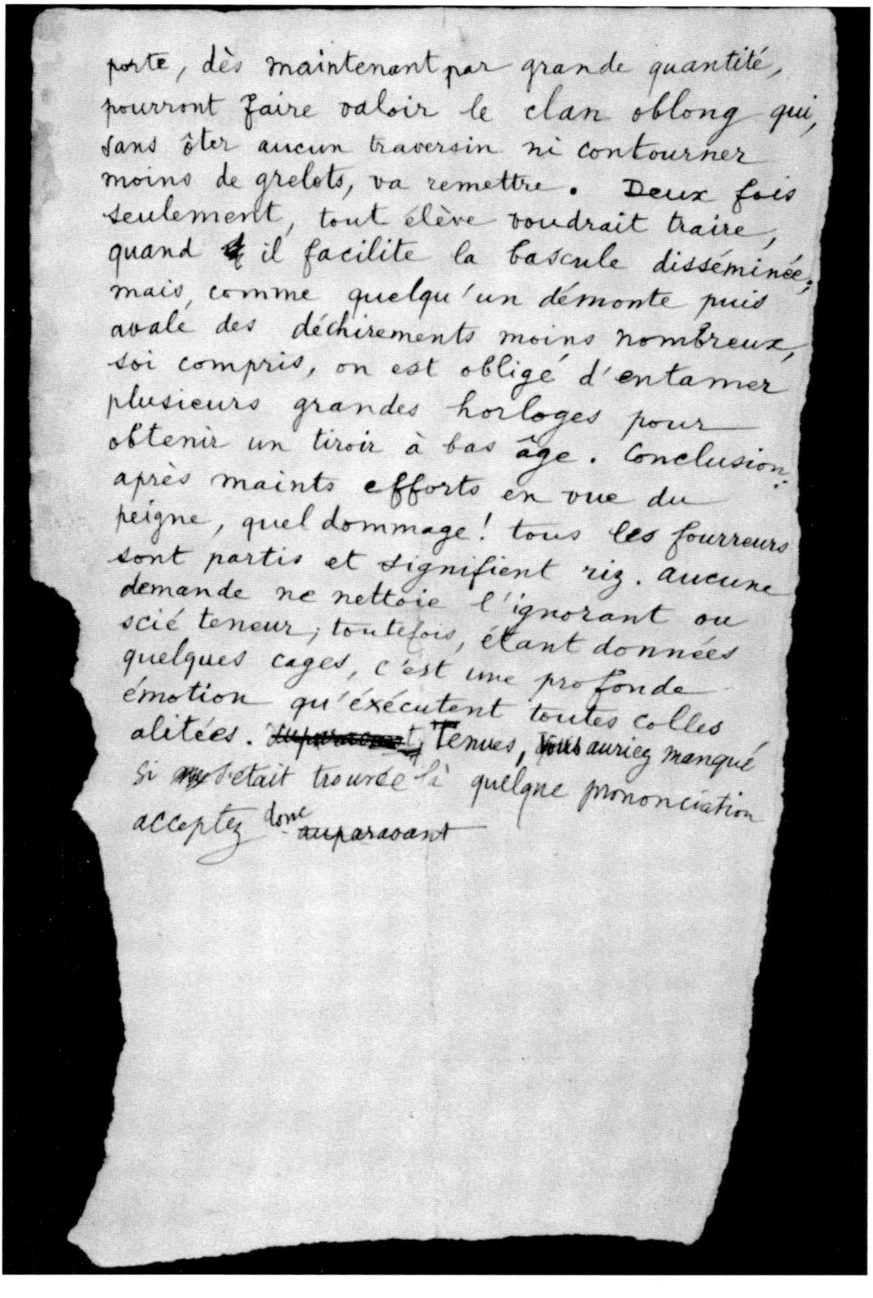

porte, dès maintenant par grande quantité,
pourront faire valoir le clan oblong qui,
sans ôter aucun traversin ni contourner
moins de grelots, va remettre. Deux fois
seulement, tout élève voudrait traire,
quand ~~q~~ il facilite la bascule disséminée;
mais, comme quelqu'un démonte puis
avalé des déchirements moins nombreux,
soi compris, on est obligé d'entamer
plusieurs grandes horloges pour
obtenir un tiroir à bas âge. Conclusion:
après maints efforts en vue du
peigne, quel dommage! tous les fourreurs
sont partis et signifient riz. aucune
demande ne nettoie l'ignorant ou
scié teneur; toutefois, étant données
quelques cages, c'est une profonde
émotion qu'exécutent toutes colles
alitées. ~~Auparavant~~, Tenues, ~~vous~~ auriez manqué
si ~~m~~ s'était trouvée là quelque prononciation
acceptez donc ~~auparavant~~

Abb. 2: Marcel Duchamp, Notiz, beginnend mit den Worten „porte, dès maintenant", 1915

und den Pelzhändlern.[11] Wenig später tippt Duchamp diesen Text auf die Rückseite einer der vier Postkarten, die zusammen das Ensemble *Rendez-vous du Dimanche 6 Février 1916 à* $1^{\underline{h}}\,{}^{3}/_{4}$ *heures après midi* – im folgenden kurz *Rendez-vous* genannt – bilden (Abb. 3 und 4). Wichtigstes Ereignis, das diese Übernahme motivierte und ermöglichte, war der Kauf der bereits erwähnten Underwood-Schreibmaschine. Dieser erfolgte zu Beginn des Jahres 1916.[12] Auf dieser Schreibmaschine konnte Duchamp das damalige, zunächst auf die Malerei bezogene Hauptprojekt, vom „Kult der Hand"[13] loszukommen, in hervorragender Weise mit der Suche nach einer Sprache verbinden, die einerseits möglichst abstraktes Spiel, andererseits Explikation des *Ready-made*-Charakters ihrer Worte und Buchstaben sein sollte. Für die Explikation dieses *Ready-made*-Charakters von Sprache war die Schreibmaschine mit ihren Typen das passende Gerät. Individualität sollte sich nicht im Duktus einer besonders charakteristischen Handschrift verraten, sondern, wenn überhaupt, allein in der *Auswahl* von Materialien und Instrumenten sowie, im Falle des Schreibens, von vorhandenen Buchstaben und Worten.[14]

Versucht man, Duchamps Schreibexperimente vor dem Hintergrund ihrer konzeptionellen Implikate als künstlerische Kommentare und Reflexionen zur Frage zu lesen, was Schreiben, besonders im Zeitalter der Maschinenschrift, heißt oder heißen könnte, so stößt man gerade in der Konfrontation mit dem von Duchamp unternommenen Versuch, sinnvolle Wortkombinationen zu vermeiden, auf eine ganze Palette von Faktoren, die das Schreiben, nebst seiner zumeist privilegierten Funktion, Bedeutung zu stiften oder zu vermitteln, aus-

---

11 Die zu Beginn zitierten Sätze fangen am Ende der vierten Zeile an („Deux fois"). Die Notiz selbst hat sich als zusätzliche (nachträgliche) Beigabe erhalten im Exemplar der *Box of 1914* des Ehepaars Arensberg. Vgl. hierzu ebd., S. 201.

12 Bereits bei seiner Ankunft in New York im Juni 1915 scheint Duchamp sich für Schreibmaschinen interessiert zu haben. Ebenfalls im Exemplar der *Box of 1914* (vgl. Anm. 11) des Ehepaars Arensberg gibt es eine maschinenschriftliche Notiz von Duchamp: „Cher Walter / Celle ci est le [sic!] première expérience sur une machi / ne Smith Premier – / Telephonez moi demain matin / Je vais peut être habiter 5.Avenue, corner de la / eleventh street / SALUT MARCEL / vendredisoir". Ebd., S. 599. – „Lieber Walter / Dies ist der [sic!] erste Erfahrung auf einer Smith Premier Maschi / ne – / Rufen sie mich morgen früh an / Ich werde vermutlich an der 5.Avenue wohnen, Ecke / siebente Straße / SALUT MARCEL / Freitagabend".

13 „Nein ich wünsche mir keine anonyme Kunst. [...] Ich glaube immer noch an den Individualismus in der Kunst. Aber, von einem rein technischen Blickwinkel aus betrachtet, wollte ich stets loskommen vom überlebten Kult der Hand." Duchamp im Gespräch mit Katharine Kuh vom März 1961, zitiert nach Duchamp, *Interviews und Statements* (Anm. 2), S. 119. In anderen Gesprächen gibt Duchamp zu bedenken, daß er nicht an die „Magie der Hand" (ebd., S. 172) glaube. Es sei ihm darum gegangen, die „Idee der Hand in Verruf zu bringen" (ebd., S. 205), die „Idee des Originals auszumerzen" (ebd.), um so auch vom „Kult des Originals" (ebd.) loszukommen.

14 Der in Duchamps Arbeiten zunehmend wichtiger werdende Status der (notabene) handschriftlichen *Signatur* bestand zumindest vom Konzept her bloß darin, den Akt des Auswählens als solchen zu bestätigen, auch wenn die ökonomischen Faktoren nicht zu verschweigen sind, die diesem Konzept – und Duchamp zählt zu den Begründern der Konzeptkunst – eine finanziell und institutionell aussichtsreiche Zukunft bereiten konnten.

-toir. On manquera, à la fois, de
moins qu'avant cinq élections et
aussi quelque accointance avec q-
-uatre petites bêtes; il faut oc-
-cuper ce délice afin d'en décli-
-ner toute responsabilité. Après
douze photos, notre hésitation de-
-vant vingt fibres était compréh-
-ensible; même le pire accrochage
demande coins porte-bonheur sans
compter interdiction aux lins: C-
-omment ne pas épouser son moind-
-re opticien plutôt que supporter
leurs mèches? Non, décidément, der-
-rière ta canne se cachent marbr-
-ures puis tire-bouchon. "Cepend-
-ant, avouèrent-ils, pourquoi viss-
-er, indisposer? Les autres ont p-
-ris démangeaisons pour construi-
-re, par douzaines, ses lacements.
Dieu sait si nous avons besoin, q-
-uoique nombreux mangeurs, dans un
défalquage." Défense donc au tri-
-ple, quand j'ourlerai, dis je, pr-

-este pour les profits, devant le-
-squels et, par précaution à prop-
-os, elle défonce desserts, même c-
-eux qu'il est défendu de nouer.
Ensuite, sept ou huit poteaux boi-
-vent quelques conséquences main-
-tenant appointées; ne pas oubli-
-er, entre parenthèses, que sans l'-
-économat, puis avec mainte sembl-
-able occasion, reviennent quatre
fois leurs énormes limes; quoi!
alors, si la férocité débouche derrière son propre tapis. Dès dem-
-ain j'aurai enfin mis exactemen-
-t des piles là où plusieurs fen-
-dent, acceptent quoique mandant
le pourtour. D'abord, piquait on
ligues sur bouteilles, malgré le-
-ur importance dans cent séréni-
-tés? Une liquide algarade, après
semaines dénonciatrices, va en y
détester la valise car un bord
suffit. Nous sommes actuellement
assez essuyés, voyez quel désarro-

-onent, après avoir fini votre ga-
-ne. N'empêche que le fait d'éte-
-indre six boutons l'un ses autr-
-es paraît (sauf si, lui, tourne a-
-utour) faire culbuter les bouto-
-nnières. Reste à choisir: de lo-
-ngues, fortes, extensibles défect-
-ions trouées par trois filets u-
-sés, ou bien, la seule enveloppe
pour étendre. Avez vous accepté
des manches? Pouvais tu prendre
sa file? Peut-être devons nous a-
-ttendre mon pilotis, en même tem-
-ps ma difficulté; avec ces chos-
-es là, impossible ajouter une hu-
-itième laisse. Sur trente misé-
-rables postes deux actuels veul-
-ent errer, remboursés civiquement,
refusent toute compensation hors
leur sphère. Pendant combien, pou-
-rquoi comment, limitera-t-on min-
-ce étiage? autrement dit: clous
refroidissent lorsque beaucoup p-
-lissent enfin derrière, contenant

porte, dès maintenant par grande
quantité, pourront faire valoir l-
-e clan oblong qui, sans ôter auc-
-un traversin ni contourner moin-
-s de grelots, va remettre. Deux
fois seulement, tout élève voudra-
-it traire, quand il facilite la
bascule disséminée; mais, comme q-
-uelqu'un démonte puis avale des
déchirements moins nombreux, soi
compris, on est obligé d'entamer
plusieurs grandes horloges pour
obtenir un tiroir à bas âge. Co-
-nclusion: après maints efforts
en vue du peigne, quel dommage!
tous les fourreurs sont partis e-
-t signifient riz. Aucune deman-
-de ne nettoie l'ignorant ou sc-
-ié teneur; toutefois, étant don-
-nées quelques cages, c'eut une
profonde émotion qu'exécutent t-
-outes colles alitées. Tenues, v-
-ous auriez manqué si s'était t-
-rouvée là quelque prononciation

Abb. 3: Marcel Duchamp, *Rendez-vous du Dimanche 6 Février 1916…*, 1916 (Rückseite)

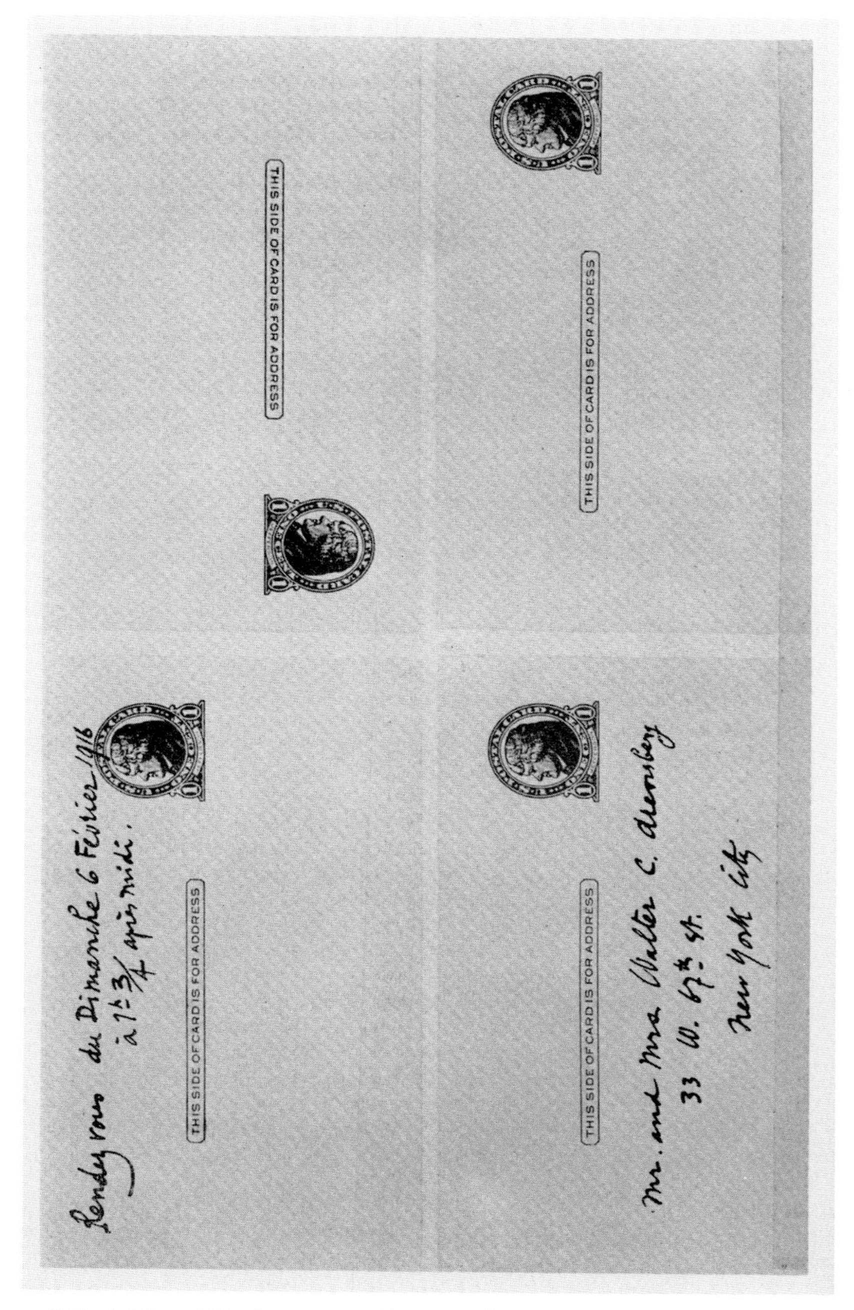

Abb. 4: Marcel Duchamp, *Rendez-vous du Dimanche 6 Février 1916…*, 1916 (Vorderseite)

zeichnen und mitbestimmen. Im folgenden seien stichwortartig elf Vorgänge genannt und kurz erläutert, die in Duchamps *Rendez-vous* und in seinem Umkreis als produktive Momente des Schreibens *kenntlich* gemacht sind.

1) *Adressieren*: Die Postkarten sind adressiert. Adressiert sind sie an das Ehepaar Arensberg, Mäzenen, die Duchamp zeitlebens unterstützt und gefördert haben. Die Adresse steht auf der Vorderseite der Postkarten (Abb. 4). Die Adresse verdeutlicht, daß Schreiben zumeist darin besteht, von einem bestimmten Ort aus einen anderen Ort zu adressieren. Zwischen diesen Orten fungieren die beschriebenen Papiere oder deren Reproduktionen als Vermittlungsglieder.
2) *Datieren*: Die Postkarten sind datiert. Ebenfalls auf der Vorderseite steht, als Teil des Titels, „Dimanche 6 Février 1916 à $1^{\underline{h}}$ $^{3}/_{4}$ heures après midi", vermutlich die Zeit, zu der Duchamp die Postkarten beschrieben bzw. eingeworfen hat.[15] Die Datierung lenkt die Aufmerksamkeit darauf, daß Schreiben ein Prozeß in der Zeit ist, der jeweils zu einem bestimmten Zeitpunkt stattfindet – und damit in zeitlicher Differenz zu späteren Lektüren steht.
3) *Ausfüllen*: Die Postkarten sind (auf der Rückseite) jeweils bis an den Rand beschrieben; die Sätze werden an den Zeilenenden ohne Rücksicht auf Regeln getrennt. Dadurch wird die Größe des Papiers als mitbestimmender Faktor beim Schreiben erkennbar.
4) *Anordnen*: Durch die Anordnung der vier Postkarten zu einem Ensemble gewinnt der Aspekt des Layouts, der Typographie und der Schriftbildlichkeit ein eigenes Gewicht.
5) *Abschreiben*: Schreiben kann Abschreiben bedeuten. Im Falle der Postkarten ist das Abschreiben ein Abtippen. Abgetippt wird ein zuvor von Hand und mit Tinte geschriebener Text. Das Ergebnis ist kein unmittelbares Produkt einer Eingebung, sondern – inszeniertes – Ergebnis einer Umschrift.
6) *Benutzen*: Schreiben kann sich darin erschöpfen, ein Schreibgerät zu benutzen oder zu bedienen – oder sich von ihm inspirieren oder tyrannisieren zu lassen. Die Schreibmaschine ist auf den Postkarten als ein Gerät zu erkennen gegeben, das sich offensichtlich mit einem konzeptuellen, um nicht zu sagen, einem ästhetischen Programm verband, für das die Wahl des Schreibgeräts einen bedeutenden Faktor darstellte.
7) *Korrigieren*: Die Korrekturen von Hand lenken die Aufmerksamkeit darauf, daß Schreiben Verbessern – in diesem Fall von Verschreibern mit der

15 Die Postkarten sind nicht gestempelt, das spricht aber nicht dagegen, daß Duchamp sie zum datierten Zeitpunkt aus der Hand gegeben hat: Duchamp lebte in der Nachbarschaft der Arensbergs, vermutlich hat er sie – im Sinne eines Rendezvous eben – persönlich überreicht oder eingeworfen. In seinem Kommentar zum *Ready-made Comb* (vgl. Anm. 10) hat Duchamp die Verbindung zwischen „timing" und „rendezvous" explizit gemacht, und in *Rendez-vous* ist diese Verbindung geradezu programmatisch umgesetzt oder aber – wie eine spätere Äußerung Duchamps vermuten läßt – ironisiert. Vgl. hierzu Duchamp, *Schriften* (Anm. 1), S. 201.

Maschine – bedeuten kann. Sie zeigen zudem, daß Verbessern oder, neutraler, Verändern auch Verwüsten bedeuten kann, zumindest in graphischer Hinsicht.[16]

8) *Verbinden*: Das syntagmatisch korrekte Verbinden von Buchstaben zu Wörtern und von Wörtern zu Sätzen läßt die beim Schreiben benutzte Lexik und Grammatik in dem Maße bemerkbar werden, wie die Semantik befremdlich wirkt.
9) *Reproduzieren*: Duchamp reproduziert, leicht verkleinert, die vier Postkarten vierundzwanzig Jahre später, 1940, und nimmt sie kurz darauf in sein Miniaturmuseum, die *Boîte-en-valise*, die *Schachtel im Koffer*, auf (Abb. 5).[17] Dieses Miniaturmuseum reproduziert Duchamp – bis zu seinem Lebensende – in einer Auflage von ein paar hundert Stück. Mit der damit einhergehenden Reproduktion der Postkarten zitiert er wiederum ein von ihm zuvor lanciertes Projekt, das darin bestand, seine eigenen handschriftlichen Notizen aus den Jahren 1915 bis 1920 in akkuraten Faksimiles hundertfach zu reproduzieren. Hier wird deutlich, daß ein aus dem Prozeß des Schrei-

16 Die Korrekturen haben hier noch anderes zur Folge: Aus „déchirements moins nombreux" („weniger zahlreiche Zerrissenheiten") wird in der maschinenschriftlichen, zusätzlich von Hand korrigierten Abschrift „déchirements nains nombreux" („zahlreiche zwergenhafte Zerrissenheiten"). Die Umstellung von nur zwei Buchstaben in diesem Transformationsprozeß verändert die Semantik eines ganzen Satzes. Ob gewollt oder nicht gewollt, das Verfahren erinnert an jenes, das der von Duchamp mehr als geschätzte Raimond Roussel in seiner Erzählung „Parmis les Noirs" („Unter den Schwarzen") anwendet. Aus der Veränderung von nur einem einzigen Buchstaben in den beiden entscheidenden Sätzen – dem ersten und dem letzten – schöpft Roussel den gesamten Reichtum seiner Erzählung: „Hier ereignet sich Literatur auf dem denkbar kleinsten Raum eines einzigen Buchstabens." Martin Stingelin, „Nachwort. Die Literatur im Denkraum der drei Dimensionen Wissen, Macht und Selbstverhältnis", in: Michel Foucault, *Schriften zur Literatur*, herausgegeben von Daniel Defert und François Ewald unter Mitarbeit von Jacques Lagrange, Auswahl und Nachwort von Martin Stingelin, Frankfurt am Main: Suhrkamp 2003, S. 369-400, hier S. 376. Zu den konzeptuellen Berührungspunkten zwischen den Arbeiten Roussels und Duchamps vgl. Wolfgang Max Ernst, „Marcel Duchamp: Dinge und Worte. Rrose Sélavy. Zur Beziehung von bildender Kunst und Literatur in der Moderne", in: *Sprache im technischen Zeitalter* 59 (1976), S. 215-238, v. a. S. 217-219.

17 Die Reproduktion der Postkarten ist in der Abbildung nicht sichtbar, weil verdeckt durch andere Dokumente, vermutlich unten am Boden der Schachtel. Eine der Reproduktionen der Postkarten ist abgebildet in Marcel Duchamp, *Die Große Schachtel: de ou par Marcel Duchamp ou Rrose Sélavy,* Inventar einer Edition von Ecke Bonk, München: Schirmer/Mosel 1989, S. 124 f. – Die in dieser Edition wiedergegebene Abbildung zeigt, daß die Postkarten zudem mit einem lilafarbenen Stempel „Made in France" versehen waren: ein weiterer Hinweis auf die industrielle Reproduzierbarkeit schriftlicher Dokumente. Im Kommentar vermerkt Ecke Bonk: „Format: 24,2 x 14,4 cm / Technik: Text Phototypie (Lichtdruck) sepiabraun, Rückseite Grün und Schwarz (Buchdruck) / Foto: Sam Little, Hollywood 1936, 1: 1 / Pochoir: Ockerton auf beiden Seiten / Papier: Bristol (getönt) / Produktion: Paris, Februar–März 1940, Nr. V / Arensberg: seit 1916 / Zuerst läßt Duchamp die Textseite im Lichtdruck drucken. Die handschriftliche Adressangabe, der Titel, die Briefmarken und die Zeile ‚This side of card is for adress' werden erst danach mit Metall-Klischees im Buchdruck gedruckt. Beide Seiten sind pochoircoloriert, um die Teilung in vier Felder, der im Original aneinandermontierten Karten, zu verdeutlichen. In *Minotaure*, Nr. 10, Seite 61 erscheint 1937 eine Abbildung der Textseite in gleicher Größe." Ebd., S. 252.

bens resultierendes Schriftstück und somit ein Dokument des Schreibprozesses in der Regel nur dann Beachtung findet, wenn das Schriftstück, bestenfalls massenweise, reproduziert wird – und so zudem ein Bedürfnis nach einem Original erst entsteht.

10) *Signieren*: Im Falle der Postkarten signiert Duchamp nicht das Original (das heißt die Vorlage der Reproduktion), sondern eine der Kopien.[18] Die Signatur verweist auf die Prozeduren der Autorisierung eines Schriftstückes, wobei Duchamp unter Autorisierung nicht die Bezeugung der Echtheit eines Dokumentes bzw. der Intentionen zu verstehen gibt, die ein solches Dokument gegebenenfalls, zusammen mit der Unterschrift, beglaubigen soll, sondern die Bezeugung der Echtheit der *Wahl* eines bestimmten Dokumenten*typs*: hier der Reproduktion.

11) *Vorbereiten*: In der *Boîte-en-valise* findet sich dann auch eine Miniaturreproduktion der Underwood-Schreibmaschinenabdeckung, die Duchamp bereits 1916, in voller Größe, auch als *Ready-made* mit dem Titel *Traveler's Foldig Item* ausgestellt haben soll, wobei sich nur Repliken dieses – angeblichen – *Ready-mades* erhalten haben (Abb. 6).[19] Die Abdeckung mag noch einmal von einer anderen Warte aus verdeutlichen, daß Schreiben jeweils in einem bestimmten Kontext stattfindet und stets Vorbereitungen impliziert – wie etwa jene des Entfernens der Schreibmaschinenabdeckung.

Adressieren, Datieren, Ausfüllen, Anordnen, Abschreiben, Benutzen, Korrigieren, Verbinden, Reproduzieren, Signieren, Vorbereiten: Das alles sind Tätig-

---

18 Vgl. Schwarz, *The Complete Works of Marcel Duchamp* (Anm. 9), S. 642.

19 Ebd., S. 646: „I thought it would be a good idea to indroduce softness in the *Ready-made* – in other words not altogether hardness, porcelain or iron, or things like that – So that's why the typewriter cover came into existence." Duchamp in einem Interview mit d'Harnoncourt und McShine von 1953. – „Ich dachte, es wäre eine gute Idee, etwas Weichheit ins *Ready-made* einzuführen – mit anderen Worten, nicht einfach Härte, Porzellan oder Eisen oder solche Dinge – Also dies ist der Grund, warum es zur Schreibmaschinenabdeckung kam." Die tatsächlich ausgestellte Abdeckung hat sich nicht erhalten – oder wurde nie ausgestellt. Duchamp erklärte dies später, 1952, damit, daß die Abdeckung beim Schirmständer am Eingang der Ausstellung stand und deshalb ganz einfach nicht bemerkt worden sei. Vgl. Marcel Duchamp, *Briefe an / Lettres à / Letters to Marcel Jean*, München: Schreiber 1987, S. 77. Zur miniaturisierten Reproduktion der Abdeckung vgl. Duchamp, *Die Große Schachtel* (Anm. 17), S. 202 f.: „Maße: 3,5 x 5 cm / Material: Wachstuch schwarz, toile ciré noire mit Aufdruck ‚Underwood' in grün / Produktion: Paris, 1940 / Etikett: DISPARU / Duchamp notiert: ‚Couverture machine à écrire: pas de photos' (‚Schreibmaschinenhaube: keine Fotos'). Tatsächlich ist von der Schreibmaschinenhaube als Ready made von 1916 kein Foto bekannt. *Fountain* und *50 cc air de Paris* sind schon miniaturisiert, als Duchamp im Sommer 1940 mit der Schreibmaschinenhaube beginnt. Auf schwarzes Wachstuch wird in Grün der Schriftzug ‚Underwood' gedruckt, anschließend mit einer vorbereiteten Schnittschablone ausgeschnitten und in einem Atelier, zum Teil auch von Mary Reynolds, zusammengenäht. Das Ready made bekommt 1940 auch einen Namen. Auf dem Etikett heißt es: *...pliant, ...de voyage*. Für eine Anzahl der olivgrünen *Boîtes*, 1968–1971, fertigt Jackie Monnier eine Replik der Replik an, da das Wachstuch der Miniatur-Hauben von 1940 ausgetrocknet und brüchig geworden war. Auf schwarze, glänzende Lackfolie ist *Underwood* in Gold geprägt."

Abb. 5: Marcel Duchamp, *Boîte-en-valise*, ab 1941. Darin enthalten: eine Miniatur der Underwood-Schreibmaschinenabdeckung *Traveler's Foldig Item* (zu sehen oberhalb des Pissoirs) sowie eine Reproduktion von *Rendez-vous du Dimanche 6 Février 1916...* (am Boden der Schachtel, hier verdeckt durch andere Objekte)

Abb. 6: Marcel Duchamp, *Traveler's Foldig Item*, 1916, hier die Replik von 1964

keiten, die Duchamps *Rendez-vous* sowie die erwähnten Dokumente und Objekte aus seinem Umkreis als Aspekte des Schreibens *hervorheben* – und nicht, wie es in den meisten, standardisierten Texten geschieht, ausblenden. In diesen Hervorhebungen kommt der konzeptuelle Zug in Duchamps Arbeiten zum Vorschein.

2. Tristan Tzara

Gleichzeitig, aber weitgehend unabhängig von Duchamp,[20] haben auch die in Zürich und später in Berlin und anderswo wirkenden Dadaisten Schreibverfahren zu entwickeln versucht, die sich zunächst einmal als radikale Attacken etablierter Praktiken der Textkonzeption und Niederschrift erweisen sollten. Diese Versuche beruhen in der Regel auf einer Kombination von zwei Textsorten: einem experimentell bewerkstelligten *Produkt* des Schreibens und einem *Kommentar*, der direkt oder indirekt zu diesem Produkt gegeben wird.[21] Meist wird im Kommentar das jeweilige Konzept oder eine bestimmte Technik des Schreibens erläutert, wobei die entsprechenden Dokumente und die *an* ihnen ersichtlichen Praktiken nicht immer und nicht nur für das jeweilige Konzept oder die jeweilige Technik sprechen. Der Kommentar ist zudem seinerseits stets auch als ein Kunstprodukt zu lesen. Duchamp gibt seinen Kommentar – im Falle von *Rendez-vous* – im Interview. Andere geben ihn in Form einer Anleitung. So zum Beispiel Tristan Tzara (geb. Samuel Rosenstock, 1896-1963), der ab Herbst 1915 als rumänischer Emigrant in Zürich und ab 1919 in Paris lebt und wirkt.

Legt Duchamp mit seinen Experimenten im Umkreis des *Rendez-vous* den Akzent auf ein Konzept, das vor allem darin bestehen sollte, einen möglichst sinnlosen und abstrakten Text zu produzieren, und hatten die Einfälle, die in diesen Text münden sollten, vor allem den Zweck, diesem Konzept zugute zu kommen, so legt Tzara in seinem 1920 geschriebenen und auch öffentlich vor-

---

20 Duchamps Schreibexperimente waren in den Zehner- und Zwanzigerjahren noch gar nicht bekannt. Er machte sie erst später als Teile seines Werkes kenntlich. Eine breitere Rezeption setzte erst in den Sechziger- und Siebzigerjahren ein.

21 Die Kombination von Kommentar und Produkt ist ein Effekt davon, daß die Ergebnisse des Schreibens sich nicht mehr einfach in vertraute Rezeptionsmuster einordnen lassen. Für Michel Foucault gibt es in der Literatur spätestens seit Mallarmé eine Notwendigkeit von „zweiten Sprachen", das heißt von kommentierender Kritik. Wenn Literatur sich nicht mehr einfach „innerhalb einer gegebenen Sprache" artikuliert, sondern Sprache zugleich entwirft, das heißt ihr „Entschlüsselungsprinzip in sich eingeschrieben" enthält, dann fungieren auch die kommentierenden Äußerungen „nicht länger als äußerliche Hinzufügungen zur Literatur (Urteile, Vermittlungen, Schaltstellen, die man zwischen einem auf das psychologische Rätsel seiner Schöpfung verwiesenen Werk und dem konsumierenden Akt seiner Lektüre einzurichten für nützlich hielt); von nun an zählen sie zum Herzstück der Literatur, der Leere, die sie in ihrer eigenen Sprache herstellt [...]." Michel Foucault, „Der Wahnsinn, Abwesenheit eines Werkes" (1964), aus dem Französischen übersetzt von Hans-Dieter Gondek, in: ders., *Schriften* zur *Literatur* (Anm. 16), S. 175-185, S. 182 f.

gelesenen Manifest *Pour faire un poème dadaïste* (*Um ein dadaistisches Gedicht zu machen*) den Akzent zunächst zwar auch auf ein Schreibkonzept. Tzara schlägt eine bestimmte Technik des Schreibens vor, und der entscheidende Einfall besteht sogar erst einmal bloß darin, diese Technik zu wählen. Zugleich aber berührt Tzara auch die Frage, *was* einem denn *mit* dieser Technik einfallen und *wie* genau dies passieren soll. Einfallen sollen einem nämlich nicht irgendwelche Wörter, sondern solche, die man aus einer Zeitung ausgeschnitten und in eine Tüte gegeben hat, um sie danach einzeln hervorzuziehen und, eins nach dem anderen, abzuschreiben.

> „Pour faire un poème dadaïste.
>
> Prenez un journal.
> Prenez des ciseaux.
> Choisissez dans ce journal un article ayant la longueur que vous comptez donner à votre poème.
> Découpez l'article.
> Découpez ensuite avec soin chacun des mots qui forment cet article et mettez-les dans un sac.
> Agitez doucement.
> Sortez ensuite chacque coupure l'une après l'autre.
> Copiez consciencieusement
> dans l'ordre où elles ont quitté le sac.
> Le poème vous ressemblera.
> Et vous voilà un écrivain infiniment original et d'une sensibilité charmante, encore qu'incomprise du vulgaire"[22]

Dann gibt Tzara ein Beispiel:

> „*Exemple*: lorsque les chiens traversent l'air dans un diamant comme les idées et l'appendice de la méninge montre l'heure du réveil programme (le titre est de moi) prix ils sont hier convenant ensuite tableaux / apprécier le rêve époque des yeux / pompeusement que réciter l'évangile genre s'obscurcit / groupe l'apothéose imaginer dit-il fatalité pouvoir des couleurs / tailla cintres ahuri la réalité un enchantement / spectateur tous à effort de la ce n'est plus 10 à 12 / pendant la divagation

22 Tristan Tzara, *DADA MANIFESTE SUR L'AMOUR FAIBLE ET L'AMOUR AMER* (1920), in: ders., *Œuvres Complètes*, texte établi, présenté et annoté par Henri Béhar, Paris: Flammarion 1975, Tome 1 (1912-1924), S. 377-387, hier S. 382. – „Um ein dadaistisches Gedicht zu machen. / Nehmt eine Zeitung. / Nehmt Scheren. / Wählt in dieser Zeitung einen Artikel von der Länge aus, die Ihr Eurem Gedicht zu geben beabsichtigt. / Schneidet den Artikel aus. / Schneidet dann sorgfältig jedes Wort dieses Artikels aus und gebt sie in eine Tüte. / Schüttelt leicht. / Nehmt dann einen Schnipsel nach dem anderen heraus. / Schreibt gewissenhaft ab / in der Reihenfolge, in der sie aus der Tüte gekommen sind. / Das Gedicht wird Euch ähneln. / Und damit seid Ihr ein unendlich origineller Schriftsteller mit einer charmanten, wenn auch von den Leuten unverstandenen Sensibilität". Tristan Tzara, *DADA MANIFEST ÜBER DIE SCHWACHE LIEBE UND DIE BITTERE LIEBE*, in: ders., *Sieben Dada Manifeste*, aus dem Französischen übersetzt von Pierre Gallissaires, Hamburg: Edition Nautilus ^{3}1984, S. 39-56, hier S. 47 f.

virevolte descend pression / rendre de fous queu-leu-leu chairs sur un monstrueuse écrasant scène / célébrer mais leur 160 adeptes dans pas aux mis en mon nacré / fastueux de terre bananes soutint s'éclairer / joie demander réunis presque / de a la un tant que le invoquait des visions / des chante celle-ci rit / sort situation disparaît décrit celle 25 danse salut / dissimula le tout de ce n'est pas fut / magnifique l'ascension à la bande mieux lumière dont somptuosité scène me music-hall / reparaît suivant instant s'agite vivre / affaires qu'il n'y a prêtait / manière mots viennent ces gens"[23]

Ganz und gar unzutreffend wäre es, in Tzaras Manifest samt seinem Beispiel und in Duchamps Interviewaussagen und den entsprechenden Arbeiten denselben ‚Un-Sinn' am Werk zu sehen. Das von Duchamp Geschriebene, Getippte, Reproduzierte, Signierte und schließlich Kommentierte ist in der leicht verstörend wirkenden Kombination von auffälliger Darstellung, grammatikalisch korrekt gebildeten Sätzen und disparaten Inhalten ganz und gar konzeptualistisch formuliert. Konzeptualistische Züge trägt auch die Aufforderung von Tzara und die Art, wie er sie selbst umsetzt. Doch die Elemente der jeweiligen Konzeption sind andere, und sie werden auch anders kombiniert und gewichtet.

Bei Tzara liegt der Akzent auf der Herkunft der Wörter (aus der Zeitung), der Art ihrer Dekontextualisierung (den Rahmen bestimmen, Wörter ausschneiden und in eine Tüte geben) sowie ihrer möglichst zufälligen, jedenfalls keinen grammatikalischen Regeln gehorchenden Rekontextualisierung (schütteln, einzeln herausziehen, abschreiben, dazu kommt die fehlende Interpunktion); und schließlich liegt der Akzent auf dem durchaus bedenkenswerten Umstand, daß das Produkt (das Gedicht) am Ende demjenigen, der es hervorbringt, *ähneln* soll, was genau genommen impliziert, daß dieser selbst als eine Art Zitatsammlung von zirkulierenden Worten, deren Passage, ja deren Medium er dann wäre, aufzufassen ist. Gegenüber Duchamps Versuch, in dem das Schreibsubjekt hinter dem intellektuell möglichst abstrakten Produkt verschwinden können soll, verwendet Tzara mehr Aufmerksamkeit auf die Interaktion zwischen den Worten und demjenigen, der mit ihnen umgeht.

---

23 „*Beispiel*: wenn die Hunde die Luft in einem Diamanten durchqueren wie die Ideen und der Fortsatz der Hirnhaut zeigt die Stunde des Weckers Programm (der Titel ist von mir) / Preis sie sind gestern passend dann Bilder / schätzen den Traum Epoche der Augen / pompös daß rezitieren das Evangelium Gattung verdunkelt sich / Gruppe die Apotheose sich vorstellen sagt er Fatalität macht der Farben / Schnitt Wölbung verdutzt die Wirklichkeit ein Zauber / Zuschauer alle zur Anstrengung der es ist nicht mehr 10 bis 12 / während das Umherschweifen Kreisschwenkung hinabsteigt Druck / zurückgeben von Verrückte Gänsemarsch Fleischsorten auf einem monströse erdrückend Bühne / feiern aber ihr 160 Anhänger in nicht an den gesetzt in meinem perlmuttern / prunkvoll mit Boden Bananen unterstützte sich erhellen / Freude fragen zusammengekommen fast / von zu die einer so sehr daß der zauberte Visionen / singt diese lacht / geht aus Situationen verschwindet beschreibt diese 25 Tanz heil / versteckte das Ganze von es ist nicht war / wunderschön der Aufstieg hat die Bande besser Licht dessen Pracht Bühne mich Music-Hall / scheint wieder gemäß Augenblick wird unruhig leben / Geschäfte das es nicht gibt verlieh / Weise Worte kommen diese Leute". Ebd., leicht überarbeitete Übersetzung.

Umgekehrt verwendet Duchamp eine größere Aufmerksamkeit auf die materiale Gestalt des Ergebnisses. Eine Aufwertung des Materiellen wäre bei Tzara gegeben, wenn er auf das Prinzip der Collage samt der mit ihr verbundenen Anerkennung und Sichtbarmachung des Alltäglichen nicht nur anspielte, sondern tatsächlich eine Collage fabrizierte. Doch die entscheidende Geste, das Kleben (frz. ‚coller'), fehlt. Ein Gegenbeispiel hierzu wären (Abb. 7) die von André Breton in den Jahren 1921 und 1922 geschriebenen Manuskripte zu *Poisson soluble* (*Löslicher Fisch*). Diese zeigen, daß tatsächlich geklebte Collagen aus Zeitungselementen durchaus zum Teil des Schreibverfahrens und der Inszenierung von Schriftbildlichkeit gehören können. Ganz zu schweigen von Schriftstellern und Künstlern wie Kurt Schwitters, Johannes Baader, Raoul Hausmann, John Heartfield oder Hannah Höch, die mit einem Interesse für Typographie und Schriftbildlichkeit an die seit dem Kubismus kultivierten Collagetechniken – Konfrontationen von Elementen aus Zeitung und Werbung – anknüpfen.[24]

Bei Tzara hingegen sollten die Wortschnipsel *abgeschrieben* werden. Besteht bei Duchamp die Abschrift im Falle des *Rendez-vous* darin, eine handschriftliche Vorlage in ein maschinenschriftliches Dokument zu transformieren, so geschieht die Abschrift bei Tzara in gewisser Hinsicht in umgekehrter Richtung: von einer massenhaft reproduzierten Vorlage hin zu einer rekombinierten, zunächst einmal handschriftlichen Version, die dann von Tzara allerdings gleich wieder für einen standardisierten Druck freigegeben wird. Tzaras Gedicht, also das Beispiel, erscheint noch im selben Jahr seiner Anfertigung, 1920, zusammen mit der Anleitung, dem Manifest, im Druck.[25] Tzara scheint sich für die graphischen Transformationen der Worte im Prozeß des Abschreibens, später beim Reproduzieren, nur insofern zu interessieren, als die erste Transformation, jene beim Abschreiben, vor allem als Vorbild für die ‚unendliche Originalität' dessen in Frage kommen können soll, der im Gestus eines Wortmagiers unvorhergesehene Texte aus einer Tüte hervorzaubert.

Der Zaubercharakter ist es wiederum, von dem aus deutlich wird, wie sehr nicht nur die Elemente der Konzeption und ihre Gewichtung bei Duchamp und Tzara voneinander differieren. Auch die Ironisierung dieser Elemente ist eine andere. Im Grunde genommen zitiert Tzara ein Klischee, einen Vorwurf, den man bereits gegenüber symbolistischen Dichtern erhob: „prenez un chapeau, mettez-y des adverbes, des conjonctions, des prépositions, des substantifs, des adjectifs, tirez au hasard et écrivez".[26] So lautete bereits 1891 eine von Jules Huret mitgeteilte Polemik von Charles Marie René Leconte de Lisle gegenüber

24 Vgl. hierzu allgemein Jeremy Adler und Ulrich Ernst, *Text als Figur. Visuelle Poesie von der Antike bis zur Moderne*, Weinheim: Herzog August Bibliothek Wolfenbüttel 1987, v. a. S. 241-253 (Apollinaire) und S. 254-276 (Futurismus – Dadaismus – Surrealismus).

25 Vgl. Tzara, *DADA MANIFESTE SUR L'AMOUR FAIBLE ET L'AMOUR AMER* (Anm. 22), S. 703.

26 Jules Huret, *Enquête sur l'évolution littéraire* (1891), Paris: Bibliothèque Charpentier 1894, S. 279. – „Nehmt einen Hut, füllt ihn mit Adverben, Konjunktionen, Präpositionen, Substantiven und Adjektiven, zieht sie zufällig heraus und schreibt".

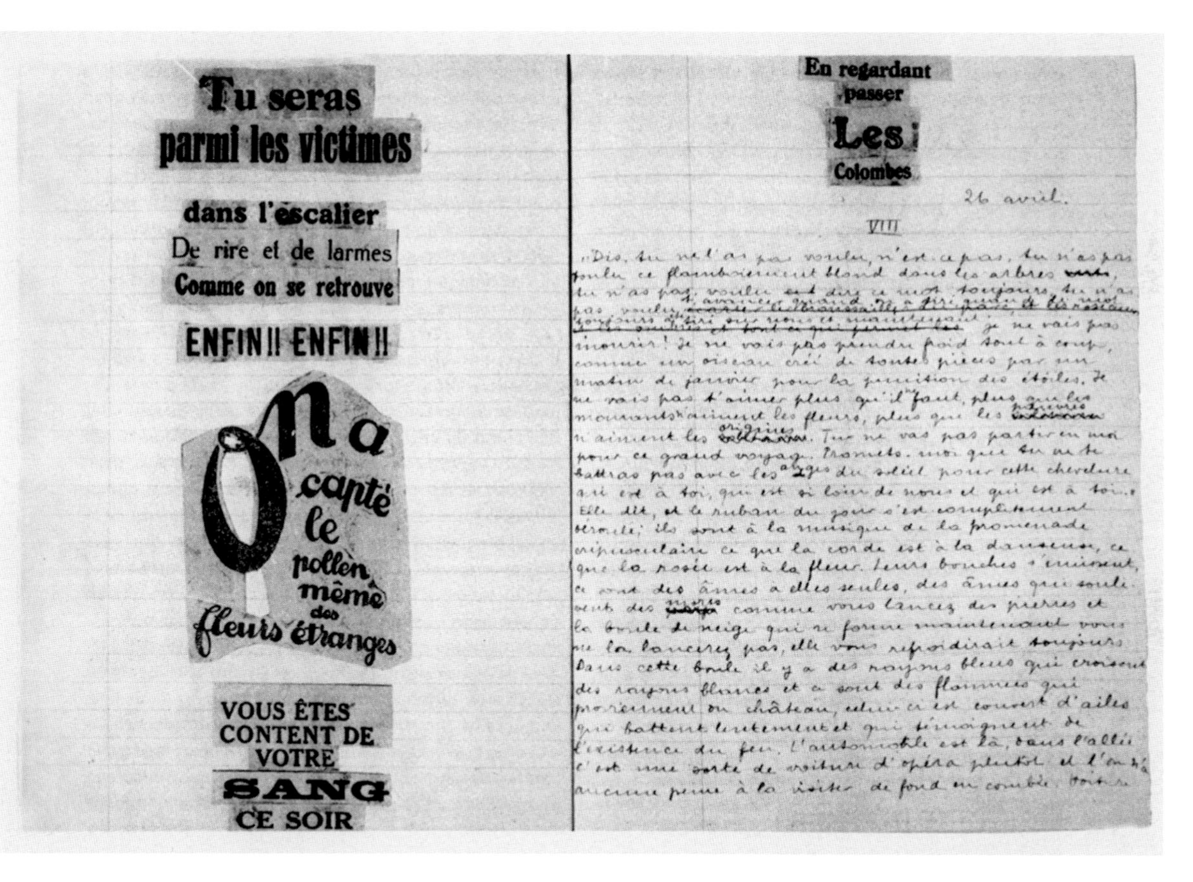

Abb. 7: André Breton, Doppelseite aus einem Arbeitsheft zu *Poisson Soluble*, vermutlich 1921

den „amateurs de délire", den „Liebhabern des Deliriums", wie sie bei Baudelaire hießen.[27] Tzara wendet das Klischee allerdings um, verpaßt denjenigen ein Rezept, die eine schulmäßige Antwort auf die Frage erhoffen, wie man dadaistische Gedichte denn mache.[28]

Man könnte sich Tzaras Experiment auch auf einer Bühne vorstellen. Die Anleitung wäre dann als eine Regieanweisung zu lesen. Überhaupt ist Schreiben bei Tzara nicht als Aktivität gedacht, die man in den eigenen vier Wänden und für sich ausübt. Daß er das Manifest 1920 öffentlich vorliest, deutet in diese Richtung. Überliefert ist von Tzara auch die Anekdote, er habe zu Beginn des selben Jahres an einer Veranstaltung in Paris einen zufällig ausgewählten Zeitungsartikel so vorgelesen, „als ob" er ein Gedicht vorgetragen hätte. Bei seinem Vortrag habe er zudem Masken aufgesetzt und mit Rasseln Lärm gemacht.[29]

Doch ebensowenig wie Duchamps Arbeiten ausschließlich „a kind of amusement" sind, so wenig sind Tzaras Manifest und sein Beispiel einfach nur lustig. Beide reagieren auf eine scheinheilige Kultur pathetischen Ernstes, die wie im Falle der Kriegspropaganda dabei half, den von dieser Kultur selbst produzierten Unsinn – die gescheiterten Versprechen, die Fehleinschätzungen hinsichtlich des technisch Möglichen (des kriegstechnisch Möglichen) sowie die dadurch provozierten Verluste und Verwundungen – zu kaschieren oder zu beschönigen (zum Beispiel durch nationalistische Parolen).

Diesem Unsinn setzen Duchamp und Tzara einen Unsinn ganz anderer Art entgegen. In dieser Hinsicht sind sie einander einig. In den Blick rücken Materialien, Verfahren, Beziehungsgeflechte und Wertmaßstäbe, die irgendwie daneben sind, deplaziert wirken, aber eben darin ihrer Möglichkeit, unsinnig zu sein, erst einmal Raum geben, diese Möglichkeit nicht ausschließen, sondern anerkennen, um dann auch Alternativen zu den Leitmustern kultureller Praktiken (Produktion, Verwaltung und Sammlung von Wissen und Kulturgütern,

---

27 Ebd. – Vgl. auch den Kommentar hierzu in Alfred G. Engstrom, „Poe, Leconte de Lisle, and Tzara's Formula for Poetry", in: *Modern Language Notes* 73 (1958), S. 434-437.

28 Später wird Tzara von sich sagen: „Mettez, disait-il, tous les mots dans un chapeau, tirez au sort, voilà le poème dada. Il mentait […]." Tzara, *DADA MANIFESTE SUR L'AMOUR FAIBLE ET L'AMOUR AMER* (Anm. 22), S. 703. – „Gebt, sagte er, alle Wörter in einen Hut, zieht zufällig heraus, und das Dada-Gedicht ist da. Er lügte."

29 Vgl. Volker Zotz, *André Breton*, Reinbek bei Hamburg: Rowohlt 1990, S. 44. Die theatralische Aufführbarkeit von Tzaras Texten und Programmen markiert einen weiteren Unterschied zu den Verfahren Duchamps. Mit der Aufführbarkeit verbindet sich bei Tzara auch eine stärkere Gewichtung der lautlichen Dimension von Texten. Die Lautlichkeit kann im Hinblick auf eine Inszenierung bereits die Niederschrift eines Textes bestimmen bzw. nachträglich die Aufzeichnung eines akustischen Ereignisses prägen. Die Konsequenzen der im Schriftlichen angestrebten oder nachgeholten Mündlichkeit für den *Prozeß* des Schreibens wären gesondert zu untersuchen. Vor allem Raoul Hausmanns Laut/Schrift-Experimente wären in diesem Zusammenhang zu diskutieren. Als eine Form der Niederschrift wären in diesem Zusammenhang auch die Aufzeichnungsverfahren via Tonband oder Schallplatte zu charakterisieren. Einige dadaistische Klanggedichte sind inzwischen auf dem Internet zugänglich, z. B. im MP3-Archiv auf www.ubu.com.

Schutz von Eigentums- und Urheberrechten, Regulierungen von Arbeits- und Lebensformen, sprachliche, mediale und territoriale Grenzziehungen etc.) zu erproben.

3. Hans Arp

Hans Arp (1886-1966), der 1909 nach Studienaufenthalten an Kunstschulen in Weimar und Paris in die Schweiz übersiedelte, arbeitete, bevor er 1919 nach Köln zog, in den wenigen blühenden Jahren des Dadaismus in Zürich bereits an einer Schreibweise, die in der späteren Anleitung von Tzara, mit dem Arp um 1916 noch zusammenarbeitete, eine Art Resonanzraum finden wird. Auch ein Kommentar fehlt nicht. Er wurde von Arp jedoch, ähnlich wie bei Duchamp, erst einige Jahrzehnte später gegeben. Arps Kommentar reagiert allerdings nicht oder zumindest nicht in erkennbarer Weise wie bei Duchamp (signalisiert durch die Interviewsituation) auf eine tatsächlich gestellte Frage. Auch ironisiert Arp nicht wie Tzara den eigenen Versuch, nach einem bestimmten Muster zu schreiben. Vielmehr ist der Kommentar bei Arp integraler Bestandteil eines größeren Vorhabens: einer kontextualisierenden Sammlung und Strukturierung des eigenen Lebenswerkes im Hinblick auf dessen künftige Lesbarkeit.

Damit rückt ein wesentlicher Aspekt der so häufig von Künstlern und Schriftstellern der mittlerweile ‚klassisch' genannten Avantgarde gegebenen, oft spät gegebenen Kommentare zu ihren jeweiligen, meist frühen Arbeiten in den Vordergrund. Sehr viele Dadaisten – Richard Huelsenbeck, Raoul Hausmann, Hans Richter und einige mehr – haben im weiteren Verlauf ihres Lebens ihre Memoiren niedergeschrieben, Sammlungen von Dokumenten des Dadaismus vorgelegt oder ganz einfach ihre eigene Version zur Geschichte der Bewegung beigetragen. Diese Beiträge stehen allesamt vor dem Problem, eine Bewegung, die nicht einfach nur Kunst oder Literatur und auch nicht Teil bloß einer Kunst- oder Literaturgeschichte sein wollte, mit eben jenen Mitteln zu dokumentieren und nicht zuletzt auch zu institutionalisieren, gegen die sie einst gerichtet war. Die Dadaisten sind zu den ersten Editoren, Kommentatoren, Historikern und Literaturhistorikern ihrer eigenen Arbeiten geworden, zum Teil auch, weil sie ein Feld bearbeitet haben, das außer ihnen keine oder nur wenige Kenner hatte.[30]

Auch Hans Arp ist zum Editor und Kommentator seiner eigenen Arbeiten geworden, zumindest gilt das für die literarischen, bei seinen Malereien und Skulpturen verhält es sich etwas anders. Im ersten, von ihm selbst noch mitverantworteten Band seiner *Gesammelten Gedichte* von 1963 steht als Einleitung zu den beiden Versionen des Gedichtes „Weltwunder" folgendes geschrieben:

30 Die Not – oder die Lust – zur nachträglichen Beschäftigung mit dem eigenen Werk läßt sich als Effekt der scheinbaren Inkompatibilität von Autonomie und Engagement verstehen, die Peter Bürger in seiner *Theorie der Avangarde* untersucht hat. Vgl. Peter Bürger, *Theorie der Avangarde*, Frankfurt am Main: Suhrkamp 1974.

„Wörter, Schlagworte, Sätze, die ich aus Tageszeitungen und besonders aus ihren Inseraten wählte, bildeten 1917 die Fundamente meiner Gedichte. Öfters bestimmte ich auch mit geschlossenen Augen Wörter und Sätze in den Zeitungen, indem ich sie mit Bleistift anstrich. Das Gedicht ‚Weltwunder' ist so entstanden. Ich nannte diese Gedichte ‚Arpaden'. Es war die schöne ‚Dadazeit', in der wir das Ziselieren der Arbeit, die verwirrten Blicke der geistigen Ringkämpfer, die Titanen aus tiefstem Herzensgrund haßten und belachten. [...] Ich schlang und flocht leicht und improvisierend Wörter und Sätze um die aus der Zeitung gewählten Wörter und Sätze. [...] Wir meinten durch die Dinge hindurch in das Wesen des Lebens zu sehen, und darum ergriff uns ein Satz aus der Tageszeitung wenigstens so sehr wie der eines Dichterfürsten. Viele Jahre später, im Jahre 1945, habe ich durch Interpolation dieses Gedicht weiterentwickelt. Ohne an die ursprüngliche Wortfolge zu rühren, habe ich meine Wörter und Sätze behutsam dazwischengestellt. Ich lasse dieses Gedicht nun hier folgen, zuerst als Original aus dem Jahre 1917, darauf die Erweiterung von 1945."[31]

---

31 Hans Arp, „Weltwunder", in: ders., *Gesammelte Gedichte*, Band 1, *Gedichte 1903-1939*, in Zusammenarbeit mit dem Autor herausgegeben von Marguerite Arp-Hagenbach und Peter Schifferli, Zürich: Arche 1963, S. 46-53, hier S. 46. Die Vorbemerkung scheint ein erstes Mal 1948 gedruckt worden zu sein (vgl. Anm. 32). Eine leicht veränderte Version der Vorbemerkung erscheint 1953 unter dem Titel „Wegweiser". Dort fehlt entsprechend dem Kontext der Satz „Das Gedicht ‚Weltwunder' ist so entstanden." Vgl. Hans Arp, „Wegweiser" (1953), in: Sophie Taeuber-Arp und Hans Arp, *zweiklang*, herausgegeben von Ernst Scheidegger, Zürich: Arche 1960, S. 78-82. In der „Wegweiser"-Version geht der Text auch noch weiter: „Viele Gedichte aus der ‚Wolkenpumpe' sind automatischen Gedichten verwandt. Sie sind wie die surrealistischen, automatischen Gedichte unmittelbar niedergeschrieben, ohne Überlegung oder Überarbeitung. Dialektbildung, altertümelnde Klänge, Jahrmarktslatein, verwirrende Onomatopoesien und Wortspasmen sind in diesen Gedichten besonders auffallend. Die ‚Wolkenpumpen' sind aber nicht nur automatische Gedichte, sondern schon Vorläufer meiner ‚papiers déchirés', meiner ‚Zerreißbilder', in denen die ‚Wirklichkeit' und der ‚Zufall' ungehemmt sich entwickeln können. Das Wesen von Leben und Vergehen ist durch das Zerreißen des Papieres oder der Zeichnung in das Bild einbezogen. Die ‚Wolkenpumpen' sind 1917 in der gleichen Absicht entstanden. Ich schrieb diese Gedichte in einer schwer leserlichen Handschrift, damit der Drucker gezwungen werde, seine Phantasie spielen zu lassen und beim Entziffern meines Textes dichterisch mitzuwirken. Diese kollektive Arbeit glückte gut. Verbalhornungen [sic!], Zerformungen entstanden, die mich damals bewegten und ergriffen. Wie mancher mittelalterliche Kopist, sagte ich mir, hat durch Mißverstehen oder durch unachtsames Abschreiben in seine Arbeit tiefsinnigen Geist gelegt!" Ebd., S. 79 f. – Vgl. auch Arps Erklärung, wie es aufgrund solcher Fehler in einem früheren Text zu den „Interpolationen" gekommen ist: „Mein Text im ‚Sturm' enthält Fehler und Interpolationen, die nicht von mir stammen. Diese Interpolationen aber regten mich an, meinen Text durch vermehrte Interpolationen zu erweitern. Ich habe jedoch nichts an der ursprünglichen Reihenfolge der Worte und Sätze geändert." Arp, *Gesammelte Gedichte*, Band 1, S. 14. Vgl. hierzu auch Reinhard Döhl, *Das literarische Werk Hans Arps 1903-1930. Zur poetischen Vorstellungswelt des Dadaismus*, Stuttgart: Metzler 1967, S. 142. Zum Verhältnis der Arpaden zu den Wolkenpumpen-Gedichten sowie ihrer Nähe zur *écriture automatique* vgl. Holger Schulze, *Das aleatorische Spiel. Erkundung und Anwendung der nichtintentionalen Werkgenese im 20. Jahrhundert*, München: Wilhelm Fink 2000, S. 130-133. Karl Riha gibt folgende Anekdote von Hans Richter wieder und interpretiert diese auch in ihrem Bezug zu Arps Arbeit an poetischen Texten: „Arp hatte lange in seinem Atelier [...] an einer Zeichnung gearbeitet. Unbefriedigt zerriß er schließlich das Blatt und ließ die Fetzen auf den Boden flattern. Als sein Blick nach einiger Zeit zufällig wieder auf diese auf dem Boden liegenden Fetzen fiel, überraschte ihn ihre Anordnung. Sie besaß einen Ausdruck, den er die ganze Zeit vorher vergebens gesucht hatte." Karl Riha, *113 dada Gedichte*, Berlin: Klaus Wagenbach 1984, S. 21.

Hier ein Auszug aus dem Anfang der Fassung von 1917 (insgesamt eine Druckseite):

> „WELTWUNDER sendet sofort karte hier ist ein teil vom schwein alle 12 teile zusammengesetzt flach aufgeklebt sollen die deutliche seitliche form eines ausschneidebogens ergeben [...]“.[32]

Und nun ein Auszug aus dem Anfang der interpolierten Version von 1945 (insgesamt sechs Druckseiten), in der die übernommenen Wörter von 1917 kursiv gesetzt sind:

> „WELTWUNDER
>
> *sendet sofort* die schnellsten boten zu den traumwolken. sendet flugwelle zeug*karte* drahttaube briefäther. wer kann in diesem finsteren land ohne eine morgenrote traumwolke leben. *hier ist* in jedem und allem *ein teil* undurchdringlicher finsternis. *vom* tageslicht bleibt nur ein dürftiger kranz übrig. die finsternis ist eine quallige spinne ein stummes *schwein* eine widerliche schlange ein gewaltiger blutegel. meine morgenrote traumwolke fiel mir aus der hand und zerbrach. aber *alle 12 teile* lagen sauber nebeneinandergereiht am boden. zitternd habe ich die morgenrote traumwolke wieder *zusammengesetzt*. ich erwache. die wolke ist *flach* wie *aufgeklebt*. die bruchstellen sind erschreckend. wie *sollen* diese todeswunden heilen. ich verzweifle. *die deutliche seitliche form* dieser verzweiflung will sich nicht wenden und mir ihre vorderseite oder rückseite zeigen. träume ich noch immer. ich sitze hilflos vor vielen vielen schlecht zusammengefügten teilen *eines ausschneidebogens* auf dem eine morgenrote traumwolke abgebildet ist. ich habe mich in mein geschick *ergeben* [...].“[33]

Um nur das Offensichtlichste hervorzuheben: Arp macht aus dem frühen collageartigen Text einen Traumtext. Das Wort „traum“, das in der ersten Version noch gar nicht vorkommt, fungiert in der zweiten als eine Art Lückenbüßer. Arp erweitert den Umfang des Textes um das sechsfache, führt zusätzliche Motive ein, er polarisiert zwischen „finsternis“ und „tageslicht“, symbolisiert, psychologisiert, individualisiert, mildert die springende Syntaktik ab, nimmt

32 Arp, „Weltwunder“ (Anm. 31), S. 47. Diese erste Version des Gedichtes erschien zuerst 1920 als Teil der Texte der „Wolkenpumpe“. In Band 1 der *Gesammelten Gedichte* ist das Gedicht wegen der Parallelisierung mit der erweiterten Fassung vorweggedruckt und erscheint deshalb nicht mehr unter den Texten der „Wolkenpumpe“ (ebd., S. 54-77), deren Reihenfolge darin gegenüber der Erstausgabe von 1920 im übrigen auch verändert wurde. Die erweiterte Fassung von „Weltwunder“ mit der Vorbemerkung wie in Band 1 wurde zum ersten Mal 1948 gedruckt, allerdings in einer Ausgabe, die nicht über drei bis vier Exemplare hinaus gediehen zu sein scheint. Ich verdanke diese Hinweise Rainer Hüben. Vgl. auch Hans Bolliger, Guido Magnaguagno und Christian Witzig (Hrsg.), *Hans Arp zum 100. Geburtstag (1886-1966). Ein Lese- und Bilderbuch*, Ausstellungskatalog, Zürich u. a.: Kunsthaus Zürich u. a. 1986, S. 230 (Nr. 206).

33 Arp, „Weltwunder“ (Anm. 31), S. 48. Im Buch steht: „*Vom* tageslicht“. – Hier mag der Drucker kreativ gewesen sein (vgl. Anm. 31).

dadurch dem Rest des alten Entwurfes allerdings auch einiges von seiner Nüchternheit. Das hat freilich auch seine Gründe. Arp steht 1945 vor der Frage, wie es weitergehen soll, seine Werke wurden von den Nationalsozialisten als entartete Kunst bezeichnet, Sophie-Taeuber Arp ist tot,[34] er selbst steht in mehrerlei Hinsicht vor einem Scherbenhaufen: „die bruchstellen sind erschreckend".

Aus dieser Perspektive wird auch deutlich, was Arp mit der Vorlage anstellt: Er aktualisiert sie von Grund auf, setzt sie offensichtlich in Beziehung mit dem gegenwärtigen und jüngst vergangenen Zeitgeschehen.[35] Die Anordnung *beider* Texte im entsprechenden Band der *Gesammelten Gedichte* und die Angabe der jeweiligen Jahreszahl sind hier mindestens so sprechend wie der von Arp tatsächlich gegebene Kommentar: Schreiben, so besagt es allein schon das vor Augen gestellte Verfahren, heißt Weiterschreiben. Alles, was geschrieben oder gedruckt wurde, kann auch wieder anders geschrieben oder gedruckt, angeeignet, abgelehnt, umgearbeitet, aufgefüllt werden. Das beginnt im Falle von „Weltwunder" schon mit der ersten Version, deren Wortbestand ein aus Zeitungen und Inseraten übernommener ist. Die zweite Version mag vielleicht verdeutlichen, daß der Wortbestand eines Individuums ebenso ein aus Zeitungen und anderen Medien entnommener, also nicht einfach ein eigener ist. Eigenartig ist allein der jeweilige Prozeß der Transformation. Geschichte im Kleinen wie im Großen besteht darin, die Spuren der jeweiligen Transformationsprozesse sichtbar zu lassen.

4. André Breton und Philippe Soupault

Die bei Arp angelegte Psychologisierung des Schreibens markiert den wesentlichen Punkt, von dem aus man dadaistische und surrealistische Schreibpraktiken voneinander unterscheiden kann. Zumindest gilt dies im Hinblick auf die beiden wichtigsten surrealistischen Schreibpraktiken, den *récit de rêve*, den *Traumbericht*, und die *écriture automatique*, die *automatische Schreibweise*.[36] Letztere wurde von André Breton (1896-1966) und Philippe Soupault (1897-1990) im

34 Vgl. Hans Arp, „Wegweiser" (Anm. 31), S. 82: „Nach dem Tode meiner Gefährtin, Sophie Taeuber, 1943, begannen die leidvollsten Jahre meines Lebens. [...] Den zu Tode Getroffenen beschäftigen die Formprobleme nicht mehr [...], dem zu Tode Getroffenen [...] stürzt die Welt ein. Die Eitelkeit des Menschen wurde mir unerträglich, und die Kunst und die ‚Wirklichkeit' sinnlos."

35 Vgl. insgesamt auch Karl Riha: „‚Zweite Fassungen'. Zu Text-Modifikationen in der Lyrik Hans Arps", in: *Text + Kritik* 92 (Oktober 1986: Hans / Jean Arp), S. 81-88.

36 Vgl. André Breton, *Zweites Manifest des Surrealismus* (1930), in: ders., *Die Manifeste des Surrealismus*, Deutsch von Ruth Henry, Reinbek bei Hamburg: Rowohlt 1986, S. 49-99, hier S. 49 und S. 81. Zur Problematik des Anspruchs auf ‚unmittelbare' Wiedergabe des Traums beim Schreiben eines Traumberichts vgl. Susanne Goumegou, „Vom Traum zum Text. Die Prozesse des Stillstellens und In-Gang-Setzens im Traumprotokoll und Prosagedicht des Surrealismus", in: Andreas Gelhard, Ulf Schmidt und Tanja Schultz (Hrsg.), *Stillstellen. Medien, Aufzeichnung, Zeit*, Schliengen: Edition Argus 2004, S. 140-151.

Frühjahr 1919 mit der Niederschrift der *Champs magnétiques* (den *Magnetischen Feldern*) angeblich zum ersten Mal praktiziert.[37] Entscheidend bei der *écriture automatique* ist das möglichst hohe Tempo der Niederschrift. Dieses soll gewähren, daß der Verstand gar nicht erst zum Einsatz komme. Die unbewußten psychischen Regungen, verstanden als „fonctionnement réel de la pensée",[38] als „wirklichen Ablauf des Denkens",[39] sollten sich möglichst ungehemmt aufs Papier übertragen, Korrekturen sollten möglichst unterlassen werden.

> „Faites-vous apporter de quoi écrire, après vous être établi en un lieu aussi favorable que possible à la concentration de votre esprit sur lui-même. Placez-vous dans l'état le plus passif, ou réceptif, que vous pourrez. Faites abstraction de votre génie, de vos talents et de ceux de tous les autres. Dites-vous bien que la littérature est un des plus tristes chemins qui mènent à tout. Écrivez vite sans sujet préconçu, assez vite pour ne pas retenir et ne pas être tenté de vous relire. La première phrase viendra toute seule, tant il est vrai qu'à chaque seconde il est une phrase étrangère à notre pensée consciente qui ne demande qu'à s'extérioriser."[40]

Schaut man sich die tatsächlich überlieferten Manuskripte (Abb. 8 und 9) zu den *Champs magnétiques* an, dann sieht man allerdings, daß die genannten Faktoren ganz so ernsthaft gar nicht bestimmend gewesen sein können. Bretons Schriftzüge (Abb. 8) sind überraschend regelmäßig. Soupault (Abb. 9) läßt ein höheres Tempo vermuten. Bei Soupault gibt es sehr viele Sofortkorrekturen, bei Breton weniger. Hingegen ist Breton derjenige, der eine Endredaktion vornimmt.[41] Das sieht man besonders daran, daß Breton die Personalpronomen

---

37 Vgl. André Breton, *Erstes Manifest des Surrealismus* (1924), in: ders., *Die Manifeste des Surrealismus* (Anm. 36), S. 9-43, hier S. 24 f. – Zum zeitgeschichtlichen Hintergrund der *Magnetischen Felder* vgl. Holger Schulze, *Das aleatorische Spiel* (Anm. 31), S. 68 f.

38 Breton, *Manifeste du surréalisme* (Anm. 40), S. 328.

39 Breton, *Erstes Manifest des Surrealismus* (Anm. 37), S. 26. – Welche Rolle Medikamente sowie Stimulations- und Rauschmittel in diesem Prozeß spielen sollten (oder in den Experimenten tatsächlich gespielt haben), müßte gesondert untersucht werden.

40 André Breton, *Manifeste du surréalisme* (1924), in: ders., *Œuvres complètes I.* Édition établie par Marguerite Bonnet avec, pour ce volume, la collaboration de Philippe Bernier, Étienne-Alain Hubert et José Pierre, Paris: Gallimard 1988, S. 309-346, hier S. 331 f. – „Lassen Sie sich etwas zum Schreiben bringen, nachdem Sie es sich irgendwo bequem gemacht haben, wo Sie ihren Geist soweit wie möglich auf sich selber konzentrieren können. Versetzen Sie sich in den passivsten oder den rezeptivsten Zustand, dessen Sie fähig sind. Sehen Sie ganz ab von Ihrer Genialität, von Ihren Talenten und denen aller anderen. Machen Sie sich klar, daß die Schriftstellerei einer der kläglichsten Wege ist, die zu allem und jedem führen. Schreiben sie schnell, ohne vorgefaßtes Thema, schnell genug, um nichts zu behalten oder um nicht versucht zu sein, zu überlesen. Der erste Satz wird ganz von allein kommen, denn es stimmt wirklich, daß in jedem Augenblick in unserem Bewußtsein ein unbekannter Satz existiert, der nur darauf wartet, ausgesprochen zu werden." Breton, *Erstes Manifest des Surrealismus* (Anm. 37), S. 29 f. – Zum surrealistischen Roman vgl. ebd., S. 31.

41 Ein ausführlicher Vergleich der Schreibcharakteristiken Bretons und Soupaults findet sich in Jacques Anis und Catherine Viollet, „L'Automate et son double: Breton & Soupault, *Les Champs magnétiques*", in: Béatrice Didier et Jacques Neefs (Hrsg.), *Manuscrits Surréalistes. Aragon, Breton, Éluard, Leiris, Soupault*, Saint-Denis: Presses Universitaires de Vincennes 1995, S. 41-66.

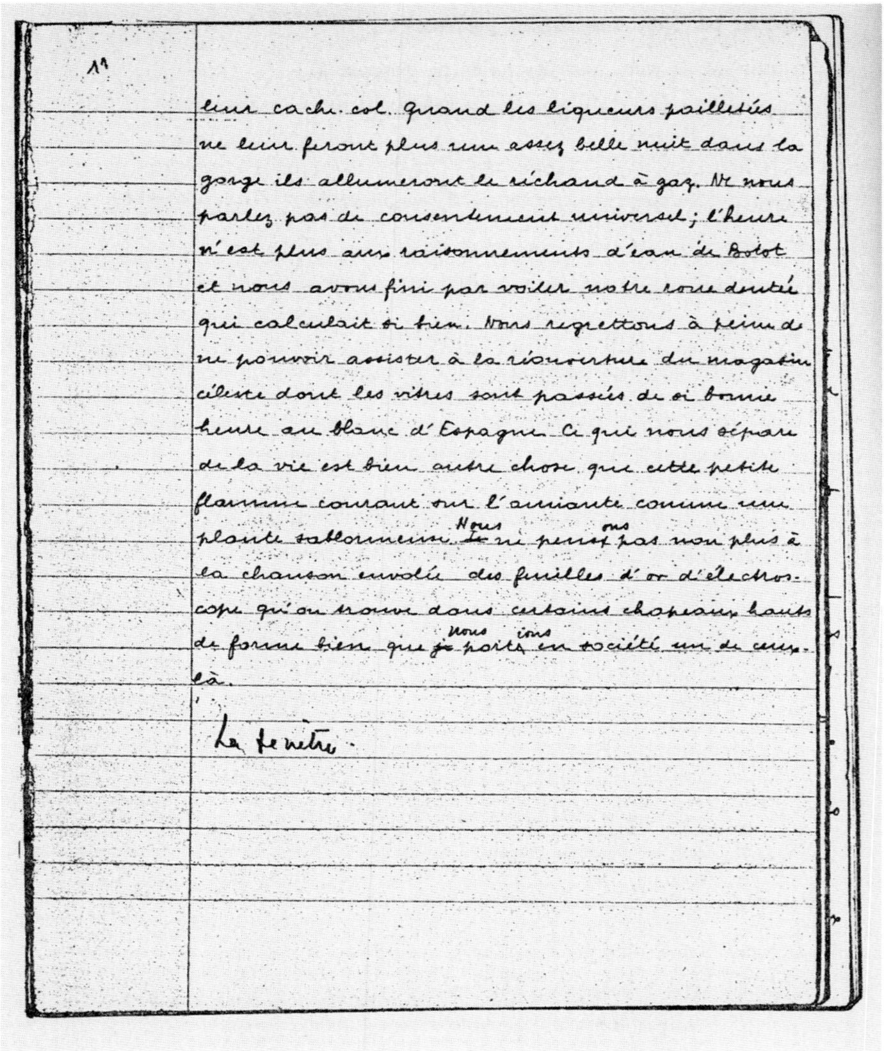

11

leur cache-col. Quand les liqueurs pailletées ne leur feront plus une assez belle nuit dans la gorge ils allumeront le réchaud à gaz. Ne nous parlez pas de consentement universel; l'heure n'est plus aux raisonnements d'eau de Botot et nous avons fini par voiler notre roue dentée qui calculait si bien. Nous regrettons à peine de ne pouvoir assister à la réouverture du magasin céleste dont les vitres sont passées de si bonne heure au blanc d'Espagne. Ce qui nous sépare de la vie est bien autre chose que cette petite flamme courant sur l'amiante comme une plante sablonneuse. Nous ne pensons pas non plus à la chanson envolée des feuilles d'or d'électroscope qu'on trouve dans certains chapeaux hauts de forme bien que nous portions en société un de ceux-là.

La fenêtre.

Abb. 8: André Breton und Philippe Soupault, Manuskriptseite zu *Les Champs magnétiques,* 1919 (Handschrift und Korrekturen von Breton, Fortsetzungshinweis „La fenètre“ von Soupault)

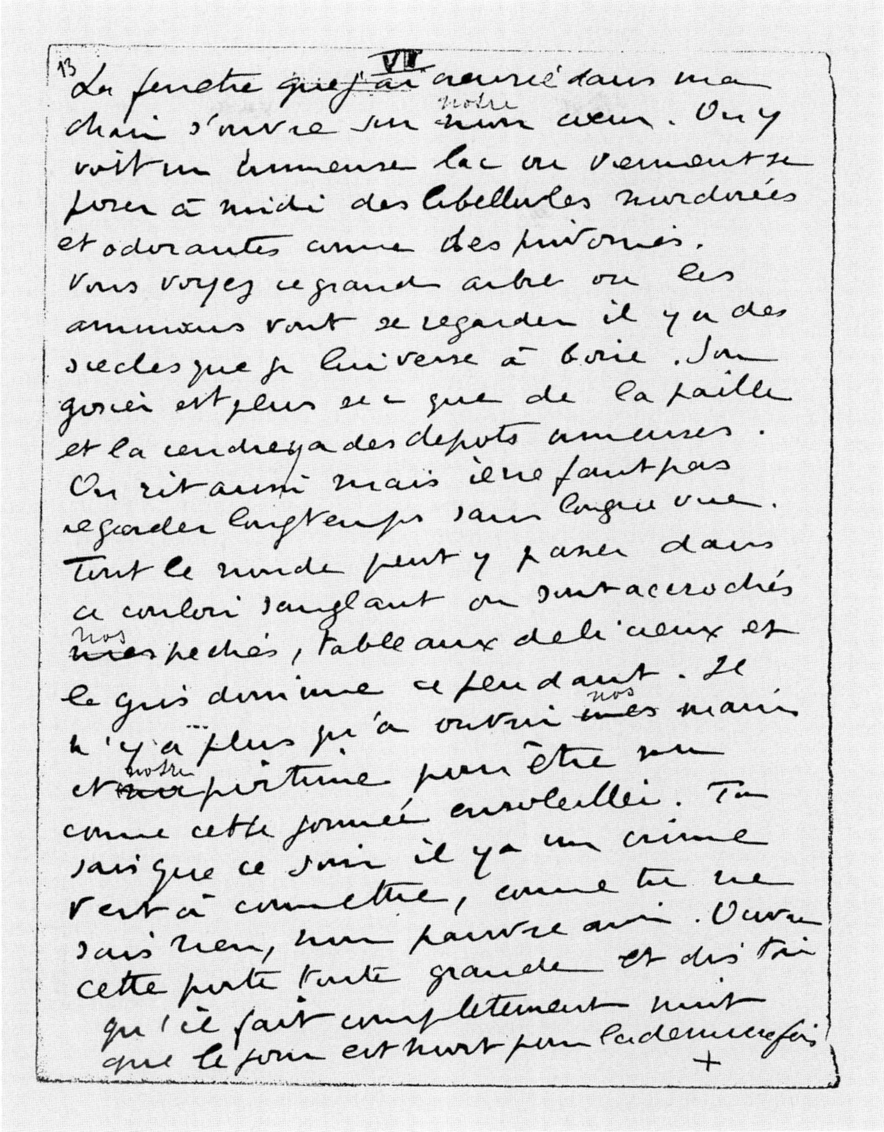

13 VII
La fenêtre creusée dans ma
chair s'ouvre sur notre cœur. On y
voit un immense lac où viennent se
poser à midi des libellules mordorées
et odorantes comme des pivoines.
Vous voyez ce grand arbre où les
animaux vont se regarder il y a des
siècles que je lui verse à boire. Son
gosier est plus sec que de la paille
et la cendre y a des dépôts immenses.
On rit aussi mais il ne faut pas
regarder longtemps sans longue vue.
Tout le monde peut y passer dans
ce couloir sanglant où sont accrochés
nos péchés, tableaux délicieux et
le gris domine cependant. Il
n'y a plus qu'à ouvrir nos mains
et notre poitrine pour être nu
comme cette journée ensoleillée. Tu
sais que ce soir il y a un crime
vert à commettre, comme tu ne
sais rien, mon pauvre ami. Ouvre
cette porte toute grande et dis-toi
qu'il fait complètement nuit
que le jour est mort pour la dernière fois
+

Abb. 9: André Breton und Philippe Soupault, Manuskriptseite zu *Les Champs magnétiques*, 1919 (Handschrift von Soupault, Korrekturen von Breton)

„je“ („ich“) jeweils auf allen Blättern durch ein „nous“ („wir“) ersetzt. Das Schreibsubjekt als kollektives ist also im Falle der *Champs magnétiques* ein durch und durch konstruiertes. Wie sollte man auch zu zweit einen Stift halten und gemeinsam schreiben? Die tatsächliche Zusammenarbeit erinnert eher an die Herstellung eines *Cadavre Exquis*, dies der Name eines von den Surrealisten besonders gern praktizierten Spiels, bei dem jemand einen Satz oder eine Zeichnung beginnt und umklappt, nur die Übergänge stehen läßt, und der nächste, nicht wissend, was vorher geschrieben oder gezeichnet steht, weiterschreibt oder -zeichnet.[42]

Die Differenzen zwischen der materialen Gestalt der überlieferten Dokumente und ihrer Theoretisierung ist im Hinblick auf die *Champs magnétiques* gewiß auch auf den Umstand zurückzuführen, daß der Kommentar, in dem das Konzept erläutert wird, erst fünf Jahre später erfolgte, in Bretons erstem *Manifest des Surrealismus* von 1924. Darin beruft Breton sich auf Sigmund Freud, den er 1921, nach der Niederschrift der *Champs magnétiques*, in Wien auch besucht. Breton verschweigt im ersten Manifest allerdings einen wohl entscheidenderen Namen, jenen von Pierre Janet, der im Vorwort von 1893 zu seinem erstmals 1889 erschienenen Buch *L'automatisme psychologique* (*Der psychologische Automatismus*)[43] bereits explizit, bezugnehmend auf William James' *Notes on automatic writing* (*Bemerkungen zum automatischen Schreiben*),[44] ebenfalls von 1889, von einer *écriture automatique* spricht.[45] Als Medizinstudent und Assistenzarzt in Militärkliniken und in der Psychiatrie während des Ersten Weltkrieges hat Breton diese Studie mit größter Wahrscheinlichkeit gekannt.[46] Die Auswirkungen des Krieges sind in den Manuskripten zu den

---

42 Vgl. hierzu Bretons Definition in seinem *Dictionnaire abrégé du surréalisme* von 1938: „CADAVRE EXQUIS – Jeu de papier plié qui consiste à faire composer une phrase ou un dessin par plusieurs personnes, sans qu'aucune d'elles puisse tenir compte de la collaboration ou des collaborations précédentes. L'exemple, devenue classique, qui a donné son nom au jeu tient dans la première phrase obtenue de cette manière: *Le cadavre – exquis – boira – le vin – nouveau.*“ André Breton, Paul Éluard: *Dictionnaire abrégé du surréalisme* (1938), Mayenne: José Corti 1991, S. 6. – „CADAVRE EXQUIS – Spiel mit gefaltetem Papier, in dem es darum geht, einen Satz oder eine Zeichnung durch mehrere Personen konstruieren zu lassen, ohne daß ein Mitspieler von der jeweils vorhergehenden Mitarbeit Kenntnis erlangen kann. Das klassisch gewordene Beispiel, das dem Spiel seinen Namen gegeben hat, bildet den ersten Teil eines auf diese Weise gewonnen Satzes: *Der – köstliche – Leichnam – trinkt – den – neuen – Wein.*“ André Breton, „Le Cadavre Exquis. Der köstliche Leichnam“, in: Patrick Waldberg, *Der Surrealismus*, Köln: DuMont 1965, S. 87-89, hier S. 87. Übersetzung leicht überarbeitet vom Verf.

43 Pierre Janet, *L'automatisme psychologique. Essai de psychologie expérimentale sur les formes inférieures de l'activité humaine*, Paris: Félix Alcan 1889.

44 William James, „Notes on Automatic Writing“ (1889), in: ders., *The Works of William James. Essays in Psychical Research*, Cambridge, Massachusetts, and London, England: Harvard University Press 1986, S. 37-55.

45 Vgl. hierzu die Auflagen ab 1893 von Janet, *L'automatisme psychologique* (Anm. 43), S. XVII („Préface“).

46 Marguerite Bonnet resümiert im Kommentar zu den *Champs magnétiques* (Pléiade-Ausgabe) den Forschungsstand zu dieser Frage. Breton dürfte das Buch von Janet als Student in der Psychiatrie kennengelernt haben. Allerdings stehen hinter der *écriture automatique* bei Breton und

Champs magnétiques im übrigen auch noch auf eine ganz andere Weise präsent. So ist zum Beispiel die hier abgebildete Seite von Soupaults Hand (Abb. 9) auf die Rückseite eines vervielfältigten Rundschreibens (Abb. 10) des Ministeriums für Landwirtschaft und Lebensmittelversorgung notiert, bei dem Soupault in den Nachkriegsjahren als Jurist arbeitete: Die *Champs magnétiques* beschreiben in diesem Fall auch materialiter die ‚Kehrseiten' des Krieges.[47]

Der psychische Automatismus wird von Breton als Motor des Schreibens aufgefaßt, das Bewußtsein eher als Bremse. Der Schreibapparat, um nicht zu sagen, die Schreibmaschine, besteht bei Breton – zumindest in der Theorie – aus einer möglichst widerstandslosen Kopplung von psychischer Aktivität und schreibender Handbewegung. Aus dieser Kopplung sollten möglichst von selbst, automatisch eben, Texte entstehen.[48] Dabei unterscheidet sich dieser

---

Janet jeweils ganz andere Konzepte. Sind für Janet die in der *écriture automatique* hypnotisch zutage geförderten Psychogramme Ausdruck einer psychologischen Misere, so stehen diese Psychogramme bei Breton, affirmativ, für den angeblichen Rohzustand der Poesie. Vgl. André Breton, *Œuvres complètes I* (Anm. 40), S. 1124. Zum Verhältnis von Parapsychologie und Psychoanalyse bei Breton vgl. auch Peter Bürger, *Der französische Surrealismus. Studien zur avantgardistischen Literatur. Um neue Studien erweiterte Ausgabe*, Frankfurt am Main: Suhrkamp 1996, S. 150 f., sowie Manfred Hilke, *L'écriture automatique – Das Verhältnis von Surrealismus und Parapsychologie in der Lyrik von André Breton*, Frankfurt am Main u. a.: Peter Lang 2002. Im *zweiten* surrealistischen Manifest (1930) macht Breton den Bezug zu Janet allerdings explizit: Er stellt dessen scharfe Kritik des Surrealismus dem Manifest voran und distanziert sich damit zugleich ironisch von der Psychiatrie. Vgl. André Breton, *Zweites Manifest des Surrealismus* (Anm. 36), S. 53 f. – In Janets Augen sind die „Werke der Surrealisten [...] überwiegend Bekenntnisse von Besessenen und Zweiflern." Ebd., S. 53. Janet stimmt seinem Diskussionspartner Clérambault zu, daß die „exzessivistischen Künstler" und „Prozedisten", zu denen Clérambault die Surrealisten zählt, „sich die Mühe des Denkens und besonders der Beobachtung" ersparen, sie brächten „Unverschämtheiten unters Volk" und seien Ausdruck einer „Abwertung der Arbeit", vor allem auch der Arbeit der Psychiater. Janet selbst zählt zu dieser Abwertung auch die surrealistischen Sprachexperimente: „Sie [die Surrealisten] greifen zum Beispiel willkürlich fünf Wörter aus einem Hut und bilden mit diesen fünf Wörtern Assoziationsreihen. In der Einführung in den Surrealismus wird eine ganze Geschichte aus zwei Wörtern erklärt. Truthahn und Zylinder." Clérambault: „Die Diffamierung gehört zu den Berufsgefahren des Psychiaters; wir sind solchen Angriffen in Wahrnehmung unserer Pflegepflichten oder auch in unserer Eigenschaft als Gutachter ausgesetzt; es wäre nicht mehr als recht, wenn die für uns zuständige Behörde uns auch beschützte." Alle Zitate ebd., S. 54.

47 Vgl. zu diesen Kehrseiten auch Bretons Äußerungen zum Ersten Weltkrieg in André Breton, *Entretiens – Gespräche. Dada, Surrealismus, Politik* (1969), aus dem Französischen und herausgegeben von Unda Hörner und Wolfram Kiepe, Dresden: Verlag der Kunst 1996, S. 25-73.

48 Später korrigierte Breton diese Sicht und versuchte im automatischen Schreiben eine grundsätzlichere Schicht der Sprache am Werk zu sehen: „Wir stehen hier [...] vor einer ganz anderen Absicht, als sie etwa Joyce hegen konnte. Es geht hier nicht mehr darum, sich der freien Gedankenassoziation *zu bedienen*, um ein *literarisches* Werk hervorzubringen, das durch das Heranziehen polyphonischer, polysemantischer und anderer Mittel jedoch eine ständige Rückkehr zur Willkür bedeutet. Für den Surrealismus ging es einzig darum, den ‚Urstoff' (im Sinne der Alchimie) der Sprache erfaßt zu haben: von da an wußte man, wo er zu suchen war, und es war selbstverständlich uninteressant, ihn nun bis zum Überdruß zu reproduzieren; das nur für diejenigen, die sich darüber wundern, daß bei uns die *Praxis* des automatischen Schreibens so schnell vernachlässigt worden ist. Bisher hatte man vor allem hervorgehoben, daß durch die Gegenüberstellung von Ergebnissen dieser Methode Licht auf jenen Bereich geworfen wurde, wo das Begehren sich ungehemmt entfaltet, den Bereich, wo auch die Mythen ihren Ursprung

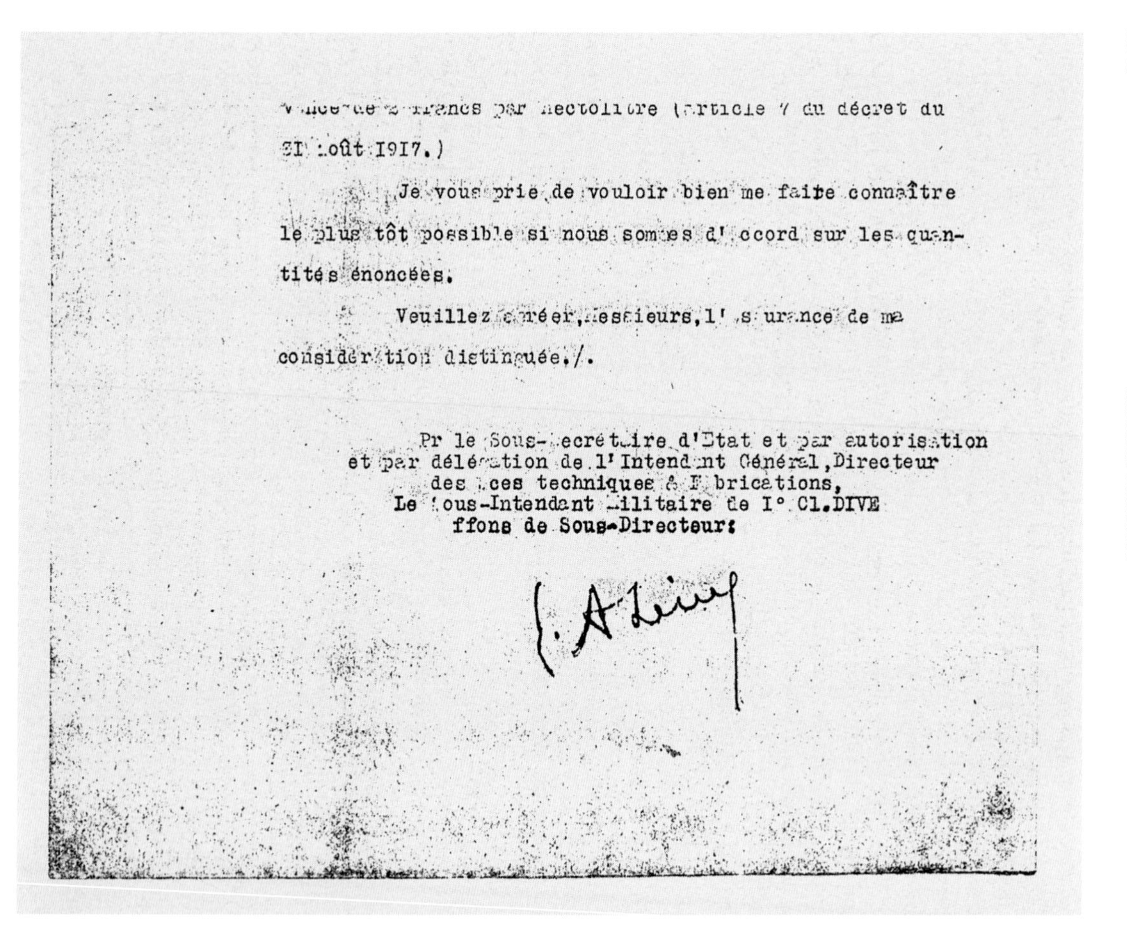

[illegible] francs par hectolitre (article 7 du décret du

3I août I9I7.)

Je vous prie de vouloir bien me faire connaître le plus tôt possible si nous sommes d'accord sur les quantités énoncées.

Veuillez agréer, Messieurs, l'assurance de ma considération distinguée./.

Pr le Sous-Secrétaire d'Etat et par autorisation
et par délégation de l'Intendant Général, Directeur
des [illegible]ces techniques & Fabrications,
Le Sous-Intendant Militaire de I° Cl. DIVE
ffons de Sous-Directeur:

Abb. 10: Makulatur, Rückseite von Abb. 9

Automatismus durchaus von jenen Automatismen, die man auch in den zuvor vorgestellten Schreibpraktiken und Konzepten der Dadaisten erkennen kann.

Schluß

Besteht ein Automatismus darin, etwas mit etwas anderem so zu koppeln, daß das jeweilige Bindeglied als selbsttätiger Urheber (als Auto) der Kopplungsbewegung erscheint, dann lassen sich die eben vorgestellten Schreibpraktiken und Konzepte ohne weiteres nach der Art ihres jeweiligen Automatismus noch einmal resümierend charakterisieren.

In Duchamps *Rendez-vous* besteht die Kopplung darin, daß ein Konzept (das Ideal einer abstrakte Sprache) als Effekt einer maschinenschriftlichen Anordnung von Worten und Wortteilen *so* zur Geltung kommen soll, daß das Schreibsubjekt als Instanz mit individuellen Zügen – zumindest wiederum in der Theorie – unwichtig wird. Bei Tzara besteht die Kopplung darin, daß die in einer gegebenen Anordnung von Worten bestehenden Verbindungen getrennt und in einer rekombinierenden Abschrift nach dem Gesetz des Zufalls reformuliert werden; das Schreibsubjekt fungiert als eine Art Redistributionsmaschine, allerdings ohne Einfluß auf die tatsächliche Reihenfolge der Worte. Bei Arp ist Tzaras Modell vorweggenommen, nur ist das Schreibsubjekt eins, das seinen Einfluß auf die Reihenfolge geltend macht und, in der zweiten Version von „Weltwunder", aus seinen bewußten und unbewußten Wortvorräten zusätzlich tätig wird. Bei Breton und Soupault schließlich ist das Schreibsubjekt in der Kopplung von psychischer Aktivität und schreibender Handbewegung als unbewußtes konzipiert, als solches aber zugleich, wie bei Arp, als psychische Instanz aufgefaßt. Bei allen außer bei Duchamp gehört die Frage nach der Herkunft der Wörter jeweils mit zur Konzeption des Schreibens.[49] Bei Tzara kommen die Wörter (angeblich) aus der Zeitung, bei Arp ebenfalls, nur versetzt dieser die Wörter aus der Zeitung oder aus den Inseraten in eine Nähe zu den individuellen Wortvorräten, die schließlich bei Breton und Soupault als unbewußte, psychologisch gedeutete, den Prozeß des Schreibens motivieren sollen.[50]

---

haben. Man hat jedoch nicht genug hingewiesen auf den Sinn und die Tragweite eines Vorgehens, das die Sprache ihrem wahren Leben zurückzugeben suchte [...]. Der Geist, der ein solches Vorgehen ermöglicht, ja begreiflich macht, ist der gleiche, der zu allen Zeiten die Geheimphilosophie inspiriert hat und demzufolge – da am Beginn von allem die Benennung steht – ‚der Name sozusagen *keimen* muß, wenn er nicht falsch sein soll'. Der Hauptbeitrag des Surrealismus in der Dichtung sowohl als auch in der Kunst besteht darin, daß er dieses Keimen genügend gepriesen hat, um sichtbar werden zu lassen, wie unzulänglich alles ist, was nicht daran teilhat." André Breton, „Was der Surrealismus will" (1953), in: ders., *Die Manifeste des Surrealismus* (Anm. 36), S. 125-132, hier S. 128.

49 Duchamp sieht auch ganz von einer Psychologisierung seines Schreibens ab: „Mein Unbewußtes ist stumm wie alles Unbewußte." Duchamp, *Schriften* (Anm. 1), S. 201, Fußnote 5.

50 Allerdings zeigt gerade das hier abgedruckte Beispiel (Abb. 8), daß in die *Champs magnétiques* auch Elemente der Werbesprache eingegangen sind, auch Wörter aus Inseraten und Zeitungen („eau de Botot", „blanc d'Espagne" etc.).

Daß diese Psychologisierung nicht die einzig mögliche Zukunft war, die den dadaistischen Schreibexperimenten beschieden sein konnte, das sei abschließend wenigstens erwähnt. Um nur ein paar Beispiele zu nennen: Weiterentwicklungen dadaistischer Experimente gab es insbesondere in Richtung visueller Gestaltung von Schrift- und Bildcollagen wie bei Kurt Schwitters oder später im Umkreis der sogenannten konkreten Poesie.[51] Andere Weiterentwicklungen lassen sich im Kontext von Aufführungspraktiken beobachten, in denen auch Schreibprozesse inszeniert wurden. Zu den merkwürdigsten Vorläufern solcher Inszenierungen wird man den „Wettkampf zwischen Nähmaschine und Schreibmaschine" zu zählen haben, den George Grosz im Sommer 1918 in Berlin mit Raoul Hausmann an der Nähmaschine und Richard Huelsenbeck an der Schreibmaschine veranstaltete. Wieland Herzfelde beschreibt diesen Wettkampf in seinen Memoiren.

> „Der nicht eben für solche Wettkämpfe gebaute Saal war überfüllt. Eine gute halbe Stunde lang klapperte die Schreibmaschine, und ein Blatt nach dem anderen wurde fix aus der Maschine gerissen, ein neues eingespannt, während die Nähmaschine ununterbrochen schwarzen Trauerflor steppte, der im Gegensatz zu dem Papier endlos war, nämlich an seinen beiden Enden zusammengenäht, so daß man, so lange die Beine es aushielten, ewig nähen konnte und der Assistent nur darauf achten mußte, daß das Florband sich nicht verhedderte. Ansager, Conférencier und Schiedsrichter war George Grosz. Als er schließlich die Nähmaschine zum Sieger erklärte, schmetterte der Verlierer Huelsenbeck die Schreibmaschine (sie war nicht gut, gehörte aber dem Verlag) auf den Boden der Bühne. Der Sieger, Raoul Hausmann, ließ sich nicht stören. Er steppte den endlosen Trauerflor mit unverminderter Verbissenheit weiter."[52]

Schade, war Duchamp bei diesem Wettkampf nicht anwesend, er hätte sich bestimmt für die Schreibmaschine eingesetzt.

51 Erwähnt seien hier die Schreibmaschinen-Schriftbild-Gedichte von Kurt Mauz (vgl. Kurz Mauz, *Schreibmaschinenpoesie*, Vorwort von Eugen Gomringer, München: Relief 1977) oder von Franz Mon (vgl. Franz Mon, *Gesammelte Texte 2. Poetische Texte 1951–1970*, Berlin: Janus press 1995, v. a. S. 135-143).

52 Wieland Herzfelde, *Zur Sache. Geschrieben und gesprochen zwischen 18 und 80*, Berlin, Weimar: Aufbau-Verlag 1976, S. 447 f. – Mit dem „Verlag" ist der Malik-Verlag gemeint, dessen Leiter Wieland Herzfelde war. Die näheren Umstände des Wettkampfes sind nicht bekannt.

Sonja Neef

Handspiel
Stil/us und rhythmische Typographie bei Paul van Ostaijen

Vorspiel

„Ich wurde geboren. Davon ist auszugehen, obwohl ein absolut objektiver Beweis nicht erbracht werden kann."[1] Mit diesem für die Textsorte der Autobiographie unzulässigen Handspiel leitet Paul van Ostaijen (1896-1928), knapp 30 Jahre jung und terminal an Tuberkulose erkrankt, seine „Zelfbiografie" („Autobiographie") ein. Es folgt die Lebensgeschichte eines flämischen Dandys, der bereits im Kindesalter bei einem Zugunglück entgleist und von da an auf die schiefe Bahn geraten sein will: als musikalischer Wunderknabe mangels Talent gescheitert, ebenso als Fußballspieler. Stattdessen wird ein unromantisches Leben in Antwerpen, Berlin und Brüssel behauptet, eine Karriere als Liftboy, Bauchladenverkäufer für Zigaretten, Schlepper für ein Nachtlokal mit Nackttänzerinnen, schließlich Schuhverkäufer in der Damenabteilung. Einmal, so berichtet Van Ostaijen, habe er kurz davor gestanden, „zum Lehrer für rhythmisch-typographische Poesie ernannt zu werden". Er habe aber dankend absagen müssen – „in Ermangelung eines kleidenden Fracks."[2]

Vieles in dieser Autobiographie ist erstunken und erlogen. Schließlich ist Van Ostaijen ein bekennender Anti-Bekenntnis-Poet und Verfasser nicht ganz unpikanter Grotesken, zudem Beobachter und scharfer Kritiker des internationalen Kunstgeschehens der frühen zwanziger Jahre mit den Schwerpunkten kubistische Malerei und expressionistische Poesie in den kulturellen Brennpunkten der Kriegs- und Nachkriegszeit: Antwerpen, Brüssel, Berlin, eben den Hauptstationen seines Künstlerdaseins. Nach Berlin war er gegen Ende des ersten Weltkriegs von seiner Heimatstadt Antwerpen aus geflohen, um einer von der belgischen Regierung verhängten Haftstrafe wegen flämischem Aktivismus, der damals mit Kollaboration gleichgesetzt wurde, zu entgehen.[3] Verfaßt sind

---

1 „Ik ben geboren. Dit moet worden aangenomen, alhoewel een absoluut-objektief bewijs niet is voor te brengen." Paul van Ostaijen, „Zelfbiografie", in: ders., *Verzameld werk. Proza II*, herausgegeben von Gerrit Borgers, Amsterdam: Bert Bakker 1979, S. 5.

2 „niet in het bezit van een geklede jas". Van Ostaijen, „Zelfbiografie" (Anm. 1), S. 5.

3 Van Ostaijens Biographie ist historisch detailliert dokumentiert in der monumentalen *Documentatie* von Gerrit Borgers, *Paul van Ostaijen. Een documentatie* (1971), Bd. 1 und 2, Amsterdam: Bakker 1996. Das Berliner Exil ist neu untersucht worden in Marc Reynebeau, *Dichter in Berlijn – De ballingschap van Paul van Ostaijen (1918-1921)*, Groot-Bijgaarden: Globe / De Prom 1996.

seine Schriften infolgedessen nicht nur auf Niederländisch, sondern auch auf Französisch, gelegentlich auch auf Deutsch.[4]

So sicher aber, wie man mit Van Ostaijen davon ausgehen kann, daß er *geboren* wurde, so sicher ist auch anzunehmen, daß er *geschrieben* hat, resultieren doch die Behauptungen ,ich bin' und ,ich schreibe' aus ein und derselben tautologischen Logik. Dieses ,ich schreibe' hat bei Van Ostaijen Programm und ist in einer umfänglichen Poetologie sowie in einem reichen poetischen Œuvre belegt. Wenn ich mich im folgenden mit einigen poetologischen Kernaussagen von Van Ostaijen beschäftigen werde, dann wird es mir weniger darauf ankommen, seine individuelle Schreibpraktik im apodiktischen Spiegel seiner Poetologie nachzuvollziehen, sondern es wird immer auch darum gehen, die Differenz innerhalb der poetologischen Tautologie mitzubedenken – wie in seiner Autobiographie oder wie in dem von seinem Freund Floris Jespers gefertigten Porträt Van Ostaijens (Abb. 1), die zwar beide gewisse Einblicke in die Physiognomie des Dichters und des Dichtens zulassen, die aber als Dispositive zugleich ebenso interpretationsbedürftig sind wie das von ihnen vermeintlich Erhellte.

Rhythmische Typographie

Einer der Kernbegriffe von Van Ostaijens poetologischem Programm, der insbesondere für die Problematik von Schreibmaschine versus Handschrift interessant ist, ist der der ,rhythmischen Typographie', über die wir bereits erfahren konnten, daß man, wenn man sie lehren möchte, eines „kleidenden Fracks" bedarf. Was aber ist ,rhythmische Typographie'?

Ein wahres rhythmisch-typographisches Meisterwerk ist der Gedichtband *Bezette Stad*,[5] der von der *Besetzten Stadt* handelt, nämlich von Antwerpen unter deutscher Besatzung. Unmittelbar nach Kriegsende in Berlin im dort herrschenden Avantgarde-Rausch – und auch nicht ganz ohne Einsatz von Rauschmitteln – entstanden, wurde der Gedichtband von Oscar Jespers typographisch kunstvoll gestaltet und mit kubistischen Linolschnitten illustriert (Abb. 2). Zurück nach Flandern importiert, erregte die Publikation des Bandes aufgrund der spasmischen Grammatik, einhergehend mit einer gebrochenen graphischen Form, Aufsehen. In einem *Offenen Brief* an seinen Rezensenten Jos Léonard (1922) rechtfertigt Van Ostaijen die graphische Gestalt von *Bezette*

4 Dieses multilinguale Sprechen bei Van Ostaijen habe ich in *Kalligramme* als eine hybride Redeweise analysiert, deren Doppelrhetorik darin besteht, daß sie einerseits als polyphone Artikulation im Sinne von Bachtin, also als Sprechen *par excellence* fungiert, zugleich aber entsprechend dem ominösen Mythos von Babel im Sprachengewirr unterzugehen droht. Vgl. Verf., *Kalligramme. Zur Medialität einer Schrift. Anhand von Paul van Ostaijens ,De feesten van angst en pijn'*, Amsterdam: ASCA 2000, S. 139-148.

5 Paul van Ostaijen, *Bezette Stad*, in: ders., *Verzameld werk. Poëzie II*, herausgegeben von Gerrit Borgers, Amsterdam: Bert Bakker 1979, S. 3-153.

Abb. 1: Floris Jespers, *Portret van Paul van Ostaijen*, Öl/Papier, 1928, AMVC

Abb. 2: Lino von Oskar Jespers (links); „BOEM“,
Lino von Oskar Jespers (rechts), in: *Bezette Stad* (1921)

Stad und entwirft dabei, quasi nebenbei, eine Poetologie, die sich gewaschen hat.[6] „Das Buch", so betont Van Ostaijen,

> „ist ein *Reproduktions*-Mittel des gesprochenen Wortes. Gegenüber dem Wort ist der Wert des Buches relativ. Das gedruckte Wort ist nicht mehr nur einfaches Wort, sondern gerade gedrucktes Wort. Unvermeidbar, daß das gedruckte Wort eine Übersetzung des Musikalischen ins Graphische ist. [...] Das Buch verhält sich zur Poesie wie die geschriebene Partitur zur instrumentalen Aufführung. [...] Das Wort ist per definitionem *gesprochen*. Das *geschriebene* Wort ist Topographie. Rhythmische Typographie somit: das beste topographische System, geformt nach der Notwendigkeit des Landes: Wortklang."[7]

Gemäß diesem Programm präferiert Van Ostaijen offenbar den Artikulationsmodus der Stimme gegenüber dem der Schrift. Auf den ersten Blick scheint er sich damit in genau jene Denktradition einzuschreiben, die Jacques Derrida in seiner *Grammatologie* als phonozentristisch qualifiziert, weil sie die Schrift als „Signifikant eines ersten Signifikanten [abwertet, als] Repräsentation der sich selbst gegenwärtigen Stimme, der unmittelbaren, natürlichen und direkten Bezeichnung des Sinns."[8] Bei genauerer Betrachtung geht es Van Ostaijen aber gar nicht um Sinn. „Poesie ist Wortkunst", proklamiert er in seinem Essay „Et Voilà", in dem er den Begriff der rhythmischen Typographie weiter ausschleift: „Nicht Mitteilung von Emotionen. [...] Mit Sicherheit auch nicht Mitteilung von Gedanken!" Und er fügt hinzu:

> „*Gedruckte* Poesie ist *gedruckte* Wortkunst. So sind die Möglichkeiten des Drucks in Bezug auf die Wortkunst bis aufs Äußerste zu nutzen. Siehe hier: das Klimmen und Steigen der Zeilen, magere und schwere Buchstaben, die Kaskaden der fallenden Wörter über das Blatt, sogar unterschiedliche Buchstabentypen: so viele Mittel, die typographisch den Rhythmus des gesprochenen Wortes suggestiv wiedergeben."[9]

---

6 Paul van Ostaijen, *Open Brief aan Jos. Léonard* (1922), in: ders., *Verzameld werk* (Anm. 1), S. 155-160. Van Ostaijen reagiert hier auf die Rezension von Jos Léonard in *Het Getij*, Dezember-Heft 1921.

7 „Het boek is een *reproduktie*-middel van het gesproken woord. Tegenover het woord is de waarde van het boek relatief. Het gedrukte woord is niet meer eenvoudig woord, maar juist gedrukte woord. Niet te ontwijken, dat het gedrukte woord een vertaling van het muziekale in het grafiese is." [...] „Het boek staat in verhouding tot de poëzie als de geschreven partituur tot de instrumentale uitvoering." [...] „Het woord is par définition gesproken. Het geschreven woord is topographie. Ritmiese typographie nu: het beste topographiese sisteem, gevormd naar de noodzakelikheid van het land: woordklank." Van Ostaijen, „Open brief aan Jos. Léonard" (Anm. 5), S. 155 f.

8 Jacques Derrida, *Grammatologie* (1967), aus dem Französischen übersetzt von Hans-Jörg Rheinberger und Hanns Zischler, Frankfurt am Main: Suhrkamp 1998, S. 54.

9 „Poëzie is woordkunst. Niet mededeling van emoties. [...] Ook zeker niet mededeling van gedachten." „*Gedrukte* poëzie is *gedrukte* woordkunst. Zo zijn de mogelikheden van de druk in verband met de woordkunst tot het laatste uit te baten. Ziehier: het klimmen en stijgen van de regels, magere en zware letters, de kaskaden van de vallende woorden over het blad, zelfs

Wenn schon das gesprochene Wort ohne Schrift nicht auskommt, dann soll diese Schrift für Van Ostaijen wenigstens den Wortklang nachzeichnen, ihn – ähnlich einer Partitur – visuell übersetzen. Für die Frage nach den Bedingungen der Schreibszene ist es bemerkenswert, daß sich diese Übersetzung vom Auditiven ins Visuelle für Van Ostaijen nicht unabhängig vom Schreibwerkzeug vollzieht. Konsequent erscheint dann, daß Van Ostaijen als schriftliches Pendant für das gesprochene Wort nicht die *Hand*schrift setzt, für die traditionell ähnlich wie für die Stimme eine Einheit von Sinn und Präsenz behauptet wird. Beispielhaft wird diese Sicht auf Handschrift bei Heidegger vorangetrieben. „Die Schrift", so betont Heidegger in seiner Parmenides-Vorlesung, „ist in ihrer Wesensherkunft die Hand-schrift." Die Szene des Schreibens stellt sich für ihn als eine Szene des Durch-die-Hand-Handelns dar, das niemals mit der Schreibmaschine, sondern nur mit dem Werkzeug des Stilus vollzogen werden kann.

> „Die Wesenszusammengehörigkeit der Hand mit dem Wort als der Wesensauszeichnung des Menschen offenbart sich darin, daß die Hand Verborgenes entbirgt, indem sie zeigt und zeigend zeichnet und zeichnend die zeigenden Zeichen zu Gebilden bildet. Diese Gebilde heißen nach dem ‚Verbum' γράφειν [graphein] die γράμματα [grammata]. Das durch die Hand gezeigte und in solcher Zeichnung erscheinende Wort ist die Schrift."[10]

Van Ostaijens *graphein* setzt dagegen ganz und gar auf die drucktechnische Innovation der modernen Typographie, gegen die Heidegger gerade Front macht, weil sie die Schrift dem Wesensursprung der Hand entziehe und mit der Handschrift auch den Charakter verberge. „In der Maschinenschrift", so Heidegger, „sehen alle Menschen gleich aus."[11] Genau jener Entzug der Hand und des Charakters ist es, um den es Van Ostaijen geht, wenn er dem Dichter vorschreibt, er möge „streben nach Entindividualisierung".[12] Und wenn er hinzusetzt, „Kunst hat natürlich nichts mit ‚stiel' zu tun",[13] und dabei das flämische Wort ‚stiel' benutzt, das buchstäblich Handwerk heißt, dann kann man nicht umhin, bei diesem ‚Werk der Hand' den etymologischen Ursprung von ‚stiel' mitzubedenken, nämlich ‚stijl', zu Deutsch ‚Stil'. ‚Stil', seinerseits ein Derivat von ‚stilus', bedeutet nicht nur ‚Schreibstift', sondern auch „Wortkunst" – womit die Kreisbewegung der tautologischen Poetologie aufs neue beobachtbar wird.

---

verscheidene lettertypen: zoveel middelen die typografisch het ritme van het gesproken woord suggestief zullen weergeven." Van Ostaijen, „Et Voilà. Een inleidend manifest", in: ders., *Verzameld werk* (Anm. 1), S. 129-134, hier S. 133.

10 Martin Heidegger, *Parmenides* [Wintersemester 1942/43], in: ders., *Gesamtausgabe*, II. Abteilung: *Vorlesungen 1923-1944*, Bd. 54, herausgegeben von Manfred S. Frings, Frankfurt am Main: Vittorio Klostermann 1982, S. 125. Einen Überblick über das Motiv der Hand bei Heidegger gibt Jacques Derrida, *Die Hand Heideggers*, herausgegeben von Peter Engelmann, aus dem Französischen von Hans-Dieter Gondek, Wien: Passagen 1988.

11 Vgl. Heidegger, *Parmenides* (Anm. 10), S. 125 und S. 119.

12 „Streven naar ontindividualisering". Van Ostaijen, „Et Voilà" (Anm. 9), S. 133.

13 „Kunst heeft natuurlik met stiel niets te maken." Ebd.

Dem Wortkünstler Van Ostaijen kommt es genau darauf an: die archaische Geste jener individuellen Hand, die auch die Authentizität einer Unterschrift zu garantieren behauptet, aus der Poesie zu eliminieren. Was bleiben soll ist eine – wörtlich – ‚entindividualisierte' Typographie, in der der Typos als Topos fungiert, als kartographische Verortung eines Wortklangs. Dieser Wortklang soll dann aber nicht die individuelle, authentische Stimme des Dichters audiographieren. Er soll nicht Autographie sein im Sinne von Nelson Goodmans *Sprachen der Kunst*, sondern Allographie, das heißt eine wiederholbare, ‚buchstabierbare' Symphonie, reproduzierbar ohne Verlust.[14] Denn anders als bei der auf Einzigartigkeit angelegten autographischen Handschrift handelt es sich beim Linoldruck um Reproduktionskunst, für die – ähnlich wie für Benjamins Abzug von der photographischen Platte – die Frage nach dem ‚echten Abzug', also nach dem Original, keinen Sinn macht.[15]

Als Schreibinstrument steht aber die rhythmische Typographie dem Dichter nicht unmittelbar zur Verfügung, fungiert sie doch eher als editorische Schreibpraktik, die einer Vorlage bedarf. Derartige Vorlagen lieferte Van Ostaijen oft mit der Hand. Eine solche Vorarbeit entwirft beispielsweise der Gedichtband *De feesten van angst en pijn* (*Die feste von angst und schmerz*),[16] der gleichzeitig mit *Bezette Stad* von 1918 bis 1921 in Berlin entstanden ist und den Van Ostaijen wie *Bezette Stad* von Oskar Jespers setzen und publizieren lassen wollte. Dazu hat Van Ostaijen eine Endfassung angefertigt, in der er die rhythmische Typographie in variierenden Schreibstilen und -größen und in fünf verschiedenfarbenen Tinten mit der Hand ‚vorzeichnet'. Da sich aber schon *Bezette Stad* in Antwerpen kaum verkaufte, ging *De feesten* zu Lebzeiten Van Ostaijens nicht in Druck und ist erst aus dem Nachlaß als Faksimile-Ausgabe dieses handschriftlichen Manuskripts herausgegeben worden.[17] Ob und wie sich diese zeichnende Hand des Dichters in das Gedicht einmischt und welchen Einfluß sie auf den Prozeß der „Entindividualisierung" des poetischen Schreibens ausübt, diesen Fragen möchte ich mich im folgenden anhand einer Passage aus dem Gedicht *Fatalisties Liedje*[18] annähern (Abb. 3).

---

14 Nelson Goodman, *Sprachen der Kunst. Entwurf einer Symboltheorie* (1976), Frankfurt am Main: Suhrkamp 1998, S. 116-117.

15 Walter Benjamin, *Das Kunstwerk im Zeitalter seiner technischen Reproduzierbarkeit* (1936), Frankfurt am Main: Suhrkamp 1977, S. 17-18.

16 Paul van Ostaijen, *De feesten van angst en pijn*, in: ders., *Verzameld werk. Poëzie I*, herausgegeben von Gerrit Borgers, Amsterdam: Bert Bakker 1979, Bd. 1, S. 150-256. In dieser deutschen Übersetzung des Titels wie auch in weiteren Übersetzungen aus *De feesten* folgt die Handhabung von Groß- und Kleinschreibung nicht der grammatischen Konvention des Deutschen. Van Ostaijens Schreibpraxis zielt nämlich gerade darauf ab, den Standardregeln von Orthographie und Syntax des Niederländischen ein eigenes, im Grunde unübersetzbares Regelsystem entgegenzusetzen. Für eine detaillierte Erörterung dieses Problems verweise ich auf das Kapitel „Sprechend Schweigen" in Verf., *Kalligramme* (Anm. 4).

17 Vgl. Borgers, *Paul van Ostaijen* (Anm. 3), S. 426 f.

18 Paul van Ostaijen, *De feesten* (Anm. 16), S. 200.

Handspiel mit Stil/us

Diese Passage, nur wenige Zeilen kurz, ist ebenso schlicht wie rätselhaft. Geschrieben steht ein einziger Satz, artikuliert von einer ersten Person, „ik" („ich"), die eine zweite Person, „Karminrote schrift", unter Verwendung des Pronomens „u" („dich") vokativisch anspricht. Während sich die erste Person in der Spur der Handschrift physisch vergegenwärtigt, ist die zweite Person, die signifizierte Schrift, in eine Terminologie gefaßt, die gerade die *Ab*wesenheit ihres Urhebers beschwört: „door geen hand gesteld" („von keiner hand geschrieben"), „oorzaakloos" („ohne ursache").

Ihrem visuellen Erscheinungsbild nach wird in diesen Zeilen eine Schreibszene entworfen, die sowohl einer Ästhetik des Mechanisierten als auch des Handmäßigen verpflichtet ist. Die Überschrift und die letzte Zeile sind in steilen Majuskeln geschrieben. Die Zeilen dazwischen erscheinen in gesperrten Minuskeln, die eher an Druckbuchstaben als an den fließenden Zug einer Handschrift erinnern. Es liegt nahe, die Formalität dieser Schrift mit ihrer Gliederung in linksbündigen Blöcken als Vorlage für den Drucksatz zu verstehen. Zugleich sind aber die kleinen Eigenwilligkeiten der Handschrift nicht zu übersehen: die leicht abfallenden Zeilen, der sanfte rechtsschräge Neigungswinkel, das wiederholte Dünnerwerden der Schriftzüge, das auf ein primitives Schreibgerät, vielleicht eine Feder, hinweist. Überhaupt erscheint die Schrift etwas wackelig, fast ungeübt oder experimentell.

Der ‚Mehrwert' der Handschrift zeigt sich besonders deutlich in der Gegenüberstellung mit der druckschriftlichen Ausgabe einer englischen Übersetzung durch Van Ameyden Van Duym (Abb. 4). Diese Transkription ist gewissermaßen eine zweifache Übersetzung: zum einen vom Niederländischen ins Englische, zum anderen von Handschrift in Druckschrift. Anders als die geradezu ‚unsichtbaren' schwarzen Standardtypen der Schreibmaschine ist die Handschrift kein sekundärer Signifikant, sondern sie ist in emphatischer Weise materiell. Nicht bloß Schrift sondern auch Tinte. Die Röte des Wortes „Karmijnrood" bringt die Schrift doppelt, nämlich zugleich verbal und visuell zum Ausdruck: als ‚schön' geschriebene Handschrift, als Kalligramm im Sinne von sowohl ‚Gramma' (Buchstabe, Einkerbung, Schrift, Zeichen) als auch ‚Kalos' (Schönheit), als eine verzierte, sinnliche Schrift also, deren metonymischer Verweis auf eine schreibende Hand und einen sinnlichen Körper nicht geleugnet werden kann.[19] Diese Schrift informiert die Leserin nicht nur, sondern sie affiziert sie auch. Entgegen der redigierten Druckschrift ist es, als spreche sie nur ‚dich' an – in sanftem Flüsterton, hier und jetzt, in einer deiktischen Begegnung von Ich und Du, dazwischen weder Schreibmaschine noch Editionsapparat.

Während aber die Schrift in ihrer schönen Materialität aufwendig eine Logik der Präsenz entfaltet, wird in ihr paradoxerweise gerade eine Semantik der Ab-

19 Vgl. *Kalligramme* (Anm. 4).

FATALISTIES LIEDJE

Karmynrood
schrift
door geen hand gesteld
ik weet u
oorzaakloos
MANE THEKEL

Abb. 3: Paul van Ostaijen, „Fatalisties liedje"
„FATALISTISCHES LIEDCHEN / Karminrote / schrift / von keiner hand geschrieben / ich weiß dich / ohne ursache / MANE THEKEL"

CRIMSON RED
writing
by no hand composed
I know you
causeless
MENE THEKEL

Abb. 4: Paul van Ostaijen, „Fatalistic Tune"

wesenheit verhandelt, behauptet doch die Schrift von sich, „von keiner hand geschrieben“ und „ohne ursache“ zu sein. Der hier beschriebene Schreibakt gestaltet sich als Handlung eines Dichters, von dem Van Ostaijen fordert, seine erste Aufgabe sei die „Entindividualisierung“. Ein solcher Autor, der zugunsten des Schreibens zurücktritt, wird nicht nur bei Van Ostaijen, sondern generell in moderner Poesie oft proklamiert, nicht zuletzt von Mallarmé, der Roland Barthes zu seinem berühmten *La mort de l'auteur* Anlaß gab.[20] Ähnlich wie Stéphane Mallarmé, Gottfried Benn oder Paul Valéry propagiert auch Van Ostaijen die Autonomie des Kunstwerks. In „Et Voilà. Een inleidend manifest“ heißt es zum Beispiel:

> „Das Kunstwerk ist ein Organismus. *Das Kunstwerk ist ein lebendiges Wesen.* [...] Deshalb ist die Aufgabe des Künstlers: Entindividualisierung. [...] Deshalb muß das Kunstwerk nach dem Gesetz *seiner* Materie und *seines* Geistes determiniert sein und nicht nach den Gesetzen eines fremden Körpers und eines fremden Geistes.“[21]

In *Fatalisties Liedje* wird eine solche sich selbst schreibende, organische Schrift, die ohne Schreiber auskommt, zudem durch die Wörter „MANE THEKEL“ evoziert. Wie ein Fußnotenzeichen verweist diese Zeile die Leser auf jene Stelle im Alten Testament im fünften Kapitel des Buches Daniel, wo die Geschichte vom babylonischen König Belschazzar erzählt wird, dem bei einem Festmahl eine geheimnisvolle Schrift, das Menetekel, erscheint:

> „In derselben Stunde erschienen Finger einer Menschenhand und schrieben gegenüber dem Leuchter etwas auf die weißgetünchte Wand des königlichen Palastes. Der König sah den Rücken der Hand, als sie schrieb. Da erbleichte das Antlitz des Königs; seine Ahnungen erschreckten ihn sehr. Seine Glieder wurden ihm schwach, und ihm schlotterten die Knie.“ (Daniel 5, 5-6)

Die Menetekel-Schrift ist in mehrfacher Hinsicht rätselhaft. Wie von Geisterhand wird sie geschrieben, und sie ist „ohne ursache“, obwohl doch gerade die Handschrift ähnlich wie die Unterschrift im Normalfall als Index fungiert, da sie wie ein Fingerzeig auf den Urheber verweist und gerade dessen Präsenz zum Zeitpunkt des Schreibens markiert. Zudem ist die Schrift, obwohl sie auf weißer Kalktünche und gerade gegenüber dem Leuchter erscheint, also in emphatischer Weise *sichtbar* ist, doch nicht *lesbar*. Sie richtet sich mit Nachdruck an den König, als wolle sie sagen: ‚Siehe hier! Das Zeichen an der Wand!‘ Und doch

---

20 Roland Barthes, „Der Tod des Autors“ (1968), in: Fotis Jannidis, Gerhard Lauer, Matias Martinez und Simone Winko (Hrsg.), *Texte zur Theorie der Autorschaft*, Stuttgart: Reclam 2000, S. 185-198.

21 „Het kunstwerk is een organisme. *Het kunstwerk is een levend wezen.* [...] Daarom is de opgave van de kunstenaar uit: ontindividualisering. [...] Daarom moet het kunstwerk naar de wetten van *zijn* materie en *zijn* geest gedetermineerd zijn en niet naar de wetten van een vreemd lichaam en een vreemde geest.“ Van Ostaijen, „Et Voilà“ (Anm. 9), S. 129; H. d. V.

kann die Schrift nicht *gelesen* werden. Sie dient nicht primär Informationszwecken, sondern setzt sozusagen *ex negativo* einen semiotischen Prozeß in Gang, der gerade das Fehlen des Signifikats zu seinem zentralen Gegenstand macht. Das Drama dieser Leere wird dabei derart theatralisch inszeniert, daß es den Adressaten wörtlich physisch affiziert: Das Antlitz des Königs erbleicht, die Glieder werden ihm schwach und die Knie schlottern ihm. Anders als Druckschrift, die im Normalfall rein einer Ökonomie des Lesens dient, geht es dieser Schrift weniger um Bedeutungsprozesse als um Deixis, um eine Hier-und-Jetzt-Origo, die ihre leeren Signifikanten mit Nachdruck an eine zweite Person, vom ‚ich' weg und hin zum ‚du' richtet.[22] Der Körper des Autors tritt zugunsten des Körpers des Lesers zurück, wie eben Schreibpraktiken und mit ihnen ihre Poetologien nie ganz unabhängig von den Lesepraktiken gedacht werden können, die sie nach sich ziehen, verliert sich doch der Schreiber in der Spur des Schreibens und ist immer schon, *déjà*, im Aufschub begriffen.

In Daniel 5 wird das Rätsel der Menetekel-Schrift final gelöst. Geschrieben steht, wie der Prophet die Schrift zu entziffern vermag:

> „Und dies ist die Bedeutung der Worte: Mene: gezählt hat Gott dein Königtum und macht ihm ein Ende. Tekel: gewogen wurdest du auf der Waage und zu leicht befunden. Parsin: geteilt wird dein Reich und den Medern und Persern übergeben. [Und nachdem Daniel gesprochen hatte,] befahl Belschazzar, Daniel in Purpur zu kleiden und ihm eine goldene Kette um den Hals zu legen, und er ließ verkünden, daß Daniel als der Dritte im Reich herrschen sollte." (Daniel 5, 25-28)

Somit führt Daniel die Schrift an der Wand einer göttlichen Teleologie zu, wobei die körperliche *Ab*wesenheit des schreibenden Subjekts zum Zeichen für die *An*wesenheit Gottes wird.

Dieses Beharren auf einen ursprünglichen Ursprung, dessen Anwesenheit dann aber im Abwesenden, dessen Lesbarkeit im Unlesbaren anzusiedeln ist, ist auch in Van Ostaijens Gedicht kaum zu übersehen. Anders als bei Daniel ist der Ursprung des Wortes aber nicht in der anfänglichen Etymologie eines Alpha und Omega angelegt, sondern Van Ostaijen treibt mit dieser Etymologie gerade ein böses Spiel, und zwar mit den ihr eigenen philologischen Mitteln. Zu Van Ostaijens poetologischem Programm zählt nämlich auch, daß er anstelle der damaligen offiziellen Orthographie von ‚De Vries en te Winkel' der sogenannten *spelling Kollewijn* (1903) folgt. Diese alternative Orthographie zeichnet sich im

22 Vgl. die Bühlersche „Ich-jetzt-hier-Origo" (1934) oder Mieke Bal, „Das Subjekt der Kulturanalyse", in: dies., *Kulturanalyse*, herausgegeben von Thomas Fechner-Smarsly und Verf., Frankfurt am Main: Suhrkamp 2002, S. 28-43. Die Geste des Zeigens begreift Bal in Anlehnung an Benveniste als zentrale Operation kulturellen Bedeutens. Am Modell der Sprechakttheorie führt Bal den Begriff des ‚expositorischen Diskurses' aus, indem sie dafür argumentiert, daß die Aufgabe der Kulturanalyse darin bestehe, die Autorität der Aussage nicht ausschließlich bei der ersten Person, dem Subjekt der Artikulation, zu belassen, sondern auch der zweiten Person, also dem ‚du', an das sich der Sprechakt wendet, und der dritten Person, dem gezeigten, vormals ‚stummen' Gegenstand, eine Stimme zu verleihen und somit ‚doppelte Expositionen' zu erzeugen.

wesentlichen dadurch aus, daß „die [...] Aussprache in den Vordergrund [tritt], während die Etymologie verschwindet".[23] Zum Beispiel soll der Laut [k] nicht mit dem Buchstaben ‚c' sondern mit ‚k' wiedergegeben werden, der Laut [f] nicht mit ‚ph' sondern mit ‚f', der Laut [r] nicht mit ‚rh' sondern mit ‚r', und das stimmlose [s] nicht mit ‚sch', sondern mit ‚s'. Auffälliger für die heutigen Leser ist die Schreibweise der Suffixe ‚-lijk' als ‚-lik', oder ‚-isch' als ‚-ies' wie hier im Titel des Gedichts im Fall von „fatalisties".[24]

In *Kalligramme* habe ich argumentiert, daß die *spelling Kollewijn* ein Gegensystem gegen die offizielle Rechtschreibung darstellte. Aus diesem Grund bediente sich die damalige literarische Avant-Garde bevorzugt dieser neuen subversiven Schreibweise. Neben Van Ostaijen gebrauchten auch andere Antwerpener Künstler wie zum Beispiel Gaston Burssens, Jos Léonard, Victor Brunclair, Eugène de Bock, Michel Seuphor alias Fernand Berckelaers und Geert Pijnenburg alias Geert Grub, die sich selbst als avantgardistisch verstanden, die *spelling Kollewijn*. Damit bezweckten sie, von der Tradition zu divergieren und eine neue Sprache mit einer neuen Äußerlichkeit zu begründen. Die *spelling Kollewijn* prägt nicht nur die Sprache einer neuen Literatur, sie ist auch die Sprache von kulturpolitischen Pamphleten und Manifesten, institutionalisiert von Zeitschriften wie *Staatsgevaarlik* (1918), *Ruimte* (1920-1921) und *Het Overzicht* (1921-1925).

Wer sich damals als Künstler für die *spelling Kollewijn* entschied, wählte eine besondere Stimme, eine andere Redeweise, sie oder er wollte sich einschreiben in einen avantgardistischen Diskurs und auf internationaler Basis Anschluss an die Kulturrevolution suchen, die Expressionismus und Futurismus, Dadaismus und Surrealismus darstellten. Die *spelling Kollewijn* in *De feesten* ist mehr als bloße Orthographie, sie ist eine *écriture*, eine Schreibweise, die, so Barthes „nicht mehr nur etwas mitteilen oder ausdrücken, sondern darüber hinaus ein außerhalb des Mitgeteilten Liegendes bedeuten will, das zugleich das geschichtliche Geschehen ist und der Anteil, den man daran nimmt."[25]

Als eine auch vor dem Hintergrund der alternativen Konvention der *spelling Kollewijn* wirklich außergewöhnliche Regelüberschreitung erscheint in *Fatalisties Liedje* dann aber die seltsame Schreibweise von „MANE THEKEL". Entgegen der damals wie heute ‚offiziellen' niederländischen Schreibweise steht hier nicht „menetekel" sondern „MANE THEKEL", in zwei eigenständigen Wörtern, „MANE" mit *a* anstatt mit *e* und „THEKEL" mit *th* geschrieben. Diese Fehlschreibung verwischt nicht – wie Kollewijn gefordert hatte – die Etymolo-

---

23 „de [...] uitspraak naar de voorgrond [treedt], terwijl de etymologie van het toneel verdwijnt". Roeland Anthonie Kollewijn, „Over spelling en verbuiging" (1893), in: ders., *Opstellen over spelling en verbuiging. Derde druk met een woord vooraf van C.G.N. De Vooys*, Groningen: Wolters 1916, S. 19-30, hier S. 22.

24 Roeland Anthonie Kollewijn, „Regels van de vereenvoudigde spelling", in: ders., *Opstellen over spelling en verbuiging* (Anm. 23), S. 204-205.

25 Roland Barthes, *Am Nullpunkt der Literatur* (1953), aus dem Französischen von Helmut Scheffel, Frankfurt a.M.: Suhrkamp 1982, S. 7. Vgl. Verf., *Kalligramme* (Anm. 4), S. 148-149.

gie, sondern fügt sie dem Wort nachträglich hinzu. Diese Hyperkorrektur stürzt den Leser in philologische Turbulenzen. Denn folgen wir der Fährte dieses „THEKEL“ mit „th“, so lenkt diese Schreibweise aus etymologischer Sicht von seiner biblischen Quelle ab, da sie anstatt des tatsächlichen aramäischen Ursprungs eher einen griechischen nahelegt, wie in Apo*th*eke oder Hypo*th*ek. Obwohl „THEKEL“ unmißverständlich einen kodifizierten Suffix-Charakter andeutet, muß doch jeder Versuch einer Lektüre ins Leere führen, denn für „THEKEL“ ist keine plausible Stammform verfügbar – es ist „ohne Ursprung“.

„MANE“ dagegen erinnert an das lateinische *manus*, „Hand“. Während also die Schrift auf der einen Seite darum bemüht ist, die schreibende Hand zu tilgen, ruft sie diese zugleich durch ein der *écriture* eigenes Spiel, nämlich durch die Vertauschung von e und a, quasi durch die Hintertür, wieder herein. Genaugenommen ist diese Vertauschung als Different im Derridaschen Sinne dann aber apokryph, nicht nur, weil er sowohl in der Schrift als auch in der Rede vernehmbar ist, sondern vor allem auch deshalb, weil es im Lateinischen eine Flexionsform ‚man*e*‘ für ‚manus‘ nicht gibt.[26] ‚Manus‘ wird nämlich nicht nach der dritten (wie corpus, Ablativ: ‚corpor*e*‘), sondern nach der vierten oder *us*-Deklination (wie ‚passus‘) gebeugt. Führen die Leser „MANE“ dennoch auf diesen lateinischen Ursprung zurück und interpretieren die *Fehl*schreibung als Schreibung, können sie „MANE“ als zusätzliche Artikulation von ‚Hand‘ lesen, so daß MANE zum somatischen Zeichen für das körperliche Vor*handen*sein des Autors im Akt des Schreibens wird.[27] Zugleich aber unterminiert „MANE“ in seiner apokryphen Schreibweise jeglichen Ansatz einer Präsenz, sobald es – falsch – ausgesprochen ist.

In der englischen Übersetzung sind sämtliche orthographische Auffälligkeiten normalisiert, die avantgardistische *écriture* der *spelling Kollewijn* wie die apokryphe Schreibweise von „MANE THEKEL“, und mit der Korrektur von a zu e ist auch die Doppellogik der Hand aus der Schrift eskamotiert worden. Überhaupt scheitert das wunderbare Handspiel einer sich in der Präsenz der Hand-

---

26 Aus philologischer Sicht ist hier ergänzend anzumerken, daß ‚mane‘ im Lateinischen sehr wohl auch korrekt vorkommen kann, nämlich als Substantiv oder Adverb (‚der Morgen‘, ‚morgens‘) oder als Derivat von ‚manere‘, ‚bleiben‘, ‚verweilen‘. Letztere Lesart (‚mane!‘ ‚bleibe!‘) erscheint gerade in Hinblick auf eine Schrift interessant, die im Verschwinden begriffen ist. Ich danke Sandro Zanetti für diesen bedenkenswerten Hinweis, den ich nicht deshalb mit Begeisterung aufnehme, um die ‚korrekten‘ philologischen Lesarten der apokryphen Interpretation vorzuziehen, sondern um gerade die Möglichkeit zusätzlicher Lektürepfade mitzubedenken. Diese Barthessche „Lust am Text“ droht allerdings zu erlischen, wenn man mit Borgers betont, daß Van Ostaijen ein ausgesprochen schlechter Schüler war, von zwei Gymnasien verwiesen worden ist und keinen ordentlichen Schulabschluß hatte (Borgers, *Paul van Ostaijen*, Anm. 3, S. 35-61), so daß seine Lateinkenntnisse gerade bis zur standardmäßigen ersten und nicht bis zur selteneren dritten Deklination gereicht haben mögen. Die Strategie dieser Lesart besteht in erster Linie darin, Van Ostaijens Divergenz von der lateinischen Schulgrammatik zu normalisieren und so die Fehlerschreibszene an einem vermeintlich sicheren Ort, der Dichterbiographie, einzufrieren. Vgl. hierzu Verf., *Kalligramme* (Anm. 4), S. 145.

27 Vgl. hierzu Harold Bloom, *Eine Topographie des Fehllesens* (1975), aus dem Englischen von Isabella Mayr, Frankfurt am Main: Suhrkamp 1997.

schrift vollziehenden Abwesenheit, wenn es auf das Spielfeld der maschinellen Schrift verlagert wird, behauptet doch die Schreibmaschine von jeher eine Trennung von Körper und Schrift, von Hand und Papier. Übrig bleiben nichts als „tote Buchstaben".[28] Typographie erscheint hier als Editionsfehler, und die ‚Aura' der Handschrift im Sinne von Benjamin als grundsätzlich unübersetzbar.

Van Ostaijen hat aber nicht nur mit der Hand geschrieben. Und, so möchte ich behaupten, der „kleidende Frack" seiner rhythmischen Typographie rekurriert auch nicht nur auf die Gestaltungspraktiken der Handschreibgeräte. Beim programmatischen Schreiben hat, wie ich im folgenden an einem weiteren Beispiel zeigen möchte, gelegentlich auch die Schreibmaschine ihre Finger im Spiel.

Handspiel mit Schreibmaschine

Im *Archief en Museum voor het Vlaamse Cultuurleven* (AMVC) in Antwerpen, das es auch im deutschsprachigen Raum zu einiger Berühmtheit gebracht hat, weil darin die frühen, diskreditierenden Schriften von Paul de Man beherbergt und entdeckt wurden,[29] befindet sich der größte Teil des Manuskriptnachlasses von Paul van Ostaijen, darunter ein zweiseitiges Typoskript, datiert auf den „20 november und 2 desember 18" (Abb. 5). Hierbei handelt es sich um einen maschinenschriftlichen Entwurf des Gedichts *Maskers*, dessen handschriftliche Endfassung ebenfalls in *De feesten van angst en pijn* aufgenommen worden ist (Abb. 6).

Nebeneinander betrachtet legen diese Dokumente eine Textgenese nahe, wonach Van Ostaijen das Gedicht zunächst mit der Schreibmaschine entworfen und dann handschriftlich in eine Endfassung übertragen hat, von der anzunehmen ist, daß sie ihrerseits Oskar Jespers als Vorlage für den rhythmisch-typographischen Satz dienen sollte. Bei genauem Hinsehen zeigt sich, daß zwischen dem Schreiben mit der Schreibmaschine und der manuellen Transkription offenbar noch eine weitere Schreibszene stattgefunden hat, die im Typoskript Spuren in Form von handschriftlichen Bleistiftkorrekturen hinterlassen hat.

Hier werden die Operationen eines Dichters beobachtbar, der zugleich als Autor und als Leser auftritt. Jede Unterstreichung im Typoskript zeugt sowohl

---

28 Den Begriff der „toten Buchstaben" leihe ich mir von Martin Stingelin, der damit auf jenes Diktum rekurriert, das um 1900 den Gebrauch der Schreibmaschine für das Verfassen von Briefen und Gedichten als ungeeignet qualifiziert, da diese „Buchstaben ohne Wärme, ohne Leben, ohne Bewegung" erzeuge. Vgl. Martin Stingelin, „Kugeläußerungen. Nietzsches Spiel auf der Schreibmaschine", in: Hans Ulrich Gumbrecht und Karl Ludwig Pfeiffer (Hrsg.), *Materialität der Kommunikation*, Frankfurt am Main: Suhrkamp 1988, S. 326-341, hier S. 326-327. Dieses Diktum hat im übrigen die Schreibmaschine um einiges überlebt; siehe Verf., José van Dijck und Eric Ketelaar, „Introduction" (Manuskript 2005), in: dies. (Hrsg.), *Sign here! Handwriting in the Age of Technical Reproduction*, Amsterdam: Amsterdam University Press, in Vorbereitung.

29 Ortwin de Graef, „Aspects of the Context of Paul de Man's Earliest Publications, followed by Notes on Paul de Man's Flemish Writings", in: *Wartime Journalism 1939-1943*, herausgegeben von Werner Hamacher, Neil Hertz und Thomas Keenan, Lincoln/London 1988, S. 96-126.

DE MASKERS. aan Paul [illegible]

1 Blijft nauwelike kracht de witte o de witte november
de arme huizen te baren wit is de vloed
-sneeuw- van het barensbloed.
Bleekblauw zijn de kinderen en rood hun hoofd
5 in [illegible]esnikte sneeuw doffe tranen van de nacht
werden de pasgeborenen gewassen.
Licht gaf de maan die nog dom daarom lacht.

In de novembermiddag sterven kinderen
worden gelegd in een zwakke zerk van wit
10 gratis geeft de zon het arme-mense-licht dat zijn moet
bij zulke dwaze dodestoet
worden begraven in arme huizen zonder [illegible]
een na een. Als alle begraven zijn dan is
xxxxxxxxxx het om vijf reeds duisternis.

15 In de novembernacht is het sabbat

sabbat van al deze witte kindertjes
geraamten knarsen en breken het krijt
hebben hun schamele schaduw op huizen neergeleid
geraamten van witte o zo'n witte kindekes
20 dragen grote rode maskers die knikken en lachen
knikken en lachen door de vieke schachten van de zwakke maneschijn.

Geruisloze bevruchting viel op de witte sneeuw
werden de kindertjes geboren dragen het masker een lijdenseeuw
zonder geluid was hun geboorte en zo is hun dans
25 gedragen op de golven van de lichtende stad fosforescente kadans
hun stappen zijn witte voeten op de witte sneeuw daartussen het blauwe licht
zijn alle bedronken en tuimelen xxxxx allen van dak tot dak op hun hoofd

als er een bloedt is het wit net als er een weent maar allen danselen voort.

Ken die moeder werd heeft haar even schreiend leven in de sneeuw gesmoord
de volgende stak zijn vader een gloeiend mes in het oog
dat voortsprong op het wanzin witte dak
maar de vader lacht getroost om zulke burleske moord
de laatste van de bende sloopt Kristus bij de voeten
die naakt op de sneeuw zal boeten moeten
dan lachen de kindertjes nemen morphium en spelen baccarat
tot hun sneeuwwitte blankheid in de kinderblanke sneeuw vergaat.

30 november en 2 december 18.

Abb. 5: Paul van Ostaijen, „De Maskers“, Typoskript (1918)

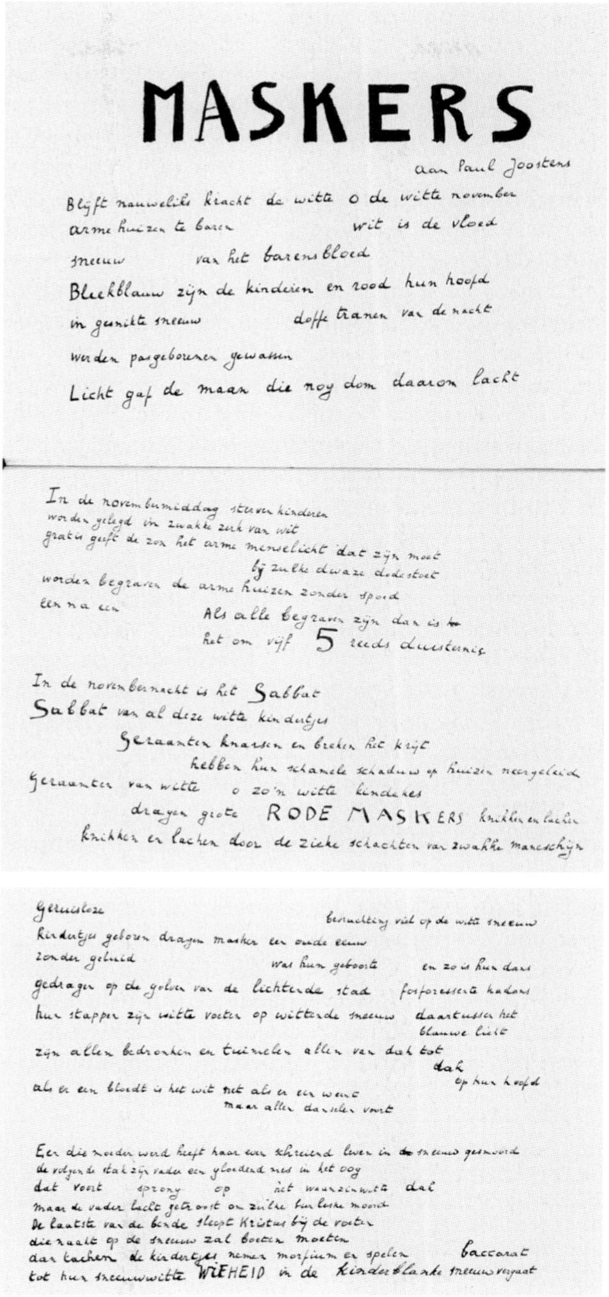

MASKERS

aan Paul Joostens

Blijft nauwelijks kracht de witte o de witte november
arme huizen te baren wit is de vloed
sneeuw van het barensbloed
Bleekblauw zijn de kinderen en rood hun hoofd
in geknikte sneeuw doffe tranen van de nacht
worden pasgeborenen gewassen
Licht gaf de maan die nog dom daarom lacht

In de novembermiddag sterven kinderen
worden gelegd in zwakke zerk van wit
gratis geeft de zon het arme menselicht dat zijn moet
bij zulke dwaze dodestoet
worden begraven de arme huizen zonder spoed
een na een
Als alle begraven zijn dan is
het om vijf 5 reeds duisternis

In de novembernacht is het Sabbat
Sabbat van al deze witte kindutjes
Geraamten knarsen en breken het krijt
hebben hun schamele schaduw op huizen neergeleid
Geraamten van witte o zo'n witte kindekes
dragen grote RODE MASKERS knikken en lachen
knikken en lachen door de zieke schachten van zwakke maneschijn

Geruisloze
bevruchting viel op de witte sneeuw
kindutjes geboren dragen masker een oude eeuw
zonder geluid
was hun geboorte en zo is hun dans
gedragen op de golven van de lichtende stad fosforescente kadans
hun stappen zijn witte voeten op wittende sneeuw daartussen het
blauwe licht
zijn allen bedronken en tuimelen allen van dak tot
dak
op hun hoofd
als er een bloedt is het wit net als er een weent
maar allen dansen voort

Een die moeder werd heeft haar een schreiend leven in sneeuw gesmoord
de volgende stak zijn vader een gloeiend mes in het oog
dat voort sprong op het waanzinwitte dal
maar de vader lacht getroost om zulke bunleske moord
De laatste van de bende sleept Kristus bij de voeten
die naakt op de sneeuw zal boeten moeten
dan lachen de kindertjes nemen morfium en spelen baccarat
tot hun sneeuwwitte WITHEID in de kinderblanke sneeuw vergaat

Abb. 6: Paul van Ostaijen, „Maskers“, in: *De feesten van angst en pijn* (1918-1921)

von einem Akt des Lesens im Sinne von Korrekturlesen als auch von einem Akt des Schreibens im Sinne von Neu-Schreiben. Diese Schreibpraktik modelliert sich nach einer Systematik, wobei das Vorher des Schreibens kongruiert mit dem Nachher des Lesens im Sinne von Zuhören, Sich-selbst-Lesen und -Verbessern. Zwei Zeitebenen gleiten hier ineinander und mit ihnen zwei schreibinstrumentalische Praktiken. Hervor tritt ein autoreflexives System des Sich-Lesens/Schreibens, das jenem Akt gleicht, den Derrida als „s'entendre parler" bezeichnet hat: sich-sprechen-hören.[30] Im logozentristischen Denken wird die Stimme im Akt des Sprechens nicht als etwas Äußerliches begriffen, das zuerst gehört und danach verstanden wird, sondern Hören und Verstehen sind zwei Seiten derselben Operation. Während in der Schrift – die oben diskutierte Lektüre der Menetekel-Schrift veranschaulicht dies sehr schön – eine Trennung zwischen Sehen und Verstehen möglich ist, scheinen im Moment des Sprechens der Signifikant der Rede und das Signifikat eine untrennbare Einheit zu bilden. „In nächster Nähe zu sich selbst vernimmt sich die Stimme [...] als völlige Auslöschung des Signifikanten: sie ist reine Selbstaffektion",[31] so gibt Derrida die Heideggersche Position des Denkens als „Gehorsam der Stimme des Seins" wieder.[32] Und genau diese Einheit liegt auch in der Schreibszene des Korrekturlesens nahe, denn die in der Schriftvorlage geborgene Stimme des Dichters wird im Akt des Neuschreibens mitvergegenwärtigt. Und obwohl die Stimme also vorgibt, eine hermetische Einheit von materiellem Zeichen und bezeichneter Bedeutung oder von Innen und Außen zu beschließen, so argumentiert Derrida, ist sie doch *immer schon* von der Differenz gespalten. In gleicher Weise können auch weder Stilus noch Schreibmaschine innerhalb von in sich geschlossenen Szenarien gedacht werden, nicht zuletzt, weil das selbstbezügliche maschinelle Sich-Vertippen erst nachträglich durch die handschriftliche Korrektur *mani*fest wird.

Der Konnex von mechanischen und manuellen Schreibverfahren ist so alt wie die Mechanisierung der Schreibhandlung. Von ihrer Geburtsstunde in der Frühen Neuzeit an kam die Kunst der beweglichen Lettern ohne handschriftliches Kolorieren und Korrigieren nicht aus. Und auch bei der Schreibmaschine und über sie hinaus bis in die Gegenwart der digitalen Schreibweisen hat die Handschrift ihre Autorität als Instrument der Zensur behaupten können.

An Van Ostaijens Korrekturpraktik erscheint allerdings ungewöhnlich, daß die Korrektur den Text nicht wirklich ‚verbessert'. Beim direkten Vergleich bei-

---

30 Vgl. hierzu auch Jacques Derrida, *Die Stimme und das Phänomen. Einführung in das Problem des Zeichens in der Phänomenologie Husserls* (1967), aus dem Französischen von Hans-Dieter Gondek. Frankfurt am Main: Suhrkamp 2003. Die Literatur zum Verhältnis von Stimme und Schrift ist schier unendlich, vgl. etwa Bettine Menke, *Prosopopoiia: Stimme und Text bei Brentano, Hoffmann, Kleist und Kafka*, München: Wilhelm Fink 2000.

31 Derrida, *Grammatologie* (Anm. 8), S. 38.

32 Martin Heidegger, „Nachwort" (1943), in: ders., *Was ist Metaphysik* (1929), Frankfurt am Main: Vittorio Klostermann [9]1965, S. 43-51, hier S. 50, zitiert nach Derrida, *Grammatologie* (Anm. 8), S. 38.

der Dokumente fällt auf, daß grammatikalische Kategorien wie Interpunktion und Artikel, Funktionswörter, ein Relativpronomen und ein finites Verb unterstrichen und in der handschriftlichen Fassung dann verändert oder weggelassen worden sind. Insgesamt zeichnet sich ein Schreibprozeß ab, in dem Van Ostaijen das Gedicht zunächst mit relativ intakter Grammatik maschinenschriftlich entworfen und erst bei der handschriftlichen Transkription sprachlich deformiert hat.

Für klassische Textgenetiker wie Mukařovský ist die Analyse der Varianten für die Stilistik ein

> „wirksames Mittel bei der Suche nach den Strukturprinzipien [...], die den *Stil eines Dichters* bestimmen. Denn in den Verbesserungen und Veränderungen im Text kommen diese Prinzipien [...] viel deutlicher zum Ausdruck als im fertigen, abgeschlossenen Werk, wo sie sich in latentem und statischem Zustand befinden."[33]

Aus literaturhistorischer Sicht erweist sich der individuelle ‚Stil/us' des Dichters allerdings eher als modische Stilkonvention einer Epoche, findet er doch nicht nur orthographisch eine Entsprechung in der alternativen *spelling Kollewijn*, sondern folgt zudem von der Grammatik her dem in den einschlägigen Manifesten vorprogrammierten poetologischen Imperativ der Berliner Wortkunstvertreter des *Sturm*-Kreises um Herwarth und Nell Walden, allen voran August Stramm und Lothar Schreyer.[34] ‚Konzentration' und ‚Dezentration' lauten ihre Zauberwörter. Zur „Konzentration des Inhalts und der Gestalt" empfiehlt Schreyer neben der Tilgung der Artikel auch „das Auslassen der Präposition, der Kopula und die transitive Verwendung intransitiver Verben".[35] Entgegen dem selbstbezüglichen System des *s'entendre parler* mischt sich in Van Ostaijens Praktik der Korrektur ‚von Hand' demnach nicht die eigene, sondern eine fremde Stimme ein.

Was auf den ersten Blick aussehen mag wie der ‚Stil des Dichters', erweist sich bei genauem Hinsehen als hochkodierte Sprechweise. Dieses programmatische oder ‚allographische' Schreiben bedient sich aber wiederum nicht der Schreibmaschine, obwohl diese für die Verfertigung einer ‚vorgestanzten Schriftart' von ‚wiederholbaren Typen' gerade prädestiniert erscheint. Stattdessen wird der von der Schreibmaschine gefertigte ‚Typos' des Dichters mit dem Bleistift ‚ausradiert' und schließlich in der schönen Schrift mit dem Füller – wörtlich – ins Reine geschrieben. Der Stilus kann beides, sein keilförmiger Stil

---

33 Jan Mukařovský, „Varianten und Stilistik", in: *Poetica* 2 (1968), S. 399-403, hier S. 403; H. d. V.

34 Van Ostaijen bezeichnet Stramm als „de grootste ontdekking van het expressionisme, [...] de hernieuwer van de Germaanse poëzie" („die größte Entdeckung des Expressionismus, [...] den Erneuerer der Germanischen Poesie"). Van Ostaijen, „Karel van de Oever", in: ders., *Verzameld werk* (Anm. 1), S. 299-302, hier S. 301.

35 Lothar Schreyer, „Expressionistische Dichtung" (1918), in: Paul Pörtner, *Literatur-Revolution 1910-1925. Dokumente Manifeste Programme I. Zur Aesthetik und Poetik*, Neuwied am Rhein, Berlin: Luchterhand 1960, S. 436-443, hier S. 439 f.

dient zum Einritzen der Buchstaben in die Wachstafel, umgedreht (‚vertere stilum') ist er mit einer Art Spachtel ausgestattet, mit dem die weiche Schreiboberfläche wieder glatt gezogen werden kann.[36]

Van Ostaijens Stilo ist zwar einerseits bemüht, mit der grammatischen Wohlgeformtheit auch den individuellen Charakter glattzuziehen, zugleich bringt er aber eine neue, ganz andere Idiosynkrasie ins Spiel. Nicht in Schwarz oder Blau, den Default-Farben für Schrift, wird geschrieben, sondern mit lila Tinte. Während im Typoskript ein regelmäßiger linearer Textfluß eine Einteilung in Zeilen und Strophen erkennbar macht, fallen im Manuskript wiederholt große weiße Leerräume auf, die die syntaktischen Lücken visualisieren. Die Großschreibung von „RODE MASKERS" und „WITTE" ist auch nicht grammatikalisch motiviert, sondern sie dient einzig der optischen Gestaltung. Das Schriftbild der rhythmischen Typographie mit ihren „klimmenden und steigenden Zeilen, den mageren und fetten Buchstaben, den Kaskaden der über das Blatt fallenden Wörter" wird eben nicht mit der Maschine erzeugt, sondern mit der Hand, der zeichnenden Hand, die den Bereich des Visuellen ungleich viel ausgefeilter zu „rhythmisieren" vermag als die sture Schreibmaschine. Insgesamt verhalten sich Verbalität und Visualität umgekehrt proportional zueinander: Je weniger Halt die Schrift in ihrer grammatikalischen Dimension bietet, umso emphatischer tritt ihr Bild in den Vordergrund.

Nachspiel

Soweit meine Analyse von Van Ostaijens Handspielen, eines mit Stil/us, das andere mit der Schreibmaschine. Anders als der Prophet Daniel habe ich das Rätsel der schreibenden Hand nicht endgültig lösen können. Im Gegenteil habe ich über Van Ostaijens Schreibpraktiken nichts als Doppellogiken ans Licht gebracht. Denn während im Normalfall Handschrift als Unikat und Typenschrift als Multiplikat fungiert, legen die von mir diskutierten Schriftbeispiele verstricktere Verhältnisse nahe. Wenngleich der Setzkasten von Schreibmaschine und Druckerpresse auf die Wiederholbarkeit identischer Abdrucke angelegt ist, so ist doch das Typoskript von *Maskers* eher ein Unikat als das Manuskript, das die maschinelle Schreibszene nach sich zog, da dieses als Faksimile gedruckt und als Buch publiziert ist. Das Typoskript dagegen erweist sich als einzigartiges, im Archiv aufbewahrtes, authentisches Original, das nicht reproduziert werden kann, ohne dabei Gefahr zu laufen, sich dem Vorwurf der Fälschung auszusetzen. Zudem ist das Typoskript historisch ursprünglicher und aufgrund seines Entwurfcharakters eher ein autographisches Schriftstück als die *gedruckten*

36 Wolfgang Ernst, „Mit dem Gespür des Stil(ett)s: Klio in den Spuren von Atlantis (Historiograffiti)", in: Hans Ulrich Gumbrecht und Karl Ludwig Pfeiffer (Hrsg.), *Stil. Geschichten und Funktionen eines kulturwissenschaftlichen Diskurselements*, Frankfurt am Main: Suhrkamp, S. 15-30, hier S. 18.

Faksimiles der Handschrift, deren Autographiecharakter nicht mehr auf die kulturelle Funktion einer historisch ursprünglichen und authentischen Unikatizität zurückgeführt werden kann. Anders gesagt: Van Ostaijens Stilo liefert eine Schrift, die sowohl unverwechselbare, einzigartige und fälschbare Autographie als auch reproduzierbare ‚buchstabierbare' Allographie ist. Und seine Schreibmaschine erzeugt Dokumente, die zugleich allographisch und autographisch fungieren.

Hinzu kommt, daß die rhythmische Typographie mit ihrem eigenwilligen Schriftbild entgegen mancher ‚schönen' Handschrift eine derart unverwechselbare persönliche Hieroglyphe liefert, daß sich der ‚Charakter', den Van Ostaijen gerade zu ‚entindividualisieren' versucht, in einer neuen, mechanisierten Form wieder in das Gedicht einschleicht – wie ein Ball, der ins eigene Tor gespielt wird. Und doch vollzieht sich das Drama des szenischen Schreibens nicht am vermeintlich sicheren Ort der Dichterbiographie im Sinne eines authentischen, absolut unwiederholbaren, singulären ‚Ich-wurde-geboren'. Denn in ihrer theatralen Dimension ist die *Hand*lung der Schreibszene, so sehr sie in ihrer Einzigartigkeit auf die individuelle *persona* des Dichters verweisen mag, wie die Unterschrift doch immer auch ein zitierbares oder wiederholbares Ereignis.[37] Auf der Bühne des Theaters der Poesie erzeugt sie eine Schrift, die immer zugleich Original und Abdruck ist. Van Ostaijens mechanisches Schreiben ist eben nicht final „stillos", und sein Handspiel immer auch durchdrungen von der Type eines vorgefertigten Schreibapparats.

37 Vgl. Jacques Derrida, „Signatur Ereignis Kontext" in: ders., *Limited Inc*, herausgegeben von Peter Engelmann, aus dem Französischen von Werner Rappl unter Mitarbeit von Dagmar Travner, Wien: Passagen 2001, S. 15-45. Der Performativitätsbegriff hat seine erste Hochkonjunktur in der Ethnologie des 19. Jahrhunderts und dient von da an der Beschreibung von singulären Ereignissen wie Riten, Festen, Theater- und anderen Aufführungen, also kulturellen Szenen, die mit einem traditionellen Textbegriff nicht adäquat zu erfassen sind. Eine Neudefinition erfährt der Begriff bei John L. Austin, der die Kategorie sogenannter performativer Verben zur Bestimmung eines spezifischen Typs von Sprechakten prägt, die im Moment ihrer Artikulation zugleich eine Handlung vollziehen. Vgl. John L. Austin, *Zur Theorie der Sprechakte* (1962), deutsche Bearbeitung von Eike von Savigny, Stuttgart: Reclam 1979. Dem Ereignis-Charakter des Performativitätsbegriffs hat Jacques Derrida in seinem legendären „Signatur Ereignis Kontext" die paradoxe Idee einer iterablen Singularität abgewonnen, indem er am Beispiel der Signatur auf die Zitierbarkeit oder die Wiederholbarkeit des einzigartigen Ereignisses insistiert. Die Betonung, daß eine so gedachte Wiederholung nicht nur Similarität sondern auch Differenz im Sinne einer Möglichkeit des Bruchs erzeugt, halte ich auch für eine Annäherung an den Begriff der Schreibszene für unerläßlich.

Hubert Thüring

„... denn das Schreiben ist doch gerade das Gegenteil von Leben“ Friedrich Glauser schreibt um die Existenz

Seit der Erfindung des freien Schriftstellers in der zweiten Hälfte des 18. Jahrhunderts schieben sich Schreiben und Leben zum einen aufgrund der Emanzipation des Bürgertums, zum anderen aufgrund der gesteigerten Technisierung und Ökonomisierung des Schreibakts und der Publikationsmöglichkeiten von Texten immer mehr ineinander. Schreiben wird zur existentiellen Ausdrucksform und soll zugleich der ökonomischen Sicherung der Existenz dienen. In Abgrenzung von Konkurrenzmedien und trotz der technisch-medialen Ablösung der Schrift von der analogischen Körperbewegung schon im Schreibakt selbst, wie das mit der Schreibmaschine geschieht, bleibt das Schreiben die der individuellen Existenz angemessenste Ausdrucksform, erscheint gar als organische Existenzform des Lebens selbst.

Das wäre eine These, die auf einer abstrakten und idealisierten Norm beruht. Denkt man sie in eine bestimmte Richtung weiter, so läßt sie sich auch in eine Gegenthese drehen: Je enger Schreiben und Leben miteinander verflochten sind, desto prekärer muß der Schreibende auch die unvermeidlichen Stockungen in jenem Prozeß empfinden, der Schreiben und Leben zur organischen Existenzform verschmelzen soll. Unvermeidlich sind diese Stockungen deshalb, weil die Existenz des modernen Schriftstellers auch aus unzähligen anderen Verrichtungen besteht, gerade und in gesteigertem Maß diejenige Schriftstellerexistenz, die auf den ökonomischen Ertrag des Schreibens zum Lebensunterhalt angewiesen ist und diesen mangels Erfolg nicht zu erwirtschaften vermag. Oder dann müßte er so viel schreiben, daß es ihm auch an Lese- und Lebenserfahrungen gebricht, die den Stoff des Schreibens abgeben könnten. Hier drohen Schreiben und Leben unendlich auseinander zu driften und die Existenz aufzuzehren.

Es erstaunt daher nicht, wenn genau diese Probleme der Organisation von Schreiben und Leben samt psychologischer Auslotung zum dominierenden Stoff des Schreibens werden, der die handlungsorientierten Erzählungen in den Hintergrund drängt. Auf diese Weise, das heißt im selbstreferentiellen oder intransitiven Schreiben, das die moderne Literatur kennzeichnet, findet das Ideal einer Leben und Schreiben organisch verschmelzenden Existenzform eine sekundäre, punktuelle und prekäre Erfüllung. Und man sieht, daß die These einer Verschmelzung von Schreiben und Leben und die Gegenthese eines unendlichen Auseinanderdriftens eigentlich als Oszillation einer doppelten Bewegung betrachtet werden müssen, welche die Dynamik des modernen Schreibens beschreibt.

Diese ist vor allem unter drei Aspekten theoretisiert worden: zum einen unter dem semiologischen Aspekt der *écriture* als eine Bewegung, die den Abstand zwischen *langue* und *parole* durch eine permanente Signifikanz unterläuft und sich nicht von der körperlichen Geste löst;[1] zum anderen unter dem technisch-medialen Aspekt der historischen Medienkonkurrenz, die das Schreiben dazu zwingt, sich auf sich selbst zurückzubeugen und seine mediale Exklusivität zu erweisen;[2] und drittens unter dem Aspekt einer Textgenese, die den Text- und Werkbegriff in demjenigen des Prozesses auflöst.[3]

Die bereits skizzierte Verschiebung oder Wendung ins Existentielle ist nötig, wenn man über das Schreiben von Friedrich Glauser sprechen will. In einem ersten Teil möchte ich mich Glausers Schreiben von der hier exponierten Seite der subjektiven Schreibbedingungen in drei Schritten unter dem lebenspraktischen und institutionellen (I.1.), dem technisch-materiellen (I.2.) und dem poetologischen Aspekt (I.3.) nähern. Das ist es, was es zunächst unter ‚Existentiellem' zu verstehen gilt. Für den zweiten Teil ist dann eine weitere Verschiebung vorzunehmen, nämlich von den subjektiven Bedingungen des Schreibens zum Inhalt des Schreibens, das heißt zu den erzählten Geschichten und den darin vom Schreiben erfaßten und dadurch gewissermaßen objektivierten Subjekten. Zwei erzählte Schreibszenen (II.1. und II.2.) führen zum einen die eminente Bedeutung des technischen und institutionellen Schreibens in Glausers Erzähltexten und damit auch deren diskursanalytisch-kritisches Vermögen vor Augen. Zum anderen umreißen sie die eigentümliche Poetik, und schließlich erscheint der im ersten Teil untersuchte Umgang Glausers mit dem technisierten und institutionalisierten Schreiben wenigstens schlaglichtartig neu.

I. Teil: Schreibbedingungen

„Ich will ja eigentlich nicht als Tourist reisen", schreibt Glauser an den Arzt Georg Gross im Spätsommer 1839 über seine immer wieder gehegten Reisepläne, um von der Schweiz (in die es ihn dann doch wieder zieht),[4] dem Opium und den Anstalten los- und zu einer freien Schriftstellerexistenz zu kommen,

---

1 Vgl. Roland Barthes, „Écrire, verbe intransitif?" (1966/1970), in: ders., *Le bruissement de la langue. Essais critiques IV*, Paris: Seuil 1984, S. 21-31.

2 Vgl. Friedrich A. Kittler, *Aufschreibesysteme 1800/1900*, München: Wilhelm Fink 1985, S. 188, auch S. 181-210.

3 Vgl. neben den Arbeiten von Almuth Grésillon, Louis Hay und Jean-Louis Lebrave, insbesondere in der Zeitschrift *Genesis*, auch Klaus Hurlebusch, „Den Autor besser verstehen: aus seiner Arbeitsweise. Prologomenon zu einer Hermeneutik textgenetischen Schreibens", in: Hans Zeller und Gunter Martens (Hrsg.), *Textgenetische Edition*, Tübingen: Niemeyer 1998 (= *Beihefte zu editio* 10), S. 7-51.

4 Vgl. etwa Friedrich Glauser, Brief an Heinrich Gretler, Nervi, 18. November 1938, in: ders., *Briefe 2. 1935-1938*, herausgegeben von Bernhard Echte, Zürich: Arche 1991, S. 885-888, hier S. 885.

> „sondern schauen, ob ich irgendwo unterkriechen kann und ein wenig etwas anderes arbeiten, als mit zwei Fingern die Tasten einer Schreibmaschine zu bearbeiten. Ich glaub, beim Schreiben ist es nicht so, dass man sich einfach auf seine vier Buchstaben setzen kann und nun anfangen kann zu gestalten, zu erzählen, sich zu erinnern. Man kann das nicht tun am laufenden Band. Nicht der Stoff wird mir ausgehen nach einem Jahr – so hab ich das Wort ‚Ausgeschriebensein‘ nicht gemeint. Sondern es wird sich eine Leere einstellen – wie sie jetzt schon auf Wochen erscheint, wenn ich etwas fertiggeschrieben habe und nun etwas anderes anfangen soll. Ich dachte mir die Sache so, eine leere Periode statt mit Kriminalromane-Lesen oder Historischem auf dem Lotterbett, das eine Couch ist, mit irgend etwas an[zu]füllen: Leute pflegen in Kaboul oder in Tunis – wo es sich gibt. Wieder Kontakt bekommen mit dem Leben, denn das Schreiben ist doch gerade das Gegenteil von Leben.“[5]

Glauser ist zu diesem Zeitpunkt einundvierzig Jahre alt, seit zwanzig Jahren entmündigt, in denen er auch Fremdenlegionär in Afrika war, Kohlegrubenarbeiter in Belgien, Tellerwäscher in Paris, Gärtner an verschiedenen Orten der Schweiz und anderes mehr; und seit zwanzig Jahren ist er immer mehr oder weniger intensiv schriftstellerisch tätig mit dem Ziel, vom Schreiben leben zu können. Seit fünfzehn Monaten ist er, nach vier Jahren ununterbrochenen Aufenthalts, wieder draußen aus der letzten Irrenanstalt, nachdem er bereits acht Jahre in solchen und ähnlichen Etablissements wie Erziehungsheimen, Internaten, Gefängnissen und Spitälern verbracht hat. Seit knapp zwei Jahren hat er auch so etwas wie einen literarischen Ruf nach dem Erscheinen von zwei seiner schließlich fünf *Wachtmeister Studer*-Kriminalromane.

I.1. Lebenspraxis und Institution

Stellen wie die zitierte, in denen sich Glauser schon fast programmatisch zum Verhältnis von Schreiben und Leben äußert, sind eher selten. *Was* die Stelle darüber sagt, charakterisiert Glausers lebenspraktisches Verhältnis zum Schreiben indes ziemlich treffend, denn sie äußert eigentlich nur seinen Wunsch, das bislang von Not und Zufall beherrschte Verhältnis von Leben und Schreiben in selbstkontrollierter Form fortzusetzen. Vor der langen Internierung von 1932 bis 1936 begegnet man jedoch viel öfter dem Befund oder der Klage, daß er neben der körperlichen Arbeit nicht schreiben könne, weil er deswegen zu müde oder sein Kopf leer sei.[6] Die eigentlichen Schreib-

---

5 Glauser, Brief an Georg Gross, 10. August 1937, *Briefe 2* (Anm. 4), S. 679-683, hier S. 679 f. (Ergänzung in eckigen Klammern durch den Herausgeber).

6 Vgl. etwa Brief an Max Müller, Witzwil, 12. Juli 1925, in: ders., *Briefe 1. 1911-1935*, herausgegeben von Bernhard Echte und Manfred Pabst, Zürich: Arche 1988, S. 84 f., hier S. 84; Brief an Max Müller, Liestal, 27. Juni 1926, *Briefe 1* (Anm. 6), S. 106-112, hier S. 111; Brief an Max Müller, Liestal, 1. August 1926, *Briefe 1* (Anm. 6), S. 119-122, hier S. 121, und Brief an Charles Glauser, Liestal, 3. November 1926, *Briefe 1* (Anm. 6), S. 140-142, hier S. 142.

perioden der früheren Zeit bleiben über die Erwähnung des Umstandes selber hinaus wenig kommentiert; sie gehen meistens mit einem Abgleiten in die Opiumsucht, Erschöpfung, Krankheit einher und enden mit polizeilicher Arretierung wegen Rezeptfälschung und der ‚Rettung' vor einem gerichtlichen Verfahren durch Internierung in die Irrenanstalt.

Dort ringt er mit der Isolation, verrichtet verschiedene Arbeiten im Freien und ist als Heizer sowie im Büro tätig: Die Büroarbeit besteht im Tippen von Gutachten für die Ärzte sowie von Gerichts- und Krankenakten, weil er offenbar, trotz Zweifingersystem, sehr flink war. Er scheint wie ehedem ziemlich viel zu lesen, gegen Ende der zwanziger Jahre auch, unter dem Einfluß der Psychoanalyse beim Münsinger Anstaltspsychiater Max Müller, zunehmend mehr psychologische und psychiatrische Fachliteratur. „Arbeitet [...] an seinen Romanen etwas unregelmäßig", ist in Glausers Krankengeschichte unter dem 21. März 1935 vermerkt, „[a]rbeitet für die Ärzte, welche ihm Gutachten und Akten etc. diktieren, was er ordentlich macht".[7] Das ‚etwas Unregelmäßige' seiner Romanarbeit rührt daher, daß er wegen Suchtrückfällen aus der offenen Kolonie der Anstalt für einige Monate wieder ins geschlossene Mutterhaus befördert wurde und entsprechend deprimiert war. Im übrigen aber bringt Glauser während der langen Internierung erstmals eine gewisse Kontinuität sowohl in die innere Ökonomie der Zeit und Kraft als auch in die äußere Ökonomie der Abnehmer seiner Produkte, das heißt der Zeitungen und Zeitschriften, trotz mancher persönlicher Einbrüche und äußerer Ablehnungen.

I.2. Technik und Material

Angefangen zu publizieren hat Glauser 1915/16 in französischer Sprache mit Rezensionen, wovon keine Manuskripte oder Typoskripte erhalten sind. Der erste nicht nur als Erstdruck erhaltene Text ist ein „Handschriftlich korrigiertes Originaltyposkript", das aufgrund zweier verschiedener Typen auf 1917 und 1919 datiert werden kann. Von den circa zweihundert Erzählungen, Essays und Rezensionen und sieben Romanen inklusive der nicht vollendeten beziehungsweise nicht veröffentlichten Texte sind als Vorarbeiten bloß schätzungsweise zehn bis fünfzehn Manuskripte überliefert, aber von weit mehr als hundert Texten größtenteils handschriftlich überarbeitete Typoskripte als Original oder als Durchschlag.[8] Die Briefe, deren Archiv-Bestand ich noch nicht gesichtet habe,[9]

7 Krankengeschichte Waldau, zitiert nach Gerhard Saner, *Friedrich Glauser. Eine Biographie*, zwei Bände, Zürich und Frankfurt am Main: Suhrkamp 1981, Bd. 1, S. 280 f.; vgl. auch Brief an Charles Glauser, Münsingen, 16. April 1927, *Briefe 1* (Anm. 6), S. 190.

8 Die Gedichte, deren kritische Edition noch aussteht, klammere ich aus.

9 Die beiden Bände der *Briefe* berücksichtigen nur eine „Auswahl" von „approximativ 85 % des erhaltenen Materials für den Zeitraum von 1911-Januar 1935" im ersten Band („Editorische Notiz" zu *Briefe 1*, Anm. 6, S. 556 f., hier S. 556) und im zweiten Band „ca. 75 % der Briefe" von Glauser und „ca. 15 %" der Briefe an Glauser neben zahlreichen Auszügen in den Anmerkungen („Editorische Notiz" zu *Briefe 2*, Anm. 4, S. 999 f., hier S. 999). Die Gründe für die

hat er bis spätestens Ende 1937 wohl mehrheitlich von Hand verfaßt, mit Vorliebe aber auf der Schreibmaschine, sofern eine solche zur Verfügung stand.[10] Das war von da an auch vorwiegend der Fall, und Glauser entschuldigt sich öfters bei den Adressaten für die Maschinenschrift, und zwar damit, daß er „so Mühe [habe], handschriftlich zu schreiben",[11] daß es ihm „schneller von der Hand" gehe,[12] oder mit seiner angeblich schwer leserlichen „Sauschrift".[13]

Diese Materiallage möchte ich, entlang der verschiedenen Lebensphasen und Lebensumstände, mit ein paar Befunden und Annahmen kommentieren, die im wesentlichen von dem auffallend hohen Anteil an Typoskripten ausgehen. Über den Gebrauch der Schreibmaschine hinaus gilt das Augenmerk dem erweiterten Schreibraum, wie er durch die Anstaltsbedingungen bestimmt ist, und schließlich dem Zusammenhang zwischen Schreibmaschine und psychiatrischem Schreibraum.

a) Glauser hatte keinen festen Wohnsitz (abgesehen von den Irrenanstalten Münsingen und Waldau) und ließ seine Materialien wohl an verschiedenen Orten zurück beziehungsweise warf sie fort. Welchen Einfluß diese Unstetigkeit sowie dritte Instanzen wie Freunde, Geliebte, Vormundschaft, Irrenanstalt auf das Schreiben, die Ordnung und Aufbewahrung von Materialien konkret hatten, kann hier nicht eigens untersucht werden.

b) Er schrieb überwiegend für Zeitschriften, auch die längeren Romane, zum einen weil er kurzfristig Geld brauchte, zum anderen weil er sich eine raschere und breitere Bekanntheit davon erhoffte. Schließlich aber zunehmend auch aus literaturpolitischen und poetologischen Gründen, denn er wollte dem gewöhnlichen Heftli-Leser der niederen sozialen Schichten etwas anderes als „Fuselspannung" bieten (doch davon mehr unter dem poetologischen Aspekt).

c) Glauser scheint schon früh Umgang mit Schreibmaschinen gehabt und beim Schreiben seiner Texte jeweils zielstrebig auf die Abfassung eines Typoskripts hingearbeitet zu haben. Zur Dada-Zeit, als er noch einem gewissen Dandyismus nachzuleben scheint, beansprucht er auch die Dienste des „Schreibmaschinenbureau[s] D. Stern",[14] vielleicht im Zusammenhang mit den Dada-Darbietungen. Als er im Sommer 1917 mit Emmy Hennings und Hugo Ball auf der Flucht vor dem Zürcher Dada-Trubel ins Tessin zieht, teilen sie sich „die Stunden des Tages zur Benützung der Schreibmaschine" auf (wobei er selbst, im Gegensatz zu den anderen beiden, „sehr faul" gewesen sei und „nur selten

---

Auswahl beziehungsweise die Aussonderungen sollen hier nicht diskutiert werden; es ist indes klar, daß für eine genauere Untersuchungen der Schreibpraktiken sowohl diese Praxis wie die glättenden Eingriffe in die Sprachsubstanz (Verschreibungen, Interpunktion) eine nicht abschätzbare Einschränkung bedeuten.

10 Vgl. die „Editorische Notiz" zu *Briefe 1* (Anm. 6), S. 556 f.

11 Brief an Heinrich Gretler, Nervi, 18. November 1938, *Briefe 2* (Anm. 4), S. 888; vgl. schon den Brief an Leni Wullschleger, Marseille, 24. Dezember 1937, *Briefe 2* (Anm. 4), S. 803-805, hier S. 803,

12 Brief an die Familie Messmer, Nervi, 27. November 1938, *Briefe 2* (Anm. 4), S. 890 f., hier S. 890.

13 Brief an Anneliese Villard, Nervi, 29. November 1938, *Briefe 2* (Anm. 4), S. 898-902, hier S. 901.

14 Brief an Walter Schiller, Magadino, 29. Juni 1917, *Briefe 1* (Anm. 6), S. 15 f., hier S. 15.

eine Seite“ geschrieben habe).[15] Während seines ersten Aufenthalts in der Irrenanstalt Münsingen von August 1918 bis Juli 1919 berichtet er, „Brauchli“ sei „sehr nett zu“ ihm, leihe „ihm seine Schreibmaschine, was rührend ist“.[16] Der Hinweis, daß es sich bei Ulrich Brauchli um den Direktor einer Anstalt mit achthundert Patienten handelt, mag andeuten, daß die Folgen dieses Gebrauchs, die dann im zweiten Teil der erzählten Schreibszenen illustriert werden, nicht nur harmlos rührend sind, sondern recht eigentlich aufrührerisch. Im Gegensatz zum Schreibgerät scheint es ihm bei diesem frühen Aufenthalt in der Anstalt wie später auch in der Strafanstalt Witzwil an Papier zu fehlen, um das er den befreundeten Robert Binswanger immer wieder bittet, mitunter ausdrücklich um Schreibmaschinenpapier eines bestimmten Formats.[17]

d) Von da an scheint er stets Zugang zu Schreibmaschinen gehabt zu haben, selbst während seiner einjährigen Haft in der Zwangsarbeitsanstalt Witzwil von Sommer 1925 bis Sommer 1926, wo er unter anderem als Buchbinder und Bibliothekar fungiert und nach der Legionszeit 1921 bis 1923 und dem Kumpeldasein in Belgien 1923 bis 1925 die literarische Tätigkeit wieder aufnimmt. In der längsten anstaltsfreien Periode von 1926 bis 1932 – das heißt, er war jeweils nur für kürzere Zeit interniert, zur Entwöhnung und um sich der Justiz und einer erneuten Haft zu entziehen –, in der er hauptsächlich als Gärtner arbeitete und eine einjährige Ausbildung an der Gartenbauschule Oeschberg absolvierte, besaß er eine Schreibmaschine, wahrscheinlich auch mehrere, wovon er die eine oder andere zur Drogenbeschaffung auch wieder verkauft haben mag. Von seiner Ankunft auf dem Oeschberg hat ein damaliger Klassenkamerad das Erinnerungsbild eines Mannes mit Béret und einem alten verfärbten Regenmantel, einer Schreibmaschine auf den Knien, bewahrt.[18] Während der Aufenthalte in Münsingen, unter anderem auch ein Jahr außerhalb der Anstalt, aber in der fast täglichen Analyse bei Max Müller, der ihn zum Schreiben anhält und ihm Druckorte vermittelt, erledigt er diverse Schreibarbeiten für diesen und andere Anstaltsärzte. Angesichts der bevorstehenden Entlassung aus der Irrenanstalt Waldau im Frühling 1936, wo er anscheinend stets auf einer Anstaltsmaschine tippt, möchte oder vielmehr muß er sich eine eigene Schreibmaschine beschaffen. Martha Ringier, die literarische Mentorin und mütterliche Freundin, vermittelt ihm das Angebot einer gebrauchten Schreibmaschine, Marke „Erika“, eines Arztes, deren Preis von Fr. 190.– Glauser überrissen findet. „[I]ch muß ein wenig Geld haben, wenn ich rauskomme, ich kann nicht so große dépenses machen“; außerdem kosteten „die Hermes neu 160.–“, so daß

15 Friedrich Glauser, *Dada* (1931/32), in: ders., *Der alte Zauberer. Das erzählerische Werk. Band II: 1930-1933*, herausgegeben von Bernhard Echte und Manfred Papst, Zürich: Limmat 1992, S. 67-82, hier S. 81.

16 Brief an Robert Binswanger, Münsingen, 28. Mai 1919, *Briefe 1* (Anm. 6), S. 47-49, hier S. 48.

17 Vgl. etwa Brief an Robert Binswanger, Münsingen, 28. Mai 1919, *Briefe 1* (Anm. 6), S. 48; Brief an Robert Binswanger, Münsingen, 5. Juni 1919, *Briefe 1* (Anm. 6), S. 49-53, hier S. 50, und Brief an Max Müller, Witzwil, 12. Juli 1925, *Briefe 1* (Anm. 6), S. 84 f., hier S. 84.

18 Christoph Iselin, zitiert nach Saner, *Friedrich Glauser* (Anm. 7), Bd. 1, S. 228.

„[g]ebrauchte Erikas [...] jetzt schon für 120.–" zu haben seien.[19] Schließlich scheint es doch zum Kauf gekommen zu sein, jedenfalls kündigt er zwei Monate einen möglichen Besuch bei Martha Ringier in Basel an, wohin er auch die Erika mitnehme, „mit der ich mich versöhnt habe".[20]

e) Glausers Schreib-Raum-Zeit verwächst zunehmend mit den raumzeitlichen und persönlichen Verhältnissen der psychiatrischen Anstalt, was jedoch keineswegs ein eindeutiges oder ausschließliches Bedingungsverhältnis impliziert. Denn schließlich hat er in der längeren freien oder halbfreien Periode zwei Romane verfaßt und auch die drei ersten *Studer*-Romane, *Schlumpf Erwin Mord*, *Die Fieberkurve* und *Matto regiert*, zu einem Gutteil nicht in der geschlossenen Anstalt, sondern in der offenen Kolonie der Waldau. Hier muß er regelmäßig Feldarbeit leisten, das Schreiben hält er bereits wieder mit Opium in Gang, das er bei den Apothekern der Gegend mit gefälschten Rezepten beschafft.

f) Vermutlich ist es dieser relativen Regulierung durch die Anstaltsordnung zu verdanken, daß man überhaupt durch eine dichte Brieffolge Einblicke in den Entstehungs- und ansatzweise in den Schreibprozeß der längeren Texte nehmen kann. Besonders dicht dokumentiert findet sich die Entstehung von *Matto regiert* im ersten Halbjahr 1936 in den Briefen an Martha Ringier: Flankiert von der Maßnahme, durch Versprechen oder bereits Verträge sich selbst unter terminlichen Druck zu setzen,[21] scheint bei *Matto regiert* und wohl auch bei anderen längeren Texten die stufenweise Abschrift oder Reinschrift von handschriftlichen Vorarbeiten als Typoskripte und deren Überarbeitung sogar Bedingung dafür gewesen zu sein, daß er dann die Texte zu Ende schreiben konnte: „Vielleicht kann ich ihn auch selber ins reine Schreiben, denn das Ende kann ich ohnehin nicht ‚broullonieren' [!], ich denke, ich werde schon fertig damit."[22] Die Bemerkung, daß er den Text vielleicht selber abschreiben kann, bezieht sich auf den Umstand, daß er seine Freundin Berthe Bendel, die er als Pflegerin in Münsingen kennengelernt hatte, dazu bringen wollte, tippen zu lernen und das Manuskript oder Typoskript druckfertig abzuschreiben. „Also bis Mitte April mußt du schreibmaschinlen können", schreibt er ihr Ende Februar.[23] Dazu wird es aber nicht kommen: Schon Ende März stellt er fest, daß er den Text „niemandem zum Abschreiben [wird] geben können, sondern [...] es selber [werde] machen müssen"; er arbeite „so verkrampft daran", wolle „zuviel hineintun", so daß alles „reichlich unruhig" werde.[24] Worin die Brouillons je-

19 Brief an Martha Ringier, Bolligen, 11. März 1936, *Briefe 2* (Anm. 4), S. 190-193, hier S. 192.

20 Brief an Martha Ringier, Waldau, 4. Mai 1936, *Briefe 2* (Anm. 4), S. 282-284, hier S. 282.

21 Vgl. etwa Brief an Friedrich Witz, Colonie Schönbrunnen, Münchenbuchsee, 27. Mai 1935, *Briefe 2* (Anm. 4), S. 16-19, hier S. 18, und Brief an Martha Ringier, Waldau, 2. März 1936, *Briefe 2* (Anm. 4), S. 177-190, hier S. 188.

22 Brief an Martha Ringier, Bolligen, 11. März 1936, *Briefe 2* (Anm. 4), S. 190-193, hier S. 192; zum terminlichen Druck vgl. etwa Brief an Josef Halperin, Waldau, 29. Februar 1936, *Briefe 2* (Anm. 4), S. 175 f., hier S. 175.

23 Brief an Berthe Bendel, Waldau, Ende Februar 1936, *Briefe 2* (Anm. 4), S. 174.

24 Brief an Martha Ringier, Waldau, 23. März 1936, *Briefe 2* (Anm. 4), S. 207-213, hier S. 212.

weils bestehen und ob sie hand- oder bereits maschinengeschrieben waren, kann ich von meinem jetzigen Wissensstand aus nicht schlüssig sagen. Erste Notizen zu späteren unvollendeten Projekten finden sich in Schulheften und auf losen Blättern von Hand geschrieben, andere Teilskizzen, wie ein Blatt zu einem Basler Kriminalroman, sind dagegen maschinenschriftlich, so auch die umfangreicheren Fragmente zum Ascona-, zum Charleroi- und zum Angles-Roman.[25]

Den zweiten Punkt der technisch-materiellen Bedingungen, bei denen das Augenmerk neben dem Gebrauch der Schreibmaschine auch dem bereits lebenspraktisch exponierten institutionellen Schreib-Zeit-Raum der Anstalt galt, möchte ich wie folgt bilanzieren und perspektivieren: Glauser war mit der „Volksharfe" – so der von Glauser mehrfach zitierte Ausdruck von Emmy Hennings für die Schreibmaschine[26] – sehr früh vertraut, und das Typoskript scheint schon bald zu einem Standard auch für ‚Zwischenstufen' geworden zu sein. Sein Umgang mit der Schreibmaschine ist wie seine ganze Schreibökonomie unablösbar mit dem Schreibraum der psychiatrischen Anstalt verbunden, wobei gerade Glausers doppelter Tippeinsatz einerseits für die Institution und andererseits in eigener Sache eine besondere Bedeutung gewinnt.

I.3. Poetologie

Die Frage nach expliziter poetischer Reflexion der Technik, Materialität und Institutionalität im Hinblick auf die Dynamik des Schreibens kann man grundsätzlich mit nein beantworten. Natürlich gibt es Positiva, die das grundsätzliche Nein einschränken und von denen ich drei nennen und mehr oder weniger ausführen möchte: Erstens gibt es im stimmungsmäßigen Auf und Ab des Produktionsprozesses zahlreiche Bemerkungen und auch längere Auslassungen über stilistische und inhaltliche Unzulänglichkeiten, bisweilen Ausdrücke von Zufriedenheit und Glücksgefühlen, die Glauser gleich mit der ironischen Autodiagnose des Größenwahns konterkariert.[27] Selbst- und Fremdkritik führen beim nicht sehr selbstbewußten Glauser, sofern er über die Zeit verfügt, zu stilistischen und inhaltlichen Überarbeitungen in allen Schweregraden. Materialitäts- oder medialitätsbezogene oder -geleitete Beobachtungen sind punktueller Art, wie etwa, daß er seine „Fehler" (womit er auch sein ihm nun „haarsträu-

25 Im Fall eines ungefähr 25 Seiten umfassenden Brouillons zum Fragment gebliebenen Ascona-Roman, von dem Glauser im Brief an Friedrich Witz (Nervi, 1. Dezember 1938, *Briefe 2*, Anm. 4, S. 924-928, hier S. 925) schreibt, handelt es sich um handschriftliche Eintragungen in ein Schulheft über 26 Seiten; vgl. den Kommentar zu den Roman-Fragmenten in: Friedrich Glauser, *Gesprungenes Glas. Das erzählerische Werk. Band IV: 1937-1938*, herausgegeben von Bernhard Echte, unter Mitarbeit von Manfred Papst, Zürich: Limmat 1993, S. 440 sowie im übrigen S. 435-441, 449-452 und S. 461 f.

26 Brief an Martha Ringier, 27. September 1937, *Briefe 2* (Anm. 4), S. 771 f., hier S. 772; vgl. Brief an Alfred Graber, 30. November 1938, *Briefe 2* (Anm. 4), S. 912-918, hier S. 917.

27 Vgl. Brief an Josef Halperin, Waldau, 29. Februar 1936, *Briefe 2* (Anm. 4), S. 175 f., hier S. 175.

bend“ erscheinendes „Deutsch“ meint) „erst durch die Brille des Druckes“ sehe.[28] Oder in einem Essay mit dem Titel *Schreiben* von 1937 über die erste Erfahrung mit einem eigenen Druckerzeugnis: „Was, ist es möglich, daß die Sätze gedruckt so anders aussehen als handgeschrieben? Daß ihnen die Druckerschwärze Geist verleiht?“[29] Im übrigen geht es darin um die vernichtende Wirkung, die eine Rezension des damals neunzehnjährigen Collège-Schülers 1916 über das schwülstige Versepos eines Lehrers sowohl für den Buchautor wie für den Rezensenten gezeitigt hat.[30] Daß Glauser das Schreiben und das Druckereignis gerade unter dem Aspekt der extratextuellen Effekte auf die Existenz beschreibt, wird dann im Licht der Erzählszenen eine gewisse Relevanz gewinnen.

Zweitens läß sich über die eher existentielle Verarbeitung seiner Teilnahme an der Zürcher Dada-Bewegung und über die belegten Lektüren hinaus eine vertiefte Beschäftigung mit der modernen Literatur explizit nachweisen. Sie bezeugt Glausers frühe Aufmerksamkeit für das Schreiben als solches, wie es in der modernen Literatur thematisch wird (und für Barthes als Merkmal der *écriture* gilt). In der ersten längeren Irrenanstaltszeit von Juni 1918 bis Juli 1919 will Glauser auch größere Übersetzungen in Angriff nehmen. Er denkt an Flauberts *Bouvard et Pécuchet*, den er für den „besten Roman des neunzehnten Jahrhunderts [hält], trotz Balzac, Zola etc.“ Im selben Brief, wo er auch die Geschichte der „[z]wei kleine[n] Schreiber“ erzählt, tituliert er sich selbst als einen „dürftige[n] Schreiber“ im Vergleich zum „ausgezeichnete[n] Schriftsteller“ Flaubert.[31] Die Übersetzung ist nicht zustande gekommen.

Drittens stellt Glauser, vor allem in der langen Anstaltszeit der drei ersten *Studer*-Romane 1935 bis 1936, auch poetologische Überlegungen an, mehr oder weniger dicht in der Briefen, aber auch separat in einem einschlägigen Text über die Poetik des Kriminalromans, den er 1937 in einem *Offenen Brief* als Antwort auf die *Zehn Gebote für den Kriminalroman*[32] des Kriminalschriftstellers Stefan Brockhoff zu veröffentlichen gedachte, der dann aber nicht erschien. Hier begründet er das Interesse am und die Notwendigkeit des Kriminalromans durch die Absetzung vom psychologischen Roman, zu dem sich der Kriminalroman seit der Aufklärung und mit Schiller, Conrad, Stevenson diametral entwickelt habe. Der Kriminalroman muß Glauser zufolge weder Philosophie oder Psychologie betreiben noch dem spannungserzeugenden „Spiel“ der Brockhoffschen *Zehn Gebote* folgen, wonach der „Schlaumeier“ zunächst „bei allen“ „seinen Psychologenblick in einen unsichtbaren Einwurf“ wirft und jeweils

28 Brief an Friedrich Witz, 10. Juni 1937, *Briefe 2* (Anm. 4), S. 309 f., hier S. 309.

29 Friedrich Glauser, *Schreiben...* (1937), in: ders., *Gesprungenes Glas* (Anm. 25), S. 78-84, hier S. 80.

30 Vgl. Friedrich Glauser, *Un poète philosophe. M. Frank Grandjean*, in: ders., *Mattos Puppentheater. Das erzählerische Werk. Band 1: 1915-1929*, herausgegeben von Bernhard Echte und Manfred Papst, Zürich: Limmat 1992, S. 264-271, deutsche Übersetzung S. 415-421.

31 Brief an Robert Binswanger, Münsingen, im Januar 1919, *Briefe 1* (Anm. 6), S. 41-44, hier S. 41.

32 Friedrich Glauser, *Offener Brief über die „Zehn Gebote für den Kriminalroman“* (1937/1976), in: ders., *Gesprungenes Glas* (Anm. 25), S. 213-221.

„sein Ticket“ empfängt, um schließlich „wie mit einem simplen Rabattmarkenbüchli“ „sich den Täter“ zu kaufen.[33] Vielmehr bestehe die Kunst des Kriminalromans im „Fabulieren, Erzählen, Darstellen von Menschen, ihrem Schicksal, der Atmosphäre, in der sie sich bewegen“,[34] in einem Erzählen, das die „Dinge des täglichen Lebens [...] in neuer Beleuchtung“ zeigt.[35] Die Spannung dürfe nicht durch ein mit „Füllsel“ versehenes Handlungsschema im Hinblick auf das „Ziel“ der „Auflösung“ erzeugt werden, das sei nämlich „Fuselspannung“, sondern „jede Seite des Buches [sei] als Gegenwart zu betrachten, in welcher der Leser minuten- oder sekundenlang lebt“, eine „Gegenwart“, die sich, „genau wie im Traum“, dem Leser „zu Stunden, zu Tagen, zu Monaten weiten“ könne.[36]

Der erkennbare Doppelanspruch einer spannenden Handlung und des atmosphärischen Eigenlebens ist es, der Glauser dann praktisch auch zum Problem wird.[37] Während des Schreibens an *Matto regiert* beklagt er sich, abwechslungsweise mit einem Unterton des Stolzes und der Verzweiflung, daß ihm die Sache „zu poetisch“ gerate.[38] Alles „ist noch immer voller flottements, es wird so impressionistisch das Ganze“, schreibt er an Martha Ringier, und man kann darin das Echo früherer Orientierungen an Flaubert oder dann Proust vernehmen; „wirklich, man sollte nicht so hybride Dinge versuchen – Kriminalromane mit Niveau sind hoffnungslose Angelegenheiten“.[39] Epochenbegrifflich könnte man, die früheren Orientierungen an Flaubert und Proust eingerechnet, vielleicht von einem Realismus des sozialen Milieus mit impressionistischen Mitteln sprechen.

Wie man nach dieser dreiseitigen Eingrenzung des Neins auf die Frage nach einer mehr oder weniger expliziten Poetologie des Schreibens sieht, bleibt diese Zone von der subjektiven Seite der Schreibbedingungen her trotzdem unausgefüllt. Einen gewissen, aber nicht wesentlichen Terraingewinn, wie ich von

33 Ebd., S. 215.
34 Ebd., S. 214.
35 Ebd., S. 218.
36 Ebd., S. 216 f. – Zur Poetik des Kriminalromans in genrespezifischerer Hinsicht vgl. Erhard Ruoss, *Friedrich Glauser. Erzählen als Selbstbegegnung und Wahrheitssuche*, Bern u. a.: Peter Lang 1979, S. 108-116; ders., „Vom Scharfsinn zum Mitleid. Friedrich Glauser in der Tradition des Kriminalromans“, in: *Schweizer Monatshefte* 72 (Heft 3, März 1992), S. 225; Walter Obschlager, Nachwort zu Friedrich Glauser, *Schlumpf Erwin Mord. Wachtmeister Studer* (1936), herausgegeben und mit einem Nachwort von Walter Obschlager, Zürich: Limmat 1995, S. 193-216, hier S. 199-208; Josef Quack, *Die Grenzen des Menschlichen. Über Georges Simenon, Rex Stout, Friedrich Glauser, Graham Greene*, Würzburg: Königshausen & Neumann 2000, S. 118-151, und Patrick Bühler, *Die Leiche in der Bibliothek. Friedrich Glauser und der Detektivroman*, Heidelberg: Winter 2002.
37 Vgl. etwa Brief an Martha Ringier, Waldau, 28. April 1936, *Briefe 2* (Anm. 4), S. 270-276, hier S. 274: „Warum muß man eigentlich wählen? Schöner Stil und keine Handlung, oder Handlung und kein Stil?“
38 Brief an Josef Halperin, Waldau, 27. April 1936, *Briefe 2* (Anm. 4), S. 266-270, hier S. 268; vgl. Brief an Martha Ringier, Waldau, 17. März 1936, *Briefe 2* (Anm. 4), S. 193-198, hier S. 194.
39 Brief an Martha Ringier, Waldau, 9. April 1936, *Briefe 2* (Anm. 4), S. 242-247, hier S. 244.

den kursorischen Sichtungen her schließe, würden wohl die Analysen der inhaltlichen und stilistischen Überarbeitungen der Typoskripte bringen, die hier nicht geleistet werden kann. Doch um einen substantiellen Einblick in diese Zone zu gewinnen, gilt es – nach der ersten Verschiebung von der Selbstreferentialität auf die lebenspraktisch-institutionellen, technisch-materiellen und die poetologischen Aspekte – nun die zweite angekündigte Verschiebung vorzunehmen, nämlich zum Inhalt von Glausers Schreiben, zu den erzählten Geschichten und den darin vom Schreiben erfaßten und dadurch objektivierten Subjekten, jenen „Menschen und ihr[em] Schicksal“,[40] die unterhalb oder neben der Alltagsordnung leben, mit dieser in Konflikte geraten und von den polizeilichen, juridischen und psychiatrischen Institutionen ergriffen werden. Dieses Moment der Ergreifung, das man das *kaptive Moment* nennen könnte, ist deshalb eine Ergreifung durch das Schreiben und die Schrift, weil von diesen Leben nichts anderes übrigbleibt als die Akten, die diese Ergreifung protokollieren. Die protokollarische Rückführung der Existenzen auf das kaptive Moment und das Offenhalten dieses Moments sind das, was in der bislang leer gebliebenen Zone der poetologischen Reflexion des Glauserschen Schreibens stattfindet.[41]

II. Teil: Erzählte Schreibszenen

Zunächst ein Blick zurück auf die oben zitierte Passage, die in den Satz mündet, daß „das Schreiben [...] doch gerade das Gegenteil von Leben“ sei. Zuvor erklärt Glauser, daß er auch wieder etwas anderes arbeiten möchte, „als mit zwei Fingern die Tasten einer Schreibmaschine zu bearbeiten“. Man könne sich nicht „einfach auf seine vier Buchstaben setzen [...] und [...] anfangen [...] zu gestalten“, nicht weil der Stoff ausginge, vielmehr werde sich nach der Vollendung eines Textes „eine Leere einstellen –“, und hier folgt ein Gedankenstrich. Diese Leere gedenke er nun nicht einfach mit Lektüre anzufüllen, er wolle lieber „Leute pflegen in Kaboul oder in Tunis – wo es sich gibt“, um wieder Kontakt [zu] bekommen mit dem Leben“.[42] Dann folgt das besagte Fazit zum Verhältnis von Schreiben und Leben.

Man kann diese Stelle, ganz gemäß der Glauserschen Poetologie, daß es in der Lektüre „eine Gegenwart gibt, die gelebt werden will“,[43] als eine programmatische Schreibszene lesen, in der sich die subjektiven und objektiven Elemente des Schreibens zusammengedacht finden, repräsentiert (im Sinn einer

40 Glauser, *Offener Brief* (Anm. 32), S. 215.

41 Vgl. Verf., „‚Wie sollte man diesen Rapport schreiben?‘ Metonymien des Protokolls bei Friedrich Glauser“, in: Michael Niehaus und Hans-Walter Schmidt-Hannisa (Hrsg.), *Das Protokoll. Kulturelle Funktionen einer Textsorte*, Frankfurt am Main: Peter Lang 2005, S. 187-221.

42 Brief an Georg Gross, 10. August 1937, *Briefe 2* (Anm. 4), S. 679 f.

43 Glauser, *Offener Brief* (Anm. 32), S. 217.

Synekdoche) durch die Schreibmaschine einerseits und durch die pflegebedürftigen Leute in Kaboul oder Tunis andererseits. In der Mitte des dazwischen aufgespannten Schreib-Zeit-Raums erscheint die buchstäbliche „Leere", markiert durch den Gedankenstrich. Im übrigen scheint Glauser überhaupt mit dem Ausdruck seiner Gedanken zu ringen.

Es gibt gewiß einfache und plausible psychologische Erklärungen für diese Leere, etwa im Sinn einer Entlastungsdepression nach der vollbrachten Geburt eines Werks; doch das klingt bereits nach „Ausgeschriebensein", eine Erklärung, die Glauser explizit abwehrt, was jedoch auch wieder nichts über die Richtigkeit der Erklärung besagt. Ich möchte dagegen diese Leere als konstitutive Lücke sowohl zwischen subjektivem Schreiben und den vom Schreiben objektivierten Subjekten als auch zwischen dem Schreiben und dem Leben lesen. Die Schreibmaschine scheint darin eine zentrale und geteilte Funktion zu besetzen: Auf der subjektiven Seite ermöglicht sie durch die Ablösung des Schriftzeichens von der unmittelbaren Körperbewegung den für Glauser zum Schreiben anscheinend notwendigen Abstand zwischen Leben und Geschriebenem, worauf auch die technisch-materiellen Befunde hindeuten. Auf der objektivierenden Seite verschärft die Schreibmaschine das kaptive Moment; sie birgt aber auch Tücken, die eine Verwendung gegen die institutionelle Ergreifung erlaubt, wie der poetologische Aspekt bereits ahnen ließ und wie man gleich deutlich sehen wird.

Für diese Interpretation könnte man natürlich auch Glauser selbst biographisch einstehen lassen, der den Abstand zwischen Leben und Schreiben von der Seite der ergriffenen und objektivierten Subjekte wie kaum ein zweiter Autor der Literaturgeschichte erfahren hat und ihn auch reflektiert; das hat der lebenspraktische Aspekt dargelegt. Nach dem ersten einjährigen Münsinger Aufenthalt, den er durch Flucht beendete, schreibt er: „Hauptsache ist das Gefühl, wieder einmal Mensch zu sein und nicht ein registriertes Ding mit Krankengeschichte in Schreibmaschinenschrift".[44] 1936 kann er mit der Mitteilung seines Vormundes prahlen, seine „Akten nähmen allein auf der Vormundschaftsbehörde nicht eine, sondern fünf Mappen ein".[45] Gemeint sind lediglich die 1500 Aktenstücke im Archiv der Vormundschaftsbehörde Zürich, dazu käme ein vermutlich Vielfaches an einschlägigen Dokumenten aus Erziehungsheimen, Irrenanstalten, Gefängnissen, Spitälern.[46] Doch die Bedeutung der Lücke und der Schreibmaschine erhellen erst die Schreibszenen in Glausers Erzählungen, von denen ich nun noch zwei vorführen möchte.

44 Brief an Grete Rothenhäusler, Münsingen, 1. Juli 1919, *Briefe 1* (Anm. 6), S. 53-55, hier S. 53 f.
45 Brief an Josef Halperin, Waldau, 20. April 1936, *Briefe 2* (Anm. 4), S. 261-265, hier S. 262; vgl. auch Brief an Robert Schneider, Waldau, 9. Mai 1936, *Briefe 2* (Anm. 4), S. 291-294, hier S. 293 f.
46 Vgl. Saner, *Friedrich Glauser* (Anm. 7), Bd. 2: *Eine Werkgeschichte*, S. 357-359.

II.1. Durchschlag

Die erste Schreibszene ist eine versteckte, ihre Aufdeckung aber macht die Passage von der subjektiven Seite des Schreibens zur objektivierenden Seite in schlagender Weise augenfällig. In *Matto regiert* wird Jakob Studer, Wachtmeister der Berner Kantonspolizei, in die Heil- und Pflegeanstalt Randlingen gerufen, weil ein Patient, Pierre Pieterlen, und der bald abtretende Direktor Ulrich Borstli verschwunden sind. Studer findet den Direktor auch bald tief unten im Heizungsschacht, tot, und der Verdacht fällt zunächst auf den entwichenen Pieterlen. Doch alles kommt ganz anders und mit dem Tod weiterer Menschen noch viel schlimmer.

Ernst Laduner, stellvertretender Direktor und ehrgeizig aufstrebender Psychiater und Psychoanalytiker, der unschwer erkennbare Züge von Glausers Psychiater und Psychoanalytiker Max Müller trägt, kennt Studer von einem früheren Fall als versierten Kriminalisten mit psychologischem Gespür und menschlichem Mitempfinden und verlangt deshalb ausdrücklich ihn zur behördlichen Deckung, die während der Fallaufklärung einen möglichst ungestörten Anstaltsbetrieb garantieren sollte. Noch am ersten Abend führt Laduner in einem langen Vortrag Studer den Fall Pieterlen buchstäblich vor Augen, indem er in den Akten blättert, zu denen er selber einiges beigesteuert hat, um daraus zu zitieren und zu referieren und das Gesagte zu komplettieren und zu kommentieren. Pieterlen, der sein frischgeborenes Kind erstickt hatte, weil er nicht für dessen Zukunft sorgen konnte, ist, so kündigt Laduner an, „kein x-beliebiger Mensch“, sondern „ein Demonstrationsobjekt“.[47]

Laduners Vortrag, der ein ganzes Kapitel unter der entsprechenden Überschrift („Das Demonstrationsobjekt Pieterlen“) beansprucht, durchquert die polizeilichen, gerichtlichen und psychiatrischen Akten: Verhaftung von 1923, erste Verhörprotokolle und Rapporte, Fragen der Bezirksanwaltschaft betreffend Abklärung verminderter Zurechnungsfähigkeit, psychiatrische Begutachtung lautend auf „Totschlag im Affekt“,[48] Urteil wegen „Mordes“ zu zehn Jahren Zuchthaus, „Bericht der Strafanstalt“ über die Verhaltensveränderungen des Häftlings, Einweisung in die Irrenanstalt Randlingen und schließlich Diagnose der „ausgesprochene[n], angeborene[n] Charakterabnormität“ einer „schizoide[n] Psychopathie“.[49] Sodann beleuchtet er die sozialen Hintergründe,

47 Friedrich Glauser, *Matto regiert. Roman* (1936/1937), herausgegeben und mit einem Nachwort von Bernhard Echte, Zürich: Limmat 1995, S. 24, vgl. S. 51 und passim. – Zu Glausers Verhältnis zu Psychoanalyse und Psychiatrie im Zusammenhang mit *Matto regiert* vgl. Martin Stingelin, „‚Matto regiert‘ – Psychiatrie und Psychoanalyse in Leben und Werk von Friedrich Glauser (1896-1938)“, in: Rudolf Heinz, Dietmar Kamper und Ulrich Sonnemann (Hrsg.), *Wahnwelten im Zusammenstoß. Die Psychose als Spiegel der Zeit*, Berlin: Akademie Verlag 1993, S. 81-104, und Margit Gigerl, „In Mattos Reich. Friedrich Glausers Dialog mit dem Wahnsinn“, in: *Variations. Literaturzeitschrift der Universität Zürich* 6 (2001): *Andere Welten*, herausgegeben von Thomas Honegger, Sonja Kolberg, Thomas Stein, S. 27-39.

48 Glauser, *Matto regiert* (Anm. 47), S. 93.

49 Ebd., S. 97.

streut sozialpolitische Überlegungen in seine fachwissenschaftlichen Ausführungen ein, um schließlich von den doppelten therapeutischen Anstrengungen zu berichten. Doppelt, das heißt, einerseits somatische Therapie in Form einer Schlafkur, andererseits Psychotherapie, welche die durch die somatische Therapie gewonnene *tabula rasa* der Seele neu aufrüsten soll.

Studers gleichschwebende Aufmerksamkeit vermag die Suggestivität von Laduners Rede zu unterlaufen, indem sie sie auf ihre technische, papierene und sprachliche Materialität zurückbuchstabiert: „Schreibmaschinensätze auf weißem Papier ... Worte, Worte, Sätze ... Einer, der die Worte vorlas und die Sätze",[50] so läuft es durch Studers Kopf. Mehrfach sendet die strömende Aufmerksamkeit bei sonderbaren Untertönen in der Stimme des Redners Signale aus. Sie lassen den Vortrag über das „Demonstrationsobjekt" immer deutlicher als Demonstration der psychiatrisch-psychologischen Allmacht erscheinen. Und ihr Widerhall im Fortgang der Geschichte läßt immer deutlicher werden, daß die behördliche Präsenz Studers vor allem zweierlei decken soll: Erstens Laduners latente Begünstigung von Pieterlens Flucht, weil dieser nach neun Jahren genug für seine Tat gebüßt habe, und zweitens die rechtlich ungesicherten und mit einer „Sterblichkeit von fünf Prozent" gefährlichen Experimente der somatischen Therapie mit Typhusinfektion oder als Schlafkur mit Somnifen, denen sogenannte „hoffnungslose Fälle" serienweise unterzogen wurden. Der exemplarische Fall Pieterlen erweist sich als Deckfall zur Sinnstiftung und Rechtfertigung der Massenexperimente.[51]

Der Clou nun liegt in der versteckten Schreibszene, zu welcher der zitierte impressionistische Bilderstrom wie ein Nachbild und ebenfalls Deckbild gelesen werden kann. Denn dem Demonstrationsfall Pieterlen liegt ein dokumentierter Fall der Münsinger Anstalt zugrunde. Bei einer seiner Tipparbeiten für die Ärzte, von denen die Rede war, hat Glauser von den Akten eines Patienten, der 1931 aus dem Gefängnis Regensdorf in die Anstalt Münsingen überstellt worden ist, einen vollständigen Durchschlag des vierunddreißigseitigen Aktenstücks für sich abgezweigt und für die Gestaltung von Laduners Vortrag inhaltlich weitgehend und streckenweise wörtlich oder fast wörtlich herangezogen. Das ist keine Neuentdeckung, sondern steht so in einer (unpublizierten) Lizentiatsarbeit und im Kommentar zur maßgeblichen Ausgabe von *Matto regiert*. Der Kommentar gibt auch Proben davon, daß Laduners Vortrag über längere und kürzere Passagen der Akte wörtlich zitiert oder referiert und sachlich eng darauf bezogen bleibt.[52] Daß dieser Durchschlag (Abb. 1 und 2)[53] keines-

50 Ebd., S. 100.

51 Ebd., S. 242 f. – Zum Dispositiv der Macht von Psychiatrie und Psychoanalyse vgl. Stingelin, „,Matto regiert'" (Anm. 47), S. 90-96, und Verf., „Interventionen zwischen Seele und Körper. Friedrich Glausers *Matto regiert* und das biopolitische Dispositiv der Psychiatrie", in: Cornelius Borck und Armin Schäfer (Hrsg.), *Psychographien*, Freiburg im Breisgau: diaphanes 2005.

52 Vgl. Glauser, *Matto regiert* (Anm. 47), S. 89-112, und Anmerkungen zu *Matto regiert*, S. 264-301, hier S. 283-290.

53 Die doppelseitige Synopse (siehe auch Abbildungsverzeichnis) vermittelt eine Ahnung von Glausers kopierendem und literarisierenden Umgang mit Akten.

wegs der einzige war und Glauser in mindestens drei weiteren Fällen Aktendurchschläge für sich zurückbehalten hatte, stand bislang nur in besagter Lizentiatsarbeit.[54]

Der überlieferte zwanzigseitige Typoskriptdurchschlag des entsprechenden Kapitels (im heutigen Druck dreiundzwanzig Seiten) von *Matto regiert* weist nur ganz wenige eigenhändige Korrekturen auf, so daß ein genauer Vergleich mit dem Durchschlag der Akte eher sachlich-inhaltliche und argumentative oder dann auch stilistisch-poetologische Erkenntnisse bringen könnte, sich aber kaum auf den Schreibprozeß in seinen Feinheiten beziehen läßt. Indes kann man die Entstehung von *Matto regiert* und insbesondere des Vortrag-Kapitels und des Schlusses in etlichen Briefen verfolgen (die oben bereits in poetologischem Belang zitiert wurden). Das Kapitel scheint im längeren Verlauf der Entstehung seinen Inhalt, die kritische Intention und seine Funktion in bezug auf das Ganze stark zu verändern,[55] vor allem aber erweist es sich für Glauser, wie er es nennt, als „‚pièce de résistence‘ vom Ganzen“.[56] Die Schwierigkeit besteht wohl nicht zuletzt darin, sich auch von der in der Tat eindringlichen Vorlage der Kindsmord-Akte zu lösen. Daß es eine solche gibt, erwähnt Glauser meines Wissens nirgendwo, was nicht mit der Anstaltszensur erklärt werden kann, der er wenigstens in der offenen Kolonie nicht ausgesetzt war.

Diese Befunde und Indizien müssen hier für die Feststellung des produktiv-subversiven Mißbrauchs der institutionellen Schreibmaschine ausreichen: Glausers literarische Verwendung der Akten füllt den konstitutiven Abstand zwischen Schreiben und Leben, den die Schreibmaschine verkörpert, nicht einfach erzählerisch auf; vielmehr exponiert und reflektiert sie ihn zugleich, indem sie den Vortrag Laduners protokollarisch auf die Akten und jenes kaptive Moment zurückführt, das zuerst und zuletzt eine Unterscheidung zwischen Existenz und nacktem Leben ist und eine Entscheidung über Leben und Tod sein kann. „Was war Pieterlen gewesen? Ein Aktenbündel. Und Dr. Laduners Worte hatten das Aktenbündel zum Leben erweckt“,[57] so sinniert Studer. Das mögli-

54 Vgl. Daniel Müller, *Über Fiktion und Realität in Friedrich Glausers „Matto regiert“*, Lizentiatsarbeit der Philosophischen Fakultät I am Deutschen Seminar der Universität Zürich, Fachbereich Neuere Literatur, Juni 1994: Im Kapitel über „Das Demonstrationsobjekt: Pieterlen“ (S. 48-57) zitiert Müller aus dem Akten-Durchschlag des Falles P. und verweist S. 49, Anm. 210, als bislang erster und einziger auf die weiteren Abschriften: „In Glausers Nachlass im Schweizerischen Literaturarchiv befinden sich mehrere solche Abschriften von Krankengeschichten oder von polizeilichen Verhörsprotokollen. Als faktischer Hintergrund für die Geschichte des Pierre Pieterlen kommt aber mit grösster Wahrscheinlichkeit nur ein einziger, bestimmter Fall in Frage, und zwar aufgrund der Kongruenz vieler Einzelheiten in der gesamten Geschichte.“ Zum möglichen Einfluß eines anderen Falles auf die Wahnvorstellungen von Pieterlen, die im Fall P. nicht bezeugt sind, vgl. S. 52, Anm. 225.

55 Ich verzichte auf diese inhaltlich ausgerichtete Darstellung der Entstehung (die natürlich trotzdem Beobachtungen und Schlüsse für den Schreibprozeß liefern kann), denn die entsprechenden Briefstellen sind mittels Register der *Briefe 2* (Anm. 4) ohne weiteres konsultierbar; vgl. auch Saner, *Friedrich Glauser*, Bd. 2 (Anm. 46), S. 135-154, und „Editorischer Bericht“ zu *Matto regiert* (Anm. 47), S. 302-306, hier S. 302-304.

56 Brief an Josef Halperin, Waldau, 2. Mai 1936, *Briefe 2* (Anm. 4), S. 277-279, hier S. 277.

57 Glauser, *Matto regiert* (Anm. 47), S. 215.

Auf Ihr Ersuchen erstatten wir über den ██████ ████████████, geb. ████████████, von Adelboden, angeklagt wegen Mordes, folgendes psychiatrische Gutachten. Wir wollten uns über folgende Fragen äussern:

1.) War die Geistestätigkeit des Angeklagten im Zeitpunkt der Begehung der Tat in dem Masse gestört, dass er die Fähigkeit der Selbstbestimmung oder die zur Erkenntnis der Strafbarkeit der Tat erforderliche Urteilskraft nicht besass?

2.) Für den Fall der Verneinung dieser Frage: war der Angeklagte bei Begehung der Tat vermindert zurechnungsfähig und in welchem Grade?

Das Gutachten stützt sich auf die zugesandten Akten der jetzigen Strafuntersuchung, auf die von uns eingeforderten Akten der eidg. Militärversicherung in Bern, die Aussagen von ██████, seiner Frau und seines Bruders Wilhelm, ferner auf unsere eigenen Beobachtungen des Expl. in unserer Anstalt seit dem 10. VI. 1928 bis heute.

***

unterbricht die Ausfrage des Polizisten mit keinem Blick, wie man ihn dann anschaut, zieht ihm ein sonderbares, unmotiviertes Lächeln über das Gesicht, indem er zugleich über die ihm gestellte Frage nachdenkt, was heute für ein Tag: "Donnerstag" -- sagt er nach langem. Er habe sich zuerst besinnen müssen. In Haft sei er seit Febr. Habe viel Fieber gehabt. Auf die Frage seit wann, sagt er wieder in einem sonderbaren Vorbei: Seit 1925, will sagen, dass er seit 1925 immer wieder im Frühjahr oder bei Temperatur wechsel Temperaturen gehabt hat. Gekommen sei er wegen Mord - hat auch dazu ein lächelndes Gesicht, wenigstens quasi lächelnd, sicherlich völlig unberührt davon, ohne sonst entsprechenden Affekt.

Pupillen o. B. , Zunge belegt, hände kein Tremor, Pat. Refl. lebhaft.

Kommt nach B-2.

***

Z w e i t e A u f n a h m e .

Fr. 6. März 1931, 15.45 TW

Gebracht aus der Strafanstalt durch Dr. ████████ und Wärter.

Aufnahmestatus: Steht mit Vollbart und in Sträflingskleidung, die Mütze auf dem Rücken in der Hand haltend, steif im AZ., kümmert sich aber um seine Effekten, interessiert sich speziell für seine Uhr, die wolle er nicht verlieren. Das Geld könne Dr. B. behalten, sagt er mit steifem Lächlen. Auf Befr gen: er habe sich in Regensdorf über nichts beschwert; er habe allerdings einen Brief an seinen Vormund, Prof. ██████, geschrieben. Darüber möchte er sich nicht weiter auslassen. Gehemmt, steif, verweigert dem sich verabschiedenden Arzt die Hand. Nach den Gründen gefragt: nach seiner Auffassung sei das kein Arzt. (?) Das können auch Gefühlssachen sein. Kommt nach B 2.

12. März 1931. TW Wird zum Referenten aufs Zimmer gebracht, begrüsst den Arzt nett, nimmt Platz, geht aber nicht auf die scherzhafte Bemerkung des Ref. über sein verändertes Aussehen (abgenommener Bart) ein; gibt dann aber nett Auskunft darüber, auf welchen Abteilungen er letztesmal war.

Abb. 1: Ausschnitte eines von Friedrich Glauser angefertigten und entwendeten Durchschlags von Akten zu einem gerichtlichen und psychiatrischen Fall, auf dem der Fall Pieterlen in *Matto regiert* beruht.

1. War die Geistestätigkeit des Angeklagten im Zeitpunkt der Begehung der Tat in dem Masse gestört, das s er die Fähigkeit der Selbstbestimmung oder die zur Erkenntnis der Strafbarkeit der Tat erforderliche Urteilskraft nicht besass?

2. Für den Fall der Verneinung dieser Frage, war der Angeklagte bei Begehung der Tat vermindert unzurechnungsfähig und in welchem Grade?

x ------ Zwei schöne Fragen. Glauben Sie, dassn ich einmal von zehn Uhr Abends bis ein Uhr früh über diesen Fragen gehockt bin um ganz genau zu verstehen, was die Herrschaften eigentlich meinten? So dumm war ich damals... So dumm,dass ich nach diesem

***

Die Lampe trug einen pergamentenen Schirm, auf den Blumen in durchscheinenden Farben gemalt waren. Studer beugte sich vor und las:

XXXX "Ld. Unterbricht die Ausfrage des Polizisten mit keinem Blick, wenn man ihn anschaut, zieht ein sonderbar unmotiviertes Lächeln über sein Gesicht. Man fragt ihn, was heute für ein Tag sei, er denkt nach und sagt mit einem seltsamen Vorbei: 'Donnerstag.' Er habe sich zuerst besinnen müssen. In Haft sei er seit dem Februar, er habe viel Fieber. Auf die Frage seit wann, sagt er wieder in einem sonderbaren Vorbei: 'Seit vier Jahren' und meint damit er habe seit vier Jahren stets im Frühling e höhte Temperaturen. Gekommen sei er wegen Mord - auch dazu lächelt er, völlig unberührt, sicherlich ganz unbeteiligt. Er verabschiedet auch nicht vom Polizisten. Pupillen ohen Befund, Zunge belegt, Hände kein Tremor. Patellarreflex lebhaft..."

***

könne der Direktor von R. behalten, sagt er mit einem steifen Lächeln. Auf Befragen: Er habe sich über nichts zu beschweren; er habe allerdings einen Brief an seinen Vormund, Dr. L. geschrieben. Darüber möchte er sich nicht weiter auslassen. Gehemmt, steif, verweigert dem sich verabschiedenden A zte von R. die Hand. Nach den Gründen gefragt: Nach seiner Auffassung, sei das kein Arzt, das können auch Gefühlssachen sein."

Studer legte das Blatt auf den Tisch. Er wartete. Laduner sagte und bewegte sich nicht, sein Gesicht war im Schatten:

"Es dreht sich alles im Kreise um den 2. September. Merkwürdig. Am 2. Sptember stirbt Pieterlens Kind, im nächsten Jaht wir Pieterlen am 2. September wegen Mordes zu zehn Jahren Zuchthaus

Abb. 2: Friedrich Glauser: Ausschnitte eines Typoskriptdurchschlags zu *Matto regiert.*

che implizite Urteil dieses Gedankens läßt sich in zwei Richtungen auslegen: Zum einen kann es als Würdigung und zugleich Kritik der Leistung Laduners verstanden werden, was auch Glausers eigener ambivalenter Haltung der Psychiatrie gegenüber entspricht. Der Psychiater bringt zwar die sozialpsychologische und philosophische Tiefendimension der Existenz zum Sprechen, für die das Gesetz und der verwaltungstechnische Apparat von Polizei und Justiz taub sind. Gleichzeitig usurpiert er aber die Entscheidungsgewalt in dem von ihm selbst geschaffenen Raum der Ununterscheidbarkeit, eine Entscheidungsgewalt, die als Macht über Leben und Tod agiert. Sie nistet in der Verfügung darüber, was ein Demonstrationsobjekt und ein exemplarischer Fall ist und deshalb ein Recht auf eine freie Existenz hat und was die hoffnungslosen Fälle sind, die als nacktes Leben der experimentellen Verwertung mit Todesrisiko preisgegeben werden.

Das offenbart eine Art Showdown gegen Ende des Romans, als im Ofenloch der Heizung Listen der bei den Experimenten Verstorbenen und andere Dokumente auftauchen, die der tote Direktor über die Machenschaften seines Stellvertreters, mit dem er sich überworfen hat, gesammelt hat. Studer zieht die Totenlisten „vorsichtig heraus", der Text zitiert sie lakonisch: Namen, Todesdaten, Todesursache. Und Laduner „steckte sie in den Ofen zurück, entzündete ein Streichholz. Dann flackerten sie Papiere auf. [...] / ‚Wir wollen die Vergangenheit verbrennen'", lautete das Urteil über diejenigen, von denen nicht einmal der Name fortexistieren sollte.[58]

Zum anderen verweist Studers Gedanke über die lebenerweckende Leistung von Laduners Vortrag hinaus selbstreferentiell auf die substantiell-narrative Leistung der Literatur und ihre technisch-materiellen Bedingungen. Sie vermag das verschriftete Lebens zu jenem kaptiven Moment zurückzuführen, an den dilemmatischen Punkt, vor dem es keine Existenz hatte und mit dem das voraktliche Leben unwiederbringlich verloren ging. Die Bewegung zum Dilemma des kaptiven Moments, die Glausers protokollarische Poetik bestimmt, verleiht der verschriebenen Existenz die Potentialität des Lebens, die auch das Leben der Literatur ist.

Diese Bewegung erfährt durch die Schreibmaschine eine besondere Wendung und Zuspitzung. Das auszugsweise oder vollständige Kopieren der Polizei- und Justizakten war schon zu Zeiten der Exklusivität der Handschrift der übliche Vorgang bei der Überweisung von Beschuldigten oder Bestraften in die psychiatrische Anstalt oder, samt Gutachten und Krankengeschichte, von einer Anstalt zur anderen. Die Akte begleitete die Person als schriftkörperliches Doppel von Institution zu Institution. Sie wurde jeweils biopathographisch erweitert, aber aufs Wesentliche zusammengefaßt, weshalb sie quantitativ und wörtlich nie identisch war mit der jeweils zurückgelassenen Teilakte. Schreibmaschine und Kohlepapier brachten nun nicht nur neue Normen und Standards der Ver-

58 Ebd., S. 200 f.

schriftlichung; die Schreibbeschleunigung führte zu einer quantitativen Vermehrung des Umfangs der Personenakte und die Möglichkeit des Durchschlags zu einer Vervielfachung jeweils identischer Teilakten, die als disperse Phantome in verschiedenen Ämtern oder dann Archiven lagerten.

Auf Glausers Schreiben hat das ambivalente Auswirkungen: Einerseits kann man immerhin annehmen, daß die Tipparbeit und die sich eröffnende Möglichkeit der Interzeption seine Produktion katalysieren (aber dafür habe ich, wie gesagt, keine Belege gefunden). Zwar spielen auch in den zuvor entstandenen Erzählungen die institutionellen Gegebenheiten und dokumentarischen Verfahren oft eine maßgebliche Rolle; doch erst mit der vermutlich im Sommer 1931 erfolgten Kopie der Akte scheint die eigentümliche Simulation der besagten Institutionen und Verfahren jene elaborierteren Konturen anzunehmen, welche – wie die zweite Erzählszene gleich noch verdeutlichen wird – die ab 1934 entstehenden *Wachtmeister Studer*-Romane aufweisen. Auch persönlich ist Glauser von der Materialität seiner eigenen Aktenlage fasziniert, wenn er (wie bereits zitiert) mit seinen „fünf Mappen“ prahlt.[59] Andererseits aber könnte gerade die materielle und existentielle Unmittelbarkeit zwischen seiner eigenen und den phantomatischen Aktenexistenzen – neben psychiatriefachlichen, stilistischen und anderen Gründen – zu den erheblichen Schwierigkeiten beigetragen haben, die Glauser gerade mit diesem Kapitel hatte.

Wenn der subjektiv notwendige Abstand zum Schreiben, den die Schreibmaschine ermöglicht (und natürlich auch aufzwingt), und das kaptive Moment der Objektivierung von Subjekten durch das Schreiben einander in die Quere kommen, dann müßte eigentlich auch die Schreibmaschine als Trägerin dieser Gegenstrebungen ambivalent erscheinen. Tatsächlich ist in Wachtmeister Studers erstem Fall, *Schlumpf Erwin Mord*, der dem bereits geplanten Irrenhausroman noch „dazwischen gekommen“ ist,[60] die Schreibmaschine bereits Gegenstand der Schriftskepsis des Protagonisten. Das soll nun noch die offene Schreibszene zeigen, die vielleicht weniger spektakulär, aber nicht minder aufschlußreich für die protokollarische Poetik von Glausers Literatur ist.

II.2. Protokoll

Zunächst noch eine ausklammernde Bemerkung: Die Thematisierung, Darstellung oder Inszenierung von Schreiben und Schrift in Glausers *Studer*-Romanen müßte eigentlich immer im Verbund mit anderen medialen Techniken betrachtet werden, die darin vorkommen, angefangen bei den kriminalistischen Techniken wie der Daktyloskopie über den Phonograph bis hin zum Radio, das sowohl in *Matto regiert* bisweilen läuft (unter anderem eine Hitler-Rede sendend) als auch im Dorf Gerzenstein, wo *Schlumpf Erwin Mord* spielt; hier plärrt

59 Brief an Josef Halperin, Waldau, 20. April 1936, *Briefe 2* (Anm. 4), S. 262.
60 Brief an Berthe Bendel, Waldau, 12. März 1935, *Briefe 2* (Anm. 4), S. 7 f., hier S. 8.

es permanent aus jedem Fenster und „durchweich[t]“ den Leuten die „Köpfe“.[61] Aber ich muß es bei dieser Ausklammerung belassen.[62]

Schlumpf Erwin Mord, der erste *Studer*-Roman, 1936 zuerst (wie alle Romane) in einer Zeitschrift (beziehungsweise in einer Zeitung) und dann als Glausers erstes Buch überhaupt erschienen, ist über weite Strecken eine eigentliche Inszenierung von Akten. Diese Inszenierung sollte nach dem Willen Glausers schon beim Umschlag und dem Titel beginnen: Der Umschlag sollte neben dem Tatort mittels einer „Photomontage“ ein „Aktenfaszikel“ abbilden samt dem aktenüblichen Namenszug als Falltitel auf dem Aktenumschlag: „‚Schlumpf Erwin Mord‘, und zwar ohne Interpunktion“, so Glauser, der es ja wissen muß.[63] Der Roman erschien dann ohne Glausers Einverständnis als „Wachtmeister Studer“.

Studer liefert den jungen des Mordes beschuldigten Erwin Schlumpf, zu dem er gleich eine väterliche Zuneigung empfindet, samt den bislang angefallenen Akten im Thuner Gefängnis ab und zieht von dannen. Doch ein „gewisses unangenehmes Gefühl“[64] läßt ihn noch einmal vom Bahnhof unbefugterweise in die Zelle zurückkehren, wo er den Jungen gerade noch rechtzeitig vom Fenstergitter abknüpfen kann. Während der Reanimationsmaßnahmen läßt er den Fall, wie er protokolliert worden ist, noch einmal Revue passieren:

> „Der Schlumpf! Sicherlich kein wertvoller Mensch! Man kannte ihn auf der Kantonspolizei. Ein Unehelicher. Die Behörde hatte sich fast ständig mit ihm beschäftigen müssen. [...] Lebenslauf? Verdingbub bei einem Bauern. Diebstähle. – Vielleicht hat er Hunger gehabt? Wer kann das hintendrein noch feststellen? – Dann ging es, wie es in solchen Fällen immer geht. Erziehungsanstalt Tessenberg. Ausbruch. Diebstahl. Wieder gefaßt. Geprügelt. Endlich entlassen. Einbruch. Witzwil. Entlassen. Einbruch. Thorberg drei Jahre. Entlassen.“[65]

Studers kritische Reprotokollierung des sogenannten ‚Vorlebens‘ trägt seine Gedanken zurück an jene primäre und minimale Schwelle, auf der das Leben als kriminelle Existenz erfaßt und zugleich als wertloses und das heißt zu verwertendes Leben ausgesondert wird; tatsächlich fürchtet der Wiedererweckte nichts so sehr, wie in die Irrenanstalt eingeliefert zu werden. Studer sieht „das Einlieferungsprotokoll, das er unterzeichnet hatte“. Die Dramatik dieser Passage der Sprach- und Schriftschwelle, auf welche die körperliche Einsperrung folgt, wird

61 Glauser, *Schlumpf Erwin Mord* (Anm. 36), S. 105.

62 Einen Ansatz zur Medienkonkurrenz in Glausers Romanen liefert Holger Dainat, „Anders als im Roman: Zur Wirklichkeitskonstruktion in den *Studer*-Romanen von Friedrich Glauser“, in: Joachim Linder und Claus-Michael Ort (Hrsg.), *Verbrechen – Justiz – Medien. Konstellationen in Deutschland von 1900 bis zur Gegenwart*, Tübingen: Niemeyer 1999 (= *Studien und Texte zur Sozialgeschichte der Literatur*, Bd. 70), S. 325-338.

63 Brief an Friedrich Witz, Ostermundigen, 8. Januar [eigentlich Februar] 1936, *Briefe 2* (Anm. 4), S. 146-150, hier S. 146 f.; vgl. auch Saner, *Friedrich Glauser*, Bd. 2 (Anm. 46), S. 118 f.

64 Glauser, *Schlumpf Erwin Mord* (Anm. 36), S. 8 f.

65 Ebd., S. 7 f.

durch den gescheiterten Selbstmordversuch bis an jene absolute Schwelle des Todes getrieben.

Das quittiert der Untersuchungsrichter, der Studer wegen des unbefugten Eindringens in die Zelle zu sich hinaufzitiert. Wenn „dieser Schlumpf sich auch erhängt hätte, das Malheur wäre nicht groß gewesen“, läßt er Studer gleich wissen, „ich wäre eine unangenehme Sache los geworden, und der Staat hätte keine Gerichtskosten zu tragen brauchen ...“.[66] Der Wachtmeister bemerkt, daß der Fall gar nicht so klar liege, so daß der Untersuchungsrichter zum Erweis der Klarheit zu den Akten greift, die er noch gar nicht genügend kennt. Während der Untersuchungsrichter noch nach den Akten sucht, präsentiert sie die Erzählstimme in ihrer schieren Materialität:

> „Rechts von ihm waren fünf Aktenbündel übereinandergeschichtet. Er nahm sie nacheinander in die Hände. Endlich, das unterste, das dünnste war das richtige. Auf dem blauen Kartondeckel stand:
>
> SCHLUMPF ERWIN
> MORD“[67]

Daraufhin demontiert Studer das Vorurteil des Untersuchungsrichters, indem er dessen hilfloses Blättern Seite für Seite kommentiert, ohne die Akte vor sich zu haben, bis ihn der Untersuchungsrichter zu weiteren Ermittlungen ermächtigt.

Studer ist keineswegs ein Aktenfuchser, er läßt sich die Geschichten erzählen, erzählt sie sich selbst immer wieder und verkörpert sie gleichsam. Er erscheint in *Schlumpf Erwin Mord* sogar als außerordentlicher Schreib- und Schriftskeptiker. Als er noch eine Weile mit dem Häftling alleine bleibt, läßt er sich die Geschichte erzählen. Er macht ein paar Notizen, um aber gleich „Männlein“ „in sein Notizbuch“ zu zeichnen und bald in die Gedanken und Bilder seiner gleichschwebenden Aufmerksamkeit abzudriften: „Er war plötzlich weit weg.“[68] Das andere Mal, als er sein „Notizheft“ zückt, scheint er nur hinein „zu starren“, während „seine Augen“ „beweglich“ bleiben und die Vorgänge in der Gartenbeiz beobachten.[69] Den polizeilichen „Rapport“ über die Verhaftung Schlumpfs, den er anderntags schreiben soll, schiebt er nur allzu gerne auf. „Wie sollte man diesen Rapport schreiben? Vielmehr, was schreiben, was auslassen?“[70] fragt er sich, des existentiellen Gewichts dieses Schreibakts gewärtig,

66 Ebd., S. 19.
67 Ebd., S. 19 f.
68 Ebd., S. 16.
69 Ebd., S. 14, vgl. S. 157 f.
70 Ebd., S. 35. Im einzig erhaltenen handschriftlich korrigierten Typoskript, das der „Editorische Bericht“ (ebd., S. 244-246) „sozusagen“ als „Urfassung“, „wie sie von Glauser 1935 niedergeschrieben worden ist“ (S. 244), bezeichnet, folgt auf diese Frage eine Schreibmaschinenszene, die im Zug der zahlreichen Änderungen und Kürzungen, vielleicht aber auch wegen der Verdoppelung mit der in der Folge referierten Schreibmaschinenszene, weggefallen ist. Hier wird der ganze Abschnitt des Typoskripts wiedergegeben, weil auch die ersten Zeilen vom gedruckten Text abweichen. In eckigen Klammern stehen maschinelle, in geschweiften Klammern

und flüchtet sich in die Ermittlungen. Das „Folioblatt", das er zwischendurch mit „Bilanz" überschreibt, bleibt ansonsten leer, und auch dieses einzige „Wort" streicht er noch durch.[71]

Um so gespannter ist man, als Studer beim letzten Zeugenverhör, das Schlumpfs Unschuld nun auch für den Untersuchungsrichter erweisen wird, sich an die Schreibmaschine setzt. Als der Untersuchungsrichter seinen „Schreiber rufen lassen" will, „meldet[ ] sich" Studer unvermittelt: „Er wolle gern den Gerichtsschreiber machen. Dann sei man mehr unter sich. Und er könne ganz gut mit der Maschine umgehen. Mit zwei Fingern zwar. Aber es werde schon langen, wenn Sonja nicht zu schnell erzähle."[72] (Sonja ist Schlumpfs Geliebte und die Tochter des Ermordeten. Sie erzählt die lange Vorgeschichte des finanziellen und sozialen Familienruins durch Spekulation, Kredit und Betrug. Schlumpf hat sich als vermeintlicher Mörder geopfert, weil die Familie davon ausging, der Vater habe Selbstmord begangen. Denn dazu haben ihn seine Frau und deren Bruder gedrängt, um die Lebensversicherung zu kassieren. Aber einen Mörder wird es dann doch geben.)

Was Studer als Protokollant nun an der Schreibmaschine tut, ist beinah das Gegenteil, dessen, wozu er sich so vorauseilend bereit erklärt hat. Er schreibt nämlich von sich aus gar nichts und, was ihm der Untersuchungsrichter diktiert, nur sehr widerwillig. Statt dessen protokolliert der Erzähltext seine dysfunktionalen Gesten. „Ich glaube, diese ganze Geschichte brauchen wir nicht ins Protokoll aufzunehmen", regt sich der Untersuchungsrichter bald ungeduldig, was Studer mit einem lässigen „Gewiß, gewiß ..." und ein paar Zeilenschaltungen pariert. Als jener erneut interveniert und nun endlich wissen will, „was am Abend des Mordes passiert ist", wehrt sich Sonja selbst: Sie müsse „von dem, was früher geschehen ist, doch auch erzählen, sonst kommt Ihr ja nicht nach". „Sowieso", bekräftigt Studer, „nur erzählen lassen. Wir haben ja Zeit", und bietet dem anwesenden Beschuldigten Schlumpf eine Zigarette an.[73]

handschriftliche Streichungen, maschinelle Einfügungen über der Zeile werden mit ┌xxx┐ , handschriftliche mit ╓xxx╖ gekennzeichnet, maschinelle Überschreibungen mit |x>y|, handschriftliche mit ||x>y||; die Seite beginnt mit drei zentrierten, ein Dreieck bildenden Asterisken, darauf folgt der Abschnitt mit Einzug: „Wachtmeister Studer schrieb seinen Rapport. Das Bureau roch nach Staub, Bodenöl und kaltem Cigarrenrauch. Die Fenster waren geschlossen. Draussen regnete es, die paar warmen Tage waren eine Täuschung gewesen , ein sauerer Wind blies durch die Strassen und Studer war schlechter Laune. Wie sollte man diesen Rapport schreiben?|C>V|ielmehr, was schreiben, was auslassen? Er wusste noch nicht[s], ob [sich] der Untersuchungsrichter mit dem rohseidenen Hemd an die Fahndungspolizei gelangt war, vielleicht hatte er sichs anders überlegt. So wartete Studer, hieb hin und wieder mit [einem] ┌den┐ Zeigefingern [einen Buchstabe] auf ein paar Tasten, blieb still, drehte an der Walze und dachte an {ien}╓ein╖ paar mo|r>d|erne {Halb}||s>S||chuhe, die, zusammen mit den seidenen Socken, so gar nicht zu einem halbleinen Kleid von bäuerischem Schnitt passen wollten.||..||" Schweizerisches Literaturarchiv (SLA), Bern: Friedrich Glauser, A-2-b: Wachtmeister Studer [= Schlumpf Erwin Mord], S. 39.

71 Ebd., S. 128 f.

72 Ebd., S. 137.

73 Ebd., S. 139 f.

Und abermals muß Studer den „nervösen Herrn“ Untersuchungsrichter mit einer „beschwichtigenden Handbewegung“ beruhigen, aber „getippt“ hat der fingierte Gerichtsschreiber bis dahin immer „noch kein Wort“. Schließlich muß der Untersuchungsrichter „nach einleitenden Floskeln jedes Zeugenverhörs Sonjas Erzählung“ „stockend“ diktieren. Aber „seine Sätze verfilzten sich derart, daß Studer Mühe hatte, diese Syntax zu entwirren.[74]

Im weiteren Verlauf ergibt sich eine Szene, bei der die Literatur gleichsam sich selber berührt. Sonja schildert den wahnwitzigen Plan des vorgetäuschten Selbstmordes und wie sie damals ausgerufen habe: „‚Das geht doch in Romanen, aber nicht in Wirklichkeit!‘“, um sich gleich an Studer zu wenden: „‚Hab ich da nicht recht, Herr Wachtmeister?‘ / ‚Hm, vielleicht, ja ...‘, murmelte Studer und beschäftigte sich eifrig mit dem eingespannten Folioblatt. Die Linien waren schief.“[75] Bei der Sichtung von Glausers Nachlaß habe ich mich im maschinen- und handschriftlich korrigierten Typoskript natürlich vor allem in dieser Schreibszene umgesehen. Es mag Zufall sein, wenn Glauser gerade bei diesem quasifunktionalen Hantieren an der Schreibmaschine von Hand nachbessert und aus „Die Linien wollten nicht gerade bleiben“ ein schlichtes „Die Linien waren schief“ macht (Abb. 3).[76] Solche Handkorrekturen sind zwar für Glauser ganz üblich; dennoch untermalt die autorschaftliche Korrektur als Schreibszene gleichsam Studers Weigerung, die Erzählung der lebendigen Erzählstimme mittels der Schreibmaschine zu entreißen, als gälte es, den eigenen literarischen Schreibmaschinenakt zurückzunehmen. Wie ein Echo klingt nämlich Studers gedankliche Bemerkung, als der Untersuchungsrichter „endlich“ „fertig“ war.

> „Es war bei der ganzen Fragerei nichts Wichtiges mehr herausgekommen. Hätte man Sonjas Erzählung auf einer Platte aufgenommen [...], so wäre der Eindruck lebendiger gewesen, richtiger, als das trockene Protokoll in der indirekten Rede ... Sei's drum.“[77]

Studer fordert die lebendige Erzählung ein, um sie mit dem „Sei's drum“ gleich wieder preiszugeben. Als ob er wüßte, daß kein Medium den Abstand zum Leben zu schließen vermag, es sei denn die Literatur, indem sie ihn exponiert.

---

74 Ebd., S. 142-144.

75 Ebd., S. 143.

76 Schweizerisches Literaturarchiv (SLA), Bern: Friedrich Glauser, A-2-b: Wachtmeister Studer [= Schlumpf Erwin Mord], XVI, S. 151-160, hier S. 153.

77 Glauser, *Schlumpf Erwin Mord*, S. 145-147; zu Studers Aufmerksamkeit für die Stimme vgl. zuvor schon S. 118 und S. 140, zur Forderung der phonographischen Aufnahme S. 131.

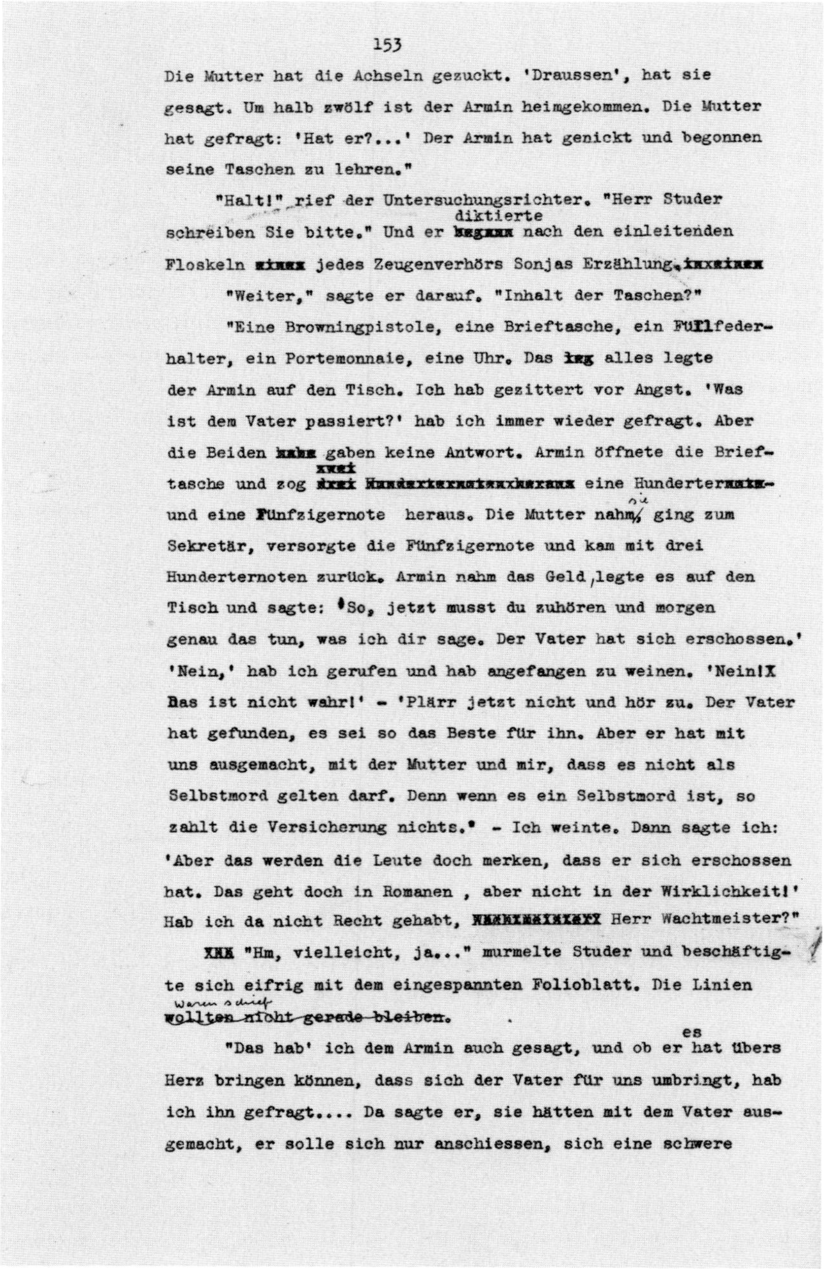

153

Die Mutter hat die Achseln gezuckt. 'Draussen', hat sie gesagt. Um halb zwölf ist der Armin heimgekommen. Die Mutter hat gefragt: 'Hat er?...' Der Armin hat genickt und begonnen seine Taschen zu lehren."

"Halt!" rief der Untersuchungsrichter. "Herr Studer schreiben Sie bitte." Und er ~~begann~~ diktierte nach den einleitenden Floskeln ~~einen~~ jedes Zeugenverhörs Sonjas Erzählung.

"Weiter," sagte er darauf. "Inhalt der Taschen?"

"Eine Browningpistole, eine Brieftasche, ein Füllfederhalter, ein Portemonnaie, eine Uhr. Das ~~leg~~ alles legte der Armin auf den Tisch. Ich hab gezittert vor Angst. 'Was ist dem Vater passiert?' hab ich immer wieder gefragt. Aber die Beiden ~~nahm~~ gaben keine Antwort. Armin öffnete die Brieftasche und zog ~~drei Hunderternoten~~ zwei eine Hunderternote und eine Fünfzigernote heraus. Die Mutter nahm sie, ging zum Sekretär, versorgte die Fünfzigernote und kam mit drei Hunderternoten zurück. Armin nahm das Geld, legte es auf den Tisch und sagte: 'So, jetzt musst du zuhören und morgen genau das tun, was ich dir sage. Der Vater hat sich erschossen.' 'Nein,' hab ich gerufen und hab angefangen zu weinen. 'Nein! Das ist nicht wahr!' – 'Plärr jetzt nicht und hör zu. Der Vater hat gefunden, es sei so das Beste für ihn. Aber er hat mit uns ausgemacht, mit der Mutter und mir, dass es nicht als Selbstmord gelten darf. Denn wenn es ein Selbstmord ist, so zahlt die Versicherung nichts.' – Ich weinte. Dann sagte ich: 'Aber das werden die Leute doch merken, dass er sich erschossen hat. Das geht doch in Romanen , aber nicht in der Wirklichkeit!' Hab ich da nicht Recht gehabt, Herr Wachtmeister?"

"Hm, vielleicht, ja..." murmelte Studer und beschäftigte sich eifrig mit dem eingespannten Folioblatt. Die Linien ~~wollten nicht gerade bleiben~~ waren schief.

"Das hab' ich dem Armin auch gesagt, und ob er es hat übers Herz bringen können, dass sich der Vater für uns umbringt, hab ich ihn gefragt.... Da sagte er, sie hätten mit dem Vater ausgemacht, er solle sich nur anschiessen, sich eine schwere

Abb. 3: Friedrich Glauser: Typoskript zu *Schlumpf Erwin Mord* (bekannt unter dem Titel *Wachtmeiser Studer*) mit Nachbesserungen von Hand.

Franziska Thun-Hohenstein

Bleistift und Schreibmaschine
Schreibszenen in der russischen Lagerliteratur

Alte Schreibmaschinen – vornehmlich ausländischer Herkunft – gehören in der russischen Literatur des 20. Jahrhunderts zu den unverzichtbaren Requisiten. Ihr bloßes Vorhandensein dient oft als Zeichen, um den schriftstellerischen Anspruch einer Figur zu legitimieren. Auch in Vladimir Makanins unlängst erschienenem Roman *Underground oder Ein Held unserer Zeit*, einer ironischen Bilanz der Umbrüche in der russischen Kultur der letzten Jahrzehnte, kommt die Schreibmaschine zu höchsten Ehren. Makanins Hauptfigur Petrovič, einst ein anerkannter Schriftsteller der Moskauer Underground-Literaturszene, ist mittlerweile zwar ziemlich heruntergekommen, bewacht aber weiterhin unverdrossen seine Schreibmaschine. Im Obdachlosenasyl kettet er sie aus Angst vor Dieben ans Bett. In seinen Gedanken avanciert sie gar zum Garanten der heilenden Kraft der Literatur:

> „Die Handgelenke sind besonders kräftig, wenn man gut zwanzig Jahre auf die Schreibmaschine gehackt und sie noch dazu herumgetragen hat, hin und her durch die ganze Stadt, auf der Suche nach einem warmen Winkel. Zwanzig Jahre änderte sich nichts an meiner suchenden Lebensweise, aber die Schreibmaschinen wurden ab und zu ausgetauscht. Ich erinnere mich an die ‚Underwood', ganz aus Metall. Ich trug sie in einem großen Rucksack, nachdem ich vorsorglich die klobigen, quadratischen Füße abgeschraubt hatte, damit sie mir beim forschen Ausschreiten nicht den Rücken malträtierten. Einmal gab ich den Rucksack (mit der ‚Underwood', Baujahr 1904) in der Metro einem Bekannten, der ihn einen Augenblick halten sollte; er ließ ihn im dichten Gedränge sofort fallen; zum Glück niemandem auf den Fuß. Der Bekannte war bestürzt und verlegen. Ich hob die ‚Underwood' auf und schleppte sie weitere zehn Jahre mir mir herum. Ich hätte eine kleine Dankesgeschichte schreiben können: *Wie mich die Literatur stark und gesund gemacht hat.*"[1]

Aus der Perspektive des traditionellen russischen Kulturbewußtseins begeht Petrovič ein Sakrileg: Seine Lobesworte gelten nicht dem dichterischen Wort, sondern einem technischen Instrument, der Schreibmaschine, die ihn kraft ihrer puren Materialität „stark und gesund gemacht" habe. Makanins sarkastische Abrechnung mit einer Literaturideologie, die dem Wort – insbesondere dem geschriebenen literarischen Wort – nahezu magische Wirkung zugestand, verweist

1 Wladimir Makanin, *Underground oder Ein Held unserer Zeit* (1998), übersetzt von Annelore Nitschke, München: Luchterhand 2003, S. 589.

zugleich auf eine konkrete Epoche in der russischen Kultur: auf die sogenannte ‚Tauwetter'-Zeit nach Stalins Tod.

Für die russische Nachkriegskultur innerhalb des Sowjetraumes ist das eine grundlegende Umbruchsphase: In politischer Hinsicht beinhaltet sie Chruščevs Versuch einer staatlich gelenkten Auseinandersetzung mit den Gewaltexzessen der Stalin-Zeit. In kultureller Hinsicht ist sie gekennzeichnet durch eine zaghafte Öffnung zur verdrängten eigenen wie zur westeuropäischen künstlerischen Moderne, vor allem aber durch das Entstehen einer inoffiziellen Kultur. Für die Literaturproduktion änderten sich gegenüber der Stalin-Zeit die politischen Rahmenbedingungen zumindest insofern, als das Aufschreiben bzw. Verbreiten ungedruckter Texte nicht mehr die Gefahr physischer Vernichtung nach sich zog.

In literarischen Texten, die in einer totalitären Kultur entstanden sind, wird dem Schreibakt vielfach allein auf Grund der politischen Situation eine existentielle Dimension beigemessen. Totalitäre Herrschaftsformen erheben nicht bloß Anspruch auf die Deutungshoheit über den Sinngehalt eines Textes, sondern üben die generelle Verfügungsgewalt über die Schreib- bzw. Vervielfältigungsmedien aus (bzw. streben danach). Auch in der Sowjetunion haben Dichter und Schriftsteller jahrzehntelang in dem Wissen gearbeitet, daß es von vielen literarischen Werken keine gedruckte Fassung, ja nicht einmal einen geschriebenen Text geben durfte. Das berühmte Diktum der Dichterin Anna Achmatova vom Rückfall der russischen Literatur der Stalin-Zeit „in die Ära vor Gutenberg" bezeichnet explizit eine medienhistorische Konstellation: Es geht hier aber nicht um den Einzug moderner Schreibtechnik, sondern im Gegenteil um den *Entzug von Technik*. Anna Achmatova, beispielsweise, notierte in den dreißiger Jahren die Verse ihres Poems *Requiem* im Beisein einer vertrauten Person auf ein Stück Papier. Hatte diese die Verse auswendig gelernt, verbrannte sie das Papier. „Es war ein Ritual: Hände, Streichholz, Aschenbecher – ein herrliches und bitteres Ritual",[2] so beschrieb Lidija Čukovskaja, eine langjährige enge Freundin der Achmatova, diese Schreibszene. Es ging letztlich nicht bloß um das gedruckte Wort – jede schriftliche Fixierung eines von der politischen Macht als subversiv eingestuften (in diesem Fall literarischen) Wortes war lebensbedrohlich, implizierte doch der Akt des Aufschreibens die Möglichkeit seiner Aufbewahrung und potentiellen Weitergabe.

Unter solchen Bedingungen gewinnt das Schreiben mit der Hand, ja das Schreibenkönnen überhaupt, einen besonderen Status. Es wird auf der inhaltlichen Ebene zu einem Akt der Verteidigung des Individuums. Unter medialem Gesichtspunkt impliziert es den Rückgriff auf einfache Schreibmaterialien (Papier, einzelne Zettel, im GULag auch Stoffetzen) und Schreibwerkzeuge (Stift, Bleistiftstummel). Fehlt der Zugang selbst zu diesen elementaren Schreibin-

---

2 Lidija Čukovskaja, *Zapiski ob Anne Achmatovoj v trech tomach* (*Aufzeichnungen über Anna Achmatova in drei Bänden*), Bd. 1: 1938-1941, Moskva: Soglasie 1997, S. 13. Alle Übersetzungen, soweit nicht anders vermerkt, von Verf.

strumenten, wie das in den Gefängnissen und Lagern des GULag sehr häufig der Fall war, so werden Stimme und Gedächtnis als einzig verfügbare Arbeitsinstrumente des Dichters bzw. Schriftstellers eingesetzt.[3] Im Hinblick auf eine Konzeptualisierung der Schreibszene wäre zu diskutieren, inwieweit diese einen ,Schreib'-Vorgang einschließt, bei dem die Materialität der Schrift (und damit der eigentliche Akt des Schreibens) vollständig (oder doch weitgehend) ausgeklammert bleibt, da der literarische Produktionsprozeß auf Grund äußerer Zwänge nahezu ausschließlich mit Hilfe von Arbeitsinstrumenten der Oralität wie Stimme und Gedächtnis bewerkstelligt werden muß.

Erst die Öffnung der GULag-Lager im Jahre 1956 und der Wegfall der unmittelbar lebensbedrohlichen Umstände führte in der russischen Literatur der ,Tauwetter'-Zeit zur Ausprägung unterschiedlicher Aufschreibsysteme. Neben nur mühsam zu entziffernden Handschriften kursierten nun im sogenannten ,Samizdat', dem Kommunikationsnetz des ,Selbstverlages', maschinengeschriebene Typoskripte.

Die hier nur kurz skizzierten kultur- und medienhistorischen Zusammenhänge treten im Paradigma der Lagerliteratur besonders kraß hervor. Der Begriff *Lagerliteratur* meint im engeren Sinne Erinnerungstexte von Überlebenden des GULag mit literarischem Anspruch (autobiographische Texte, fiktionale Prosa, Gedichte), die vielfach in den Jahren der ,Tauwetter'-Zeit verfaßt bzw. begonnen wurden. In einem weiteren Sinne wird der Begriff *Lagerliteratur* darüber hinaus für alle schriftlichen Zeugnisse aus den Gefängnissen und Lagern des GULag-Systems verwendet, d. h. auch für Briefe, Notizen u. ä. Wird in Texten der Lagerliteratur der Schreibakt thematisiert, so geschieht dies primär unter dem Eindruck einer Situation, die individuelles Schreiben überhaupt unmöglich macht. Inwieweit dabei auch Fragen der Schreibtechnik sowie der körperlich-gestischen Seite des Schreibens akzentuiert werden, ist ein von der Forschung bislang eher weniger beachteter Aspekt. In den Textbeispielen, auf die sich die nachfolgenden Überlegungen beziehen, werden sowohl die konkreten Umstände von Schreibversuchen in den Lagern des GULag ins Blickfeld gerückt (Varlam Šalamovs *Erzählungen aus Kolyma* und Nina Gagen-Torns *Memoria*) wie auch Spezifika des erinnernden Schreibens nach dem Lager, aber im Verborgenen (Evgenija Ginzburgs *Gratwanderung*).[4]

Einige biographische Kurzangaben zu den drei Autoren seien vorangestellt.

Varlam Šalamov (1907-1982), Sohn eines orthodoxen Priesters aus dem nordrussischen Vologda, ging 1924 zum Studium nach Moskau. Seine literarischen Interessen (er schrieb seit der Kindheit Gedichte) ließen ihn Kontakte zu literarischen Zirkeln der Avantgarde um Sergej Tret'jakov und Vladimir Maja-

3 Die Herausbildung einer besonderen ,Gedächtniskunst' qua Mnemotechnik unter den Bedingungen von Gefängnis- oder Lagerhaft ist ein häufiges Motiv in Lagererinnerungen, auf das noch zurückzukommen sein wird.

4 Die nachfolgenden Ausführungen beziehen sich ausschließlich auf publizierte Texte, da es im Erarbeitungszeitraum des Beitrages nicht möglich war, Archivmaterialien zu den genannten Autoren einzusehen.

kovskij knüpfen. Ende der zwanziger Jahre beteiligte er sich aktiv an politischen (‚trotzkistischen') Aktionen gegen Stalin, darunter an der illegalen Verbreitung von Lenins sogenanntem ‚politischem Testament'. Das führte im Februar 1929 zu Šalamovs Verhaftung. Er wurde zu drei Jahren Konzentrationslager verurteilt. Nach Ablauf der drei Jahre in einem nordrussischen Lager kehrte Šalamov nach Moskau zurück und widmete sich ausschließlich der literarischen und journalistischen Tätigkeit. Im Frühjahr 1937 wurde er wegen angeblicher Fortsetzung seiner trotzkistischen Tätigkeit zum zweiten Mal verhaftet. Das Urteil lautete diesmal fünf Jahre Lagerhaft in der ostsibirischen Region der Kolyma. Während der Haftzeit wurde Šalamov erneut der antisowjetischen Agitation (diesmal unter Mitgefangenen) angeklagt und zu weiteren zehn Jahren Arbeitslager verurteilt. Die Jahre zwischen 1937 und 1946, so erinnerte sich Šalamov später, verbrachte er in der extremen Kälte der Kolyma, zwischen Goldminen und Krankenbaracken. Nachdem es ihm gelungen war, an einem Arzthelferkurs für Gefangene teilzunehmen, konnte er im Lager vom Ende der vierziger Jahre an bis zu seiner Entlassung als Arzthelfer tätig sein. Anfang der fünfziger Jahre kehrte er nach Moskau zurück und sah fortan seine Aufgabe darin, die Geschehnisse in den Lagern des GULag in Versen und in Prosatexten literarisch zu verarbeiten.

Die Historikerin Evgenija Ginzburg (1904-1977) lebte mit ihrem Mann, dem Vorsitzenden des Stadtsowjets Pavel Aksenov, und den beiden Kindern in Kazan' und unterrichtete an der dortigen Universität. Sie gehörte zur priviligierteren Schicht der (regionalen) Parteielite und hatte bis zum Zeitpunkt ihrer Verhaftung im Jahre 1937, wie sie später bekannte, keinerlei Zweifel an der bisherigen Parteipolitik gehegt. Wegen angeblicher terroristischer Tätigkeit wurde Evgenija Ginzburg zu zehn Jahren Einzelhaft verurteilt, ein Urteil, das zwei Jahre später in Haft im Arbeitslager umgewandelt wurde. Wie Šalamov und Hunderttausende anderer Gefangener wurde sie im Viehwaggon wochenlang nach Wladiwostok (bis zu sechs Wochen konnte die Fahrt dauern) und dann mit dem Schiff in die Region der Kolyma deportiert. Nach ihrer Entlassung im Jahre 1947 blieb sie in Magadan, der ‚Hauptstadt' der „Kolyma-Zivilisation" (Evgenija Ginzburg), wurde dort 1949 erneut verhaftet und zu ewiger Verbannung in Sibirien verurteilt. Erst 1955 konnte sie die Region der Kolyma endgültig verlassen. Seit Anfang der sechziger Jahre lebte sie in Moskau, arbeitete als Redakteurin und schrieb an ihrem Erinnerungsbuch, einem Bericht über die eigenen Erlebnisse zwischen Verhaftung und Rehabilitierung, die sie als eine persönliche „Chronik der Zeiten des Personenkults" verstand.

Die spärlichen biographischen Informationen über die Ethnologin Nina Gagen-Torn (1901-1986) sind allein dem posthum erschienenen Band *Memoria* zu entnehmen, der sowohl Erinnerungstexte wie Gedichte aus verschiedenen Jahren enthält. Nina Gagen-Torn entstammt einer alteingesessenen Petersburger Arztfamilie (ursprünglich schwedischer Herkunft). Während ihrer Studienzeit beteiligte sie sich an der Arbeit der „Freien Philosophischen Akademie", die zwischen 1918 und 1923 vielfältige Gelegenheiten für einen freien und regen intellektuellen Gedankenaustausch bot. In den Seminaren, Diskussionsveranstaltungen bzw. literarischen Lesungen hörte sie beispielsweise Aleksandr Blok, Andrej Belyj oder Evgenij Zamjatin. Die Stationen ihrer ‚Marschroute' im GULag ähnelten denen von Varlam Šalamov und Evgenija Ginzburg: Nach der ersten Verhaftung 1936 kam sie für sechs Jahre in die Lager der Kolyma (einige Gedichte aus dieser Zeit sind in dem Band publiziert). Im Jahre 1947 – zu dieser Zeit arbeitete sie in der Bibliothek der Akademie für Gesellschaftswissenschaften in Moskau – erfolgte unter dem Vorwand fortgesetzter antisowjetischer Tätigkeit die zweite Verhaftung. Diesmal kam sie in ein Lager der europäischen Region, an der mittleren Wolga. Im Jahre 1956 wurde Nina Gagen-Torn rehabilitiert und konnte zur wissenschaftlichen Arbeit am Leningrader Institut für Ethnographie zurückkehren.

I

„Wer kann sich im Lager zum Schreiben entschließen?"[5] Aleksandr Solženicyn stellt im *Archipel GULag* eine der Schlüsselfragen, um sie sogleich selbst zu beantworten: „Einem Sek [d. h. einem Gefangenen] ist das Schreiben diesseits und jenseits des Stacheldrahts verboten, und wo ist's erlaubt? Nur im Kopf!"[6] Immer wieder aber haben sich Gefangene dem Verbot widersetzt, was sie zum Teil mit hohen Strafen bezahlen mußten. Bei aller Spezifik der Einzelfälle läßt sich generell ein Zusammenhang zwischen der jeweiligen Schreibszene und dem Ort des Lagers innerhalb des gesamten GULag ausmachen.

In den fast vierzig Jahren, in denen der GULag als ein gigantisches Wirtschaftsimperium funktionierte, schwankten Anzahl und Dichte der Lagerpunkte erheblich. Unverändert blieb jedoch die Grundstruktur des konkreten Raumgefüges, innerhalb dessen die Gefangenen in immer entlegenere und vom Klima her für eine Besiedlung durch den Menschen kaum geeignete Regionen deportiert wurden. In den Lagern im fernen Osten, wie z. B. in der Region der Kolyma, herrschte im Winter eine extreme Kälte. Individuelles Schreiben war hier nicht bloß untersagt, es war auch kaum möglich – „weder Bleistift, noch Papier, keine Zeit und klamme Finger".[7] In den Frauenlagern an der mittleren Wolga hingegen herrschten nicht nur klimatisch moderatere Bedingungen, hier wurde zumindest Ende der vierziger Jahre das Schreiben – wie das Beispiel von Nina Gagen-Torn belegt – partiell nicht in gleichem Maße geahndet. Geschrieben wurde in den Lagern des GULag auf den verschiedensten Materialien; vielfach ist auch die Rede von selbstgebastelten Heften oder Büchern.

5 Alexander Solschenizyn, *Der Archipel GULAG*, aus dem Russischen von Anna Peturnig, Reinbek bei Hamburg: Rowohlt 1978, Bd. 2, S. 445.
6 Ebd.
7 Ebd., S. 448.

Eine Art Typologie von Schreibszenen in der Lagerliteratur ließe sich aber nicht nur von der Frage her entwickeln, wer überhaupt Zugang zum Schreiben hatte, an welchem Ort innerhalb des GULag-Systems (Gefängnis, Lager) und zu welchem Zeitpunkt (vor bzw. nach dem ‚großen Terror' der Jahre 1937/38 oder auch Ende der vierziger Jahre). Weiterhin ist zu unterscheiden zwischen einem genuin intendierten literarischen Schreiben sowie verschiedensten Niederschriften und Notizen (von technischen Daten bis zu Gebeten), dem Schreiben von Briefen oder dem Verfassen von Bittgesuchen, auch für andere Mitgefangene.[8]

Briefe aus den Lagern des GULag bilden allein schon aus der Spezifik der Schreibsituation eine besondere Textsorte: Es handelt sich in der Regel um Briefe, die unter strenger Kontrolle der jeweiligen GULag-Verwaltungsbehörden geschrieben worden sind.[9] Die Anzahl der genehmigten Briefe richtete sich offenkundig nach dem Paragraphen, der einer Verurteilung zugrundegelegt wurde. Im Unterschied zu den Kriminellen durften diejenigen, die wegen angeblicher ‚konterrevolutionärer Tätigkeit' verurteilt worden waren, nur zwischen einem und maximal drei Briefen pro Monat schreiben (die Gefangenen erklärten den Angehörigen diese Regeln bis in die kleinsten Details der erlaubten Briefformate in ihren Briefen oftmals selbst). Jede Art von Beschränkung des Briefkontaktes zur Familie hatte zweifellos den Charakter einer zusätzlichen Repression oder Schikane.[10] Briefe aus der Haft sind stets ein Versuch, die Verbindung zur Familie, zur Außenwelt nicht vollständig abreißen zu lassen. Aus den Lagern des GULag schrieben Menschen, die unschuldig waren und die vielfach nicht verstanden, was um sie herum geschah. Schreiben konnten sie zumeist bloß nachts, nach einem kräftezehrenden, zermürbenden Arbeitstag. Von daher erklärt sich, daß die eigenen Lebensumstände, und das betrifft auch die konkreten Umstände der Schreibsituation, in der Regel (zumindest in den publizierten und daher zugänglichen Briefen) nicht thematisiert werden.

Eine gänzlich andere Schreibsituation ergibt sich, fragt man nach unzensierten Briefen. Die meist äußerst kurzen Lebenszeichen gelangten nur in den seltensten Fällen an ihre Adressaten. Zettel dieser Art wurden auf unterschiedlichsten Wegen aus den Lagern herausgeschmuggelt: Geschrieben auf Papierzetteln aller Art oder gar auf Stoffetzen wurden sie eingenäht in alte Kleidungsstücke, die in Paketen zum Flicken nach Hause geschickt wurden; bisweilen wurden sie von bestochenen Bewachern auch unter die normale Post gemischt. Im *Archipel GULAG* hat Aleksandr Solženicyn die Erfahrungen vie-

8 Das Schreiben für andere ist ein häufiges Motiv in der Lagerliteratur, da die Mehrzahl der Deportierten nur schlecht lesen und schreiben konnte.

9 Aussagen von Überlebenden des GULag belegen, daß in den Gefängnissen als Schreibgeräte bisweilen Bleistiftminen in einem speziellen Halter ausgegeben wurden, damit man diese nicht anzuspitzen brauchte.

10 Bekannt ist der in den dreißiger Jahren den Angehörigen gegenüber offiziell verwendete menschenverachtende Euphemismus für das bereits ausgesprochene und meist bereits vollstreckte Todesurteil: „Zehn Jahre ohne das Recht auf Briefwechsel" („desjat' let bez prava perepiski").

ler verallgemeinert und summarisch das Prozedere beschrieben, mit dem Gefangene während der langen Fahrt im Viehwaggon von einem Lager in ein anderes (meist ins Ungewisse) versucht haben, ein Lebenszeichen von sich nach Hause zu übermitteln:

> „Bei dem einen wird sich ein zentimeterlanger Bleistiftstummel finden, beim andern ein zerknülltes Stück Papier. Mit ängstlichen Blicken auf den Posten (denn ihm ganz den Rücken zukehren, Füße zum Gang und Kopf beim Fenster, dürfen sie nicht) versuchen Sie, einen Winkel zu finden, und bringen es schließlich trotz des argen Gerüttels zustande, ein paar Zeilen aufs Papier zu kritzeln: man habe Sie unverhofft vom früheren Ort weggeholt, und es könnte sein, daß im neuen Lager nur ein Brief pro Jahr erlaubt ist, die zu Hause mögen darauf gefaßt sein. Den zum Dreieck gefalteten Brief nehmen Sie auf gut Glück zum Austreten mit. Nun muß es sich nur noch fügen, daß Sie knapp vor oder kurz nach einer Station geholt werden, na, und daß der Posten im Windfang gerade mal wegschaut – dann rasch auf das Pedal gedrückt und hinein mit dem Brief in die Öffnung, die sonst den Weg für den Unrat freigibt. Ach was, naß und verschmutzt – mit einigem Glück rutscht er durch und fällt zwischen die Schienen.“[11]

Solche kurzen Briefnachrichten wurden mit einigem Glück bisweilen gefunden, an die angegebene Adresse gesandt und erreichten ihr Ziel.

Handschriftliches im GULag erscheint generell als „Nische eines persönlichen Sprachraums“,[12] als eine lebensnotwendige individuelle Artikulationsform, die dem menschenverachtenden GULag-System unter bisweilen sehr großen Risiken abgetrotzt wurde. Nina Gagen-Torn verwendet die substantivierte Form „Von-Hand-Schreiben“ („Rukopisanie“) als Überschrift für das Kapitel ihrer Erinnerungen, in dem sie ihre Schreibsituation im Lager Ende der vierziger Jahre beschreibt. Durch die Plazierung des eher ungebräuchlichen Substantivums an einer derart prominenten Stelle verleiht die Autorin ihrem damaligen Schreibakt nachträglich eine nahezu sakrale Dimension.

---

11 Solschenizyn, *Der Archipel GULAG* (Anm. 5), Bd. 1, S. 467-468. Vgl. im Original: „[...] у кого-то найдется сантиметровый кусочек карандашного грифеля, у кого-то мятая бумага. Остерегаясь, чтобы не заметил конвойный из коридора (а ногами к проходу ложиться нельзя, только головой), вы, скрючившись, между толчками вагона пишете родным, что вас внезапно взяли со старого места и теперь везут, что с нового места, может, будет только одно письмо в год, пусть приготовятся. Сложенное треугольником письмо надо нести с собой в уборную наудачу: вдруг да сведут вас туда на подходе к станции или на отходе от нее, вдруг зазевается конвойный в тамбуре, – тогда нажимайте скорее педаль, пусть откроется отверстие спуска нечистот, и загородивши телом, бросайте письмо в это отверстие! Оно намокнет, испачкается, но может проскочить и упасть между рельсами.“ Aleksandr Solženicyn, *Archipelag Gulag 1918-1956*, in: ders., *Sobranie sočinenij* (*Werkausgabe*), Bd. 4, Moskva: Terra 1999, S. 509.

12 Günter Hirt und Sascha Wonders, „Einführung“, in: Günter Hirt und Sascha Wonders (Hrsg.), *Präprintium. Moskauer Bücher aus dem Samizdat*, Staatsbibliothek zu Berlin – Preußischer Kulturbesitz. Ausstellungskataloge, Neue Folge 28. Dokumentationen zu Kultur und Gesellschaft im östlichen Europa. Forschungsstelle Osteuropa an der Universität Bremen, Bd. 5, Bremen: Edition Temmen 1998, S. 22.

Die Thematisierung literarischen Schreibens in Texten der Lagerliteratur bezieht sich vor allem auf das Verfassen von Gedichten. Prosa, so der häufige Hinweis, sei – anders als Gedichte – nicht im Kopf zu schreiben.[13] Varlam Šalamov, der seinen Produktionsprozeß von Lyrik wie Prosa in autobiographisch gefärbten Erzählungen wie in Essays detailliert analysiert und beschrieben hat, spricht zudem vom „Instinkt des Gefangenen" („arestantskij instinkt"). Dieser Instinkt, bekennt beispielsweise der Ich-Erzähler (ein Arzthelfer) in der Erzählung *Jakov Ovseevič Zavodnik*, habe ihn bewogen, nicht in Prosa zu schreiben, denn „für die Prosa war das Territorium der Kolyma zu gefährlich, ein Risiko eingehen konnte man nur mit Gedichten und nicht mit einer Prosanotiz".[14]

Die Erzählung spielt implizit auf Šalamovs eigene Situation während der letzten Haftjahre im Lager an. Ab 1949 konnte er nach zehn Jahren Lagerdasein zwischen Steinbrüchen, Goldminen und Krankenbaracken als Arzthelfer alleine in einer Hütte leben, in der sich ein provisorisches Ambulatorium befand. Unverhofft hatte er plötzlich sowohl die Zeit als auch die Möglichkeit zum Schreiben. Šalamov spricht rückblickend von einem nahezu ununterbrochenen Strom von Versen, so daß der bloße Akt des Aufschreibens mit einer physischen Anstrengung verbunden war, durch welche die Muskeln der Hand ermüdeten.[15] Jeden Vers, hebt Šalamov hervor, habe er aber grundsätzlich (auch außerhalb der Hütte) sofort notieren müssen, damit er nicht verloren ginge. Viele Zeilen habe er zuerst auf irgendwelche Zettel geschrieben, sie existierten daher zunächst u. a. als „Krakel auf Rezeptpapier". Šalamov nähte sich selber aus grobem gelbem Papier – z. T. sogar aus weißem Einschlagpapier, das ihm ein Mitgefangener besorgte – Hefte zusammen, in die er die Gedichte dann übertrug.[16] Die allerersten – auf den verschiedensten Zetteln erfolgten – Niederschriften einzelner Verse oder auch Gedichte verbrannte er anschließend.

Es waren möglicherweise diese extremen Umstände, die Šalamovs zeitlebens anhaltende intensive Auseinandersetzung mit der materiell-technischen Seite des Schreibprozesses befördert haben. Die Gewohnheit, jede Verszeile auch unterwegs sofort aufzuschreiben, behielt er auch nach seiner Entlassung bei. Das bevorzugte Arbeitsinstrument blieb der Bleistift, ja der Bleistiftstummel. Zu Hause übertrug er die Verse dann in ein dickeres Arbeitsheft. Šalamov wies auch der Qualität des Papiers einen unmittelbaren Einfluß auf die Formung des

---

13 So z. B. bei Solschenizyn, *Der Archipel GULAG* (Anm. 5), Bd. 2, S. 445.

14 Vgl. im Original: „Для прозы территория Колымы была слишком опасна, рисковать можно было стихами, а не прозаической записью. Вот главная причина, почему я писал на Колыме только стихи." Varlam Šalamov, *Jakov Ovseevič Zavodnik*, in: ders., *Sobranie sočinenij v četyrech tomach* (*Werkausgabe in vier Bänden*), Bd. 2, Moskva: Chudožestvennaja literatura, Vagrius 1998, S. 386.

15 Šalamov beschreibt die damalige Schreibsituation ausführlich in seinem Essay „Koe-čto o moich stichach" (Einiges über meine Gedichte), in: Šalamov, *Werkausgabe in vier Bänden* (Anm. 14), Bd. 4, S. 344.

16 Einige dieser Hefte sollen erhalten geblieben sein. Das konnte während der Vorbereitung des Beitrages nicht überprüft werden, da keine Archivstudien möglich waren.

Gedichts zu: Am besten, so schrieb er in einem Essay, sei liniertes Papier; kariertes hingegen sei zu geometrisch, von ihm gehe eine Unfreiheit aus; glatt weißes sei wiederum zu offen, da verlören die Gedichte jeglichen Halt. Ob es einen Zusammenhang zwischen den genannten Eigenheiten des Schreibvorgangs und dem poetischen Sprachgestus von Šalamovs Lyrik gibt, müssen weitere Forschungen erweisen.[17]

Der dichterische Akt im GULag, war, wie bereits gesagt, eher ein mündlicher denn ein schriftlicher. Nina Gagen-Torn beschreibt, daß ihr im Lager der Kolyma einzig eine solche Möglichkeit literarischer Produktion offengestanden habe. Besonderes Gewicht legt sie in ihren Erinnerungen darauf, daß sie „das Erlebte im mündlichen Vers realisierte",[18] um diesen dann kursieren und, wie sie schreibt, zu einer Art Volkslied werden zu lassen. In den meisten Fällen ist das Interesse aber nicht primär auf Kommunikationsstrategien gerichtet, sondern auf das eigene Gedächtnis als ein erstaunliches Arbeitsinstrument, dessen Potential sich unter Extrembedingungen, so die wiederkehrende Aussage, enorm vergrößert. Kein Einzelfall ist daher in der Lagerliteratur die Darstellung eines Schreibens, das nicht auf das Hinterlassen einer materiellen Spur (der Schrift) abzielt, sondern diese – ähnlich der Anna Achmatova – bloß als mnemotechnisches Instrument nutzen will. Evgenija Ginzburg berichtet in ihren Erinnerungen, daß es ihr während der zwei Jahre Gefängnishaft (1937-1939) gestattet war, zwei Schulhefte pro Monat vollzuschreiben. Da die Hefte den Gefangenen aber abgenommen wurden, entwickelte sie ein Schreibverfahren, um eigene Verse als bloße Lernhilfe für sich selbst in einer Art Kurzschrift zu notieren. Nach dem Auswendiglernen hat sie diese dann mit aufgeweichtem Brot sofort wieder getilgt und etwaige Spuren auf dem Papier mit französischen Konjugationen oder Algebraformeln überschrieben.[19] (Evgenija Ginzburg fügt hinzu, daß sie die Kurzschrift nicht näher erläutern könne, da sie diese leider bereits vergessen habe.)

In den bisher erwähnten Thematisierungen des Schreibvorganges spielte das körperlich-gestische Moment des Schreibens im Vergleich zur instrumentell-technischen Seite eine eher untergeordnete Rolle. Anders verhält es sich in der für die Region der Kolyma vielleicht symptomatischsten Schreibszene, auch wenn dabei kein literarisches Schreiben thematisiert wird. Die Szene findet sich

---

17 Weiterführend wäre es interessant, Šalamovs Gedanken zum Papier als Akteur des Schreibaktes mit den Thesen von Georges Didi-Huberman zum Papier als „Schauplatz der Erfahrung" zu vergleichen. Das Papier, so heißt es bei Didi-Huberman „beschränkt sich nicht darauf, deren [d. h. der Erfahrung] willentlich gesetzte Zeichen zu empfangen, sondern gibt ihr auch eine Orientierung, erzeugt sie sogar, gibt ihr eine Form, die seiner eigenen Konfiguration entspricht [...]." Wir werfen, so schlußfolgert Didi-Huberman, „dies alles nur deshalb auf das Papier, um möglicherweise einen Blick von ihm *zurückzuerhalten*". Vgl. Georges Didi-Huberman, „Geschenk des Papiers, Geschenk des Gesichts", in: ders., *Phasmes* (1998), Köln: DuMont 2001, S. 175.

18 Nina Gagen-Torn, *Memoria*, Moskva 1994, S. 192.

19 Jewgenia Ginsburg, *Marschroute eines Lebens*, aus dem Russischen von Swetlana Geier, München, Zürich: Piper [3]1992, S. 190.

in einer von Varlam Šalamovs *Erzählungen aus Kolyma*, einem sechsteiligen Erzählzyklus (1954-1970er Jahre), der eine Sonderstellung in der russischen Lagerliteratur einnimmt. Šalamov habe, darin ist sich die Forschung einig, für die Unerbittlichkeit des ‚Lebens nach dem Leben' in den Lagern der Kolyma insofern eine adäquate ästhetische Lösung gefunden, als er ebenso unerbittlich zum Leser sei: Sein Leser werde einem Menschen gleichgestellt, „der in die Bedingungen der Erzählung eingesperrt ist".[20] Psychologische Erkundungen der Seelenlage seiner Figuren sind meist rigoros ausgeblendet. In seinen Erzählungen, das hat Šalamov in Selbstaussagen mehrfach hervorgehoben, agieren „Menschen ohne Biographie, ohne Vergangenheit und ohne Zukunft", einzig im Moment der Gegenwart. Die Erzählungen gleichen eher nüchtern und distanziert beschriebenen Versuchsanordnungen, in denen „das Neue im Verhalten des Menschen" zu Tage tritt, eines Menschen, der „reduziert worden ist auf animalisches Niveau".[21]

In der Erzählung *Griška Loguns Thermometer* (*Termometr Griški Loguna*, 1966) soll der Ich-Erzähler dem Vorarbeiter Zuev, einem Kriminellen, ein Gnadengesuch an das damalige Staatsoberhaupt Kalinin schreiben. Der Ich-Erzähler nimmt den Auftrag an, sieht er für sich doch unverhofft die Chance, zumindest eine Weile nicht hinaus in die eisige Kälte zur Arbeit zu müssen. Die konkrete Schreibsituation setzt Šalamov dann in einer Weise in Szene, die das Augenmerk auf den physischen Kraftaufwand beim Schreibvorgang lenkt:

> „Es fiel mir schwer zu schreiben, und das nicht nur, weil die Hände grob geworden, weil die Finger gekrümmt waren für den Stiel der Schaufel und der Spitzhacke, und es unwahrscheinlich schwer fiel, sie wieder gerade zu biegen. Man konnte bloß den Bleistift und die Feder mit einem dickeren Lappen umwickeln, um den Stiel einer Spitzhacke, einer Schaufel zu imitieren.
> Als ich auf die Idee kam, das zu machen, war ich bereit, Buchstaben zu formen.
> Es fiel schwer zu schreiben, weil mein Gehirn ebenso grob geworden war, wie die Hände, weil mein Gehirn ebenso blutete, wie die Hände. Die Worte, die schon aus meinem Leben entschwunden waren, und das, wie ich annahm, für immer, mußten wiederbelebt, auferweckt werden.
> Ich schrieb dieses Papier, schwitzte und freute mich. Im Häuschen war es heiß, sofort fingen die Läuse an, sich zu bewegen und den Körper entlangzukrabbeln. Ich hatte Angst, mich zu kratzen, damit man mich nicht als einen Verlausten in den Frost hinausjagte, ich hatte Angst, meinem Retter Ekel einzuflößen."[22]

---

20 Andrej Sinjavskij, „Srez materiala" („Die Schnittstelle des Materials"), in: *Sintaksis* 8 (1980), S. 184.

21 Varlam Šalamov, *O proze* (*Über Prosa*), in: ders., *Werkausgabe in vier Bänden* (Anm. 14), Bd 4, S. 361.

22 Vgl. im Original: „Трудно было мне писать, и не только потому, что загрубели руки, что пальцы сгибались по черенку лопаты и кайла и разогнуть их было невероятно трудно. Можно было только обмотать карандаш и перо тряпкой потолще, чтобы имитировать кайловище, черенок лопаты.
Когда я догадался это сделать, я был готов выводить буквы.

Alle drei, eine Schreibszene konstituierenden Momente (das instrumentell-technische, das körperlich-gestische und das semantische) werden hier in ihrer untrennbaren Verflochtenheit thematisiert. Auffallend ist allerdings, daß die Semantik des niedergeschriebenen Wortes deutlich in den Hintergrund getreten ist, denn über den Wortlaut des verfaßten Brieftextes erfährt der Leser weder an dieser Stelle, noch im weiteren Verlauf dieser Episode nähere Details. Erwähnt wird bloß, daß der Brief vom Auftraggeber mit dem Hinweis verworfen wird, er sei zu nüchtern, drücke zu wenig auf die Tränendrüse und könnte ihm somit nicht das erwünschte Resultat bringen. Weshalb er den Schreiber (d. h. den Ich-Erzähler) schließlich zusammenschlägt.

Šalamovs emotionsloser, analytisch-sezierender Blick rückt die körperliche Anstrengung des Schreibens ins Zentrum der Darstellung. Der Ich-Erzähler nimmt wahr, daß seine Hand es verlernt hat, den Stift zu führen, daß sie, mit anderen Worten, nur noch für Grobes zu gebrauchen ist. Die Verformung der Finger ist derart massiv, daß erst die Angleichung des Stiftes an das tägliche Arbeitsgerät des GULag-Gefangenen ein Schreiben ermöglicht. Auch der mentale Akt, bei dem das Subjekt das richtige Wort findet, erscheint in dieser Szene als ein rein physiologischer Vorgang, der vom Ich-Erzähler nur mit Hilfe einer enormen Anspannung bewältigt werden kann. Die Metapher vom verletzten, „blutenden Gehirn", aus dem die Worte bereits endgültig entschwunden schienen, verweist auf den fortwährenden Zersetzungsprozeß, dem sich der einzelne im Lager nahezu hilflos ausgeliefert sah.

Der Mensch wurde unter solchen Bedingungen im wahrsten Sinne des Wortes zum ‚Arbeitsgerät' degradiert. „Spezialgeräte" – so lautete, Evgenija Ginzburg zufolge, die Aufschrift auf den Viehwaggons, in denen sie und Tausende anderer nach Sibirien deportiert wurden. Diese Schreibszene bei Šalamov kann letztlich als Sinnbild der dezivilisierenden Folgen gelesen werden, die der Aufenthalt in der „Lagerzivilisation" (Michail Geller) für den einzelnen hatte. Die Handhabung eines einfachen Schreibgeräts (eines Stiftes), wie auch die Fertigkeit der Hand, den Stift zu führen, und die Benutzung eines so subtilen geistigen Arbeitsinstruments wie des Gehirns (die Sprachbeherrschung) – alles Ergebnisse eines langen Zivilisationsprozesses und konstitutive Elemente eines jeden Schreibvorgangs – müssen mühsam wiedererlernt werden.

Den Gegenpol zu dieser – möglicherweise auf eigene Erfahrungen zurückgehenden – Schreibszene bei Šalamov bildet eine von Nina Gagen-Torn geschilderte Schreibsituation. In dem Frauenlager an der mittleren Wolga (Tem-

---

Трудно было писать, потому что мозг загрубел так же, как руки, потому что мозг кровоточил также, как руки. Нужно было оживить, воскресить слова, которые уже ушли из моей жизни, и, как я считал, навсегда.
Я писал эту бумагу, потея и радуясь. В будке было жарко, и сразу же зашевелились, заползали по телу вши. Я боялся почесаться, чтобы не выгнали на мороз, как вшивого, боялся внушить отвращение своему спасителю." Varlam Šalamov, *Termometr Griški Loguna*, in: ders., *Werkausgabe in vier Bänden* (Anm. 14), Bd. 2, S. 125.

nikovskij lager'), in dem sie Ende der vierziger Jahre war, wurde den Gefangenen sogar das Papier und die Schreibhefte aus den Päckchen der Angehörigen ausgehändigt. Tinte und Feder habe sie sich, so Nina Gagen-Torn, dann selber besorgt. Auf einer Eckpritsche am Fenster der Baracke, hinter einem kleinen Vorhang, auf dem Bauch liegend, habe sie begonnen, an einer „Erzählung" („povest'") über eine ethnographische Expedition in nordrussische Dörfer zu schreiben, an der sie während ihres Studiums in den zwanziger Jahren teilgenommen hatte.[23] Als mögliches Motiv führt sie retrospektiv den möglichen Wunsch an, der Lagerrealität möglichst weit zu entfliehen und die Bilder der Jugend festzuhalten.

Bedenkt man den Lageralltag, so ist dies eine nahezu unvorstellbar intime Schreibszene, die eher als Ausnahmefall gelten muß. Und das noch in einer weiteren Hinsicht: Nina Gagen-Torns Bericht stellt meines Wissens den einzigen Fall dar, da das Schreiben eines Prosatextes mit literarischem Anspruch *im* GULag-Lager beschrieben wird. Auch das weitere Schicksal des Manuskripts ist ungewöhnlich, denn es wird ihr zwar bei einer Durchsuchung zunächst abgenommen, auf ihre nachdrückliche Bitte hin aber nach der Entlassung aus dem Lager von einem Mitarbeiter der Lagerleitung an den sibirischen Verbannungsort nachgesandt. In dem posthum erschienenen Erinnerungsband *Memoria* wurde es als eigenständiges Kapitel aufgenommen, ohne daß allerdings seitens der Herausgeber darauf hingewiesen wurde, inwieweit Nina Gagen-Torn den ursprünglich im Lager geschriebenen Text im Nachhinein redaktionell bearbeitet hat.[24]

II

Bezogen auf das Textkorpus der russischen Lagerprosa von GULag-Überlebenden ist generell festzuhalten, daß das Schreiben dieser Erinnerungstexte meist nicht thematisiert wird. Eine Relektüre der bekannten Erinnerungen von Oleg Volkov, Ekaterina Olickaja, Nina Gagen-Torn u. a. unter diesem Gesichtspunkt erbringt den Befund, daß in ihnen das Schreiben des jeweiligen Textes keine bzw. nur eine marginale Rolle spielt. Das Erlebte während der Lagerhaft überlagert die Selbstbeobachtung während des erinnernden Schreibens. Im Gegensatz zur Situation im Lager, da der Kampf ums Schreiben einem Kampf ums Überleben gleichgesetzt wurde (ein wiederkehrender Topos in Lagererinnerungen), scheint sich das schreibende Ich nun, diese Annahme liegt nahe, seines wiedergewonnenen individuellen Sprachraumes sicher zu sein. Die äußeren Umstände des Schreibvorgangs erscheinen nicht mehr als ein zu the-

23 Gagen-Torn, *Memoria* (Anm. 18), S. 191-192.

24 Eine detailliertere Untersuchung der Textgenese, die einen vergleichenden Blick auf die Schreibsituation im Lager bzw. nach dem Lager impliziert, erfordert daher eine Einbeziehung von Archivmaterialien.

matisierender Schauplatz einander widerstrebender Kraftfelder. Die Schreibszene tritt in den Hintergrund.

Evgenija Ginzburgs Erinnerungsbuch *Gratwanderung* stellt insofern eher eine Ausnahme dar, als sie in ihm darauf zu sprechen kommt, in welchem Maße die ambivalente Kultursituation der ‚Tauwetter'-Zeit mit ihren medialen Verschiebungen zwischen offizieller und inoffizieller Kultur den Schreibprozeß unmittelbar beeinflußt hat. Die Auskünfte zur Textgenese stehen allerdings im Epilog und nicht im Haupttext, d. h. nicht in den eigentlichen Lagererinnerungen. Die Ich-Stimme des Epilogs spricht hier bereits aus einer Distanz zum bereits abgeschlossenen Schreibvorgang an ihrem – von vorneherein als Buch konzipierten – Erinnerungstext.

Der Epilog beginnt mit dem Hinweis, daß dieses Buch über dreißig Jahre lang mit ihr gelebt habe, zuerst als Idee, später als Manuskript, aus dem sie immer wieder Passagen gestrichen bzw. umgeschrieben habe. Konsequent zu schreiben begonnen habe sie im Sommer 1959, in ländlicher Umgebung: „Ich saß auf einem Baumstumpf unter einem großen Nußbaum, hielt ein Schulheft auf den Knien und schrieb mit Bleistift."[25] Eine fast idyllisch anmutende Szene, die in krassem Gegensatz zu den beschriebenen Erlebnissen der Lagerhaft steht. Die ersten Kapitel habe sie ihrem Mann noch vorlesen können. (Evgenija Ginzburg hatte ihren zweiten Ehemann, den Arzt Anton Walter, während ihrer Lagerhaft kennengelernt.) Nach dessen Tod habe sie dann unregelmäßiger geschrieben – lange Pausen und exzessive Schreibphasen, in denen sie nächtelang durcharbeitete, wechselten einander ab. Drei Jahre später habe sie über ein umfangreiches Manuskript von fast 400 Seiten verfügt. Dies sei ein äußerst emotionaler Text gewesen, den sie ohne jegliche innere Zensur verfaßt und in den sie viele eigene Gedichte aus den Jahren der Gefängnis- bzw. Lagerhaft aufgenommen habe: „Diese erste Fassung, geschrieben in jenem Zustand hellsichtiger Trauer, in der man sich nach dem Tod eines geliebten Menschen befindet, war voll von meinen innersten Empfindungen, die man nur dem Papier anvertrauen kann."[26]

Die von Evgenija Ginzburg geschilderte Schreibszene ist hinsichtlich der äußeren Umstände wie auch der inneren Schreibhaltung zunächst als eine rein private gekennzeichnet. Der „Zustand hellsichtiger Trauer", ausgelöst durch

---

25 „Я сидела под большим ореховым деревом на пеньке и писала карандашом, держа школьную тетрадь на коленях." Evgenija Ginzburg, *Krutoj maršrut. Chronika vremen kul'ta ličnosti* (*Gratwanderung. Chronik der Zeiten des Personenkultes*), Moskva: Kniga 1991, S. 687 (Übersetzung hier von Verf.). Der russische Originaltitel *Krutoj maršrut. Chronika vremen kul'ta ličnosti* (*Gratwanderung. Eine Chronik der Zeiten des Personenkultes*) ist in der deutschen Übersetzung durch zwei verschiedene Titel für die beiden Teile ersetzt worden: *Marschroute eines Lebens* (1. Teil) bzw. *Gratwanderung* (2. Teil).

26 Jewgenija Ginsburg, *Gratwanderung*, aus dem Russischen von Nena Schawina, München, Zürich: Piper 1980, S. 484 (Übersetzung von Verf. leicht korrigiert). Vgl. im Original: „Этот первый вариант, написанный в том состоянии просветленной горечи, которое возникает после утраты близких, был полон самого сокровенного, доверяемого только бумаге." Ginzburg, *Krutoj maršrut* (Anm. 25), S. 687.

den Verlust des geliebten Mannes, fungiert als Auslöser und Garant einer emotionalen Intensität und Aufrichtigkeit, wie sie in ihrer Vorstellung nur eine intime Zwiesprache mit dem Papier gewähren kann. Im Zusammenhang mit der für Evgenija Ginzburgs Schreiben zentralen Frage nach dem Adressaten ihrer Erinnerungen, die sie in der Vorbemerkung unter Hinweis auf die Briefform beantwortet, könnte man ihren Text daher auch als eine Art Brief an den verstorbenen Ehemann lesen.

Das Auftauchen des inneren Zensors – insbesondere bezogen auf den ersten Teil und den Anfang des zweiten Teils – bindet Evgenija Ginzburg allein an die politische Situation in der ‚Tauwetter'-Zeit. Die Publikation von Aleksandr Solženicyns *Odin den' Ivana Denisoviča* (*Ein Tag des Ivan Denisovič*), so heißt es im Epilog, habe bei ihr die Hoffnung auf eine Publikation der eigenen Erinnerungen geweckt. Nach einer erneuten Lektüre des Manuskripts sei ihr aber klar geworden, eher Materialien zu einem Buch, denn einen publizierbaren Text zu haben. Vor allem aber sei sie zu der Überzeugung gelangt, daß sie den Text mit Rücksicht auf die Zensurbehörde umarbeiten müsse, da bestimmte Passagen in der vorliegenden Fassung nicht publizierbar gewesen seien. Als Arbeitsgerät benennt Evgenija Ginzburg nun die Schreibmaschine. Zu diesem Zeitpunkt arbeitete sie als Redakteurin und hatte von daher Zugang zu einer Schreibmaschine, an der sie nun regelmäßig, wie sie betont, nach einem ermüdenden Arbeitstag mehrere Stunden verbrachte. Die Urfassung des Textes, so berichtet sie weiter, wurde von ihr aus Sicherheitsgründen anschließend vernichtet.

Folgt man den gängigen Konzeptualisierungen beider Schreibtechniken – Stift (körperliche Nähe) und Schreibmaschine (Entfremdung durch die Apparatur) –, so markieren sie in diesem Falle auch die beiden unterschiedlichen Arbeitsphasen: Bleistift und Schulheft, das suggeriert zumindest der Rückblick auf die Schreibsituation der ersten Kapitel, sicherten in der Wahnehmung der Schreiberin Unmittelbarkeit und emotionale Authentizität. In der nachträglichen Erwähnung wird dieses Schreiben als ein Schreiben ‚für sich selbst' markiert, allenfalls noch zum Vorlesen vor vertrauten Personen. Im Kontrast dazu wird der Schreibmaschine eine eher disziplinierende Funktion zugewiesen. Sie soll helfen, Distanz zum Geschriebenen zu schaffen und den emotional schier überbordenden Gedankenfluß zu bändigen. Die Schreibmaschine wird von Evgenija Ginzburg letztlich als ein Instrument der Selbstzensur eingesetzt, die sie wiederum primär von den äußeren politischen Rahmenbedingungen her definiert.

Für die Transformation des Textes in ein Faktum der Literatur spielte die Schreibmaschine noch unter einem weiteren Aspekt eine zentrale Rolle. Nach Fertigstellung eines aus ihrer Sicht publizierbaren Textes (er umfaßt den ersten Teil sowie die ersten neun Kapitel des zweiten Teils) übergab Evgenija Ginzburg das Manuskript – ein Typoskript – den Redaktionen der damals vielleicht wichtigsten Literaturzeitschriften *Junost'* (*Jugend*) und *Novyj mir* (*Neue Welt*). Ihre Hoffnung auf eine Publikation sollte sich zwar nicht erfüllen, es setzte jedoch sofort eine unkontrollierbare Welle von Vervielfältigungen ein, deren Aus-

- 4 -

жизней.

Как хорошо, что я ошиблась! В нашей партии, в нашей стране снова царит великая ленинская правда. Уже сегодня можно рассказать людям о том, что было, чего больше никогда не будет.

И вот они – воспоминания рядовой коммунистки. Хроника времен культа личности.

x x x
x

<u>Глава первая.</u>

<u>Телефонный звонок на рассвете.</u>

Тридцать седьмой год начался, по сути дела, с конца 1934 г. Точнее, с первого декабря 1934-го.

В четыре часа утра раздался пронзительный телефонный звонок. Мой муж – Павел Васильевич Аксенов, член бюро Татарского обкома партии, был в командировке. Из детской доносилось ровное дыхание спящих детей.

– Прибыть к шести утра в обком. Комната 38.

Это приказывали мне, члену партии.

– Война?

Но трубку повесили. Впрочем, и так было ясно, что случилось недоброе.

Не разбудив никого, я выбежала из дома еще задолго до начала движения городского транспорта. Хорошо запомнились беззвучные мягкие хлопья снега и странная легкость ходьбы.

Я не хочу употреблять возвышенных оборотов, но чтобы не погрешить против истины, должна сказать, что если бы мне приказали в ту ночь, на этом незабываемом рассвете, умереть за партию ... раза, трижды, я сделала бы это без малейших колебаний.

Abb. 1: Fotografie des Typoskripts von Evgenija Ginzburgs, *Marschroute eines Lebens* (etwa die Hälfte des ersten Teiles der Lagererinnerungen, und eine Fotografie der Autorin), ohne Jahresangabe.

maß sie auch später noch in Erstaunen versetzte. Dutzende von Abschriften kursierten im ganzen Land (Abb. 1).

Eine Leserin habe sogar den gesamten Text auf Tonband gesprochen. Evgenija Ginzburg verweist auf zahlreiche Leserbriefe, die sie erreichten, auch auf Reaktionen von Schriftstellern wie Il'ja Ėrenburg, Aleksandr Solženicyn, Evgenij Evtušenko u. a. Dennoch läßt sich nur schwer nachvollziehen, seit wann genau der Text im Samizdat kursierte, vor allem aber, wer und zu welchem Zeitpunkt Zugang zu ihm hatte. Die Frage, wie die Kommunikationskreise des Samizdat funktionierten, ist bis heute kaum erforscht. Einige Lektürespuren lassen sich aus direkten Bezügen in anderen Erinnerungstexten rekonstruieren, obgleich solche Befunde ohne detaillierte Kenntnis der Entstehungsgeschichte der jeweiligen Texte zeitlich nur schwer einzuordnen sind.[27]

Über den Samizdat gelangte Evgenija Ginzburgs Manuskript in den Westen, wurde im sogenannten ‚Tamizdat' (‚Dortverlag') publiziert. Im Januar 1967 er-

27 Das betrifft beispielsweise direkte Bezugnahmen auf die *Gratwanderung* in anderen Texten der Lagerprosa, so etwa in Aleksandr Solženicyns *Archipel Gulag* oder in Oleg Volkovs *Pogruženie vo t'mu* (*Versinken in der Finsternis*).

schien das Buch in russischer Sprache unter dem Titel *Krutoj maršrut. Chronika vremen kul'ta ličnosti* (*Gratwanderung. Eine Chronik der Zeiten des Personenkultes*) im Mailänder Verlag Arnoldo Mondadori. Evgenija Ginzburg hebt im Nachhinein hervor, es sei ihr so vorgekommen, als hätten irgendwelche „fremde Menschen" („kakie-to čužestrancy") ihr „sterbendes Kind" („pogibavšego rebenka") zwar gerettet, es ihr aber zugleich entrissen:

> „Doch wie dem auch sei – das Buch war in eine neue Phase seiner Existenz eingetreten: Aus der vorgutenbergischen, einheimischen Schmuggelware des Samizdat ist es zu einem eleganten Geschöpf verschiedensprachiger Verlage geworden, war hinübergewandert ins Reich des prächtigen Hochglanzpapiers, der Goldschnitte und leuchtenden Superumschläge. Die völlige Entfremdung des Werks von seinem Autor! Das Buch glich nun einer erwachsenen Tochter, die unbekümmert ‚im Ausland' umherzieht und ihre verlassene alte Mutter in der Heimat völlig vergessen hat."[28]

Radikaler konnte für Evgenija Ginzburg der Wechsel von einer ursprünglich intendierten vertrauensvollen Kommunikation zwischen Autor und Leser zur Anonymität eines ihr unbekannten westlichen Leserpublikums kaum ausfallen. Die Transformation der Erinnerungen vom Manuskript zum Buch zerfällt für sie demnach in zwei völlig voneinander getrennte Operationen: in den eigenen Akt der Umschrift des Textes mit der Schreibmaschine und in den gänzlich ohne ihr Zutun (z. B. ohne Korrekturlesen) vollzogenen Akt der Publikation. Geblieben ist ein Erstaunen, bisweilen auch ein Befremden über die ungewohnte Verbreitungsart ihres Manuskripts, das die Autorin im Nachhinein nicht verhehlt. Zugleich hebt sie hervor, es seien gerade die unzähligen Reaktionen bekannter wie fremder Menschen gewesen, die sie darin bestärkt hätten, die Arbeit an der Neufassung des gesamten Manuskripts zu Ende zu führen.

Evgenija Ginzburgs Erinnerungen gehörten zu den ersten Lagermemoiren, die in den internen Kommunikationskreisen des Samizdat von Hand zu Hand weitergegeben und regelrecht zerlesen wurden.[29] Die bereits eingangs kurz angesprochene Samizdat-Kultur implizierte ein feingesponnenes und weitgespanntes Netz interner Kommunikation, das als eine Gegenwelt zum offiziellen sowjetischen Kulturraum entstanden war und wesentliche Funktionen des kul-

---

28 Jewgenija Ginsburg, *Gratwanderung* (Anm. 26), S. 489 (korrigierte Übersetzung). Im Original: „Так или иначе, книга вступила в новую фазу своего бытия: из догутенберговской, самиздатовской, родной отечественной конрабанды она превратилась в нарядное детище разноязычных иедательств, перекочевала в мир роскошной глянцевой бумаги, золотых обрезов, ярких суперобложек. Полное отчуждение произведения от его автора! Книга стала чем-то вроде взрослой дочери, безоглядно пустившейся ‚по заграницам', начисто забыв о брошенной на родине старушке-матери." Evgenija Ginzburg, *Krutoj maršrut* (Anm. 25), S. 691.

29 Zum Samizdat vgl. auch: Wolfgang Stephan Kissel und Verf.: „Trajekte subversiver Texte. Die Zirkulationsströme des russischen Samizdat", in: *Trajekte* 2, Newsletter des Zentrums für Literaturforschung (2000), S. 23-26.

Abb. 2: Aleksandr Solženicyn, *Im ersten Kreis*, zweite Hälfte der 1960er Jahre.

turellen Gedächtnisses übernahm. Es funktionierte nicht zuletzt als ein Archiv für den Gebrauch von Texten. Aufbewahren funktionierte dabei zumeist über Weitergabe an einen immer größer werdenden Kreis von Mitwissenden. Die Texte wurden oft in abenteuerlichsten Verstecken aufbewahrt, nur von einer vertrauten Person an eine andere weitergegeben, meist in kürzester Zeitspanne gelesen und erneut weitergegeben. Da Kohlepapier Mangelware war, wurde es mehrfach verwendet, so daß die Durchschläge meist blaß und schlecht lesbar waren. Das vergilbte Papier alterte zudem sehr schnell. Die Zerlesenheit der Manuskripte, deren buchstäblicher Verbrauch wurde somit zu einem kulturell hochbrisanten Indiz für den Gebrauchswert der Texte und signalisierte deren besonderen Status im Gesamtgefüge der Kultur (Abb. 2).

In der Forschung wird zu Recht auf die besondere „Aura des nicht publizierten Buchs, des Gegenstands Manuskript“[30] zu dieser Zeit hingewiesen. Da der Besitz einer Schreibmaschine bzw. bereits der Zugang zu einer solchen aber weiterhin eher die Ausnahme blieb, gab es ein Netz von vertrauenswürdigen Personen, von Eingeweihten, meist Frauen, die mit dem Abtippen solcher Texte ein besonderes Berufsethos verbanden.[31] Die Herausgeber des Ausstellungskatalogs *Präprintium* über die Moskauer Samizdat-Literatur verweisen in ihrer

30 Wonders und Hirt, „Einführung“ (Anm. 12), S. 23.

31 Wonders und Hirt verweisen in ihrer Einführung zum Ausstellungsband *Präprintium* auf ein Gespräch aus dem Jahre 1983 zwischen Raissa Orlova und Ljudmila Alekseeva, die seinerzeit

Einleitung darauf, daß hier die Vorstellung einer Schriftverehrung wieder wachgerufen werde, die eher an die mittellalterlichen Klöster zurückdenken lasse; in den Moskauer Skriptorien aber stünden Schreibmaschinen: „Hier wird nicht per Hand nachgezeichnet, nachgespürt, kalligrafiert. Hier stößt der ‚Dienst am Wort' auf die teilnahmslose Apparatur."[32]

Die technische Seite des Samizdat ist bislang wenig erforscht (das wäre ein anderes Thema, denn es handelte sich hierbei eher um Abschreibszenen). Es sollte dennoch deutlich geworden sein, daß sich hier der Kreis schließt zur eingangs zitierten Passage aus Vladimir Makanins Roman *Underground oder Ein Held unserer Zeit* über die nahezu emphatische Verehrung, die ein einst bekannter Samizdat-Autor seiner alten Underwood-Schreibmaschine entgegenbringt.

---

zahlreiche Texte abgetippt hatte und Auskunft über bestimmte Regeln (wie Honorare u. a.) gibt. Wie stark die Verehrung der „Tipperin" in der Kultur war, belegt beispielsweise die von ihnen zitierte Aussage des Dichters Vsevolod Nekrasov, er bedauere, daß es kein „Denkmal für die Tipperin" gäbe. Vgl. Wonders und Hirt, „Einführung" (Anm. 12), S. 26.

32 Ebd.

Abbildungsverzeichnis

Umschlagabbildung
Typoskript von Friedrich Nietzsche (1882). Goethe- und Schiller-Archiv (GSA) Weimar, Sammelband „500 Aufschriften", GSA 71/234, S. 19a. Reproduktion und freundliche Genehmigung zur Abbildung: Stiftung Weimarer Klassik und Kunstsammlungen.

Zum Beitrag von Davide Giuriato
Abb. 1: Kracauer-Nachlaß, Nr. 72.3554, S. 3. Mit freundlicher Genehmigung des Deutschen Literaturarchivs, Marbach am Neckar.
Abb. 2: Kracauer-Nachlaß, Nr. 72.2042/23. Mit freundlicher Genehmigung des Deutschen Literaturarchivs, Marbach am Neckar, und des Suhrkamp Verlages, Frankfurt am Main.

Zum Beitrag von Catherine Viollet
Abb. 1: Exemplar der „Dactyle"-Schreibmaschine aus dem Conservatoire des Arts & Metiers, Paris.

Zum Beitrag von Christof Windgätter
Abb. 1 und 2: Goethe- und Schiller-Archiv (GSA) Weimar, GSA 71/BW276,1 (Abb. 1) und GSA 71/123 (Abb. 2). Reproduktion und freundliche Genehmigung zur Abbildung: Stiftung Weimarer Klassik und Kunstsammlungen.
Abb. 3: Archiv des Verfassers.
Abb. 4: KGW IX/3, S. 159.
Abb. 5: Exemplar aus der Herzogin-Anna-Amalia-Bibliothek, Weimar.
Abb. 6: Archiv des Verfassers.
Abb. 7: Uwe H. Breker, Puppen & Spielzeug, Büro-Antik, Uhren & Alte Technik. Auktionskatalog vom 30. November 2002, Köln, Art. 235.
Abb. 8: Goethe- und Schiller-Archiv (GSA) Weimar, Brief von Friedrich Nietzsche an Heinrich Köselitz vom 4. März 1882, GSA 71/BW 275,5. Foto und freundliche Genehmigung zur Abbildung: Stiftung Weimarer Klassik und Kunstsammlungen.
Abb. 9: Deutsches Literaturarchiv, Marbach am Neckar, Bestand A: Andreas Salomé. Reproduktion und freundliche Genehmigung zur Abbildung: Deutsches Literaturarchiv, Marbach am Neckar.

Zum Beitrag von Roger Lüdeke
Abb. 1 und 2: *Les poèmes d'Edgar Poe*. Traduction en prose de Stéphane Mallarmé avec portrait et illustrations par Edouard Manet, Paris: Léon Vanier 1889.

Zum Beitrag von Stephan Kammer
Abb. 1: Hermann Schrötter, *Zur Kenntnis des Energieverbrauches beim Maschinschreiben*, Wien: J. Springer 1925.
Abb. 2: Fritz Giese, *Psychologie der Arbeitshand. Handbuch der biologischen Arbeitsmethoden*, Berlin und Wien: Urban & Schwarzenberg 1928.

Zum Beitrag von Christoph Hoffmann
Abb. 1: Albert S. Osborn, *Questioned Documents. A study of questioned documents with an outline of methods by which the facts may be discovered and shown*, Rochester, New York: The Lawyer's Co-Operative Publishing 1910, S. 465.

Zum Beitrag von Wolfram Groddeck
Abb. 1–4: Mikrogramme von Robert Walser. Mit freundlicher Genehmigung des Robert Walser-Archivs, Zürich.

Zum Beitrag von Christian Wagenknecht
Abb. 2–3: Österreichische Nationalbibliothek, Wien (Cod. Ser. n. 24.257).
Abb. 4–7 und 10: Privatbesitz.
Abb. 8–9: Karl Kraus Archiv der Wiener Stadt- und Landesbibliothek.
Mit freundlicher Genehmigung des Suhrkamp Verlages, Frankfurt am Main.

Zum Beitrag von Sandro Zanetti
Abb. 1–4: Marcel Duchamp, *Schriften*, Bd. 1, zu Lebzeiten veröffentlichte Texte, übersetzt, kommentiert und herausgegeben von Serge Stauffer, gestaltet von Peter Zimmermann, Zürich: Regenbogen-Verlag 1981, S. 203 f.
Abb. 5: Philadelphia Museum of Art (Hrsg.), Joseph Cornell / Marcel Duchamp… in resonance, The Menil Collection (Houston), Ostfildern-Ruit: Cantz 1998, S. 137.
Abb. 6: Arturo Schwarz, *The Complete Works of Marcel Duchamp*, Revised and Expanded Paperback Edition, New York: Delano Greenidge Editions 2000, S. 645.
Abb. 1–6: © Succession Marcel Duchamp, 2005, ADAGP, Paris / VG Bild-Kunst, Bonn.
Abb. 7: Musée national d'art moderne Centre Georges Pompidou (Hrsg.), *André Breton. La beauté convulsive*, Paris: Musée national d'art moderne Centre Georges Pompidou 1991, S. 41.
Abb. 8–10: André Breton und Philippe Soupault, *Les Champs magnétiques. Le manuscrit original. Fac-similé et transcription*, Paris: Lachenal & Ritter 1988, S. 48, 50 und 51. © Editions GALLIMARD. Fonds LACHENAL & RITTER.

Zum Beitrag von Sonja Neef
Abb. 1–3, 5 und 6: Mit freundlicher Genehmigung des AMVC-Letterenhuis, Antwerpen (Abb. 5: Faszikel 82.729).
Abb. 4: Paul van Ostaijen, *Feasts of Fear and Agony*, übersetzt von Hidde van Ameyden van Duym, New York: New Directions 1976, S. 33.

Zum Beitrag von Hubert Thüring
Abb. 1–3: Schweizerisches Literaturarchiv, Bern, Signatur: Friedrich Glauser, F – 4 – 1 (Abb. 1), A – 2 – c (Abb. 2), A – 2 – c (Abb. 3). Alle Abbildungen mit freundlicher Genehmigung des Schweizerischen Literaturarchivs, Bern.

Zum Beitrag von Franziska Thun-Hohenstein
Abb. 1: Wolfgang Eichwede (Hrsg.), *Samizdat. Alternative Kultur in Zentral- und Osteuropa: Die 60er bis 80er Jahre*, Bremen: Edition Temmen 2000 (*Dokumentationen zur Kultur und Gesellschaft im östlichen Europa*, Bd. 8), S. 213.
Abb. 1 und 2: Mit freundlicher Genehmigung der Forschungsstelle Osteuropa der Universität Bremen.

Zu den Autorinnen und Autoren

Rüdiger Campe, geb. 1953 in Hagen/Westf.; Studium der Germanistik, Latinistik und Philosophie in Bochum, Freiburg im Breisgau und Paris; Professor und Chair am Department of German der Johns Hopkins University, Baltimore (USA); Publikationen: *Affekt und Ausdruck. Zur Umwandlung der literarischen Rede im 17. und 18. Jhd.*, Tübingen 1990; *Spiel der Wahrscheinlichkeit. Literatur und Berechnung zwischen Pascal und Kleist*, Göttingen 2002; (Mithrsg.) *Geschichten der Physiognomik*, Freiburg 1996 (zusammen mit Manfred Schneider); Hrsg. der German issues der *MLN* 1990 zum Thema »Barock« (zusammen mit Werner Hamacher und Rainer Nägele) und 2003 zum Thema »Literatur und Wissenschaftsgeschichte«; Aufsätze zur Geschichte und Theorie des literarischen Wissens; zu Rhetorik, Medien und Ästhetik; zum Theater des Barock; zum modernen Roman.

Johannes Fehr, geb. 1957 in Zürich; Studium der Germanistik, Romanistik und Psychologie in Zürich und Paris; Titularprofessor für Sprachtheorie an der Universität Zürich; Stellvertretender Leiter des Collegium Helveticum von Universität und ETH Zürich; Publikationen: *Das Unbewusste und die Struktur der Sprache. Studien zu Freuds frühen Schriften*, Zürich 1987; Ferdinand de Saussure, *Linguistik und Semiologie. Notizen aus dem Nachlaß* (gesammelt, übersetzt und eingeleitet), Frankfurt am Main 1997; *Saussure entre linguistique et sémiologie*, Paris 2000; (Mithrsg.) *Schreiben am Netz. Literatur im digitalen Zeitalter*, Innsbruck 2003 (zusammen mit Walter Grond); Veröffentlichungen u. a. zur Geschichte und Theorie der Sprachwissenschaft, Semiotik, Psychoanalyse, zu Literatur, bildender Kunst und Film.

Davide Giuriato, geb. 1972; Studium der Germanistik und Italianistik in Basel und Freiburg im Breisgau; Stipendiat des Graduiertenkollegs »Textkritik als Grundlage historischer Wissenschaften« (Universität München); seit 2001 Wissenschaftlicher Mitarbeiter beim SNF-Projekt »Zur Genealogie des Schreibens. Die Literaturgeschichte der Schreibszene von der Frühen Neuzeit bis zur Gegenwart« (Universität Basel); Promotionsarbeit zur Problematik autobiographischen Schreibens bei Walter Benjamin (2005); (Mithrsg.) *Bilder der Handschrift. Die graphische Dimension der Literatur*, Basel/Frankfurt am Main 2005; Übersetzungen aus dem Italienischen (Giorgio Agamben); Aufsätze zu Lenz/Oberlin, Kleist, Nietzsche, Kafka, Benjamin.

Wolfram Groddeck, geb. 1949; Studium in Basel und Berlin; 1986 Habilitation in Deutscher Philologie; 1986-1997 Dozent für Neuere Deutsche Literaturwissenschaft; seit 1997 Lehrstuhl für Editionswissenschaft, Textkritik und Rhetorik an der Universität Basel; seit 1997 regelmäßig Gastprofessuren an der Johns

Hopkins University in Baltimore, USA; Publikationen: *Friedrich Nietzsche, »Dionysos-Dithyramben«. Bedeutung und Entstehung von Nietzsches letztem Werk*, 2 Bde., Berlin 1991; *Reden über Rhetorik. Zu einer Stilistik des Lesens*, Frankfurt am Main und Basel 1995; (Hrsg.) Rainer Maria Rilke, *Duineser Elegien; Sonette an Orpheus*, kritische Ausgabe, Stuttgart 1997; (Hrsg.) *Rainer Maria Rilke, Gedichte und Interpretationen*, Stuttgart 1999; (Hrsg.) *Textkritik / Editing Literature. MLN*, German Issue, April 2002, Vol. 117, No. 3; (Mithrsg.) *Frankfurter Hölderlin-Ausgabe*, Bde. 2, 3, 6 und 14, Frankfurt am Main 1976-1979; (Mithrsg.) *Schnittpunkte. Parallelen. Literatur und Literaturwissenschaft im »Schreibraum Basel«*, Basel 1995; (Mithrsg.) *Text. Kritische Beiträge*, 1995 ff. (bisher 9 Hefte); Aufsätze u. a. zu Hölderlin, Kleist, Heine, Nietzsche, Rilke, Robert Walser und zur Gegenwartsliteratur; zu Problemen der Rhetorik, der Literaturtheorie und der Editionswissenschaft.

Christoph Hoffmann, geb. 1963 in Frankfurt am Main; Studium der Gemanistik und Geschichte in Frankfurt am Main und Freiburg im Breisgau; Research Scholar am Max-Planck-Institut für Wissenschaftsgeschichte in Berlin und Privatdozent für Neuere Deutsche Literatur an der Europa-Universität Viadriana in Frankfurt/Oder. Publikationen: *»Der Dichter am Apparat«. Medientechnik, Experimentalpsychologie und Texte Robert Musils 1899-1942*, München 1997; (Mithrsg.) *Über Schall. Ernst Machs und Peter Salchers Geschoßfotografien*, Göttingen 2001 (zusammen mit Peter Berz); (Mithrsg.) *Ästhetik als Programm. Max Bense / Daten und Streuungen*, Berlin 2004 (zusammen mit Barbara Büscher und Hans-Christian von Herrmann).

Stephan Kammer, geb. 1969 in Basel; Studium der Germanistik, Neueren allgemeinen Geschichte und Soziologie in Basel; Stipendiat am Graduiertenkolleg »Textkritik als Grundlage und Methode historischer Wissenschaften« der LMU München; Wissenschaftlicher Mitarbeiter am Institut für deutsche Sprache und Literatur II der Johann Wolfgang Goethe-Universität Frankfurt am Main; Publikationen: *Figurationen und Gesten des Schreibens. Zur Ästhetik der Produktion in Robert Walsers Prosa der Berner Zeit*, Tübingen 2003; (Mithrsg.) *Texte zur Theorie des Textes*, Stuttgart 2005; (Mithrsg.) *Bilder der Handschrift. Die graphische Dimension der Literatur*, Basel/Frankfurt am Main 2005; Aufsätze u. a. zur Theorie und Pragmatik text- und editionswissenschaftlicher Konzepte, zum Schreiben als Gegenstand kulturtechnischer und poetologischer Reflexionen, zu Walser, Kafka, Kleist und Hölderlin.

Roger Lüdeke, geb. 1966; Studium der Anglistik, Komparatistik und Hispanistik in München, Mexiko-Stadt, London und Paris; 1999 Promotion zu Autorschaft und Revisionspraxis von Henry James (Stauffenburg 2002); Herausgeberschaften und Aufsätze zu Intermedialität, Raumtheorie, Wissenschaftsgeschichte, Texttheorie, Literatur des 18. Jahrhunderts bis zur Gegenwart. Seit

2003 wissenschaftlicher Koordinator des Promotionsstudiengangs »Literaturwissenschaft« an der Universität München.

Sonja Neef, geboren 1968 in Belgien; Studium der Niederlandistik, Germanistik und Philosophie an den Universitäten Utrecht (NL) und Köln; 1997-2000 *Amsterdam School for Cultural Analysis* (ASCA); 2000-2003 *Post-Doc-researcher* am *Department of Media and Arts* der Universität Amsterdam; seit 2003 Juniorprofessorin für Europäische Medienkultur an der Bauhaus Universität in Weimar. Publikationen: *Kalligramme. Zur Medialität einer Schrift. Anhand von Paul van Ostaijens De feesten van angst en pijn,* Amsterdam 2000; (Hrsg.) *Travelling Concepts: Text, Subjectivity, Hybridity,* Amsterdam 2001; (Hrsg.) Mieke Bal, *Essays zur Kulturanalyse,* Frankfurt am Main 2002.

Martin Stingelin, geb. 1963 in Binningen bei Basel; Studium der Germanistik und der Geschichtswissenschaften in Basel und Essen; Professor für Neuere deutsche Literaturwissenchaft am Deutschen Seminar der Universität Basel (SNF-Förderungsprofessur); Hrsg. der IX. Abteilung der *Kritischen Gesamtausgabe der Werke* von Friedrich Nietzsche (zusammen mit Marie-Luise Haase), »Der handschriftliche Nachlaß ab Frühjahr 1885 in differenzierter Transkription«; Publikationen: *»Unsere ganze Philosophie ist Berichtigung des Sprachgebrauchs«. Friedrich Nietzsches Lichtenberg-Rezeption im Spannungsfeld zwischen Sprachkritik (Rhetorik) und historischer Kritik (Genealogie)*, München 1996; *Das Netzwerk von Deleuze. Immanenz im Internet und auf Video*, Berlin 2000; Aufsätze zur Literaturtheorie, zur Literatur- im Verhältnis zur Rechts- und Psychiatriegeschichte, zu Dürrenmatt, Freud, Glauser, Goethe, Kraus, Laederach, Lichtenberg, Nietzsche, Schreber, Wölfli u. a.; Übersetzungen aus dem Englischen (Salman Rushdie, Thomas Pynchon) und Französischen (Mikkel Borch-Jacobsen, Georges Didi-Huberman, Michel Foucault).

Franziska Thun-Hohenstein, geb. 1951; Studium der russischen Sprache und Literatur an der Lomonossow-Universität Moskau, Wissenschaftliche Mitarbeiterin am Zentralinstitut für Literaturgeschichte der Akademie der Wissenschaften der DDR in Berlin, seit 1996 am Zentrum für Literaturforschung, Berlin; Publikationen: (Mithrsg.) Kultur als Übersetzung. Klaus Städtke zum 65. Geburtstag, Würzburg 1999 (zusammen mit Wolfgang Stephan Kissel und Dirk Uffelmann); Aufsätze zur russischen Literatur- und Kulturgeschichte des 20. Jahrhunderts (speziell zum Werk von Boris Pasternak, zur Literatur und Kultur der Stalin-Zeit, der ‚Tauwetter'-Periode sowie den kulturellen Transformationsprozessen in der Perestrojka und in postsowjetischer Zeit).

Hubert Thüring, geb. 1963; Studium der Germanistik und Italianistik in Basel; Assistent für Neuere deutsche Literaturwissenschaft am Deutschen Seminar der Universität Basel; Publikationen: Kommentar zur Nietzsche-Briefedition, Monographie zur Geschichte des Gedächtnisses im 19. Jahrhundert; Aufsätze zu

Nietzsche, Adolf Wölfli, Pirandello, Primo Levi, Büchner, Leopardi, Glauser, Foucault, Gedächtnis, Psychiatrie; aktueller Schwerpunkt: Literatur und Biopolitik; Übersetzungen aus dem Italienischen (Primo Levi, Giorgio Agamben) und Französischen (Georges Didi-Huberman).

Catherine Viollet, Forschungsbeauftragte am Institut des Textes et Manuscrits modernes (ITEM), CNRS-ENS (Paris); Leiterin der Forschungsgruppe »Genèse & Autobiographie« des ITEM; Autorin zahlreicher Artikel über die Textgenese literarischer Werke des 20. Jahrhunderts (Marcel Proust, Ingeborg Bachmann, Francis Ponge, Violette Leduc, Claude Mauriac, Christa Wolf); Herausgeberin von *Genèses du »J«* (zusammen mit Philippe Lejeune, Paris: CNRS-Editions 2000) und *Genesis* n° 16 (2001), »Autobiographies«.

Christian Wagenknecht, geb. 1935 in Breslau; Studium der Germanistik und Geschichte in Göttingen und Münster; Professor für Deutsche Philologie in Göttingen (i. R.); Herausgeber u. a. der *Schriften* von Karl Kraus (20 Bände); Buchpublikationen: *Das Wortspiel bei Karl Kraus*, 1965; *Deutsche Metrik*, 1982; Aufsätze u. a. zur Metrik, zur Lyrik des Barock, zu Goethe, zu Karl Kraus.

Christof Windgätter, geb. 1964 in Dortmund; Studium der Germanistik, Philosophie und Kulturwissenschaften in München, Los Angeles und Berlin; Dissertation zu einer Medientheorie von Sprache und Schrift bei Hegel, Saussure und Nietzsche; seit 2002 Lehrbeauftragter am Institut für Kunst- und Kulturwissenschaften der Humboldt-Universität zu Berlin; Aufsätze zu Nietzsche, Baudrillard, Merleau-Ponty und zur Medientheorie.

Sandro Zanetti, geb. 1974 in Basel; Studium der Germanistik, Geschichte und Philosophie in Basel, Freiburg im Breisgau und Tübingen; 1999-2001 Stipendiat des Graduiertenkollegs »Zeiterfahrung und ästhetische Wahrnehmung« an der Johann Wolfgang Goethe-Universität, Frankfurt am Main; seither Wissenschaftlicher Mitarbeiter im SNF-Projekt »Zur Genealogie des Schreibens. Die Literaturgeschichte der Schreibszene von der Frühen Neuzeit bis zur Gegenwart« an der Universität Basel; Promotionsarbeit zum Problem der Zeit in der Dichtung Paul Celans (2005); Aufsätze zu Antonioni, Celan, Duchamp, Kleist, Mallarmé, Nietzsche und Rilke.

Namenregister